Enzyklopädie der
Gräser

Enzyklopädie der

Gräser

Text und Fotos von

Rick Darke

Aus dem Englischen von
Claudia Arlinghaus

Unter fachlicher Mitarbeit von
Cassian Schmidt

Ulmer

Rick Darke ist nicht nur ein hervorragender Pflanzenkenner, sondern auch ein ausgezeichneter Fotograf. Sämtliche Fotografien, soweit nicht anders vermerkt, stammen von ihm.
Die Kamera ist seines Erachtens ein unerlässliches Werkzeug für den Gärtner, Gestalter und Naturkundler. Die mehr als 1000 Fotos in dieser Enzyklopädie wurden teils auf Film, teils digital aufgenommen. Die analogen Aufnahmen entstanden mit einer manuellen Nikon FM2 auf Kodachrome 64. Die digitalen Fotos entstanden mit verschiedenen Kameras von Sony – 717, 828 und R1 – mit einer Auflösung zwischen fünf und zehn Megapixel.

UMSCHLAG
Muhlenbergia capillaris Mitte Oktober in der Gärtnerei Hoffmann in Rougemont.
SCHMUTZTITEL
Dicht besetzte Blütenstände von *Molinia caerulea* 'Strahlenquelle'.
TITELSEITE
Ende Oktober in Pennsylvania im Garten des Autors.

Die in diesem Buch enthaltenen Empfehlungen und Angaben sind vom Autor mit größter Sorgfalt zusammengestellt und geprüft worden. Eine Garantie für die Richtigkeit der Angaben kann aber nicht gegeben werden. Autor und Verlag übernehmen keinerlei Haftung für Schäden und Unfälle.

Bibliografische Information der Deutschen Nationalbibliothek
Die Deutsche Nationalbibliothek verzeichnet diese Publikation in der Deutschen Nationalbibliografie; detaillierte bibliografische Daten sind im Internet über http://dnb.d-nb.de abrufbar.

Die englische Originalausgabe erschien 2007 unter dem Titel „The Encyclopedia of Grasses for Livable Landscapes" bei Timber Press, Portland, USA.

Wollgrasweg 41, 70599 Stuttgart (Hohenheim)
E-Mail: info@ulmer.de
Internet: www.ulmer.de
Übersetzung: Claudia Arlinghaus
Lektorat: Doris Kowalzik
Fachberater: Cassian Schmidt
Herstellung: Thomas Eisele
Umschlagentwurf: redsign Anette Vogt, Stuttgart
Satz: BUCHFLINK Rüdiger Wagner, Nördlingen
Druck und Bindung: Printer Trento
Printed in Italy

ISBN 978-3-8001-5764-8

DIESES BUCH ist meiner Familie und meinen Freunden gewidmet, die immer und jederzeit die Freude an wogenden Gräsern mit mir teilten und teilen.

Inhaltsverzeichnis

LINKE SEITE Bei Gravetye Manor (West Sussex) verbinden sich Feld und Wald zu einem attraktiven Flickenteppich.

Vorwort

DIE FASZINIERENDEN GRASLANDSCHAFTEN der nordamerikanischen Prärie führen uns die landschaftliche Dimension der Gräser eindrucksvoll vor Augen. Ein wogendes Meer des Prärie-Bartgrases in rostbrauner Herbstfärbung vor der Kulisse des amerikanischen Laubwaldes ist ein unvergesslicher Anblick. Gräser und grasartige Pflanzen prägen in vielen Regionen der Erde das Landschaftsbild. Sie begegnen uns in der Natur fast überall, vor allem an extremen Standorten und in unwirtlichen Lebensräumen: Hochgebirge, Moore, Ufer, Halbwüsten und schattige Wälder werden von Gräsern, Seggen oder Binsen besiedelt. Das zeigt ihre unglaubliche Anpassungsfähigkeit in der Natur und lässt gleichzeitig auf das vielfältige Potenzial der gestalterischen Nutzung für unsere urbanen Landschaften schließen.

Der erste Visionär in Deutschland, der schon Ende der 1950er-Jahre mit Leidenschaft für den Einzug der Gräser in die Gärten warb, war Karl Foerster. Der berühmte Gartenschriftsteller und Staudenzüchter verstand es, die nötige Begeisterung und Neugier für die bis dahin ignorierte Pflanzengruppe der Gräser zu wecken und erkannte als einer der ersten ihren hohen Gartenwert. „Gras ist das Haar der Mutter Erde“, schrieb Foerster poetisch. Gräser im Garten sind unverwechselbar, denn sie heben sich mit ihrer filigranen Textur der Belaubung und der Struktur der Halme und Blütenstände deutlich von allen anderen Stauden ab. Sie schaffen Kontraste und sie können vermitteln. Statt sich mit auffälligen Blütenfarben in den Vordergrund zu drängen, sind ihre ästhetischen Reize sehr subtil. Mit ihrem natürlichen Charakter, dem eleganten Habitus, ihrer Transparenz, ihrem Leuchten im Gegenlicht und der Bewegung im Wind verkörpern sie Dynamik und Ungezwungenheit. Gräser ermöglichen das Erleben des Wandels der Jahreszeiten in besonderer Weise: vom frischgrünen Austrieb im Frühjahr, über unterschiedliche Laubfärbungen im Sommer und das spektakuläre Finale der Herbstfärbung, bis hin zur gedämpften Farbpalette im Winter, lösen sich ästhetische Ereignisse ab.

Ungeachtet dieser außergewöhnlichen Vorzüge vergingen seit Karl Foersters Zeiten noch mehr als 20 Jahre, bis die Pflanzengruppe der Gräser für die Gestaltung richtig

Die Wiese beim Mount Cuba Center in Nord-Delaware Ende Oktober.

wahrgenommen wurde. Erst Anfang der 1980er-Jahre hat der passionierte Staudengärtner- und Züchter Ernst Pagels aus Ostfriesland wieder Bewegung in das bis dahin kaum angewachsene Sortiment der Gräser gebracht. Durch seine neuen, reich blühenden Chinaschilf-Sorten wurde eine neue Ära der Wertschätzung von Gräsern in Europa und kurze Zeit später auch in Nordamerika eingeläutet. Der verblüffende Aufstieg der Gräser in der Gunst der Gärtner und Gestalter hat dazu geführt, dass uns heute ein weitaus größeres Spektrum an Arten und Sorten zur Verfügung steht als noch vor einigen Jahren. Dieses Buch soll der neuen Entwicklung Rechnung tragen. Außerdem hat sich die Weise, wie Gärtner über Gräser, ja auch über den Garten selbst denken, grundlegend verändert. Das Buch geht deshalb weit über dekoratives Design und Wohngartengestaltung hinaus – es richtet sein Augenmerk auch auf die naturnahe, ökologisch orientierte Gestaltung öffentlicher Freiräume.

Rick Darke gilt heute als der renommierteste Gräserexperte in den USA. Als ehemaliger Kurator für den Pflanzenbestand in Longwood Gardens, Pennsylvania, beschäftigt sich der Autor mittlerweile seit einem Vierteljahrhundert intensiv mit der Taxonomie und Gartentauglichkeit der Gräser. Zahlreiche Reisen haben ihn in die bedeutendsten Graslandschaften der Welt geführt – immer auf der Suche nach neuen Arten mit zukünftigem Potenzial für die Gartengestaltung. Die Ergebnisse der jahrelangen Recherche hat der Autor in der umfangreichsten gärtnerischen Enzyklopädie über Gräser zusammengefasst, die heute zur Verfügung steht. Einmalige Bilder von Naturstandorten und unterschiedlichste Verwendungsbeispiele aus europäischen und amerikanischen Freiraumsituationen geben wertvolle Einsichten zur Kultur der Gräser und inspirieren zu neuen Gestaltungsmöglichkeiten. Die Enzyklopädie der Gräser richtet sich an alle, die sich für Gräser und Grasartige begeistern: pflanzeninteressierte Laien, Staudenproduzenten und Landschaftsarchitekten, Mitarbeiter botanischer Gärten sowie all jene, die für das öffentliche Grün verantwortlich sind.

Das vorliegende Buch eröffnet hinsichtlich der ausgewählten Pflanzenpalette einen neuen, Länder und Kontinente übergreifenden Blickwinkel. Rick Darke ist zwar in Nordamerika beheimatet, seine wissenschaftlichen Studien führten ihn jedoch in die unterschiedlichsten Landschaften und Gärten der Welt. Die große Bandbreite der vorgestellten Arten geht deshalb weit über das derzeit in Mitteleuropa kultivierte Gräsersortiment hinaus. Zahlreiche Neuheiten sind – wenn überhaupt – bisher nur in geringer Menge in Spezialgärtnereien verfügbar. Eine Auswahl spezialisierter Betriebe findet sich im Anhang. Etliche interessante Staudengräser aus wintermilden Klimaregionen Südafrikas, Neuseelands und Südamerikas, die im Buch vorgestellt werden, sind in Mitteleuropa noch nicht ausreichend erprobt. Manche Arten werden bei uns nur an klimatisch begünstigten Orten wie den Weinbauregionen ausreichend winterhart sein oder müssen als Kübelpflanzen frostfrei überwintert werden. Viele der vorgestellten subtropischen Gräser können im Sommer als wertvolle Strukturbildner in Wechselflorpflanzungen einen Platz finden. Um dem Leser die Gräserauswahl für seine Region zu erleichtern, wurde für jede Art der Bereich ihrer Winterhärte unter Freilandbedingungen angegeben. Die Einstufung nach den in Nordamerika gebräuchlichen Winterhärtezonen erfolgte auf Basis langjähriger Erfahrungen des Autors. Damit diese wertvollen Hinweise auch bei uns nutzbar sind, findet sich im Anhang auf Seite 477 eine Karte mit den vergleichbaren Winterhärtezonen für Mitteleuropa.

Cassian Schmidt

Danksagung

UNZÄHLIGE MENSCHEN haben mein Wissen über Gräser gemehrt und zum Entstehen dieses Buches beigetragen; ihnen allen gilt mein Dank. Im Besonderen möchte ich nennen: Kurt Bluemel, Hans Simon, Wolfgang Oehme, Carol Bornstein, Hermann Müssel, Anke Mattern, Ernst Pagels, Dick Lighty, Bill Frederick, Dale Hendricks, Masato Yokoi, Barry Yinger, Shigeto Tsukie, Paul van Meter, Dave Fross, John Hoffman, John Greenlee, Mary Barkworth, Tony Avent, Tony Reznicek, Rob Naczi, Gordon Collier, Isobel Gabites, David Hall, Lawrie Metcalf, Randy Baldwin, Neil Diboll, J.P. Wipff, Karl Partsch, Neil Lucas, W. D. Clayton, Karl Wienke, Roberto Burle Marx, Bernd Blossey, Dave Ehrlinger, Jason Kubrock, Philip Smith, Bob Henrickson, Jim Locklear, John Swintosky, Pat Cullina, Sue Barton, Gary Schwetz, Galen Gates, Nichole O'Neill, Roy Diblik, Janet Rademacher, Dan Hinkley, Roger Raiche, Kathy Musial, Cole Burrell, Steve Schmidt, Adrian Bloom, Alan Bloom, Carl Schoenfeld, Greg Speichert, Dan Heims, Mervyn Feesey, Pauline Vollmer, Cassian Schmidt, David Hall und Ximena Nazal.

Ich danke für die zahlreichen Möglichkeiten, in privaten und öffentlichen Gärten und Parks zu fotografieren; diese Orte sind in der jeweiligen Bildunterschrift genannt. Sämtliche Schwarz-Weiß-Zeichnungen, sofern nicht anders vermerkt, sind dem Klassiker *Miscellaneous Publication No. 200* des USDA entnommen, der 1951 erschienenen Neubearbeitung des *Manual of the Grasses of the United States* von A. S. Hitchcock und Agnes Chase.

Des Weiteren danke ich den folgenden Gärtnereien und Privatpersonen, die Fotomaterial für dieses Buch zur Verfügung stellten: Bluebird Nursery (blaues *Sorghastrum nutans*), Cole Burrell (*Sporobolus heterolepis* im Herbstgewand), Dianna Jazwinski (Knoll Gardens im Raureif), Joy Creek Nursery (*Miscanthus sinensis* 'Gold Bar'), Alan Nations und Louisville Olmsted Parks Conservancy (kontrolliertes Abflämmen der Wiesen von Summit Field), Ximena Nazal (*Jarava caudata* in Chile), David Salman (*Blepharoneuron tricholepis* in New Mexico), Southern Weed Science Society (Ted Bodner: *Sorghastrum secundum*), Greg Vaclavek (*Calamagrostis canadensis* in Michigan) sowie Melinda Zoehrer (*Hakonechloa macra* 'Aureola' im Garten Israelit).

Mein Bruder Jerry Darke steht mir seit Jahren bei jeglichen Fragen zur digitalen Technik, die für die Herstellung dieses Buch unerlässlich war, als Mentor zur Seite. Meine Frau und Partnerin in allem, was den Garten betrifft, Melinda Zoehrer, stellte die Bibliografie zusammen; auf vielen der für dieses Projekt nötigen Reisen, die sich über Tausende Kilometer erstreckten, war sie mir Gesellschaft und Inspiration.

Mein abschließender Dank gilt den Mitarbeitern von Timber Press; sie bereichern die Literatur über die Landschaften und Gärten unserer Welt mit Leidenschaft und professionellem Engagement.

Gräser und der Globale Garten

MEINE FRAU MELINDA und ich besuchten Miyama-cho erstmals im Jahr 2001, als Shigeto Tsukie uns dorthin führte; zwei Jahre später kehrten wir bei besserer Witterung zurück, um das frühwinterliche Licht einzufangen. Diese abgelegene Bergregion nördlich von Kyoto hatte meine Neugier geweckt, seitdem ich Norman Carvers Schwarz-Weiß-Fotografien aus den 1950er-Jahren gesehen hatte. Carvers Fotos waren zu einer Zeit entstanden, da er im Rahmen eines Fulbright-Stipendiums Form und Raum der traditionellen japanischen Architektur studierte; die Aufnahmen aus Kitamura zeigen Häuser und Hofgebäude mit grasgedeckten Dächern an einem Berghang in einer über Jahrhunderte kaum veränderten Szenerie. Auf früheren Reisen nach Japan hatte ich bereits mit Gras gedeckte Tempel und Schreine und historische, grasgedeckte Gebäude in Freilichtmuseen kennengelernt; ich wollte jedoch mehr darüber erfahren, welche Rolle der lokale Baustoff Miscanthus heute im Leben der Dorfgemeinschaft spielt.

Die Straße nach Kitamura ist inzwischen glatt asphaltiert; zu meiner großen Freude fand ich jedoch das Dorf und seine bemerkenswerten Bauten zum großen Teil unverändert vor. Der Ort wurde von der japanischen Regierung zum Nationaldenkmal ernannt; wer die Grasdach-Tradition aufrechterhalten will, erfährt öffentliche Unterstützung. Die Konservierungsmaßnahmen bleiben jedoch längst nicht auf die Dächer beschränkt: In Kitamura ist alles – von den Häusern und Privatgärten über die Reisfelder und Shinto-Schreine bis hin zu den umliegenden, mit *Cryptomeria* (Sicheltannen) bestandenen Bergen – Teil einer geschützten Landschaft.

Bei unserem zweiten Besuch waren wir in einem dieser grasgedeckten Häuser untergebracht. Shigeto stellte uns seinem Nachbarn Hiroyuki Shindo vor, einem bekannten Indigo-Textilkünstler und ehemaligen Professor an der Universität von Kyoto, dem Vorsitzenden der *kaya*-(Grasdach)-Vereinigung des Dorfes. Shindo hieß uns in seinem Haus und Garten willkommen und erklärte, heute werde im Dorf üblicherweise *Miscanthus sinensis* (*susuki*) als Dacheindeckung verwendet, doch früher habe man aufgrund seiner

In Kitamura (Miyama-cho, Japan) wird Silber-Chinaschilf *Miscanthus sinensis* für die Dacheindeckung geerntet. Das Foto entstand im Dezember kurz vor der Abenddämmerung.

guten Haltbarkeit *M. tinctorius* (*kari yasu*) bevorzugt. Diese niedrigere Art, einst in dieser Gegend in der Natur recht verbreitet, war inzwischen zu selten geworden, um genügend Material zu liefern. Das straff aufrechte *M. tinctorius* ist von niedrigerem und grazilerem Wuchs als *M. sinensis*. Shindos persönliches Interesse an diesen Pflanzen liegt jedoch nicht in ihrer Eignung als Dacheindeckung begründet, sondern in ihrer Eigenschaft als Lieferant von Pflanzenfarbe (das Art-Epitheton *tinctorius* verweist darauf); er zeigte uns handgesponnenes Garn, das er damit leuchtend gelb eingefärbt hatte.

Bis zum Einbruch der Dunkelheit erkundeten wir die ruhigen Straßen und Wege Kitamuras, wo frisch geschnittene, sorgsam gebundene *Miscanthus*-Hocken zum Trocknen standen. Hier und dort hatten sich zwischen den Bauten mit ihren ehrwürdigen, von frischgrünem Moos belebten Grasdächern *Miscanthus*-Pflanzen angesiedelt. Als wir schließlich abreisten, wusste ich das Chinaschilf vollkommen neu zu schätzen.

LINKS OBEN Die in jedem Detail erkennbare Sorgsamkeit zeugt davon, wie viel Wert hier darauf gelegt wird, auch Alltägliches optisch ansprechend zu gestalten. Schon lange vor Beginn der Geschichtsschreibung lebte der Mensch in enger Gemeinschaft mit Gräsern; um so erstaunlicher ist es, dass wir diese Pflanzen – vor allem im westlichen Kulturkreis – erst in jüngster Zeit zu den Dingen rechnen, die nicht nur nützlich, sondern auch schön sind.
LINKS UNTEN Ein *Miscanthus*, der sich selbst im Dorf neben einem Weg angesiedelt hat, leuchtet hell im Licht des späten Nachmittags. Auf dem grasgedeckten Dach gleich daneben ist eine vielfältige Moosgemeinschaft ausgebreitet. Japanische Sicheltannen *Cryptomeria japonica* bedecken derweil die Berge Im Hintergrund.

OBEN LINKS Auf einem Vordach aus Zedernschindeln hockt ein Dachdecker; er hat eines der traditionellen *Miscanthus*-Dächer von Kitamura ausgebessert und kürzt nun die Halme. Zedernschindeln wie auch *Miscanthus* sind lokal vorhandene nachwachsende Rohstoffe.
OBEN Gelb leuchtet eine Docke handgesponnenen Garns, die der Künstler Hiroyuki Shindo mit *Miscanthus tinctorius* (Färber-Chinaschilf) einfärbte; sie liegt auf einer aus heimischen *Juncus*-Arten gewebten *tatami*-Matte in seinem historischen, mit Chinaschilf gedeckten Haus in Kitamura.

Die ganze Welt ist ein Garten, oder: Der feine Grat zwischen Naturschutz und Nachhaltigkeit

Der Schutz lokaler und regionaler Landschaften, die jeweiligen Vorzüge von „heimischen" und „exotischen" Pflanzen, echte Nachhaltigkeit – dies sind eng verknüpfte Themen, die es heute bei jeder von Berufsethos geprägten Beschäftigung mit Gräsern sorgsam gegeneinander abzuwägen gilt. Es ist nicht weniger kompliziert, als es klingt; Tatsache jedoch ist, dass wir mit jedem Pflanzenkauf, mit jedem Spatenstich, mit jeder Gartenplanung entsprechende Entscheidungen treffen. Ich möchte dies am Beispiel des *Miscanthus*, dieses allseits bekannten „Ziergrases", verdeutlichen.

Chinaschilf war mein erstes Gras und somit Teil meiner frühesten Gartenerfahrungen. Ich lebte damals im Norden von Delaware, und in dem geradezu unmöglichen Tonboden meines winzigen Stadtgartens fühlte sich dieser *Miscanthus* ausgesprochen wohl. Er war unkompliziert, attraktiv und sein Jahresrhythmus deckte sich ziemlich gut mit den Jahreszeiten dieser Gegend. Ich wollte in meinem Garten die Pflanzen, Muster und Abläufe nachbilden, die ich von den Wäldern und Wiesen der Umgebung kannte und liebte; schon bald jedoch machte ich die Erfahrung, dass viele heimische Arten, die in ihrem eigenen, ungestörten Habitat hervorragend gedeihen, unter den Bedingungen meines Gartens trotz Hege und Pflege im Nu aufgaben. Durch Beobachten und Experimentieren erstellte ich schließlich eine Pflanzenpalette, die meine Absichten erfüllte;

das Chinaschilf hinterließ dabei mit seiner Fähigkeit, sich ohne Gießen, Düngen und Pflanzenschutzmittel zu behaupten, bleibenden Eindruck.

Als ich in den 1980er-Jahren im Auftrag von Longwood Gardens (Pennsylvania) erstmals nach Japan reiste, begeisterten mich die Herbstsymbole auf den Reklameschildchen, die in den Tokioter Bahnwaggons von der Decke baumelten – Blätter des Fächer-Ahorns (*momiji*) und Blütenwedel des *Miscanthus* (*susuki*). Ein Blick aus dem Fenster genügte, und ich sah sie auch dort, denn diese Pflanzen begleiteten die Schienen über weite Strecken. Ich sollte auf dieser ersten Reise Auslesen japanischer Flora für den botanischen Garten erwerben; die kenntnisreichen japanischen Gärtner und Pflanzenzüchter vermittelten mir einen Eindruck davon, in welchen Ehren *Miscanthus* in diesem Land gehalten wird. Ein einziges Mal nur, während einer angeregten Diskussion mit einem auf das subtropische Asien spezialisierten jungen Umweltbiologen namens Tanaka (den ich sehr bewunderte), klang ein anderer Ton an. Die tief verwurzelte Liebe seiner Landsleute zu diesem Gras verstand Tanaka wohl, doch er war überrascht, dass wir dieses „Unkraut", wie er es nannte, nach Nordamerika importierten. Dabei sorgte er sich nicht um störende *M. sinensis*-Sämlinge im Hausgarten, sondern darum, dass dieser Überlebenskünstler nur zu leicht ein fein abgestimmtes fremdes Ökosystem aus der Balance bringen kann.

In den gut zwei Jahrzehnten, die seitdem vergingen, hat das Chinaschilf eine eindrucksvolle Schar von Befürwortern und Gegnern um sich versammelt. Die einen preisen es als schöne Pflanze, die mit ihrer genetischen Vielfalt die Gärten bereichert und sich zur Begrünung verseuchter Industriebrachen eignet. Die anderen sehen darin einen unkontrollierbaren Zerstörer heimischer Lebensräume und geben ihm Mitschuld an einer bedauerlichen Vereinheitlichung der Landschaftsbilder unserer Welt. Beide Standpunkte sind mal richtig, mal falsch – entscheidend ist der Kontext. Wir alle, ob Profi oder Privatgärtner, müssen uns an ein ethisches Regelwerk halten. Eine Gartenethik, die auf der Basis kleinräumiger Beobachtungen ständig weiterentwickelt und im regionalen und internationalen Kontext unablässig neu evaluiert wird, ist am ehesten geeignet, das zu schützen, was wir lieben, und das zu erhalten, was in diesem globalen Garten, für den wir gemeinsam Verantwortung tragen, unsere Existenz sichert.

Der Freund von Dichtung blickt auf die Industriesiedlung und die Eisenbahn und meint, die Poesie der Landschaft werde von ihnen durchbrochen, denn in seiner Lektüre wird dieser Kunst nicht gehuldigt; der Dichter aber erkennt sie ebenso als Teil der großen Ordnung wie den Bienenstock und das geometrische Spinnennetz. Die Natur nimmt sie sehr bald in ihre Lebenszyklen auf; die dahinrollenden Waggons liebt sie wie ihre eigenen Kinder.

Ralph Waldo Emerson
„The Poet", 1844

Das Wesen der Natur – das Wesen der Gräser

Ralph Waldo Emersons Worte mögen leicht angestaubt klingen, doch seine Botschaft hat an Aktualität nichts eingebüßt: Unsere Kulturlandschaften sind ein wichtiger Teil eines Ganzen. Traditionelle Vorstellungen von „Natur" gehen von einer Zweiteilung aus: auf der einen Seite die „natürliche Umgebung" – wilde Natur –, auf der anderen die „künstliche Umgebung", die vom Menschen geprägt wurde. So reizvoll die Idee einer unabhängigen, erhabenen, heilkräftigen Natur auch ist – tatsächlich verschleiert diese Dichotomie die wahre Rolle und Verantwortung der menschlichen Spezies. Unsere Einflussnahme ist inzwischen derart universell, dass sie bis in den letzten Winkel der Erde reicht. So bleibt uns nur eines: eine Bestandsaufnahme zu machen, Ziele zu setzen und ein verantwortliches Management zu betreiben. Ich selbst war mehrfach an Projekten zur Regenerierung geschädigter Lebensräume beteiligt, wo ich den naiven Vorschlag hörte, man möge doch einfach „der Natur ihren Lauf lassen" – ganz so, als existiere eine gütige, selbständig agierende Macht, die ohne unser Dazutun alles wieder ins rechte Lot bringt. Die eigentliche Herausforderung besteht jedoch darin festzustellen, wo die Grenze zwischen nötiger Einflussnahme und unnötiger Kontrolle verläuft. Für die regional verortete Landschaftsarchitektur des 20. Jahrhunderts war die Natur häufig Inspiration oder Richtschnur; ihre Betreiber entwickelten Regelwerke und Strategien aus Hinweisen, die sie der Landschaft entnahmen. Frank Lloyd Wright sah die Aufgabe des Gestalters in einer Aufarbeitung der Natur; viele seiner Landschaften prägte er mit unverkennbarer Handschrift. Jens Jensen glaubte an eine leichtere Hand; in *Siftings* (1939) ging er so weit zu sagen: „Die Natur spricht klarer und eindringlicher zu uns, wenn wir sie in Ruhe lassen." Jensens wohl beste Entwürfe waren diejenigen, bei denen er sich auf behutsame Bearbeitung beschränkte.

Ich selbst habe mir Raymond Williams' Definition von „Natur" (1980) zu eigen gemacht: „ein einzigartiger Name für die wahrhaftige Vielfalt der Dinge und Lebensprozesse". Wenn man die Dinge derart umfassend betrachtet, wenn man eine lebendige Entwicklung schätzt und die unvermeidlichen Veränderungen begrüßt, die aus einer solchen Dynamik resultieren, dann passt wiederum die ganze Welt in die Neudefinition des Gartens als „fesselndes Theater" (Stilgoe, 1998). Wer Dynamik und Faszination sucht, der wird bei den Gräsern fündig.

Dieses Foto von leuchtendem *Miscanthus sinensis* entlang eines Schienenstrangs entstand durch das Fenster des Lokführerstands; die Zugfahrt ging nach Takayama in den japanischen Alpen. Hier haben wir ein perfektes Beispiel für eine opportunistische heimische Pflanze. *Miscanthus* ist ein fester Bestandteil des lokalen Ökosystems und am sonnigen Ufer des nahen Flusses weit verbreitet. Wenn nun das Ufer sein natürlicher Lebensraum ist, was sollen wir dann davon halten, dass sich der *Miscanthus* neben dem Bahndamm in einem menschengemachten künstlichen Lebensraum niedergelassen hat? Ist die Unterscheidung nötig? Der *Miscanthus* ist schlicht eine anpassungsfähige Pflanze, die einen geeigneten Standort erobert. Ist er hier Exot? Ist er ein schädlicher Eindringling? Die Bahnbehörde betrachtet das Gras als Unkraut. Was aber wäre die natürliche Flora eines Bahngeländes? Wir müssen nur hin und wieder unsere Definitionen neu überprüfen, um solchen semantischen Spitzfindigkeiten zu entgehen: Der *Miscanthus* ist nichts als eine heimische Pflanze in einem heimischen Lebensraum.

RECHTS OBEN Schönheit oder Biest? Kurz vor Sonnenuntergang schweift der Blick über die Rose-Garden-Balustrade des Bard College Campus und weiter Richtung Westen über den Hudson River; der Ausblick sagt einiges über die Veränderungen aus, die Gräser in den Landschaften von heute bewirken. Frederic Edwin Church, ein Maler der Hudson River School, wohnte 1870/71 nicht allzu weit flussaufwärts in dem Haus Olana, wo er einen weiten Blick über den Fluss bis zu den Catskill Mountains genoss. *Phragmites* ist auf seinen Landschaftsgemälden nicht zu entdecken, was nicht an dem großartigen Maßstab seiner Werke liegt, sondern daran, dass große Schilfflächen hier eine recht neue Erscheinung sind.

Während *Miscanthus sinensis* in Japan nicht nur neue Lebensräume erobert, sondern dort auch beheimatet ist, ist das Schilfrohr *Phragmites australis* des östlichen Nordamerika von gemischter Herkunft – ursprünglich nordamerikanische Genotypen (genetisch ähnliche Typen) finden sich dort ebenso wie unachtsam aus fremden Lebensräumen eingeführte exotische Genotypen. *P. australis* ist derart variabel, dass man es früher in zwei Spezies unterteilte – *P. australis* und *P. communis*. Von Antarktika abgesehen ist dieses Gras in sämtlichen Erdteilen anzutreffen. Schon Herbarien aus dem 19. und vom Beginn des 20. Jahrhunderts weisen es im östlichen Nordamerika nach, womit es nach üblichem Ermessen als „heimische“ Pflanze gelten darf. Seine explosionsartige Ausbreitung am Ende des 20. Jahrhunderts schreibt die Wissenschaft (federführend Bernd Blossey und Forscher der Cornell University) fast ausschließlich auf eingeschleppte Genotypen zurück. Kurz gesagt: Abhängig vom genetischen Ursprung lässt sich diese eine Grasspezies entweder als heimisch oder als Exot einordnen.

Die exotische Schilfvariante einzudämmen erweist sich als höchst problematisch. In kleinen und isolierten Landschaften können mechanische und/oder chemische Methoden effektiv und dauerhaft erfolgreich sein. In größeren, dynamischen Landschaften, etwa einem regionalen Flusssystem, sind mechanische Methoden impraktikabel und chemische letztendlich sinnlos, will man nicht regelmäßig Toxine in das Gewässersystem einbringen. Solange keine besseren Methoden zur Eindämmung existieren, besteht der vernünftigste und realistischste Ansatz darin, einen Anblick wie diesen als ursprünglichen Bestandteil des Hudson River Valley im 21. Jahrhundert zu akzeptieren.

LINKE SEITE UNTEN Beim ersten flüchtigen Blick erinnerte mich dieses Bild an unseren Erdball – lauter von hellblauen Ozeanen umgebene Kontinente. Tatsächlich betrachtete ich eine Welt ohne Wasser, nämlich den Boden eines längst nicht mehr genutzten Stahl-Schwimmbeckens in einem ehemals höchst eleganten Privatgarten. Großer Rohrkolben *Typha latifolia* gedeiht sonst in tiefgründigem Boden in stehenden Gewässern; hier überlebt er in einer nicht einmal fünf Zentimetern starken, vom Wind zusammengetriebenen Laubinsel auf einem gelegentlich vom Regen befeuchteten versiegelten Metallgrund. Eine Pflanze, die sich durch derartige Robustheit und Anpassungsfähigkeit auszeichnet, erweist sich unter Umständen als perfektes Unkraut; dieselben Eigenschaften können sie jedoch zur perfekten Begrünung zunehmend trockener Lebensräume und Kulturlandschaften machen.

OBEN Vor über hundert Jahren ließ die Pennsylvania Railroad diese Böschungsmauer aus handbehauenem Granit errichten, und noch heute verlaufen oberhalb von ihr die Schienenstränge des Nordost-Korridors, der meistbefahrenen Bahnstrecke der Vereinigten Staaten. Für die Wandmalerei lag keine Genehmigung vor; der Gesamteindruck einschließlich des adretten Besatzes mit *Panicum virgatum* ist für mich schon seit Jahren ein Höhepunkt der Anfahrt zum Flughafen von Philadelphia. Niemand pflanzte die Rutenhirse an; die Samen des widerstandsfähigen heimischen Grases trug der Wind von dem natürlichen Bestand entlang des nahen Delaware River herüber, und so nutzte es die Nische zwischen dem Schotterbett und der senkrecht abfallenden Mauerkante. Mir gefällt besonders, wie die ausgebleichten Halme im Winter das Schwarz und Rotbraun von Stein und Schienen aufnehmen; außerdem amüsieren mich der Gegensatz zwischen den straff aufrechten Halmen und den Natursteinlagen sowie die akkurate Abstufung von Gras und Mauerkrone. Kein Mulch, kein Gartenschlauch, nichts als ein dauerhaft schönes Gesamtbild.

Einzigartiges Grasland: Wilde Prärie – Stadtprärie

Viele Graslandschaften, die wir ganz selbstverständlich als heimisch ansehen, sind dies gar nicht. In Kalifornien findet sich noch immer eine reiche Gräservielfalt, doch die charakteristische, golden schimmernde Hügellandschaft entlang seiner Küste verdanken wir inzwischen vor allem Exoten, die der Mensch aus diversen eigennützigen Gründen einführte. Ob heimisch oder nicht – die Wirkung dieses hochsommerlichen Tableaus aus Wiesen und kalifornischen Eichen in Santa Barbara County bleibt ungebrochen.

Es gab Zeiten, da feierte die Gartengestaltung die Herrschaft über die Natur; viele dieser Anlagen sind noch immer beeindruckend, wenn auch höchst arbeitsintensiv. Heute jedoch tendieren wir zu Gärten, die dem regionalen Ökosystem Tribut zollen, und in zunehmendem Maße auch zu solchen, die verloren gegangene Landschaften heraufbeschwören. Die Pflanzengruppe der Gräser ist in keiner Weise in ihrer Existenz bedroht; dennoch hat kaum ein Grasland unbeschadet bis ins 21. Jahrhundert überlebt. Die nordamerikanische Prärie lässt sich als Paradebeispiel einer riesigen Graslandschaft anführen, von der heute nur noch winzige Reste existieren. Nicht einmal vier Prozent dieses Ökosystems, das sich ursprünglich über eine Million Quadratkilometer erstreckte, entgingen dem Pflug und der Überbauung. Für zahlreiche indigene Völker Nordamerikas war die Prärie Heimat; für die westwärts ziehenden Pioniere war sie ein bedrohlicher, häufig todbringender Raum. Inzwischen gilt uns das, was von diesem mit Blütenpflanzen durchsetzten Gräsermeer überlebt hat, zumeist als Emblem sonnenbeschienener Wildnis. Einige herrliche Prärieflächen wurden bewahrt, darunter

die Bluestem Prairie Preserve in Minnesota, der Prairie State Park in Missouri und die Tallgrass Prairie National Preserve in Kansas; andere wurden neu angepflanzt oder restauriert. Die neuesten Annäherungen jedoch sprießen in Städten und Vororten der ganzen Welt.

Hoch- und Kurzgrasprärie lassen sich recht problemlos in die Stadt übertragen, jedoch nicht als getreue Wiedererschaffung, sondern als Abstraktion. Wie bei der echten Prärie bilden auch hier robuste ausdauernde Gräser das Gerüst. Diese widerstandsfähige, trockenheitsverträgliche Matrix lässt sich für unterschiedlichste urbane und suburbane Situationen adaptieren; man kann damit große Flächen relativ kostengünstig begrünen, während blühende Stauden das ganze Jahr über Blickpunkte setzen. Im Verlauf dieser Abstraktion erfuhr die amerikanische Prärie eine Europäisierung; die so entstandene „Gartenprärie" dupliziert die Mischung aus Gräsern und krautigen Gewächsen des natürlichen Vorbilds, setzt diese jedoch mit Spezies aus sonnigen Lebensräumen der ganzen Welt um. Diese optisch sehr ansprechende Gestaltung ist

LINKS Das Naturschutzgebiet Tallgrass Prairie National Preserve in den Flint Hills von Kansas umfasst rund viertausend Hektar Land im historischen Herzen der Prärie. Ein Weg durchquert die Mischung aus Großem Blauhalm *Andropogon gerardii* und anderen Hochgras-Arten; er läuft auf eine Großfrüchtige Eiche *Quercus macrocarpa* in einer Senke zu und weiter bis zu einem Schulhaus, das hier in den 1880er-Jahren aus lokalem Kalkstein errichtet wurde. Die Aufnahme entstand Ende Februar.

OBEN Dies ist zwar nicht Kansas und auch keine Hochgrasprärie, sondern Schilfrohr *Phragmites australis*, aber dennoch vermittelt die Aufnahme einen Eindruck davon, wie einst die Prärie in Flammen gewirkt haben muss. Gut anderthalb Kilometer vom Flughafen von Philadelphia entfernt rast bei Tinicum eine nahezu zehn Meter hohe Feuerwalze über das Naturschutzgebiet der John Heinz National Wildlife Refuge hinweg. Beim Fotografieren stand ich rund hundert Meter vom Feuer entfernt, und doch war die Hitze nahezu unerträglich. Durch Blitzschlag ausgelöstes oder durch die Urbevölkerung gelegtes Feuer war ein unverzichtbarer Faktor des Ökosystems der Prärien; ohne Feuer hätte es die Prärie so, wie wir sie kennen, nie gegeben. Ohne starke Hinderungsfaktoren wie Feuer oder einen niedrigen Grundwasserspiegel verbuscht und bewaldet Grasland in Regionen mit mittlerem Regenfall im Nu.

DIESER ABSOLUT NATÜRLICH wirkende Abschnitt der State Route 91 in Dodge County, Nebraska, könnte „amerikanischer" nicht sein.

UNTEN Runde Getreidesilos im Hintergrund, Gelbes Indianergras *Sorghastrum nutans* und die Sonnenblume *Helianthus maximilianii* im Vordergrund verbinden sich zu einem für Nebraska charakteristischen Landschaftsbild. Die Präriegräser und -blumen verdanken ihre Existenz nicht zuletzt der sorgsamen Pflege durch das Landesstraßenamt Nebraska.

RECHTS Strahlend wie der Himmel über der Prärie blüht Blauer Salbei *Salvia azurea* zwischen seinen Wiesennachbarn.

LINKS Piet Oudolfs Entwurf für den Millennium Park in Chicagos Downtown-Bezirk verwebt unterschiedlichste Texturen – genau wie sein Vorbild, die Prärie. Im Hintergrund übernimmt ein Frank-Gehry-Bau für die fehlenden Getreidesilos. Hier wurden Pflanzen sowohl nordamerikanischen als auch eurasischen Ursprungs verwendet, und doch erinnern sie in dieser Zusammenstellung unverkennbar an die Prärie.

UNTEN Diese breite Woge von Rutenhirse *Panicum virgatum* 'Heavy Metal' ist Teil des zusehends schöner werdenden sanierten Uferbezirks von Wilmington, Delaware. Die Anpflanzung lässt sich als Prärie lesen oder aber, mit noch stärkerem Ortsbezug, als Verweis auf ähnliche Szenarien entlang der Küstengewässer dieses Staates.

OBEN Dieses Grasdach auf dem ehemaligen Regenwaldhaus von Herrenhausen (Hannover) ist eine visionäre ökologische Lösung – Hans Simons Antwort auf die Frage, wie sich die hochgelegenen Lebensräume inmitten unserer Städte begrünen lassen. Gerade für dieses Bauwerk, das das im Zweiten Weltkrieg zerstörte Große Palmenhaus ersetzt, passt sein Entwurf besonders gut. Simon begegnet hier einem der trockensten Lebensräume der Welt, der urbanen Dachfläche, mit gezielten Strategien. Vorbilder und Materialien fand er in der europäischen Flora – zähe Süß- und Riedgräser, darunter das Blaugras *Sesleria rigida* (Mitte) und die Erd-Segge *Carex humilis* (rechts im Vordergrund).

RECHTS Julie Messervys Gestaltung von Torontos Music Garden verhilft diesem Uferabschnitt des Ontariosees, einem ehemals ungepflegten Industriestandort, zu neuem Leben. Heute finden sich hier großzügige Weite und abgeschiedene Winkel; unweit der neu errichteten Stadtwohnungen sorgen Gräser und Fels für kühnes Drama. Im Bild umspielen Reitgras *Calamagrostis × acutiflora* 'Karl Foerster' (im Vordergrund) und Rutenhirse *Panicum virgatum* (im Hintergrund) eine Steinsetzung.

wesentlich weniger dynamisch als das „echte" Ökosystem; sie stellt einen neuen Gartentypus dar, der mit dem menschlichen Lebensraum in Einklang steht.

Gräser im Kontext: Stil und Standort

„Ideen können kosmopolitisch sein und sind es auch; nicht jedoch Stil, denn dieser hat seinen eigenen Nährboden, seinen eigenen Himmel, seine eigene Sonne." So äußerte sich vor über zweihundert Jahren der französische Schriftsteller Chateaubriand, und diesen Satz finde ich gerade im Bezug auf Gärten sehr aufschlussreich. Dass unter sämtlichen Kunstformen gerade der Garten den lokalen Kontext und die örtlichen Gegebenheiten, ob durch die Natur oder durch kulturelle Traditionen vorgegeben, berücksichtigen sollte, scheint nur vernünftig. Entsprechend geeignete Gräser finden sich immer leichter, je umfangreicher die für den Garten entwickelte Palette wird.

Schon lange gilt Christchurch als Gartenstadt und zugleich als die „englischste" Stadt Neuseelands. Durch eine zunehmende Sensibilisierung für Umweltbelange zieht nun verstärkt die wahre Flora der Südinsel in die Stadtlandschaft ein, ohne dass der historische Charakter des Ortes darunter leidet. Diagonal durch die schachbrettartig ausgelegte Innenstadt zieht sich der Avon River; heute sichern üppige sattgrüne Bülten der neuseeländischen Segge *Carex secta* seine ehedem erodierten Ufer. Städtische Initiativen zur Restaurierung der Wasserläufe und der heimischen Landschaft finanzierten die Gestaltung, die unmittelbar durch den typischen Lebensraum der Segge inspiriert ist und gleichzeitig den formalen Charakter der Gloucester-Street-Brücke und anderer klassischer Bauten unterstreicht.

RECHTS Der deutsche Landschaftsarchitekt Karl Wienke verbindet in seinem eigenen Teichgarten in Suhl formale architektonische Elemente mit naturalistischen Pflanzungen. Diverse Feuchtigkeit bevorzugende Riedgräser, darunter *Carex siderosticta*, *C. muskingumensis*, *Schoenoplectus tabernaemontani*, *Cyperus longus* und *Carex pendula*, wurden am Teichrand der jeweils geeigneten Feuchtigkeitszone zugeordnet. Das elegante Resultat dieses durchstrukturierten Entwurfs könnte man beinahe für eine natürliche Pflanzengesellschaft des gewässernahen Lebensraums halten.

UNTEN Man sollte meinen, eine derart exquisite, strukturreiche Komposition wäre nur mit Pflanzen aus den verschiedensten abgelegenen Erdteilen möglich. Tatsächlich jedoch sind in dem Schaugarten der Taupo Native Plant Nursery auf Neuseelands Nordinsel ausschließlich hervorragend angepasste, attraktive formenreiche Vertreter der heimischen Flora zusammengetragen. Im Vordergrund ergießt sich *Carex flagellifera* über die niedrige Stützmauer.

RECHTS Das Nebeneinander von Tigergras *Thysanolaena latifolia* und Baum-Philodendron *Philodendron bipinnatifidum* im Garten Martin bei Petrópolis (Brasilien) vermittelt einen unmittelbaren Eindruck von den dramatischen Texturen der Tropen. Der Designer, Künstler und Landschaftsarchitekt Roberto Burle Marx verband eingehende Kenntnisse der tropischen Flora mit dem Blick des Malers und entwickelte dabei einen Stil, der heute mit seiner Heimat Brasilien synonym ist.

UNTEN Kapstadts Kirstenbosch National Botanical Garden widmet sich ausschließlich dem Studium und der Präsentation heimischer Flora, darunter hunderte Spezies der Pflanzenfamilie Restionaceae, die den Süß- und Riedgräsern und Binsen nahe steht. Während im Zentrum des Interesses Umweltaspekte stehen, gelingen gleichzeitig zahllose, höchst elegante Pflanzenkompositionen und -vergesellschaftungen – im Bild eine Zusammenstellung von *Elegia capensis*, *Thamnochortus insignis* und der seltenen Protee *Leucospermum formosanum*.
UNTEN RECHTS Südkalifornien wird oft fälschlich für ein Tropenparadies gehalten – tatsächlich ist das Land eine Wüste. Die Quail Botanical Gardens in Encinitas demonstrieren einen für öffentliche wie private Gärten höchst sinnvollen wassersparenden Gestaltungsansatz. Peruanisches *Jarava ichu* wiegt sich, dicken Federbüschen gleich, zwischen statuesken *Agave shawii* und anderen Wüstenspezies des amerikanischen Südwestens.

RECHTS Beth Chattos Kiesgarten in Colchester (England) wurde seit seiner Neuanlage im Winter 1991/92 nicht gegossen. Trockenheitsresistente Gräser, darunter – hier im Bild – das mexikanische Federgras *Nassella tenuissima* und *Ampelodesmos mauritanicus*, wirken das ganze Jahr über attraktiv. Das Credo dieses Gartenstils ist das Wassersparen; er vereint daher eine eklektische Pflanzengemeinschaft aus verschiedenen wasserarmen Lebensräumen der Erde.

UNTEN Früh an einem Wintermorgen demonstriert der Kiesgarten von Knoll Gardens in Dorset, zu welcher Dramatik eine unbewässerte Landschaft selbst zu Englands tristester Jahreszeit fähig ist. In der bunt zusammengestellten, regional angepassten Gräsergesellschaft finden sich Afrikanisches Lampenputzergras *Pennisetum macrourum* (vorn) aus Südafrika, Starrer Tropfensame *Muhlenbergia rigens* (hinten Mitte) aus Kalifornien sowie *Miscanthus nepalensis* (hinten rechts) aus Asien.
Foto © Dianna Jazwinski.

Eine vielfältige Palette

Obgleich die Auswahl an Gräsern, Riedgräsern, Binsen, Restio-Verwandten und Rohrkolben für den Garten in den letzten Jahrzehnten gewaltig zugenommen hat, umfasst sie noch immer nur einen Bruchteil des Möglichen. Wie erkennen wir Gräser und Grasartige mit Gartenpotenzial, wie kommen wir an das Pflanzenmaterial, und wie erlangen wir die nötigen Kenntnisse, um sie in der Landschaft von morgen gedeihen zu lassen? Zunächst sollten wir unseren eigenen Lebensraum gründlich analysieren.

Bei einer Vortragsreise durch Neuseeland im September 2005 – dort zeitiges Frühjahr – hatte ich Gelegenheit, meine Bekanntschaft mit Gordon Collier und seiner Frau Annette aufzufrischen, einem Gärtnerpaar, das sein Land und dessen Flora hervorragend kennt. Einen ganzen Tag lang durchstreiften wir den Tongariro National Park, ein Vulkangebiet im Inneren der Nordinsel, wo sich uns ein abwechslungsreiches Bild nach dem anderen bot – jedes einzelne hätte ich nur zu gern als Garten mein eigen genannt. Besonders fasziniert war ich von dem Schneidgras *Gahnia*, einer mir bis dato unbekannten neuseeländischen Riedgrasgattung, die so gut wie nie kultiviert wird. Gemeinsam identifizierten wir die eleganten Grasbüschel in der Bildmitte und im Hintergrund als *Gahnia procera*. In unmittelbarer Nachbarschaft finden sich goldgelbe Alpen-Steineibe *Podocarpus nivalis*, schmalblättriges Drachenblatt *Dracophyllum* in dunklem Rotbraun, silbrige *Celmisia incana*, die Südbuche *Nothofagus solanderi* und zahlreiche andere heimische Pflanzen. Neuseeländische Gartenfachleute vermehren inzwischen verschiedene *Gahnia*-Spezies für die Landschaftsgestaltung.

Das Projekt „Enhancing Delaware Highways“ richtet bei der Gestaltung und Pflege der Straßenrandbereiche sein besonderes Augenmerk auf die Schönheit und Vielfalt der hier heimischen Flora. Sussex, der südlichste der drei Verwaltungsbezirke, nimmt die äußere Küstenebene ein; sein von Natur aus sandiger Boden neigt zu Trockenheit. Bei der Analyse von Mittelstreifen und Dünenrändern nahe der winzigen Ortschaft Dewey Beach fiel auf, dass die hier heimische Rispenhirse *Panicum amarum* auch an schwierigen Standorten mühelos klarkommt; unter der wilden Population befanden sich einige bemerkenswert blaue Exemplare. Dass sich mit diesem Gras hervorragend Dünen stabilisieren lassen, war schon lange bekannt, doch als Zierpflanze war es zu der Zeit nicht anzutreffen. Ich tat mich mit Dale Hendricks und North Creek Nurseries zusammen; wir sammelten Saatgut, führten Testpflanzungen durch und selektierten eine Pflanze mit besonders hohem Blauanteil, um diese nach vegetativer Vermehrung als Klonsorte 'Dewey Blue' in den Handel zu bringen. Bereits nach wenigen Jahren konnten Gärtner und Landschaftsarchitekten, die mit ähnlich trockenen Bedingungen zu kämpfen haben, auf diese Auslese zurückgreifen. Der Sortenname erinnert an den Ursprungsort; die Sorte selbst macht auf die Schönheit und den Nutzen einer bis dahin ignorierten Spezies aufmerksam.

UNTEN Rispenhirse *Panicum amarum* 'Dewey Blue' im Garten des Autors in Pennsylvania.

LINKS Das hohe Blaue Pfeifengras *Molinia caerulea* subsp. *arundinacea* 'Zuneigung', eine Auslese von Karl Partsch, wiegt sich im Sichtungsgarten Weihenstephan grazil über roten Rosen. Partsch war nicht Gartenbauer, sondern Pflanzenkundler; mit seinem guten Blick bereicherte er jedoch die Auswahl an Gartengräsern um etliche Varianten, die er von seinen Reisen durch diverse Lebensräume der ganzen Welt mitbrachte. Die Sorte 'Zuneigung' selektierte er aufgrund ihres Habitus, der zunehmend weicher wirkt, je mehr sich die Halme unter dem Gewicht der Samen neigen.

OBEN Zwei Anbaureihen – zwei Kontinente – ein Trend. *Muhlenbergia capillaris* (vorn) ist eine im Südosten der USA beheimatete Spezies, die stark im Kommen ist; der ostasiatische *Miscanthus sinensis* (dahinter) hat sich dagegen schon längst im Garten bewährt. In vielen Regionen Nordamerikas sind dem Chinaschilf durch Faktoren wie Trockenheit oder Frost natürliche Grenzen gesetzt, weshalb er dort für die regionale Flora keinerlei Bedrohung darstellt. Im warmen, feuchten Südosten dagegen hat sich gezeigt, dass *M. sinensis* relativ intakte Lebensräume massiv stören kann; die Zukunft von Sorten, die reichlich Samen produzieren, ist derzeit ungewiss. In John Hoffmans Gärtnerei in Rougemont (North Carolina) werden daher zunehmend Gräser wie *Muhlenbergia* und *Panicum* als umweltbewusste Alternativen für den Südosten identifiziert und vermehrt.

Gräser: Eine Randexistenz

Die meisten Süßgräser dieser Welt und ihre nahen Verwandten sind noch immer Randgestalten in unseren Gärten. Viele Landschaften, in denen diese schönen Pflanzen die Hauptrolle spielen könnten, wollen erst noch entdeckt, erfunden oder erträumt sein. Gräser und Grasartige werden zunehmend an Bedeutung gewinnen, je mehr wir uns einer Gestaltungsethik annähern, die eine Entwicklung von Zeit und Raum, von Pflanzenpalette und beabsichtigter Nutzung, von Sinn und Zweck gestattet.

UNTEN Mais und bewaldetes Hügelland im Oktober in Pennsylvanias Westen: Es ist zwar Ackerbau, doch es sieht aus wie Kunst.

RECHTS Orleans, Cape Cod, Massachusetts: Fünf Tage vor dem Jahreswechsel bricht unverhofft Sonnenlicht durch das Schneetreiben. Schlickgras *Spartina patens* und sein Verwandter *S. alterniflora* zeichnen die Uferlinie der Salzmarsch nach; zwischen dem baumbestandenen Hang und dem Wasser haben Spaziergänger einen Trampelpfad gelegt, dessen Verlauf sich von Jahreszeit zu Jahreszeit mit der veränderlichen Flutlinie verschiebt. Alljährlich im August durchsetzt Meerlavendel – *Limonium nashii* – das sommerliche Grün. Auch dieser mit leichter Hand gepflegten Landschaft gebührt meiner Ansicht nach die Bezeichnung „Garten".

Gräserfamilien

MIT DEM WORT „GRAS“ bezeichnen wir umgangssprachlich weit mehr Pflanzen als nur diejenigen, die auch der Botaniker mit diesem Begriff belegen würde. Diesen ist vor allem eine ähnliche Gestalt gemeinsam – sie wachsen meist büschelig mit langen, schmalen Blättern, die direkt aus dem Scheitel sprießen. Dieses weit gefasste Verständnis umschließt mehrere verwandte Pflanzenfamilien, nämlich die Süßgräser (Poaceae), die Sauergräser oder Riedgrasgewächse (Cyperaceae), die Binsengewächse (Juncaceae), die Restio-Verwandten (Restionaceae) und die Rohrkolbengewächse (Typhaceae). Dieses Buch behandelt überwiegend mehrjährige Angehörige dieser Familien, Bambus und Rasengräser ausgenommen.

Gemeinsam ist den genannten Familien neben dem schmalen, grasartigen Laub auch die Zugehörigkeit zu den einkeimblättrigen Pflanzen (Monokotyledonen), einer Klasse der Bedecktsamer. Die Blätter der Einkeimblättrigen sind typischerweise parallelnervig, die Blattränder normalerweise frei von größeren Zähnen und Einschnitten; bisweilen sind sie sehr fein gezähnt oder behaart. Mit Ausnahme der Bambusarten (Poaceae) bilden einkeimblättrige Pflanzen kein holzartiges Gewebe aus. Zweikeimblättrige Pflanzen (Dikotyledonen) hingegen, welche früher die zweite Klasse der Bedecktsamer ausmachten (heute aufgeteilt in die Klassen Rosopsida und Magnoliopsida), bringen Blätter mit netzartigen Adern und häufig gezähnten oder gesägten Rändern hervor und wachsen entweder holzig oder krautig. Sämtliche mehrjährige Pflanzen, die weder zu den Gräsern und Grasartigen noch zu den Gehölzen zählen, lassen sich unter dem Begriff „krautige Pflanzen“ gut zusammenfassen.

Ein Überblick über die Unterschiede zwischen den verschiedenen botanischen Familien der Gräser und Grasartigen lässt sich recht leicht vermitteln; die Trivialnamen hingegen erweisen sich häufig als widersprüchlich und verwirrend. Das China„schilf“ *Miscanthus* ist in Wahrheit ein Süßgras, ebenso das Pfahl„rohr“ *Arundo* sowie das Besen„ried“ *Molinia*. Die Flatter-Binse *Juncus effusus* ist tatsächlich eine Binse (Juncaceae), bei der Sumpfbinse *Eleocharis* und der Moorbinse *Isolepis* dagegen handelt es

Die Berge im Inneren von Neuseelands Südinsel rahmen helle, offene Flächen – ideales Habitat für Richards Pampasgras *Cortaderia richardii*, dessen Samenstände hier Ende August das Licht der tiefstehenden Wintersonne einfangen.

sich um Riedgrasgewächse (*Cyperaceae*). Die gärtnerische Bezeichnung „Ziergras“ wird bisweilen allumfassend auf sämtliche staudig wachsenden Pflanzen mit schmalen Blättern angewandt, einschließlich Kalmus *Acorus* aus der Familie der Aronstabgewächse (Araceae) sowie *Liriope* und Schlangenbart *Ophiopogon* aus der Familie der Liliengewächse (Liliaceae). Mit Logik ist dem leider nicht beizukommen.

Man muss nicht sämtliche komplexen Familienmerkmale der Gräser und Grasartigen kennen, um sie in der freien Natur würdigen oder mit ihnen gestalten zu können; ein paar Grundkenntnisse jedoch schulen unseren Blick fürs Detail und erleichtern die Identifizierung. Außerdem können wir diese Pflanzen besser einschätzen, wenn wir ein wenig über ihren ökologischen und kulturlandschaftlichen Kontext wissen.

DIE GROSSE GATTUNG *Panicum* umfasst Hirsen und Rispenhirsen; darunter sind Spezies, die sind an unterschiedlichste Standortbedingungen angepasst und vertragen zum Teil extreme Grade an Feuchtigkeit, Hitze, Kälte und Nährstoffangebot.

Poaceae – Süßgräser

Die Süßgräser, auch Echte Gräser genannt, zählen zur botanischen Familie der Poaceae oder auch Gramineae. Beide botanische Namen sind korrekt. In der modernen Nomenklatur wird der Name einer Pflanzenfamilie durch Anfügen der Standardendung -aceae an den Namen einer ausgewählten Gattung dieser Familie gebildet. Die Bezeichnung „Poaceae“ besteht aus dem Gattungsnamen Poa und dieser Endung. „Gramineae“ hingegen ist eine ältere, beschreibende Bezeichnung, welche die Taxonomen in internationaler Übereinkunft als Alternative beibehielten. In diesem Buch wird durchgängig die Bezeichnung „Poaceae“ verwendet.

An einem Gewässersaum in den New Jersey Pine Barrens vervollständigt Rutenhirse *Panicum virgatum* Ende Oktober die herbstliche Farbpalette von Quirlblättrigem Wasserweiderich *Decodon verticillatus*, Rot-Ahorn *Acer rubrum*, hohen Blaubeerbüschen *Vaccinium corymbosum* und anderen feuchtigkeitsverträglichen Spezies.

Größe und Verbreitung

Die Süßgräser (Poaceae) stellen eine der größten Familien der Bedecktsamer; diese umfasst über sechshundert Gattungen mit etwa zehntausend Arten. Umfangreicher sind lediglich die Familie der Knabenkrautgewächse (Orchidaceae) mit etwa der gleichen Zahl an Gattungen, aber doppelt so vielen Arten, und die der Korbblütler (Asteraceae) mit über neunhundert Gattungen und neunzehntausend Arten. Zahlen sind jedoch nur ein Aspekt; von allen Familien der Bedecktsamer sind die Süßgräser am weitesten verbreitet. Gräser sind die wahren Kosmopoliten unter den Pflanzen, sie wachsen auf jedem Kontinent und sind Teil sämtlicher großen Biome der Landmassen. Sie finden sich auf Berghöhen ebenso wie am Meeresstrand, vom Polarkreis im Norden über gemäßigte und tropische Zonen bis hinunter zum Florenreich Antarktis.

Trotz ihres großen Verbreitungsgebietes bevorzugen die meisten Süßgräser sonnige, offene Standorte; mit Ausnahme von Bambus sind sie im dichten Wald relativ selten. Dafür jedoch sind sie echte Pioniere – sie zählen zu den ersten Pflanzen, die neu entstandene Lebensräume besiedeln, und spielen häufig eine wichtige Rolle bei einer schrittweisen Neubesiedlung. Viele Süßgräser gedeihen unter durchschnittlichen, nährstoffreichen Bedingungen; als wahre Überlebenskünstler jedoch erweisen sie sich in Extremsituationen – Hitze, Kälte, Wasser- oder Nährstoffmangel, sogar Toxizität gereichen ihnen zum Vorteil. Ihre reichlich produzierten Samen sind mit einem Energievorrat ausgestattet, der eine rasche Keimung und Etablierung ermöglicht, und das aus-

LINKS Die Rispenhirse *Panicum amarum* und die an Heidekraut erinnernde *Hudsonia tomentosa* lassen sich selbst auf dem extrem durchlässigen Boden der Dünenlandschaft entlang der Küste von Süd-Delaware durch die Julihitze nicht in Verlegenheit bringen.

OBEN Mitte Juni dringt kaum ein Sonnenstrahl durch das dichte Blätterdach eines Kiefernmischwalds in Collin County (Texas). Das Breitblättrige Plattährengras *Chasmanthium latifolium* ist eines der wenigen Gräser, die eine derart schattige Situation tolerieren.

gedehnte faserartige Wurzelwerk ist außerordentlich effizient. Sogar regelmäßige Blattschäden durch Abweiden oder Feuer kann die Graspflanze dank ihrer tief liegenden Wachstumszone problemlos überstehen.

Süßgräser und der Mensch

Zu den Süßgräsern zählen die Getreidearten Weizen, Mais, Reis, Roggen, Hafer, Gerste und Hirse und ebenso das Zuckerrohr, womit diese Familie die für den Menschen wichtigste Pflanzengruppe überhaupt darstellt. Ohne den Getreideanbau hätte es nie eine menschliche Zivilisation, wie wir sie kennen, gegeben. Gräser und die aus ihnen gewonnenen Produkte prägen die Kulturen der Welt. Sie sind Quelle zahlreicher Duft- und Speiseöle; wir fermentieren sie zu Sake, Wein, Bier, Whisky und zahlreichen anderen Alkoholika. Auch als Baumaterial sind Gräser äußerst vielseitig nutzbar. Aus Grassoden errichten wir einfache Hütten, mit Gras decken wir Dächer. Bambus wird noch heute im Rahmen- und Gerüstbau, zur Möbelherstellung und beim Zaunbau verwendet. Zahlreiche klassische Holzblasinstrumente verwenden ein aus Gras gewonnenes

UNTEN Rutenhirse *Panicum virgatum* hat diesen Lebensraum unter Hochspannungsleitungen im Süden von New Jersey erobert. Niemand pflanzte das Gras – es hat sich hier selbst ausgebreitet. Der Stromversorger hält die Trasse frei von Gehölzen; genau solche offenen, sonnigen Flächen benötigt das Gras. Früher, als das Land spärlicher besiedelt war und der Mensch noch nicht sämtliche Lauffeuer verhütete, hätte die Natur selbst für solchen Lebensraum gesorgt.

RECHTS Juli in Lancaster County (Pennsylvania) ist Erntezeit für Winterweizen, *Triticum aestivum*. Dieses einjährige Gras ist das wichtigste Getreide der gemäßigten Breiten. Sein Ursprung liegt wahrscheinlich im Nahen Osten; es wird bereits seit Jahrtausenden angepflanzt – seit den Anfängen des Ackerbaus. Weltweit werden circa 200 Millionen Hektar Land mit Weizen bestellt, der überwiegend zu Mehl weiterverarbeitet wird.

Rohrblatt. Eine unserer auffälligsten Traditionen ist der sorgsam gepflegte Hausrasen, wenn er auch nach Ansicht zahlreicher Kritiker ein ökologisches Desaster darstellt.

Die Destabilisierung regionaler Lebensräume gereichte den Gräsern mal zum Vorteil, mal zum Nachteil. Einerseits hat der Mensch viele Gras-Ökosysteme praktisch vollkommen vernichtet, darunter die nordamerikanische Hochgrasprärie; andererseits hat er riesige Flächen offenen, sonnigen Lebensraums geschaffen, in dem diese Pflanzen perfekt gedeihen. Zwar wurden dabei Gräser in großem Maße verdrängt und umgesiedelt, doch es hat ihnen nicht so sehr geschadet wie anderen, weniger unverwüstlichen Pflanzen. So genießen Gräser einen deutlichen Vorteil beispielsweise gegenüber den Knabenkräutern, die oft hochgradig von einem langsam entstandenen, relativ stabilen Lebensraum abhängig sind. Dieselben physiologischen Eigenschaften, aufgrund derer sich die Gräser in Extremsituationen behaupten können, ermöglichen ihren Opportunismus in destabilisierten oder gestörten Ökosystemen. Sonnige, offene, konkurrenzfreie Flächen wie neu angelegte Gärten und vom Menschen gestaltete Landschaften bieten ideale Voraussetzungen für eine Besiedlung durch Gräser.

Ende Oktober trocknen Reisbündel auf den abgeernteten Feldern im Süden von Honshu (Japan). Das einjährige Getreide *Oryza sativa* ist Grundnahrungsmittel, Ausgangsprodukt für Sake und Strohlieferant zugleich.

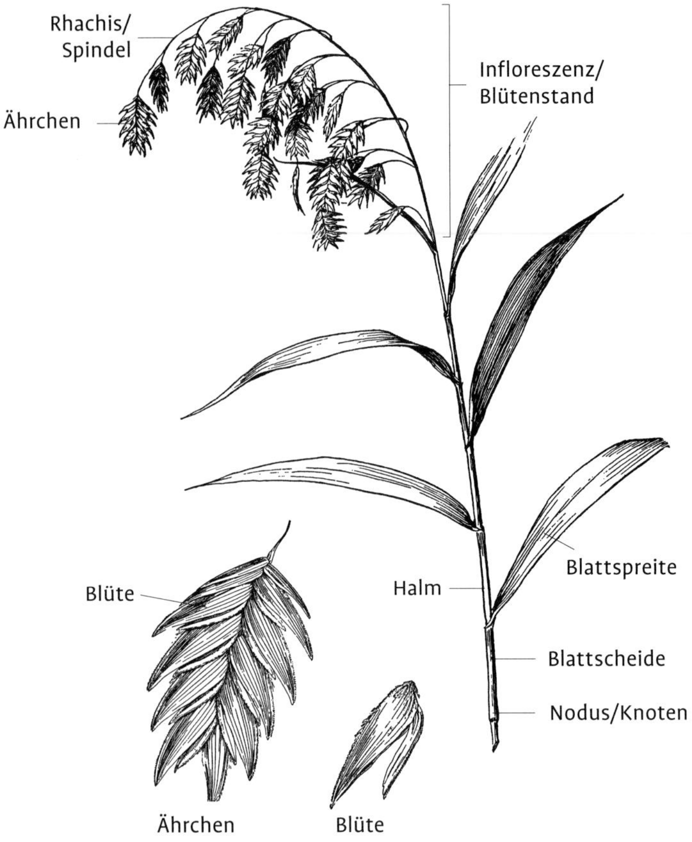

Ein Halm des Breitblättrigen Plattährengrases *Chasmanthium latifolium* mit seinem endständigen Blütenstand. Die Blätter setzen jeweils an den Knoten des Halms an. Die Blattscheide umschließt den Halm bis zu dem Punkt, da sie sich zur Blattspreite erweitert. Der Blütenstand ist eine lockere Rispe mit außergewöhnlich großen Ährchen. Jedes Ährchen setzt sich aus etlichen Blüten zusammen.

Die Lebenszyklen der Süßgräser

Die Familie der Süßgräser umfasst sowohl einjährige als auch mehrjährige Gräser. Auch einzelne Gattungen können einjährige und mehrjährige Spezies zählen, so beispielsweise *Panicum*. Die meisten Getreidearten, darunter Mais, Weizen und Reis, sind einjährig: Sie vollenden ihren Lebenszyklus vom Samen bis zur Samenbildung innerhalb eines einzigen Jahres oder einer einzigen Vegetationsperiode. Auch mehrjährige Gräser blühen und fruchten überwiegend bereits im ersten Jahr; anders als die einjährigen Arten sterben sie zum Winter jedoch nicht ab. Als Ziergräser ziehen wir überwiegend ausdauernde Spezies; wenn diese aus warmen Klimazonen stammen, verhalten sie sich allerdings in kühleren Breitengraden oft wie Einjährige.

Das Wurzelwerk

Ein Grassämling bildet normalerweise zunächst eine Primärwurzel aus. Diese Wurzel ist kurzlebig und wird schon bald durch Adventivwurzeln ersetzt, die an den unteren Nodien ansetzen. Die Adventivwurzeln machen den größten Teil des für die Gräser charakteristischen ausgedehnten, faserartigen Wurzelsystems aus. Diese höchst effizienten Faserwurzeln reichen oftmals sogar tiefer als die Wurzeln anderer, größerer Pflanzen. So hat man beispielsweise die Wurzeln des Großen Blauhalms *Andropogon gerardii* in einer Tiefe von über zwei Metern nachgewiesen, was die Wurzeltiefe der meisten ausgewachsenen Bäume übertrifft.

Der Halm

Auch wenn man häufig das Wort „Grasstängel" hört: Korrekt ist die Bezeichnung „Halm". Im Grashalm wechseln sich feste Knoten, die Nodien, mit längeren Abschnitten, den Internodien, ab. An den Nodien setzen die Blätter an (siehe links oben). Die Internodien sind typischerweise hohl; nur bei manchen Süßgräsern, etwa dem Mais Zea mays und dem Zuckerrohr Saccharum officinarum, sind sie mit Mark gefüllt. Die Halme der Süßgräser zeichnen sich überwiegend durch einen runden Querschnitt aus; selbst bei Arten mit abgeflachtem Querschnitt ist der Unterschied zu den deutlich dreieckigen Halmen der Riedgräser gut zu erkennen. Die einzigen nicht krautig wachsenden Süßgräser sind die Bambusarten; ihre Zellen härten durch Einlagerung von Lignin und Kieselsäure aus und werden holzartig. Dennoch unterscheiden sie sich im Aufbau grundlegend von den Bäumen und Sträuchern, deren Holz sich durch das an den Jahresringen ablesbare sekundäre Dickenwachstum auszeichnet.

Das Blatt

Die Blätter der Süßgräser entspringen wechselständig aus den Nodien und ziehen sich in zwei Reihen den Halm hinauf. Charakteristisch ist eine Gliederung des Blattes in

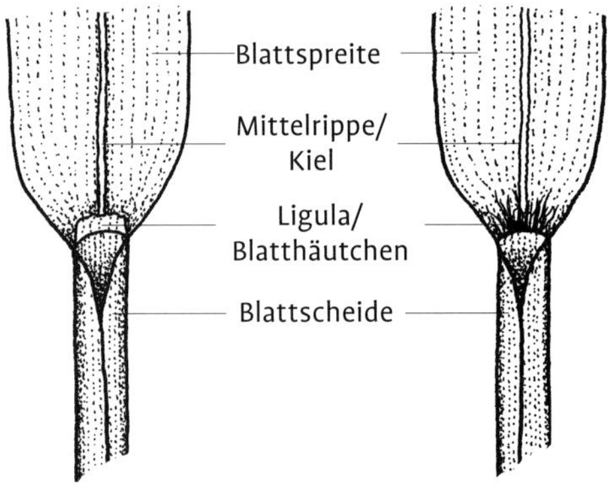

Typisch für das Grasblatt ist die sogenannte Ligula, die am Übergang von der Blattscheide zur Spreite auf der dem Halm zugewandten Seite steht. Dabei kann es sich um ein dünnes Häutchen handeln (links) oder um einen feinen Haarkranz (rechts). (Zeichnung: R. Darke)

drei Teile: die Blattscheide, die Blattspreite und das Blatthäutchen, auch Ligula genannt (Abb. links unten). Die Scheide setzt halmumfassend und mit meist überlappenden Rändern am Nodium an. Die Spreite ist der flache Teil des Blattes; sie setzt am oberen Ende der Blattscheide an und spreizt sich vom Halm ab. Die meist schmalen Blattspreiten sind dicht parallelnervig, wobei die Unterseite einen deutlichen Kiel aufweisen kann. Die Ränder der Spreite sind gewöhnlich glatt, manchmal jedoch mit winzigen Zähnchen besetzt, die üble Schnittverletzungen verursachen können. Das Blatthäutchen besteht entweder aus einem dünnen Fortsatz der Oberhaut oder aus einem Saum aus Härchen; es sitzt inwendig am Übergang von der Scheide zur Spreite. Seine Funktion ist nicht geklärt; möglicherweise verhindert es das Eindringen von Regenwasser in die Scheide. Die Beschaffenheit des Blatthäutchens – einschließlich seiner Größe und der Beschaffenheit der Härchen, sofern vorhanden – unterscheidet sich von Gras zu Gras sehr, weshalb sie bei der exakten Bestimmung nah verwandter Arten häufig ausschlaggebend ist.

Das Höhen- und Breitenwachstum

Bei den meisten Bedecktsamern befindet sich das Bildungsgewebe (Meristem) in den Spitzen der Sprossachse und der Seitentriebe. Das Längenwachstum eines solchen Triebes hat ein Ende, sobald das Meristem zerstört ist; das Wachstum kann dann allerdings von einem lateralen Meristem in einer Blattachsel fortgesetzt werden. Gräser fallen hier aus dem Rahmen, denn sie verfügen über zwei Meristemarten; diese befinden sich an der Blattbasis und direkt über jedem Nodium. Dank dieses Bildungsgewebes können Grashalme und -blätter auch dann noch wachsen, wenn ihre Spitzen wiederholt durch Verbiss, Mahd, Feuer oder andere Faktoren zerstört wurden. Das Meristem an den Nodien ist zudem zu einseitigem Wachstum fähig, wodurch sich Halme, die flachgetreten oder durch den Wind niedergedrückt wurden, wieder aufrichten können.

Neben den Halmen und Blättern bilden die Süßgräser in den untersten (den basalen) Blattachseln seitliche Triebe aus. Schieben sich diese Lateraltriebe senkrecht in den Blattscheiden hoch, so spricht man von Stocktrieben und Bestockung. Das Resultat ist ein büscheliges Aussehen; das Art-Epitheton *cespitosus/caespitosus* verweist darauf. Ein solches Gras zählt gemeinhin zu den sogenannten horstbildenden Arten. Bei anderen Gräsern brechen die Lateraltriebe seitlich durch die Blattscheide. Diese seitlichen Triebe werden entweder als Rhizome bezeichnet – diese schieben sich typischerweise unterirdisch vorwärts – oder aber als Stolonen – diese laufen direkt an oder auf der Erdoberfläche. Gräser, die sich über Rhizome oder Stolonen verbreiten, werden als ausläuferbildende Arten bezeichnet. Eine klare Unterscheidung zwischen horstbildenden und ausläuferbildenden Gräsern lässt sich nicht treffen: Manche Gräser, die der Gärtner zu den horstbildenden Arten rechnet, breiten sich tatsächlich sehr langsam über Ausläufer aus. Das Pfahlrohr *Arundo donax* (rechts) ist ein Beispiel für ein rhizombildendes Gras. Das Büffelgras *Buchloe dactyloides* (siehe Seite 40) verbreitet sich über Stolonen, wie auch die meisten gängigen Rasengräser.

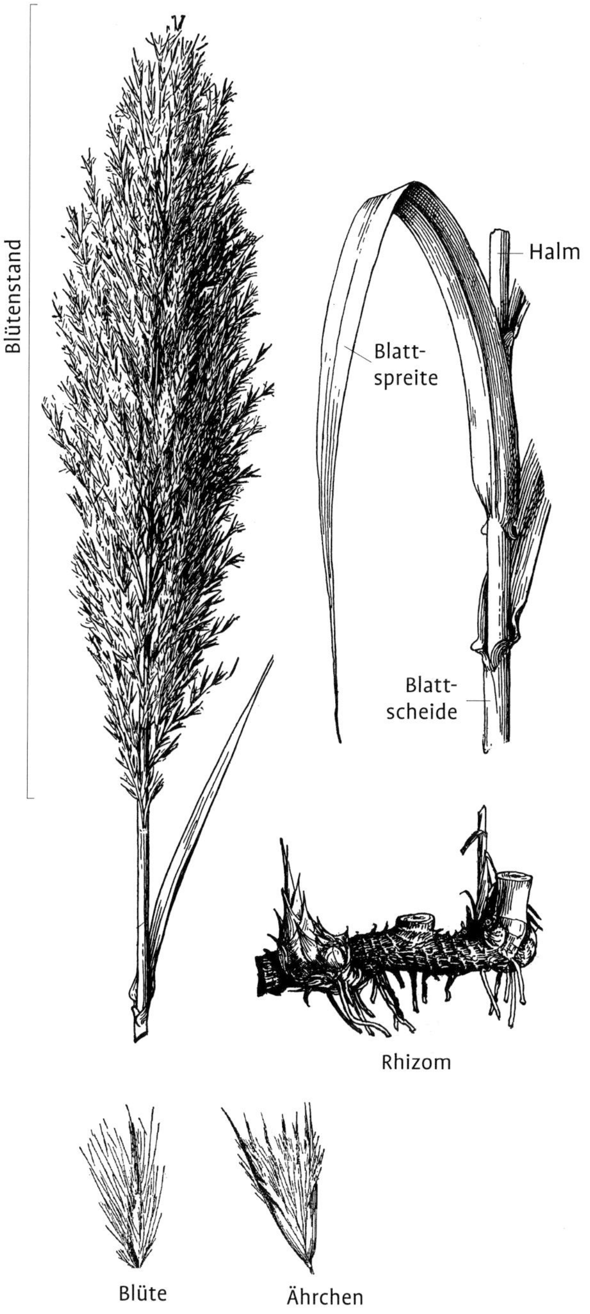

Das Pfahlrohr *Arundo donax* ist ein ausläuferbildendes Gras. Es breitet sich über kräftige Rhizome aus, aus deren Nodien neue senkrechte Triebe (Halme) entspringen. Sein Blütenstand ist eine dichte Rispe.

Das Büffelgras *Buchloe dactyloides* verbreitet sich über oberirdische Ausläufer (Stolonen), aus deren Knoten neue Pflanzen wachsen. Diese Spezies ist zweihäusig: Eine Pflanze trägt entweder nur weibliche oder nur männliche Blüten. Dargestellt sind männliche Pflanzen.

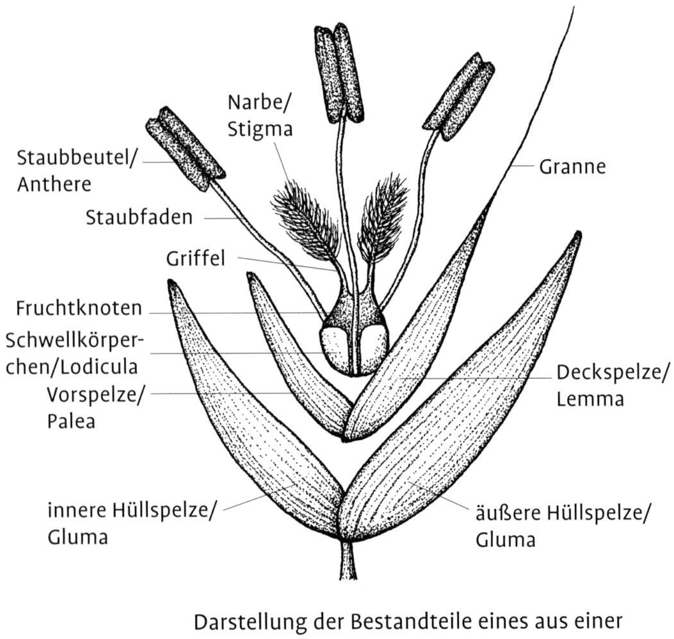

Darstellung der Bestandteile eines aus einer einzigen Blüte bestehenden Grasährchens. (Zeichnung: R. Darke)

Blüte und Blütenstand

Die einzelne Grasblüte ist derart winzig, dass sie mit bloßem Auge manchmal kaum zu erkennen ist. Die beeindruckende Wirkung blühender Gräser beruht auf der zarten Komplexität ihrer Infloreszenzen, der Blütenstände, die sich aus Hunderten, manchmal gar Tausenden Einzelblüten zusammensetzen.

Süßgräser werden durch den Wind bestäubt und sind daher nicht auf breite, auffällig gefärbte Blütenblätter angewiesen, die auf Insekten wie auch auf viele Gartenliebhaber so verlockend wirken. Ihre große Zahl und die weltweite Verbreitung machen deutlich, wie effizient diese Vermehrungsstrategie ist. Gräser zählen zu den am höchsten entwickelten Pflanzen unseres Planeten. Im Laufe ihrer Evolution haben sich einige Blütenmerkmale zurückgebildet; manche Blütenteile sind wesentlich kleiner als bei den meisten anderen Blütenpflanzen oder fehlen sogar ganz. Manche äußeren Merkmale der Grasblüten sind gut zu erkennen; für viele feinere Details, die für eine exakte Bestimmung nötig sind, benötigt man jedoch Lupe oder Mikroskop. Wem sich je die Gelegenheit bietet, Grasblüten durch ein gutes Stereo-Seziermikroskop zu betrachten, der sollte diese nicht ungenutzt lassen, denn in diesen Details liegt unglaubliche Schönheit verborgen.

An die Stelle der Sepalen und Petalen sind bei der Grasblüte zwei schuppenförmige Schwellkörper (Lodicula) getreten (links). Jede Grasblüte enthält einen Fruchtknoten, der eine einzelne Samenanlage umschließt, aus der sich später der Samen entwickelt. Beim reifen Samenkorn ist die Samenschale mit dem Fruchtgehäuse, dem Perikarp, zu einer Nussfrucht, der Karyopse, verwachsen. Das Korn enthält den Endosperm – ein Nährgewebe mit einer Energiereserve in Form von Stärke – und den Embryo oder Keimling, in dem bereits alle Teile der zukünftigen Graspflanze angelegt sind. Aus der Oberseite des Fruchtknotens ragen zwei kurze Griffel (Stylus) hervor; diese münden in eine federige Narbe, die perfekt dazu ausgebildet ist, Pollen aus der Luft zu filtern. Zur Grasblüte gehören des Weiteren drei Staubgefäße (Stamen, Pl. Stamina), die sich jeweils aus einem feinen Staubfaden (Filament) und dem den Pollen enthaltenden Staubbeutel (Anthere) zusammensetzen.

Die einzelne Grasblüte wird typischerweise von zwei Spelzen umschlossen – der äußeren, tiefer stehenden Deckspelze (Lemma, lat. Palea inferior), und der inneren, höher angeordneten Vorspelze (Palea, lat. Palea superior). Die Blütenteile inklusive Lemma und Palea machen gemeinsam das Blütchen aus.

Ein Ährchen besteht aus einem oder mehreren Blütchen an einer kleinen zentralen Spindel sowie den Hüllspelzen (äußere und innere Gluma). Manchmal münden die Hüllspelzen, häufiger die Deckspelze in einen langen, borstenartigen Fortsatz, die Granne. Häufig sind die Ährchen mit weiteren Haaren oder Borsten assoziiert; zusammen mit den Grannen sind es vor allem diese Gebilde, die für die dramatischen Lichteffekte der Grasinfloreszenzen verantwortlich sind.

Das aus zwei Hüllspelzen und einem oder mehreren Blütchen zusammengesetzte Ährchen findet sich als Grundmuster bei allen Süßgräsern wieder; Unterschiede in Größe und Form, in der geschlechtsbedingten Ausstattung und der Anzahl der Blütenteile sowie das Vorhandensein oder Fehlen zusätzlicher Strukturen führen jedoch zu

OBEN LINKS Im September schmücken deutlich sichtbare rote Staubbeutel an zarten Staubfäden und federige rosa Narben den Blütenstand des Großen Blauhalms *Andropogon gerardii*.

OBEN RECHTS Es gibt wohl kaum ein Süßgras mit größeren Ährchen, als sie das Breitblättrige Plattährengras *Chasmanthium latifolium* trägt. Jedes Ährchen der verästelten Rispe setzt sich aus zahlreichen Einzelblüten zusammen.

UNTEN LINKS Einzelblüten sind bei den Gräsern mit bloßem Auge oft schwer auszumachen, was teils an ihrer geringen Größe liegt, teils aber auch daran, dass sie bei manchen Spezies zwischen Hochblättern verborgen liegen. Mitte September sind die hellgelben Staubbeutel des Gelben Indianergrases *Sorghastrum nutans* deutlich zu erkennen; die federigen weißen Narben sind weniger gut sichtbar. Das Gelb der Staubbeutel ergibt mit den Kupfertönen der Stiele, Spelzen und Grannen ein schönes Farbenspiel.

UNTEN MITTE Grannen nennen wir die borstigen oder nadelfeinen Verlängerungen der Spelzen; sie sind Teil der Ährchen. Bei *Aristida* stehen von den Spelzen jeweils drei Grannen nahezu waagerecht ab; hier *Aristida purpurea* Anfang April in Kalifornien.

UNTEN RECHTS Einzigartig sind die gefiederten Grannen des Reiher-Federgrases *Stipa barbata* mit einer Länge von rund achtzehn Zentimetern. Grannen tragen ganz wesentlich zu dem Drama und der Lichtwirkung der Grasblüte bei – hier eine Ende Juli in England entstandene Aufnahme.

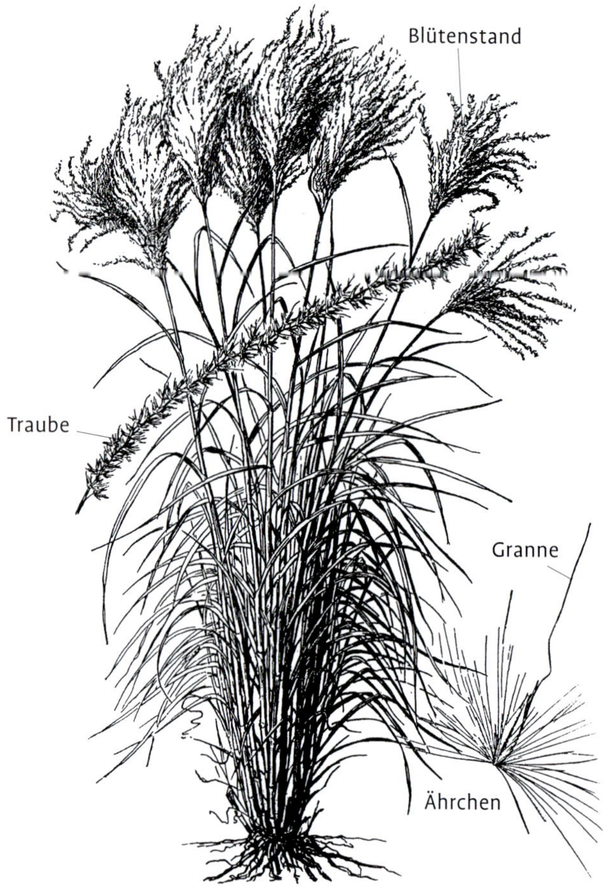

OBEN Der Blütenstand des Chinaschilfs *Miscanthus sinensis* ist eine offene Rispe, die sich aus zahllosen bleistiftdünnen Trauben zusammensetzt. Der fedrige, lichte Eindruck entsteht vor allem durch die abgespreizten feinen durchscheinenden Härchen, die aus der Basis jedes winzigen Ährchens entspringen.

OBEN RECHTS Maryland: Die fächerartigen Rispen von *Miscanthus sinensis* fangen das Licht der Oktobersonne ein.
RECHTS Hoch ragen die Blütenstände von Kanadischem Wildreis *Zizania aquatica* auf; bei dieser Gattung sind die männlichen Ährchen im unteren Teil, die weiblichen im oberen angeordnet.

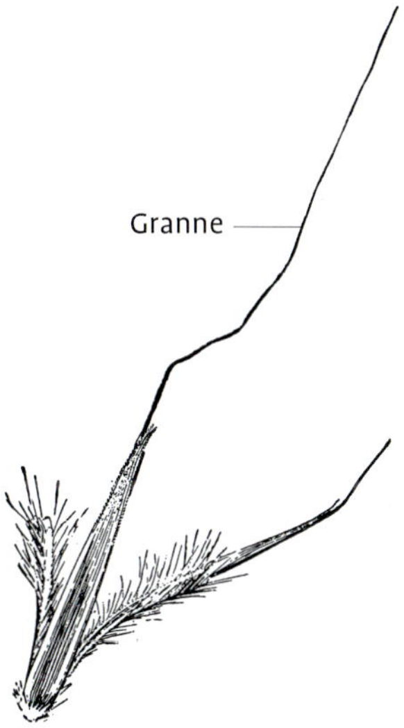

Die Spezies der Gattung *Tripsacum* vereinen getrenntgeschlechtliche Ährchen in einem Blütenstand; die männlichen Ährchen befinden sich dabei im oberen Abschnitt.

Oben links Tiefrote Staubbeutel zieren die männlichen Ährchen im oberen Teil des Blütenstandes von Gamagras *Tripsacum floridanum*.
Oben Mitte Aus den im unteren Teil des Blütenstandes von *Tripsacum dactyloides* angeordneten weiblichen Blüten ragen leuchtend rote Narben hervor, die im Vergleich zu den Narben anderer Grasblüten geradezu riesig sind.
Oben rechts Auch beim Gambagras *Andropogon virginicus* entspringen die Blütenstände seitlich aus den Nodien. Während jedoch die Rispenblüten von *Schizachyrium scoparium* an Blütenstandstielen vom Halm abstehen, sitzen die Blütenstände von *Andropogon* direkt an den Nodien.

Links Typisch für Gräser sind große, endständige Blütenstände; manche Spezies jedoch bringen eine Vielzahl seitlich am Halm angeordneter Blütenstände hervor. Das Kleine Präriegras *Schizachyrium scoparium* ist dafür mit seinen aus den Nodien entspringenden, auf Blütenstandstielen stehenden Blütenähren ein gutes Beispiel.

Cyperaceae – Riedgrasgewächse

Die Riedgrasgewächse sind weniger artenreich als die Süßgräser, doch auch diese Familie enthält rund 115 Gattungen und circa 3.600 fast durchgängig perennierende Spezies. Der Familienname Cyperaceae leitet sich von der Gattung Cyperus her.

Wie die Süßgräser bilden auch die Riedgräser eine kosmopolitische Gruppe, deren Angehörige in den meisten Erdteilen anzutreffen sind. Zwar sind sie nicht ganz so eifrig in der Besiedlung neuer Lebensräume, doch sie spielen eine wichtige Rolle bei der Bodenstabilisierung. Die meisten Riedgräser bevorzugen einen sonnigen Standort mit mehr oder weniger feuchtem Boden; es gibt jedoch auch Arten, die an heißen, trockenen Standorten oder in stark verschattetem Wald heimisch sind.

Rasenartig breitet sich Mitte Mai *Carex pensylvanica* über eine Waldböschung in Nord-Delaware. Diese sehr anpassungsfähige ausläuferbildende Segge ist an unterschiedlichsten Standorten anzutreffen, von feuchtem Waldboden mit hohem organischem Anteil bis hin zu sandigen sonnigen Lichtungen.

RECHTS Ende Oktober rollt *Carex pensylvanica* in den Pine Barrens von New Jersey einen goldenen Teppich aus. Der Kiefern-Eichen-Wald, auf dessem hellen, sonnigen Boden sich die Segge sichtlich wohlfühlt, stand im Vorjahr in Flammen. Der Boden ist nahezu reiner Quarzsand mit entsprechend niedrigem Nährstoffgehalt; in der Sommerhitze wird er extrem trocken. Die Segge ist ein gut angepasstes Element der Feuerökologie; zwischen anderen feuertoleranten und trockenheitsresistenten Spezies wie der Pech-Kiefer *Pinus rigida*, Schwarz-Eiche *Quercus marilandica*, Farnmyrte *Comptonia peregrina* und zahlreichen niedrigen Heidelbeeren *Vaccinium* und Buckelbeeren *Gaylussacia* füllt sie eine ökologische Nische.

UNTEN Dieser von Birken und Fichten gesäumten Bergbach an einem felsigen Hang in West Virginia stellt für die breitblättrige *Carex plantaginea* und *Cymophyllus fraserianus*, die beide Schatten und Feuchtigkeit bevorzugen, ideales Habitat dar. Anfang Mai leuchten die beiden Riedgräser frischgrün und regennass.

RECHTS Die Zypergras-Simse *Scirpus cyperinus* bevorzugt allgemein einen feuchten, sonnigen Standort wie dieses ehemalige Cranberry-Moor bei Whitesbog in den New Jersey Pine Barrens; die Aufnahme entstand am letzten Tag des Jahres.

UNTEN *Carex stricta* ist nahezu ausschließlich in stehendem Süßwasser anzutreffen, toleriert aber auch wesentlich trockenere Standorte. In tiefem Schatten wächst sie gern als vereinzelter Horst; an sonnigerem Standort findet man dagegen häufig dichte Kolonien. Hier sehen wir sie Mitte Mai in einem Nasswald im Staate New York.

Süß- und Riedgräser im Vergleich

Riedgräser lassen sich von Süßgräsern anhand einiger offensichtlicher Merkmale leicht unterscheiden. „Seggen haben Ecken", heißt es im Englischen: Während die Halme von Süßgräsern rund sind, ist der Riedgrashalm im Querschnitt dreieckig, und die Blätter sind dreizeilig daran angeordnet. Die Blattspreiten der Riedgräser sind denen der Süßgräser sehr ähnlich; das Blatthäutchen (die Ligula) jedoch fehlt entweder ganz oder ist stark zurückgebildet. Bei den Riedgräsern sind die den Halm umschließenden Blattscheiden verwachsen, während diejenigen der Süßgräser offen überlappen und sich leicht vom Halm ziehen lassen. Süßgrashalme haben hohle Internodien; Riedgrashalme dagegen verfügen über keine Nodien und sind vollständig mit Mark gefüllt.

Wie die Süßgräser bilden auch Riedgräser faserige Adventivwurzeln aus. Manche Riedgrasarten wachsen sehr dicht und horstartig; die meisten jedoch breiten sich über Rhizome oder Stolonen aus, und etliche können ausgedehnte Rasen bilden.

OBERE REIHE, LINKS Bei *Carex elata* steht an jedem Blütenstandstiel eine weibliche (helle) und eine männliche (hellbraune) Ähre.

RECHTS Die wolligen Blütenstände der Zypergras-Simse *Scirpus cyperinus* verdanken ihr charakteristisches Erscheinungsbild winzigen rotbraunen Borsten, die aus unzähligen Einzelblüten hervorschauen.

UNTERE REIHE, LINKS Die für Riedgräser typische dreizeilige Blattstellung wird beim Herabblicken auf *Dulichium arundinaceum* besonders deutlich.
MITTE Die Morgenstern-Segge *Carex grayi* verdankt ihren Namen dem Aussehen der schlauchartigen Hüllen, genannt Utriculi, welche die weiblichen Blüten umgeben.
RECHTS In dem endständigen, auffällig weißen Blütenstand von *Cymophyllus fraserianus* sind unten die weiblichen, oben die männlichen Blüten angeordnet. Deutlich sichtbar sind die abstehenden Narben der weiblichen Blüten und die hellgelben Staubbeutel der männlichen.

Auch Riedgräser werden vom Wind bestäubt; die Einzelblüte ist fast immer unauffällig und ohne erkennbare Sepalen und Petalen. Die Blüten sind häufig, aber nicht immer, in Ährchen angeordnet. Riedgras-Infloreszenzen setzen sich aus Blüten oder Ährchen zu diversen Ähren-, Schirm- oder Rispenformen zusammen; nur selten ist ihre Wirkung so dramatisch wie die der Poaceae, was auch an den fehlenden Grannen und Haaren liegt. Manche Blütenstände wirken jedoch auf ihre eigene Weise überaus attraktiv. Bei vielen Riedgräsern sitzen an der Basis der Infloreszenzen reduzierte Blätter oder Hochblätter, die meist grün, bisweilen aber auch strahlend weiß sind, so etwa bei der Gattung *Rhynchospora*, dem Schnabelried. Der Blütenstand von *Carex nudata* ist nahezu schwarz, und bei *C. baccans* färben sich die reifenden Samen tiefrot.

Anders als bei den meisten Süßgräsern sind bei zahlreichen Riedgräsern, darunter auch der großen Gattung *Carex*, männliche und weibliche Blüten in getrennten Ähren eines Blütenstandes angeordnet. Die weiblichen *Carex*-Blüten schützt gemeinhin eine schlauchartige Hülle, der Schlauch oder Utriculus, ein verwachsenes Vorblatt; bei manchen Arten, beispielsweise der Morgenstern-Segge *C. grayi*, ist diese sehr auffällig.

Die wenigsten Riedgräser können mit farbigen Blüten aufwarten; ihr Laub dagegen ist häufig kräftig getönt. Selbst in kalten Klimazonen sind die Pflanzen oft immergrün oder wintergrün, und ihre Blattfärbung reicht von Grün über Gelbgrün bis hin zu Blau. Viele der neuseeländischen *Carex*-Spezies sind von Natur aus braun- oder rotlaubig.

Riedgräser und der Mensch

Anders als die Süßgräser haben Riedgräser für den Menschen keine größere Bedeutung als Nahrungs- oder Futterlieferant. Zu den wenigen als Nahrungsmittel genutzten Riedgräsern zählen die Chinesische Wassernuss *Eleocharis dulcis* und die Erdmandel *Cyperus esculentus* var. *sativus*, deren unterirdische Speicherorgane geerntet werden. Häufiger liefern Riedgräser Ausgangsmaterial für handwerkliche Produkte. Der Papyrus der Antike wurde aus den Halmen des entsprechend benannten Zypergrases, *Cyperus papyrus*, hergestellt. Viele Riedgräser, darunter vor allem Binsen der Gattung *Schoenoplectus*, fanden in der Herstellung primitiver Unterkünfte sowie von Körben, Flechtmatten und Sitzflächen für Stühle Verwendung. Mit den „Wattebäuschen" der Wollgräser, Eriophorum, stopfte man Kissen aus; aus den Wurzeln des Hohen Zypergrases *Cyperus longus* werden Duftöle für die Parfümherstellung gewonnen.

Juncaceae – Binsengewächse

Die Binsen sind eine kleine, weltweit verbreitete Familie, die fast ausschließlich nasse oder feuchte Standorte in gemäßigten und subarktischen Breiten besiedelt. Wie die Süß- und Riedgräser werden auch Binsen vom Wind bestäubt und tragen kleine Blüten von unauffälliger Farbe; weiter allerdings geht die Ähnlichkeit nicht. Zwar sind sämtliche Blütenteile der Binsen relativ klein, doch zeichnen sie sich durch eine große Ähnlichkeit mit den Blüten von typischeren Monokotyledonen wie den Liliaceae aus. Fast alle Binsen bringen zweigeschlechtliche Blüten mit sechs in zwei Kreisen angeordneten Tepalen (nahezu identisch wirkenden Sepalen und Petalen), sechs Staubblättern und einem dreinarbigen Fruchtknoten hervor.

Die Familie umfasst lediglich acht Gattungen mit insgesamt weniger als vierhundert Arten. Sämtliche Binsen mit Ausnahme der strauchartigen südafrikanischen Gattung *Prionium* wachsen krautig. Der Familienname leitet sich von dem Namen der weitaus größten Gattung *Juncus* her. Eine weitere häufig anzutreffende Gattung ist *Luzula*; beide sind sehr leicht voneinander zu unterscheiden.

Die Arten der Gattung *Juncus* nennen wir im Volksmund Binsen; ihre Halme sind typischerweise aufrecht, drehrund und massiv sowie frei von Knoten. Typische Blätter fehlen; die Fotosynthese findet in den grünen bis blaugrünen Halmen statt, die gewöhnlich immergrün sind. Die Blüten stehen dicht in einem sichelförmig verzweigten zymösen Blütenstand und entspringen meist unweit der Spitze direkt aus dem Halm. Die meisten *Juncus*-Arten blühen im Sommer. Man trifft sie überwiegend in sonnigen Nassbiotopen an; manche allerdings sind an sonnige Trockenstandorte adaptiert.

In der Flachwasserzone eines ehemaligen Cranberry-Moors bei Whitesbog in den New Jersey Pine Barrens stehen breite Streifen der Flatter-Binse *Juncus effusus* in voller Sonne. Die Binsen zeichnen die alte Bodenkonturierung des Moorgebiets nach, in dem sich vor nahezu hundert Jahren Abzugsgräben und Aufschüttungen abwechselten; inzwischen liegen diese unter Wasser.

Die Spezies der Gattung *Luzula* sind unsere Hainsimsen; ihre Blätter haben eine geschlossene Scheide und flache, grasartige Spreiten, deren Ränder häufig mit feinen Haaren besetzt sind. Hainsimsen sind durchweg immergrün. Die Blätter bilden grundständige Rosetten; an den zumeist aufrechten Halmen sitzen darüber hinaus reduzierte Blätter. Der Blütenstand ist endständig und verbindet oft die Charakteristika von Blütenrispen, -dolden und -köpfchen. Hainsimsen blühen typischerweise im Frühjahr; sie bevorzugen, wie schon ihr Name andeutet, schattige Gehölzstandorte sowie mäßig feuchten Boden.

Die Familie der Binsengewächse liefert diverse Fasern und Seilmaterialien, ist jedoch von eher geringer wirtschaftlicher Bedeutung. Aus den Blättern des südafrikanischen Palmenschilfs *Prionium palmita* werden feste Fasern gewonnen, und die Strand-Binse *Juncus maritimus* wird zu Schnüren verarbeitet. Aus den Halmen der Flatter-Binse *Juncus effusus*, die in ganz Nordamerika und Eurasien verbreitet ist, werden Körbe, Binsensitze für Stühle sowie diverse Matten, darunter auch die traditionellen japanischen Tatami-Matten, geflochten.

Auf dieser reglosen Wasseroberfläche in den New Jersey Pine Barrens liegen kreisrunde Blätter der Wohlriechenden Seerose *Nymphaea odorata* – ein perfekter Kontrast zu dem Spiegelbild der blattlosen, runden Halme der Flatter-Binse *Juncus effusus*.

OBEN LINKS
An einem Teichrand in Nord-Delaware bietet *Juncus effusus* einer Segellibelle *Celithemis elisa* einen perfekten Landeplatz.
OBEN RECHTS
Nord-Delaware, Ende April: Im Buchen-Eichen-Wald blüht die Vielblütige Hainsimse *Luzula multiflora*. Die gelben Staubbeutel und rotbraunen Tepalen sind mit bloßem Auge erkennbar.

MITTE Eine moosgepolsterte Böschung wie diese in einem Laubwald in Virginia ist ein idealer Standort für die Hainsimse *Luzula acuminata* und den Dolch-Farn *Polystichum acrostichoides*.

UNTEN Lückenlos legen sich in einem traditionellen japanischen Gebäude dekorativ gesäumte Tatami-Matten gegen die Holzschiene einer *shoji*-Schiebewand. Die strapazierfähige Außenschicht (*tatami omote*) dieser Matten ist ein festes Geflecht, gefertigt aus den Halmen der Flatter-Binse *Juncus effusus* oder – wie sie in Japan heißt – *igusa*.

Es ist Anfang September und somit Frühling im Kirstenbosch National Botanical Garden in Kapstadt; im Hintergrund ragt der Tafelberg auf. Das Kap-Binsenried *Elegia capensis* im Vordergrund sieht auf flüchtigen Blick einem Schachtelhalm *Equisetum* zum Verwechseln ähnlich, denn die Halme dieser Angehörigen der Familie der Restionaceae sind an jedem Knoten mit einem Wirbel feiner Verästelungen besetzt; trotz der äußerlichen Ähnlichkeit besteht jedoch keine Verwandtschaft.

Restionaceae – Restiogewächse

Die Familie der Restionaceae umfasst nahezu fünfhundert ausdauernde krautige Arten in fünfundfünfzig, fast ausschließlich auf die südliche Hemisphäre beschränkten Gattungen. Sie sind in Chile, Südostasien, Madagaskar und Neuseeland anzutreffen, am häufigsten jedoch in den Winterregengebieten Australiens und Südafrikas – hier finden sich knapp vierzig Gattungen mit rund vierhundert Arten. Die Restiogewächse sind ein Hauptcharakteristikum der Fynbosvegetation der südafrikanischen Kapflora; „Fynbos" bedeutet in etwa „feingliedriges Gebüsch" und bezeichnet einen durch Restionaceae, Heidekrautgewächse und Proteen gekennzeichneten Vegetationstypus. Vor allem auf den nährstoffärmsten Böden übernehmen in diesem Kontext die Restiogewächse die Rolle, die in anderen Lebensräumen die Gräser spielen.

Wie Süß- und Riedgräser, Binsen und Rohrkolben zählen auch die Restiogewächse zu den Monokotyledonen; die meisten Arten erinnern in ihrer Erscheinung an Binsen. Nur manche verästeln sich von der Sprossachse aus, was sie bei flüchtigem Hinsehen wie Schachtelhalm *Equisetum* wirken lässt. Der hohe Kieselsäuregehalt der Zellen verleiht vielen Angehörigen dieser Familie einen glänzenden, steifen Habitus, der den an Schachtelhalm erinnernden Eindruck noch verstärkt. So wie den Binsen der Gattung *Juncus* fehlt auch bei meisten Arten der Restionaceae eine Beblätterung mit flachen Blattspreiten. Wo Blätter vorhanden sind, sind diese entweder zu Blattscheiden an den Nodien reduziert, oder aber sie stehen gedrängt an der Halmbasis. Die Blattscheiden sind häufig lederartig und ausgesprochen eindrucksvoll beige, golden oder zimtbraun gefärbt. Fotosynthese wird in den überwiegend immergrünen Halmen betrieben; meist sind diese rund im Querschnitt, gelegentlich auch abgeflacht, viereckig oder oval. Anders als die Halme von Binsen sind diejenigen der Restiogewächse in Nodien und Internodien gegliedert; die Internodien können massiv, schwammartig gefüllt oder auch hohl sein. Die meisten Restiogewächse wachsen dichtgedrängt und horstartig; nur manche breiten sich langsam über Rhizome aus. Die Wurzeln sind entweder fleischig oder aber dünn und drahtig.

Restiogewächse werden vom Wind bestäubt; die Einzelblüte ist klein, grün oder braun und häufig – wie bei den Binsen – mit drei oder sechs, in zwei Kreisen angeordneten Tepalen besetzt. Die Blüten sind zumeist in Teilblütenständen gruppiert, die sich wiederum zu lockeren Blütenständen von bisweilen dramatischem Ausmaß zusammenfügen. Die meisten Arten sind zweihäusig: Weibliche und männliche Blüten befinden sich auf separaten Pflanzen. Diese Blüten mit den dazugehörigen Tragblättern können die weiblichen und männlichen Pflanzen ein und derselben Art erstaunlich unterschiedlich erscheinen lassen, was die Identifizierung und Klassifikation in dieser Familie nicht selten zu einer Herausforderung macht.

Der Familienname leitet sich von dem Gattungsnamen *Restio* her, der auf das lateinische *restis* (Seil) zurückgeht. Als Nahrungsquelle ist diese Pflanzenfamilie von keinerlei wirtschaftlicher Bedeutung; mehrere Arten liefern jedoch traditionelles Material zur Dacheindeckung. Seit jeher wurden in Südafrika primitive Hütten ebenso wie die Bauten der Kap-Architektur mit *Thamnochortus insignis* gedeckt, dessen Name in Afrikaans daher *dekriet* (Dachreet) lautet. Aus manchen Arten, beispielsweise *Elegia capensis*, fertigte man außerdem Besen. Die ungewöhnlichen Halme und Samenstände anderer Arten spielen im internationalen Schnittblumenhandel eine Rolle.

Viele Spezies der Restionaceae sind ausgesprochen dekorativ und stehen mit ihren vielfältigen Texturen, ihrer Eleganz und Leuchtkraft den Süßgräsern in nichts nach. Leider ist kaum eine in den kühleren gemäßigten Zonen winterhart; die Hitze und die Trockenperioden in Regionen mit Mittelmeerklima überstehen sie dagegen problemlos. Restiogewächse erfreuen sich seit den 1980er-Jahren ständig wachsender Beliebtheit als Gartenpflanzen, was in großem Maße den bahnbrechenden Forschungsergebnissen des Kirstenbosch National Botanical Institute in Kapstadt zu verdanken ist. Durch genaue Beobachtung der Abläufe in der Feuerökologie der Fynbosflora konnten die Wissenschaftler den Rauch der natürlichen Buschfeuer als entscheidenden Faktor für die Beendigung der Samenruhe und die Stimulierung der Keimung vieler Arten ausmachen. Inzwischen wurde ein Keimstimulans entwickelt: mit Fynbos-Rauch saturiertes Wasser. Diese Forschungsergebnisse hatten immense Folgen für die Vermehrung und Kommerzialisierung etlicher Restio-Spezies – es wurden buchstäblich Hunderte neuer Arten für den Handel erschlossen.

Zur Fynbos-Vegetation in den Hottentots-Holland-Bergen in Südafrikas Kapregion zählen mehrere Angehörige der Restionaceae, darunter das Schachtelhalm-Binsenried *Elegia equisetacea*; sie alle sind an diese von Lauffeuern dominierten, nährstoffarmen Standorte adaptiert.

OBEN *Chondropetalum tectorum* erinnert mit seinen blattlosen, runden grünen Halmen und dichtgedrängt stehenden kleinen braunen Blüten stark an eine Binse; die auffällige Pflanze, die sich auf ihrem offenen, sonnigen, feuchten Standort sichtlich wohlfühlt, zählt jedoch zu den nahezu fünfhundert Spezies der Restionaceae. Die Aufnahme entstand an einem Wintertag Ende August am Kap der Guten Hoffnung.
OBEN RECHTS Unübersehbar leuchten die Brakteen von *Elegia equisetacea* an einem Septembernachmittag in den Hottentots-Holland-Bergen im schrägen Licht der Frühlingssonne.

RECHTS Ein altes, in klassischer holländischer Kap-Architektur errichtetes Haus in Südafrika soll ein neues Dach aus *Thamnochortus insignis* erhalten. Sachgerecht ausgeführt ist ein solches Dach mindestens zwanzig Jahre haltbar.

Typhaceae – Rohrkolbengewächse

Zur Familie der Rohrkolbengewächse zählt eine einzige Gattung, Typha, mit maximal fünfzehn Spezies; diese jedoch sind in sämtlichen temperierten und tropischen Regionen der Welt in Süßwasserbiotopen und auch an leicht brackigen Standorten präsent. Die regional auch als Lampenputzer oder Schlotfeger bezeichneten Pflanzen wachsen sämtlich ausdauernd und krautig. Die einzelnen Spezies sind variabel und tendieren zu introgressiver Hybridisation, weshalb unter den Taxonomen Uneinigkeit über die exakte Anzahl der Typha-Arten herrscht.

Rohrkolben bevorzugen das seichte Wasser an Teich-, Fluss- und Seeufern, wo sie 60 bis 240 cm hoch werden; in Sümpfen und Marschen bilden sie mit ihren kräftigen Rhizomen ausgedehnte Kolonien. Die sehr anpassungsfähigen Pflanzen können extreme Temperaturen und Dürreperioden überstehen. Unter landschaftspflegerischem Aspekt gelten sie mitunter als Unkraut, doch sie bieten Vögeln Deckung und wichtige Nistgelegenheiten und beheimaten zahlreiche Insekten und Amphibien. An vielen marschigen Standorten sind sie der Garant für einen gesunden Nährstoffkreislauf; ihre Rolle bei der Reinigung verseuchter Feuchtbiotope wird zunehmend erkannt und geschätzt.

Rohrkolben verbreitet sich mittels kräftiger Rhizome und bildet dabei häufig dichte Bestände, so wie diese Kolonie von *Typha latifolia* in Wellfleet, Massachusetts. Die Aufnahme entstand am ersten Weihnachtstag.

Die flachen, dickfleischigen, leicht schwammartigen schwertförmigen Blätter entspringen zweizeilig aus der Pflanzenbasis und wachsen nahezu straff aufrecht. Das im Sommer meist graugrüne Laub färbt sich im Herbst oft leuchtend gelb bis golden und trocknet schließlich zu beige oder hellbraun, um den Winter aufrecht zu überdauern.

Rohrkolben blühen im Hoch- bis Spätsommer mit walzenförmigen Blütenständen auf kräftigen aufrechten Halmen. Im oberen Abschnitt der ährenartigen Infloreszenz stehen die männlichen, im unteren Teil die weiblichen Blüten; bei manchen Arten befindet sich dazwischen ein kahles Halmstück. Die Bestäubung der dezent gefärbten, aus stark zurückgebildeten Blütenteilen bestehenden winzigen Einzelblüten erfolgt auch hier durch den Wind. Während der Pollenfreisetzung leuchten die männlichen Blüten golden; später trocknen sie rasch und vergehen, sodass lediglich die kahle Spindel zurückbleibt. Die dicht gedrängten, zunächst grünen weiblichen Blüten verfärben sich mit zunehmender Samenreife zimtfarben bis hin zu satt dunkelbraun. In gemäßigten Klimazonen bleibt der Samenstand meist bis zum Winterbeginn intakt; erst dann lösen sich von jedem Kolben nach und nach über hunderttausend Samen an feinen, vom Wind getriebenen Fäden.

Rohrkolben sind von geringer wirtschaftlicher Bedeutung; früher nutzte man die trockenen Blätter als Dacheindeckung, für Flechtarbeiten und in der Korbmacherei und den Flaum der Samenstände als Daunenersatz. Die kräftigen, sehr stärkehaltigen Rhizome dienten in Hungerzeiten als Nahrungsmittel.

LINKE SEITE, OBEN Die schmalblättrige europäische Spezies *Typha laxmannii* ist eine jener Rohrkolben-Arten, bei denen zwischen dem weiblichen und dem männlichen Teil des Blütenstandes ein nackter Halmabschnitt steht – ein hilfreiches Unterscheidungsmerkmal. UNTEN Im Blütenstand von *Typha latifolia* sitzt der männliche Blütenabschnitt direkt auf dem weiblichen, ohne Trennung durch einen nackten Halmabschnitt. Im Juni überzieht der reichlich produzierte Pollen die männlichen Blüten mit einem goldenen Schimmer.

OBEN An einem Gewässerrand in Delaware Ende Oktober zupft der Wind an den Samenfäden von *Typha latifolia*; im Hintergrund hat der Rot-Ahorn *Acer rubrum* sein Herbstgewand angelegt.

LINKS Mitte September gesellt sich an einem Teichrand Breitblättriger Rohrkolben *Typha latifolia* mit seinem schwertförmigen Laub und den unverwechselbaren braunen Samenständen zu Goldrute und wilden Astern (Winterthur Museum and Gardens, Nord-Delaware).

Gräser – Schönheiten der Natur

SEIT EINIGEN JAHREN wendet sich die Mode verstärkt der vorteilhaften Wirkung von Gräsern in der Landschaftsgärtnerei zu. Den Farnen kommt das Verdienst zu, als erste die Aufmerksamkeit von der Farbe fort und auf ihre Gestalt hin gelenkt zu haben; als nächstes traten die Gräser auf den Plan und siegten mit Anmut und Eleganz über grelle Farben.

Margaret Plues, *British Grasses*, 1867.

VOR RUND 140 JAHREN äußerte Margaret Plues diese Worte, die sich dann doch als ein wenig übereilt erwiesen; inzwischen jedoch trifft ihre Aussage zu. Gräser, die Pioniere der Natur, erobern unsere Gestaltungsräume; im Garten- und Landschaftsbau nehmen sie heute einen ebenso sicheren Platz ein wie im Naturschutz.

Die ästhetische Wirkung der Gräser ist tatsächlich einzigartig. Während traditionelle Gartenschönheiten meist mit kräftigeren Farben aufwarten, zeigt sich die Färbung der Gräser zurückhaltend elegant und zugleich bemerkenswert abwechslungsreich. Mit ihrer Durchsichtigkeit, Linealität und Textur, ihrer Gestalt und Größe, ihrem Rascheln und Wogen sowie ihrer jahreszeitliche Dynamik bescheren sie uns vielgestaltige Schönheit. Manche dieser Eigenschaften sind schon beim flüchtigen Hinsehen offensichtlich; andere erfordern aufmerksame Beobachtung. Wer seinen Blick für die besonderen Charakteristika der Gräser schult, öffnet sich reichen Eindrücken, im Garten ebenso wie in der Landschaft.

Hell leuchten die Blütenwedel von *Miscanthus sinensis* 'Gracillimus' vor dem undurchdringlichen Dunkel der Formeibe – eine novemberliche Szene in Longwood Gardens in Pennsylvania. Farbe ist in dieser Komposition, die durch Licht, Linienführung und Konturen lebt, nahezu irrelevant.

Lichteffekte

Nur wenige Pflanzen entfalten bei Sonnenschein eine ähnliche Dramatik wie die Gräser. Bereits sanftes Licht lässt ihre hochtransparenten Blütenstände und Blätter aufleuchten; in starkem Seiten- oder Gegenlicht bieten sie ein geradezu überwältigendes Naturschauspiel. Diese ganzjährig zu beobachtenden Lichteffekte sind in der dunkleren Jahreszeit besonders willkommen, wenn das schräge Licht der tiefstehenden Sonne sie noch eindrucksvoller wirken lässt. Während Blumen sich zur Ruhe begeben, erwecken schimmernde Gräser die Landschaft zu neuem Leben.

Eine Mähwiese in Pennsylvania bietet Ende Mai ein herrliches Schattenspiel – dramatische Lichteffekte der gräsernen Art.

LINKS Im Chicago Botanic Garden leuchten Anfang Oktober breite Streifen von Chinaschilf *Miscanthus sinensis* und Garten-Reitgras *Calamagrostis × acutiflora* 'Karl Foerster' in der Sonne.

UNTEN LINKS Mitte September im Garten des Autors in Pennsylvania: Das Licht der tiefstehenden Sonne zeichnet vor einem dunklen Hintergrund jedes fein ziselierte Detail der Blütenrispen von Rutenhirse *Panicum virgatum* 'Prairie Wind' nach.
RECHTS Mitte November im Staate New York: *Miscanthus sinensis* 'Graziella' im Gegenlicht. Die feinen Härchen, die sich in den Blütenständen zahlreicher Süßgräser finden, tragen entscheidend zu ihrer Leuchtkraft bei.

LINKE SEITE Die tiefstehende Wintersonne macht an einem Augustnachmittag das Besiedlungsmuster eines Hanges der neuseeländischen Südalpen durch *Chionochloa rubra* deutlich. Die Anordnung der Horste wirkt regelmäßig und gewollt, ist jedoch ganz natürlich entstanden.

LINKS Ende Oktober im Garten des Autors in Pennsylvania: Sonnenlicht und das dunkelrote Laub des Scharlach-Sumach *Rhus glabra* 'Laciniata' stellen die ährenartigen Blütenstände von *Muhlenbergia lindheimeri* vorteilhaft zur Schau.

UNTEN LINKS Wie Flammen wirken die Blütenstände des Gelben Indianergrases *Sorghastrum nutans* im Glanz der tiefstehenden Septembersonne (Garten des Autors).
UNTEN RECHTS Ende Oktober zeigt Rutenhirse Panicum virgatum auf einer Wiese auf Long Island, mit welcher Intensität die Sonne Gräser zum Leuchten bringen kann.

Rascheln und Wogen

Gräser reagieren auf das leiseste Streicheln einer Sommerbrise. Ihre geschmeidigen Halme und Blüten zittern und neigen sich, sie tanzen im Märzgewitter, wogen im Herbststurm und im Winterwind. Biegsam und willig zeichnen sie jeden Luftzug nach. Ihre Bewegungen sind begleitet von Geräuschen – zartem Wispern, leisem Rascheln, Klappern im Stakkato-Takt. Ihre Stimmen und Bewegungen erwecken jeden Garten zum Leben und lassen ihn umso intensiver mit der weiteren Umgebung kommunizieren. Fällt unser Blick durch ein Fenster auf fern im Wind tanzende Gräser, so ist dies oft schon Verlockung genug, dass uns nichts mehr im Haus halten kann.

Das Mexikanische Fiedergras *Nassella tenuissima* saugt das Sonnenlicht geradezu auf – hier Anfang April in den Seaside Gardens im kalifornischen Carpinteria. Das grazile Gras ist tatsächlich so weich und biegsam wie Federflaum und daher unablässig in Bewegung.

LINKS August in den Südalpen Neuseelands: Ein kräftige winterliche Brise versetzt die sonnenglänzenden Samenstände von *Chionochloa flavescens* in heftiges Flattern.

UNTEN Den Wind im Blick: Das wogende Chinaschilf *Miscanthus sinensis* 'Gracillimus' vor diesem Haus in Nord-Delaware macht Winterstürme sichtbar.

OBEN Den Reiz von Gräsern machen unter anderem jene zusätzlichen Linien aus, die durch Spiegelung und Schattenwurf entstehen. Ein überhängender Halm der Salz-Teichsimse *Schoenoplectus tabernaemontani* lässt in diesem Gartenteich die Illusion eines vollständigen Ovals entstehen (Garten Karl Wienke, Suhl).

RECHTS Vorjährige Rohrkolben *Typha latifolia* spiegeln sich Anfang April in einem Abzugsgraben in Texas – eine Sammlung linearer Abstraktionen.

LINKS Mit ihrer Gradlinigkeit beeindrucken Gräser zu jeder Jahreszeit. Ende Januar zeichnet hier *Miscanthus* Schattenlinien auf eine Schneewehe in Newport, Rhode Island.

UNTEN LINKS Ende Dezember in Robert's Cove auf Cape Cod, Massachusetts: Bei diesem Anblick kommen dem Betrachter unweigerlich Andy Goldsworthys Natur-Kunstwerke in den Sinn, doch hier waren es tatsächlich Ebbe und Flut, die sich mit Salzmarschgewächsen (darunter *Spartina* spp.) ans Werk machten. Nicht selten lassen sich an Gräsern verborgene Abläufe in der Natur nachlesen.

UNTEN RECHTS Anfang November zeichnen die Halme von Rutenhirse *Panicum virgatum* 'Northwind' und Tropfensame *Muhlenbergia lindheimeri* Strichmuster im Garten des Autors.

Kontur, Textur, Format

Große Vielfalt weisen die Gräser auch in ihren Konturen, ihrer Textur und Größe auf; sobald eine Pflanze nicht durch Farbe auffällt, kommt diesen Merkmalen besondere Bedeutung zu. Gräser gibt es in nahezu jeder Form und Größe, vom plüschigen Kissen über grazile Fontänen und wogende Kaskaden bis hin zur nahezu senkrechten Säule, mit Texturen von flaumzart bis hin zu derb wie Maisstroh. Die kleinsten Gräser bleiben unter dreißig Zentimetern, andere wiederum schießen in einer einzigen Saison rund viereinhalb Meter in die Höhe. Je nach Klima und lokalen Wachstumsbedingungen können diese Eigenschaften stark variieren: Ein Gras, das auf trockenem Sandboden in voller Sonne straff aufrecht steht, wächst auf humusreichem frischem Boden in schattiger Lage oft locker bis überhängend. Auch Horststärke und Höhe können je nach Lichtverhältnissen, Wasser- und Nährstoffangebot gewaltig schwanken.

Das Japanische Federborstengras *Pennisetum alopecuroides* bildet vom ersten Austrieb bis zum Ende der Blüte einen gleichmäßig gerundeten, überhängenden Horst – gut zu erkennen auf dieser in Ashland Hollow in Delaware Mitte August entstandenen Aufnahme.

Rechts Sobald man sein Hauptaugenmerk von der Farbe fortbewegt, verschiebt sich die optische Gewichtung entscheidend. In der Südrabatte im Garten des Autors trumpfen Ende Juli Form und Textur auf. Aufrechte Haltung, vertikale Linien und die relativ derbe Textur von *Panicum virgatum* 'Northwind' (links) verwandeln diese verlässlich aufrechte Kulturvarietät der Rutenhirse in einen dramatischen Kontrast zu *Aster oblongifolius* (zu ihren Füßen), *Amsonia hubrichtii* (zu beiden Seiten) und Scharlach-Sumach *Rhus glabra* 'Laciniata' (im Hintergrund). Der Habitus von 'Northwind' wird sich auch während der Blüte nur minimal verändern; das Gras bleibt nahezu straff aufrecht. Trotz des leicht erhöhten Blauanteils in der Laubfarbe fällt *Muhlenbergia lindheimeri* (rechts) in der Komposition vor allem durch die feine Textur und den rundlichen Habitus auf.

Unten Drei Monate später hat sich dieselbe *Muhlenbergia* in eine Fontäne aus hoch aufragenden Blütenhalmen verwandelt. Bei vielen Gräsern verändert sich der Habitus während der Blüte dramatisch.

OBEN Hoch überragt *Miscanthus × giganteus* das Silberährengras *Achnatherum calamagrostis*. In dem eleganten Arrangement spielen Linienführung, Habitus, Textur und Größenstaffelung die Hauptrollen. Trotz der überhängenden Form beider Gräser empfindet man den *Miscanthus* eher als vertikal. Seine Größe und relativ grobe Textur kontrastieren gut mit der horizontalen Beplankung (Great Dixter, Northiam, England).

RECHTS OBEN *Hakonechloa macra* 'Albovariegata' verbreitet sich nur langsam über Ausläufer; hier ergießt sich das Hakone-Waldgras wie grüne Gischt über einen Wegrand im Garten des Autors (Ende Mai).

RECHTS Größe und Textur haben oft nichts miteinander zu tun: Bei großen Gräsern trifft man ebenso häufig auf zarte wie auf derbe Struktur. Im Garten des Autors steht *Panicum virgatum* 'Cloud Nine' Ende Oktober rund zwei Meter hoch, doch seine hauchfeinen Blüten leuchten wie eine Nebelwolke.

LINKS In der Gräsersammlung der Royal Botanic Gardens in Kew (England) lassen sich die vielfältigen Formen, Texturen und Ausmaße der Gräser wunderbar studieren. Auf dieser Ende August entstandenen Aufnahme säumt das niedrige, haarfeine Mexikanische Fiedergras *Nassella tenuissima* eine Rabatte mit diversen Sorten Chinaschilf *Miscanthus sinensis*.

UNTEN Wie zartgrüne Wattewolken legt sich Mitte Juli die Blüte der Rasenschmiele *Deschampsia cespitosa* 'Goldtau' in die von Piet Oudolf gestalteten Rabatten von Wisley, dem bedeutendsten Garten der Royal Horticultural Society (Surrey, England).

RECHTE SEITE

OBEN LINKS Zwar braun, aber dennoch sehr lebendig: *Carex flagellifera*, hier Ende Juli in England, ist eine von zahlreichen immergrünen neuseeländischen Seggen, deren Laub keinerlei Grüntöne aufweist. Das Farbspektrum dieser Seggen reicht von Kupfer über Zimt und Orange bis hin zu Rot.

OBEN RECHTS *Carex testacea* leuchtet Anfang Mai in Südkalifornien in unübersehbarem Orange.

UNTEN LINKS Weinrot leuchtet das Alang-Alang-Gras *Imperata cylindrica* 'Red Baron' vor einem Hintergrund aus Magellan-Blaugras *Elymus magellanicus* (Südkalifornien, Mitte August).

UNTEN RECHTS Mehrere dunkelviolett gefärbte Federborstengräser werden in kälteren Regionen als Einjährige gezogen, darunter die schwarzviolette Perlhirse *Pennisetum glaucum* 'Purple Majesty'.

RECHTS Phänomenal hebt sich der blaueste aller Blau-Schwingel, *Festuca glauca* 'Elijah Blue', vom Grün der *Yucca* und dem hellen Gelbgrün des *Sempervivum* ab.

UNTEN RECHTS Der Blaustrahlhafer *Helictotrichon sempervirens* verspricht in vielen Klimazonen mit seinem beständigen hellen Farbton ganzjährigen Schmuck.

UNTEN LINKS Blätter, Blüten und Halme der Gräser warten häufig mit zusätzlich eingestreuten Farben auf; so sind die hellblauen Halme des Kleinen Präriegrases *Schizachyrium scoparium* 'The Blues' von purpurroten Streifen durchzogen.

lungsfähige Farbe, die in Abhängigkeit von den Lichtverhältnissen ganz unterschiedlich wirkt.

Neben Grün trifft man bei den Gräsern auch Rot, Orange, Rosa und Violett an; unzählige gestreifte Sorten ergänzen die Palette um klares Gelb, Elfenbein und Weiß. Oft ergeben sich dramatische Farbveränderungen mit dem Wechsel der Jahreszeiten. Weiße und blaue Pflanzenteile verfärben sich bei niedrigen Temperaturen nicht selten rosa oder purpurn; gewöhnliches Grün verwandelt sich im Herbst der gemäßigten Breiten oder in der Trockenzeit mediterraner Regionen in leuchtendes Apricot oder Gold. Während der Winter- oder Trockenruhe erweitert sich das Farbspektrum um aparte Abstufungen von Rehbraun über Kastanienrot bis hin zu Rostbraun, während die trockenen, transparenten Teile der Blüten und Samenstände oft von mannigfaltigen Sonnenuntergangsfarben durchdrungen sind.

LINKS In der Gräsersammlung der Royal Botanic Gardens in Kew (England) lassen sich die vielfältigen Formen, Texturen und Ausmaße der Gräser wunderbar studieren. Auf dieser Ende August entstandenen Aufnahme säumt das niedrige, haarfeine Mexikanische Fiedergras *Nassella tenuissima* eine Rabatte mit diversen Sorten Chinaschilf *Miscanthus sinensis*.

UNTEN Wie zartgrüne Wattewolken legt sich Mitte Juli die Blüte der Rasenschmiele *Deschampsia cespitosa* 'Goldtau' in die von Piet Oudolf gestalteten Rabatten von Wisley, dem bedeutendsten Garten der Royal Horticultural Society (Surrey, England).

Die gewaltigen Veränderungen in Form, Textur und Gestalt, die sich bei den meisten Gräsern im Laufe einer einzigen Vegetationsperiode ergeben, bewirken häufig nicht weniger dramatische Veränderungen des Landschaft selbst. Deutlich wird dies in zwei Ansichten ein und desselben Weges im Chicago Botanic Garden (Illinois).

Rechts Anfang Juni zeigen sich frischgrünes Chinaschilf *Miscanthus* 'Purpurascens' (links) und *M. sinensis* 'Ferner Osten' (rechts) als niedrige, kissenförmige Wegbegleiter.

Unten Vier Monate später stehen die Gräser dreimal so hoch; den Weg definieren sie nun mit schimmernden, straff aufrecht stehenden Halmen.

Farbenspektrum

Die Farbvielfalt der Gräser beginnt mit Grün – eine in Tönung, Schattierung und Sättigungsgrad unendlich variable Farbe. Es gibt Gräser und Grasartige in Hell- und Dunkelgrün, in zartem und in knalligem Grün, in Graugrün und Gelbgrün und – vielleicht am häufigsten – in Blaugrün. Grund für die Blaunuancierung ist oft eine hauchdünne wachsartige Bereifung auf dem grünen Laub und anderen Pflanzenteilen; diese bricht das Sonnenlicht, sodass die Pflanze bläulich erscheint. Ähnliches beobachten wir etwa bei bereiften roten Weintrauben. Dieses Blaugrün ist eine sehr wand-

LINKS Mitte August in Norddeutschland leuchtet das Silber-Blaugras *Sesleria argentea* apfelgrün – eine der unzähligen Grünvarianten, mit denen Gräser aufwarten.

UNTEN LINKS San Luis Obispo, Kalifornien: Die Blauanteile im Laub der Roggengerste *Leymus condensatus* 'Canyon Prince' wirken an einem frühen Junimorgen in schattiger Lage besonders intensiv.

OBEN Das grüne Laub der Schlaffährigen Segge *Carex flaccosperma*, einer Gehölzsituationen bevorzugenden Spezies, ist derart stark bereift, dass es oft blaugrün erscheint, wie auf dieser Aufnahme von Anfang August (Pennsylvania, Garten des Autors).

RECHTE SEITE
OBEN LINKS Zwar braun, aber dennoch sehr lebendig: *Carex flagellifera*, hier Ende Juli in England, ist eine von zahlreichen immergrünen neuseeländischen Seggen, deren Laub keinerlei Grüntöne aufweist. Das Farbspektrum dieser Seggen reicht von Kupfer über Zimt und Orange bis hin zu Rot.
OBEN RECHTS *Carex testacea* leuchtet Anfang Mai in Südkalifornien in unübersehbarem Orange.
UNTEN LINKS Weinrot leuchtet das Alang-Alang-Gras *Imperata cylindrica* 'Red Baron' vor einem Hintergrund aus Magellan-Blaugras *Elymus magellanicus* (Südkalifornien, Mitte August).
UNTEN RECHTS Mehrere dunkelviolett gefärbte Federborstengräser werden in kälteren Regionen als Einjährige gezogen, darunter die schwarzviolette Perlhirse *Pennisetum glaucum* 'Purple Majesty'.

lungsfähige Farbe, die in Abhängigkeit von den Lichtverhältnissen ganz unterschiedlich wirkt.

Neben Grün trifft man bei den Gräsern auch Rot, Orange, Rosa und Violett an; unzählige gestreifte Sorten ergänzen die Palette um klares Gelb, Elfenbein und Weiß. Oft ergeben sich dramatische Farbveränderungen mit dem Wechsel der Jahreszeiten. Weiße und blaue Pflanzenteile verfärben sich bei niedrigen Temperaturen nicht selten rosa oder purpurn; gewöhnliches Grün verwandelt sich im Herbst der gemäßigten Breiten oder in der Trockenzeit mediterraner Regionen in leuchtendes Apricot oder Gold. Während der Winter- oder Trockenruhe erweitert sich das Farbspektrum um aparte Abstufungen von Rehbraun über Kastanienrot bis hin zu Rostbraun, während die trockenen, transparenten Teile der Blüten und Samenstände oft von mannigfaltigen Sonnenuntergangsfarben durchdrungen sind.

RECHTS Phänomenal hebt sich der blaueste aller Blau-Schwingel, *Festuca glauca* 'Elijah Blue', vom Grün der *Yucca* und dem hellen Gelbgrün des *Sempervivum* ab.

UNTEN RECHTS Der Blaustrahlhafer *Helictotrichon sempervirens* verspricht in vielen Klimazonen mit seinem beständigen hellen Farbton ganzjährigen Schmuck.

UNTEN LINKS Blätter, Blüten und Halme der Gräser warten häufig mit zusätzlich eingestreuten Farben auf; so sind die hellblauen Halme des Kleinen Präriegrases *Schizachyrium scoparium* 'The Blues' von purpurroten Streifen durchzogen.

GANZ OBEN LINKS Zu den wirklich subtil gefärbten bunten Gräsern zählt das Chinaschilf *Miscanthus sinensis* 'Morning Light' mit seinen feinen weißen Blatträndern, die die ganze Pflanze hellgrün bis graugrün wirken lassen.
RECHTS Auffällig gesäumte Blattränder sorgen bei der Sommergrünen Breitlaub-Segge *Carex siderosticta* 'Variegata' für zweifarbige Wirkung.

UNTEN LINKS Die Sorte 'Variegata' des Italienischen Pfahlrohrs *Arundo donax* erscheint mit ihren zahlreichen breiten Streifen beinahe weiß.
RECHTS Das Laub der Steifen Segge *Carex elata* 'Aurea' leuchtet gelbgrün mit grasgrünem Rand.

Oben links Wie ein tropisches Blattgewächs mutet das Zebragras *Miscanthus sinensis* 'Zebrinus' mit seinen ausgefallenen gelben Querstreifen an.

Oben rechts Pennsylvania, Mitte Oktober: Die Herbstfärbung des Gelben Indianergrases *Sorghastrum nutans* konkurriert mühelos mit dem Herbstlaub so mancher Gehölzart.

Mitte links Ende September in Nebraska: Pflanzen mit unterschiedlich getönter sommerlicher Belaubung weisen häufig auch im Herbst- und Winteraspekt unterschiedliche Färbungen auf. Diese Sämlinge des Kleinen Präriegrases *Schizachyrium scoparium* zeigten während der Wachstumsperiode Schattierungen von Blau bis Blaugrün. Die Pflanzen, die im Sommer grüner waren, leuchten nun hell kupferfarben, während die ehemals stärker blau gefärbten Pflanzen einen kräftigen Rotorangeton angenommen haben.

Unten links Den ganzen Sommer über machte der Blauhalm *Andropogon* 'Sanbi' seinem Trivialnamen alle Ehre; zum Herbst hin aber schmückt sich die Hybride aus *Andropogon gerardii* und *A. hallii*, die als Silver Sunrise™ gehandelt wird, mit Akzenten in dunklem Rosa und Violett (North Carolina, Ende Oktober).

LINKS OBEN Anfang September verfärbt sich das Laub der Rutenhirse *Panicum virgatum* 'Shenandoah' weinrot (Delaware).
LINKS UNTEN Südliches Delaware, Mitte Oktober: In Grasblüten verbergen sich häufig kräftige Kontrastfarben, die mit den Farben der Umgebung in Dialog treten. Beim Blauhalm *Andropogon ternarius* mischen sich Bernstein, Grün und Rot in das Silber der Blütenstände.

RECHTS OBEN Manchmal machen sich Blaunuancen bis in die Blütenstände hinein bemerkbar, wie bei *Panicum amarum* 'Dewey Blue', hier Anfang August im Garten des Autors in Pennsylvania.
RECHTS UNTEN *Muhlenbergia capillaris* nimmt mit ihrer Farbwirkung eine Ausnahmestellung ein. Der Blick mag sich von der rosa-violett leuchtenden Wolke der Grasblüte gar nicht losreißen (North Carolina, Anfang Juli).

DIE BLÜTENSTÄNDE des Garten-Reitgrases *Calamagrostis* × *acutiflora* 'Karl Foerster' machen innerhalb weniger Wochen eine dramatische Verwandlung in Farbe und Form durch.

LINKS Im Juni sind die Blütenstände rauchig violett überhaucht – eine Farbnuance, die in der abgebildeten Konstellation durch den dunkellaubigen Europäischen Perückenstrauch *Cotinus coggygria* zusätzlich herausgehoben wird (Chanticleer Gardens, Wayne, Pennsylvania).

LINKS UNTEN Ende Juli haben sich die Infloreszenzen verdichtet; nun bilden sie einen dunkelhonigfarbenen Kontrast zur blauen Edeldistel *Eryngium*.

DIE BLÜTENSTÄNDE des Garten-Reitgrases *Calamagrostis × acutiflora* 'Karl Foerster' machen innerhalb weniger Wochen eine dramatische Verwandlung in Farbe und Form durch.

LINKS Im Juni sind die Blütenstände rauchig violett überhaucht – eine Farbnuance, die in der abgebildeten Konstellation durch den dunkellaubigen Europäischen Perückenstrauch *Cotinus coggygria* zusätzlich herausgehoben wird (Chanticleer Gardens, Wayne, Pennsylvania).

LINKS UNTEN Ende Juli haben sich die Infloreszenzen verdichtet; nun bilden sie einen dunkelhonigfarbenen Kontrast zur blauen Edeldistel *Eryngium*.

Die recht subtilen Schattierungen der Grasblüten und Samenstände sorgen nicht selten für wichtige Kontraste zu anderen Farben in der Umgebung.

Oben RHS-Garten Wisley (Surrey), Mitte August: Das intensive Violett der Waldrebe wirkt neben dem sanft getönten Silberährengras *Achnatherum calamagrostis* doppelt intensiv.

Mitte Ebenfalls im August präsentieren sich in Wisley die frischen, nahezu weißen Blüten des Silber-Pampasgrases *Cortaderia selloana* und unterstreichen das Tiefviolett von *Salvia mexicana*.

Unten Weizenfarben setzen sich die Ährchen des Breitblättrigen Plattährengrases *Chasmanthium latifolium* gegen einen Erlenblättrigen Federbuschstrauch *Fothergilla gardenii* in feurigem Orange ab (Garten des Autors, Pennsylvania, Anfang November).

OBEN Dramatisch leuchtet das kräftige Rot und Grün von Stechpalmen durch die zu hellem Stroh verblichenen Samenstände des Pfeifengrases *Molinia caerulea* subsp. *arundinacea* 'Skyracer' (Chanticleer Gardens, Wayne (Pennsylvania), Mitte November).

UNTEN Vor dem gleichmäßig burgunderfarbenen Herbstlaub des Blumen-Hartriegels *Cornus florida* kommen die schmalen, straff aufrecht stehenden Samenstände des Seidengrases *Saccharum contortum* im novemberlichen Garten des Autors besonders gut zur Geltung.

Mit Gräsern gestalten

DIE BEZAUBERNDE LANDSCHAFT, die ich heute morgen sah, setzt sich aus zweifelsohne zwanzig bis dreißig Gehöften zusammen. Miller gehört dieses Feld, Locke jenes, und Manning das Waldstück dahinter. Doch keinem von ihnen gehört die Landschaft. Es liegt etwas im Horizont, das niemand sein eigen nennt – nur der, dessen Blick alle Teile zu vereinen vermag, nämlich der Poet. Dies ist das Schönste an den Höfen dieser Männer, doch darauf verzeichnen ihre Besitzurkunden keinen Rechtsanspruch.

Ralph Waldo Emerson, *Nature*, 1836

WER SICH IN WILLIAM ROBINSONS „Wild Garden" bei Gravetye Manor ein ruhiges Plätzchen sucht und in den raffinierten Naturalismus des Gartens eintaucht, wird merken, wie der Blick unwiderstehlich von den bis zum Horizont reichenden Feldern und Wäldern angezogen wird. The Wild Garden, 1870 erstmals veröffentlicht, ist wohl der bis heute bedeutendste Band aus Robinsons Feder. Die Gartenethik, die er darin vorstellt, basiert auf der Auswilderung heimischer und exotischer Pflanzen, die sich für den vorgesehenen Standort eignen, zusammen mit einer umfassenden Betrachtung der für eine solche Gestaltung infrage kommenden Anwendungsbereiche: „Felder, Wälder, Haine, die Randbereiche weiter Rasenflächen sowie vernachlässigte Winkel in nahezu jedem Garten". Von 1885 bis 1935 lebte Robinson im Herrenhaus Gravetye Manor in West Sussex, England, wo er seine Ideen in seinem Landschaftslaboratorium immer weiter verfeinerte.

OBEN Was wie eine Feldhecke wirkt, ist tatsächlich eine von dickem Bewuchs verhüllte Mauer; sie schließt einen Gartenraum direkt am Herrenhaus von Gravetye ab und rahmt den Ausblick auf einen reizvollen Flickenteppich aus Feld und Wald.

LINKE SEITE Ende Juli präsentiert sich das neuseeländische Gras *Anemanthele lessoniana* als wichtige Komponente des zwanglos lebendigen Blumengartens von Gravetye Manor.

The Wild Garden, das zu Robinsons Lebzeiten regelmäßig neu aufgelegt wurde, war ursprünglich seine Reaktion auf den statischen Charakter der englischen Gärten im 19. Jahrhundert, als sich viele Gärtner auf die Zurschaustellung geometrisch angeordneter frostempfindlicher Stauden verlegt hatten. Robinson wusste, dass ein dynamischer Mix aus winterharten Stauden, Sträuchern und Bäumen schöner und praktischer wäre; sein Ansatz weist deutliche Parallelen zum heuten Credo der Vielfalt und Nachhaltigkeit auf. Mit der Zeit erweiterte er den Landbesitz um Gravetye Manor auf über 400 Hektar; im Alter widmete er sich in erster Linie der Pflege seiner Wälder, Seen und Wiesen. Robinson vermachte Gravetye der Forestry Commission, der britischen Forstverwaltung, welche den Besitz bis heute relativ unverändert erhalten hat. Das Herrenhaus mit dem unmittelbar angrenzenden Land ist seit 1958 verpachtet und beherbergt ein Landhotel, dessen ersten Manager, Peter Herbert, die Gärten dankenswerterweise nach Robinsons Idealen restaurierte; seine Nachfolger haben diese Tradition aufrechterhalten. Dieser erstaunlich nah an London gelegene Ort hat Seltenheitswert, und auch der Gärtner von heute könnte dort so einiges lernen.

Teil der gemischten winterharten Bepflanzung direkt beim Herrenhaus von Gravetye ist das Pyrenäen-Pfriemengras *Stipa gigantea*. Seine helle Blütenfarbe wiederholt sich in den Mähwiesen auf den Hügeln im Hintergrund – ein perfektes Mittel, um den Blick in die Landschaft zu lenken.

Sollen unsere Gärten Teil einer größeren, lebenswerten Landschaft sein, so müssen sie kreativem Ausdruck Raum geben und gleichzeitig Bezüge zum Umfeld setzen und festigen. Sie müssen inspirieren und bewahren, dynamisch und pflegeleicht sein, unseren Tagesablauf und die sich mit den Jahren wandelnden Lebensgewohnheiten spiegeln und diesen zugleich entgegenkommen; sie müssen uns beredt von Sonne und Jahreszeit sprechen und ein Gemeinschafts- und Ortsgefühl vermitteln. Die von Natur aus vielgestaltigen, ausdauernden und wandlungsfähigen Gräser kommen all diesen Idealen entgegen und sollten daher in verstärktem Maße in unseren Planungen Berücksichtigung finden.

Pflanzen sind es, die einen Garten ausmachen; dennoch ist es häufig sinnvoll, mit der Gestaltung zunächst an anderer Stelle anzusetzen. Ich ziehe es vor, mit der „Erzählabsicht“ und vielen Fragen zu beginnen. Soll die Landschaft dekorativ sein, oder soll sie auch Geschichten erzählen? Falls ja: Sind diese Geschichten auf den unmittelbaren Kontext bezogen (auf den Ort oder die Region), sind sie weltumspannend (auf viele Orte bezogen), oder sind sie gar beides? Soll sich die Gestaltung losgelöst von der Umgebung präsentieren, oder soll sie das Umfeld aufgreifen und einbinden? Wieviel Energie, welche Mittel stehen zur Verfügung, um die Gestaltung auf Dauer zu erhalten?

Das folgende Kapitel erörtert diese Fragen anhand von Illustrationen und analysiert dazu unterschiedliche Landschaften – weitläufige ebenso wie kleine, öffentliche wie private –, in denen Gräser eine führende Rolle spielen.

Gräser im Übergangsbereich

Übergänge sind ein wesentlicher Bestandteil guten Designs und wichtig für das Landschaftserleben. Der Übergang von einem Raum zum nächsten lässt sich am leichtesten begreifen und gestalten; zeitliche Übergänge hingegen sind komplexer, da sich dabei weitaus zahlreichere Aspekte der Landschaft verändern. Unübersehbar ist der oft hochdramatische rhythmische Wechsel der Jahreszeiten; schleichend hingegen vollzieht sich der nicht selten dauerhafte Wandel einer ganzen Landschaft von sonnig zu schattig, feucht zu trocken oder Wiese zu Wald. Gräser sind anpassungsfähig und unkompliziert und etablieren sich rasch, was sie zu natürlichen Vermittlern macht; für die ständigen Metamorphosen eines sich entwickelnden Gartens sind sie ideal.

Am Übergang von Wiese zu Wald

In gemäßigten Klimazonen sind Übergange von sonniger Wiese zu schattigem Wald allenthalben zu beobachten; häufig stellen sie ein Entwicklungsstadium dar. Optisch ebenso wie sensorisch stellt die Wiese das Gegenstück zum Wald dar. Sie ist offen und hell, ihre Stimmung und Sinneseindrücke unterscheiden sich dramatisch von dem Dämmerlicht und dem Gefühl des Umfangenseins im Wald.

„Farbnotiz eines winterkahlen Waldstücks am Rande einer Wiese“: Mit wenigen Pinselstrichen vermitteln Aquarellfarben einen Eindruck von dem Licht, den Farben und dem Spannungsfeld am Übergang von Wiese zu Wald. Die Illustration ist dem Buch *Color Problems* entnommen, mit dem sich Emily Vanderpoel 1903 an Maler wandte.

Meinem sechstausend Quadratmeter großen Garten in Pennsylvania würde man die Stadtnähe mehr anmerken, grenzte er nicht unmittelbar an die rund zweitausend Hektar Grund der White Clay Creek Preserve. Dieses Naturschutzgebiet war für mich ausschlaggebend, mich hier niederzulassen. Das Grundstück bestand beim Kauf hauptsächlich aus Rasen mit einigen wenigen Solitärgehölzen; meine Frau Melinda und ich sind seitdem unablässig damit beschäftigt, die Rasenflächen zu verkleinern und den Garten aufzuforsten. Unser Ziel ist eine Anlage, in der sich die Umgebung, eine Mischung aus Sekundärwald und offenen Feldern, stärker widerspiegelt – Erbe einer landwirtschaftlich geprägten Ära.

Anfänglich wirkte das Grundstück überwältigend exponiert, und so bestand eines unserer ersten Ziele darin, im hinter dem Haus gelegenen, nach Süden weisenden Garten für ein erstes Gefühl der Abgeschlossenheit zu sorgen. Um eine vorhandene Amerikanische Gleditschie zogen wir eine halbkreisförmige Gehölzpflanzung; diese erinnert an die Hecken der Umgebung und grenzt einen Gartenraum ab. Letztendlich sollte sie sich zu einer grünen Wand aus Bäumen und Sträuchern entwickeln, doch da es sich empfiehlt, Gehölze möglichst jung zu setzen, pflanzte ich Sämlinge von Bäumen und Sträuchern und zog zur unmittelbaren Abschirmung Gräser heran. Sie erfüllten ihren Zweck hervorragend; Jahre später, als sich die Lichtverhältnisse durch die heranwachsenden Gehölze geändert hatten und diese sich so weit entwickelt hatten, dass sie selbst als Sichtschutz dienten, wurden die Gräser aufgenommen.

Oben Mitte Mai rahmt der Austrieb des Garten-Reitgrases *Calamagrostis × acutiflora* 'Karl Foerster' einen abgeschlossenen Gartenraum, über den eine ausgewachsene Amerikanische Gleditschie *Gleditsia triacanthos* ihr Geäst breitet. Die Sträucher und Bäume zwischen den Gräsern sind noch zu klein, um sich wirklich bemerkbar zu machen.

Unten Zwei Jahre später haben die Gehölze schon an Präsenz gewonnen, während die blühenden, hoch aufgeschossenen Gräser in der späten Augustsonne leuchten. Die Kanadische Hemlocktanne *Tsuga canadensis* im Hintergrund ist von Insekten befallen, die nach Nordamerika eingeschleppt wurden, und wird leider entfernt werden müssen.

LINKS Zehn Jahre nach ihrer Anpflanzung schließen die Bäume und Sträucher den Gartenraum wirkungsvoll ab; regelmäßig wird dieser als Freiluft-Lesezimmer und Esszimmer genutzt. Das Garten-Reitgras toleriert zwar ein gewisses Maß an Schatten, doch als die Lage im Gehölzstreifen zu dämmrig wurde, ließ seine Wuchskraft nach, und die Gräser wurden – wie ursprünglich geplant – wieder herausgenommen.

UNTEN Dies ist der Blick vom Haus bzw. dem Gartenraum aus in Richtung Süden. Die Gehölze, die das Garten-Reitgras schließlich überragten, rahmen nun den Blick auf einen breiten Streifen Gelbes Indianergras, das fast den ganzen Tag im Seiten- oder Gegenlicht steht, während die Sonne von Osten (links) nach Westen (rechts) ihre Bahn über unseren Garten zieht.

Rechts Nun beherbergt ein anderer Gartenteil Gräser. Außerhalb der Gehölzumfassung blüht im Spätsommer eine Woge Gelbes Indianergras *Sorghastrum nutans*; in diesem Bereich breitete sich ursprünglich geschorener Rasen aus. Immer wieder sammelten wir Samen von Pflanzen entlang der Straßen in der Umgebung, die wir breitwürfig ausstreuten, bis sich das Indianergras etabliert hatte.

Unten 2005 gab es einen besonders farbenfrohen Herbst. Während der übrige Garten immer mehr zum Wald wird, bleibt der südliche Bereich ausdrücklich als sonniger Lebensraum den Gräser vorbehalten – inzwischen wächst hier neben dem Indianergras auch die etwas schattenverträglichere Rutenhirse *Panicum virgatum*.

Die nördliche Grundstücksgrenze stößt direkt an die Straße; teilweisen Sichtschutz bietet eine abwechslungsreiche Mischung laubabwerfender Gehölze mit einigen Weymouths-Kiefern *Pinus strobus* und Rotzedern *Juniperus virginiana*. Da der hintere Grundstücksteil mit Fahrzeugen erreichbar sein muss, wird zwischen diesem Gehölzstreifen und dem Haus ein breiter Rasenweg als Zufahrt erhalten. So bleibt der südliche Gehölzsaum überwiegend sonnig; er bietet ideale Bedingungen für zahlreiche Gräser. Da dieser Streifen direkt im Blickfeld des Hauseingangs und mehrerer Räume liegt, besteht eines der Hauptgestaltungsziele darin, ihn während jeder Jahreszeit attraktiv zu halten. Der Gehölzrand wurde daher mit Gräsern bepflanzt, zwischen die sich Sträucher und blühende Stauden mischen. Die meisten Spezies sind nordamerikanischen Ursprungs, manche jedoch stammen aus Ostasien. Das Gestaltungsprinzip fordert, dass sämtliche heimischen wie auch exotischen Pflanzen ohne Gießen, Düngen, Herbizide und Pestizide auskommen müssen und dass sie allesamt im Einklang mit der jahreszeitlichen Farbpalette und den regionalen Wachstumszyklen stehen müssen.

Vom Helikopter aus werden das Layout des Vorgartens und sein Bezug zum Haus deutlich.

Oben Die Firstlinie des Hauses verläuft von Ost nach West (im Bild von oben nach unten); im oberen Teil des Fotos ist die Zufahrt zu sehen. Anfang November ist trotz des beginnenden Laubfalls die öffentliche Straße (diagonal in der Bildecke oben links) noch größtenteils durch die Mischbepflanzung verdeckt. In die Bepflanzung des südlichen Gehölzrandes mischen sich zahlreiche Gräser.

Unten Ende Mai beherrscht Grün den Garten wie auch die Landschaft der Umgebung.

OBEN Mitte Juli herrscht in diesem Teil der Welt üblicherweise Flaute im Blumenbeet; damit die Gestaltung jederzeit attraktiv wirkt, ist für diese blütenlose Zeit ein interessantes Zusammenspiel von Texturen unerlässlich. Die straff aufrechte Rutenhirse *Panicum virgatum* 'Northwind' und der halbkugelförmige Blattschopf von *Muhlenbergia lindheimeri* setzen sich optisch deutlich von den Texturen der übrigen Pflanzen ab – wohlriechender *Aster oblongifolius*, *Amsonia hubrichtii*, Wasserdost *Eupatorium dubium* sowie – im Hintergrund – Scharlach-Sumach *Rhus glabra* 'Laciniata', Korall-Sumach *Rhus copallina*, Fieberstrauch *Lindera glauca* var. *salicifolia* und Schwarz-Birke *Betula nigra*.

Linke Seite, unten Dieser aus lokal gesammelter Saat gezogene Wasserdost *Eupatorium dubium* könnte in einem Schmetterlingswettbewerb glatt gegen den Sommerflieder *Buddleia* gewinnen. Es ist Anfang August, und die Rutenhirse 'Northwind' (rechts im Bild) steht weiterhin im Kontrast zu dem von Segelfaltern und Bienen belagerten *Eupatorium*.

Links Mitte September stehen Auslesen der Rutenhirse (*Panicum virgatum* 'Northwind', 'Cloud Nine' und 'Dallas Blues') und zwei unbenannte Sämlinge in voller Blüte – gerade passend, um das vorherbstliche Licht der tiefer sinkenden Sonne einzufangen.

Unten Textur ist auch im Oktober/November noch von Bedeutung, doch im Vordergrund steht nun die Laubfärbung, die ihren Höhepunkt erreicht, wenn sich die warmen Farben von Fieberstrauch, Sumach und Amsonie zum Blauviolett der Astern und dem Gelb und Gold der Gräser gesellen.

OBEN Die Blütenhalme der Rutenhirse *Panicum virgatum* 'Dallas Blues' brechen in alle Richtungen aus der niedrigen *Aster oblongifolius* 'Raydon's Favorite' hervor.
OBEN RECHTS Ende Oktober glüht *Acer trifolium*, ein ostasiatischer Ahorn mit dreiteiligem Blatt, wie ein Feuerball; der Baum rahmt den Blick vom Hauseingang Richtung Norden auf den Gräsersaum. Die Straße liegt gar nicht weit dahinter, und doch erweckt die naturhafte, vielfältige Bepflanzung einen Eindruck von Wildnis, wie sie in diesem Stadtrandgebiet eigentlich gar nicht existiert. Im städtischen Umfeld bieten solche dichten Pflanzungen wertvollen Schutz und Nahrung für die Tierwelt.

RECHTS Im Dezember zeigt sich die Farbpalette gedämpft, jedoch nicht uninteressant: Über einem schokofarbenen Asternteppich fangen aufrecht stehende Gräser in Winterfarben den Blick ein, während der Fieberstrauch im Hintergrund noch immer sein blasses lachsrosa Laub festhält.

DER TEICHGARTEN und die Lichtung des Mount Cuba Center in Greenville, Delaware, sind ein exquisites Beispiel dafür, wieviel Anmut und Drama bei einem wohlorchestrierten Übergang von Wiese zu Wald möglich sind. Das Mount Cuba Center untersucht die Flora des Piedmont; so gibt es in diesem Garten einige kurze, überwältigend blütenreiche Phasen, doch nicht minder beeindruckend ist das Zusammenspiel von grüner Architektur und Gräsern.

Mount Cuba wurde einst beackert; seine Wiese ist ein Erbe dieser landwirtschaftlichen Vergangenheit. Unter der Leitung von Gartengründerin Pamela Copeland und ihren Fachleuten hat sich das Areal von einer Sukzessionsfläche, auf der hier und dort heimische spätgrünende Gräser wie Kleines Präriegras *Schizachyrium scoparium* und Blauhalm *Andropogon virginicus* standen, in einen gepflegten Wiesengarten verwandelt; heute gesellen sich Gelbes Indianergras *Sorghastrum nutans* und verschiedene Blütenstauden zu den bereits genannten Gräsern. Hier und dort auf der Wiesenfläche haben sich außerdem einige Blumen-Hartriegel *Cornus florida* eingesamt; einige weitere wurden gepflanzt.

OBEN Diese Luftaufnahme von Anfang Mai verdeutlicht den Bezug zwischen der Wiese und dem von Baumbestand gesäumten unteren Teichgarten (rechter Bildrand). Beim Teichgarten handelt es sich um einen niedrig gelegenen, umschlossenen, schattigen Bereich, der mit seinem rund 60 Meter hohen Blätterdach aus Amerikanischem Tulpenbaum *Liriodendron tulipifera*, Amerikanischer Buche *Fagus grandifolia*, Hickory und Eichen nahezu das Gegenteil der sonnendurchfluteten, zum Himmel offenen Wiese darstellt. Den Teich und die Wiese umziehen Pfade, die bei einer Lücke in dem trennenden Waldstreifen aufeinandertreffen.

UNTEN Ende April steht der Blumen-Hartriegel in voller Blüte. Noch weist das Blätterdach Lücken auf; der Helligkeitsunterschied zwischen Teichgarten und Wiese wird sich noch verstärken. Die spätgrünenden Gräser auf der Wiese beginnen nach dem Winterschlaf gerade erst zu sprießen.

OBEN Im Laufe des Sommers schießen die Gräser immer schneller in die Höhe, bis die Wiese Anfang September in üppigem Grün steht. Das Dämmerlicht im Teichgarten lässt die sonnige Fläche hinter der Baumlücke umso lichter erscheinen.

RECHTS An einem bewölkten Oktobertag treten die warmen Farben der Gräser in den Vordergrund; besonders auffällig ist das Indianergras an den höher gelegenen Stellen.

OBEN LINKS Ende Oktober gesellen sich das Rot und Bronze von *Cornus florida* und das Blau der Wald-Aster *Aster cordifolius* zum Gelbbraun der Gräser.
OBEN RECHTS Blick durch das Geäst eines Blumen-Hartriegels.

LINKS Im November vollzieht sich der dramatischste Wandel der Lichtverhältnisse und Farbwerte. Die Buchen treten mit Bernstein- und Goldtönen hervor, während nun auch der Teich wieder im Sonnenlicht liegt.

OBEN In der Winterlandschaft stellen die Wiesengräser die farbigsten Elemente, wie hier nach einem späten Schneefall Anfang März.

RECHTS Man stelle sich dieses Bild ohne die Gräser vor: Das vom Schnee zart nachgezeichnete Geäst des *Cornus* bliebe vor den Bäumen im Hintergrund unbemerkt; das Rehbraun der Gräser jedoch rückt es unübersehbar in den Vordergrund.

Rasenwege und -plätze

Wege zählen zu denjenigen Elementen, die einer sich wandelnden Landschaft am häufigsten angepasst werden. Während Hauptrouten meist permanent sind, müssen sich die Verbindungen zu neu geschaffenen oder veränderten Wegzielen erst entwickeln. Ein Weg ist zunächst einmal eine zweckmäßige Einrichtung; gutes Garten- oder Landschaftsdesign jedoch kann ihn in ein genussvolles Schauspiel gerader oder geschwungener Linien verwandeln. Gräser bieten sich als lineare, wogende, leuchtende Wegweiser an; darüber hinaus sind sie geradezu prädestiniert für eine Verwendung als raschwüchsiges, halbpermanentes raumgliederndes Element.

Durch den neuen Durchgang in der Hecke fällt der Blick vom Gartenhäuschen zum Wohnhaus. Das Breitblättrige Plattährengras *Chasmanthium latifolium*, das diesen Durchgang flankiert, steht Mitte Juli in Blüte; es kommt mit den trockenen Bodenverhältnissen zwischen den dichten Baumwurzeln hervorragend zurecht.

Meine Frau und ich wünschten uns einen ruhigen Ort, wo man bei jeder Witterung sitzen, nachdenken und reden kann und gleichzeitig von modernen Plagegeistern wie Telefon und E-Mail unbehelligt bleibt. So setzten wir eine kleine Hütte ans Ende des Gartens, die wir mit einem Kaminofen und Petroleumlampen ausstatteten; Strom gibt es nicht. Diese hochgradig künstliche ländliche Abgeschiedenheit erfüllt ihren Zweck perfekt. Das Häuschen ist bequem zu Fuß zu erreichen; es liegt zwischen einer alten Feldhecke und einer zweiten Hecke, die wir selbst pflanzten. Der direkteste Weg vom Wohnhaus durchquert diese neue Hecke; Gräser kennzeichnen den Durchgang und verweisen zugleich auf den wilderen Charakter des hinteren Gartenteils.

OBEN Mitte Oktober, wenn die Weiße Wald-Aster *Aster divaricatus* blüht und das Laub des Fenchelholzbaums *Sassafras albidum*, der sich vor Jahren hier einsamte, die ersten roten Töne aufweist, nehmen die Ährchen des Plattährengrases eine hellbraune Farbe an.

RECHTS Deutlich verweisen die Gräser im schrägen Licht der Novembersonne auf den Durchgang zum Gartenhäuschen.

OBEN Noch im Januar behaupten sich die Gräser an ihrem Platz; sie fangen das Sonnenlicht ein und erinnern daran, dass der Garten selbst während der kältesten, stillsten Jahreszeit voller Schönheit und Chancen ist.

LINKS Selbst 60 Zentimeter Neuschnee können dem Gras nichts anhaben – es markiert weiterhin den Durchgang durch die Heckenpflanzung.

RECHTS Wer gärtnert, wo Schalenwild ohne Scheu verkehrt, weiß, dass diese Tiere bei genügend Hunger so gut wie alles fressen –ausgenommen Gräser. Diese bleiben nicht nur selbst unbeschadet, sondern können auch andere, stärker gefährdete Pflanzen abschirmen. Rotwild zieht vorzugsweise auf immer demselben Weg; müssen die Tiere sich entscheiden, ob sie durch hohes Gras oder aber darum herum gehen, so wählen sie fast immer den sprichwörtlichen Weg des geringsten Widerstands. Auf der Ostseite unseres Gartenhäuschens schließt eine offene Wiese an, über die seit Jahren ein Wildwechsel führt. Eine dichter Streifen Rutenhirse *Panicum virgatum* hat sich für die Rotzedern, die die kleine Lichtung um das Häuschen begrenzen, als wirksamer Schutz erwiesen – anstatt die Triebspitzen abzuknabbern, ziehen die Weißwedelhirsche an dem Bereich vorbei.

UNTEN Ende Mai: Auf einem einfachen Mähweg durch eine wogende Wiese lässt sich das Spiel des Lichts besonders intensiv erleben. Der Rasenpfad verläuft hinter unserem Grundstück über ein öffentliches Stück Land bis zum Wald der White Clay Creek Preserve.

WESENTLICH FORMALER als ein Rasenpfad, doch ebenso lichtintensiv ist dieser von *Chasmanthium latifolium* gesäumte Weg über den Parkplatz von Longwood Gardens. Longwood legte schon immer Wert darauf, das Gartenerlebnis direkt an der Autotür beginnen zu lassen. Das Breitblättrige Plattährengras lässt sich von der schattigen, trockenen und zeitweise heißen Situation nicht beirren, und das bei minimalem Pflegeaufwand.

OBEN Anfang Juni leuchtet den Besuchern von Longwood Gardens das frische Grün entgegen.

RECHTS Noch im Dezember entfaltet das unempfindliche Plattährengras seine Wirkung.

OBEN Sudbury, Massachusetts, Ende September: Kleines Präriegras *Schizachyrium scoparium* trennt ebenso anmutig wie wirkungsvoll eine Straße vom Fußweg. Dieses ausgenommen trockenheitsresistente Gras eignet sich hervorragend für vollsonnige innerstädtische Situationen.

RECHTS In einem Privatgarten im Bundesstaat New York präsentiert sich die Segge *Carex stricta* als sanfter Begleiter für einen Weg aus grob behauenen Steinplatten.

GRÄSER SIND DIE HAUPTAKTEURE bei der Raumorganisation des Music Garden in Toronto, den Julie Messervy in Zusammenarbeit mit Torontos Grünflächenamt gestaltete. Der auf einer ehemaligen Industriebrache am Wasser gelegene Park stellt eine Interpretation von Johann Sebastian Bachs *Suite für Violoncello Solo Nr. 1* dar; seine geschwungenen, verschlungenen Wege bringen die unterschiedlichen Stimmungen der Sätze der Komposition zum Ausdruck.

OBEN *Miscanthus sinensis*, Japanisches Federborstengras *Pennisetum alopecuroides* sowie die nach Karl Foerster benannte Auslese des Garten-Reitgrases *Calamagrostis × acutiflora* (im Vordergrund) grenzen einzelne Parkbereiche gegeneinander ab.

RECHTS Rutenhirse *Panicum virgatum* definiert die Wege durch den Park ebenso wirkungsvoll wie Stein und Mauerwerk.

OBEN In der ersten Realisierungsphase des Entwurfs von Rodney Robinson Landscape Architects wurde das Grundgerüst des Terrassengartens eingerichtet, wobei zahlreiche Fundstücke und wiederverwertbare Materialien Verwendung fanden. Das Foto stammt aus dem Jahr 1997. Die Granit-Pflastersteine kamen bei der Sanierung des Grundstücks, über das einst eine städtische Straße verlief, zum Vorschein. Den Mühlstein fand man bei den Ausschachtungsarbeiten für die Gebäudefundamente. Die Laternenpfosten, die hier als Skulpturen eine alte Geschichte erzählen, gehörten ursprünglich zur Beleuchtung des angrenzenden Brandywine Park.

UNTEN Dieser Halbkreis aus *Miscanthus sinensis* 'Morning Light' stellt ein Provisorium dar, das in Nullkommanichts einen Gartenraum schafft. Durch die Baumaßnahmen war der Boden inzwischen dermaßen verdichtet, dass die Pflanzlöcher für die Gräser mit einer Spitzhacke ausgehoben werden mussten. Wie raschwüchsig *Miscanthus* ist, lässt sich auf dem Foto aus dem Jahr 1999 deutlich an seinem guten Gedeihen erkennen.

Als neue Gelder für den Abschluss der Gartengestaltung zur Verfügung standen, wurde das Chinaschilf herausgenommen. Historische Artefakte aus der Stadt finden im Garten neue Verwendung als Sitzbänke und Pflanzgefäße. Die fertige Gartenanlage, hier im August 2004, enthält über ein Dutzend verschiedene Süß- und Riedgräser und Binsen.

RECHTS Der langlebige, trockenheitsresistente Blau-Schwingel *Festuca glauca* 'Siskiyou Blue' weist entspannt den Weg durch einen Privatgarten im sonnigen San Luis Obispo (Kalifornien, Anfang April).

UNTEN Das Fallsamengras *Sporobolus heterolepis* fungiert entlang des verzweigten Wegesystems der Chanticleer Gardens in Wayne (Pennsylvania) als sanftes, einigendes Gestaltungselement.

Schattenstrategien

Wege durch schattige oder zunehmend verschattete Bereiche verlangen nach einer eigenen Gräserpalette. Süßgräser, die in tiefem Schatten zur Blüte gelangen, gibt es nur wenige; je geringer der Lichteinfall, desto mehr sollte man sich daher den Riedgräsern zuwenden.

LINKS Neben dem Breitblättrigen Plattährengras *Chasmanthium latifolium* ist der Schwingel *Festuca californica* eines der wenigen Süßgräser (Poaceae), die im Schatten wie in der Sonne eine ansehnliche Blüte hervorbringen. An diesem Wegrand im Schatten von Oregon-Ahorn *Acer macrophyllum* setzt er gerade zur Blüte an; die Aufnahme entstand Anfang April im Botanischen Garten der University of California/Berkeley.

UNTEN LINKS Die Zuckerrohrverwandten aus dem östlichen Nordamerika, darunter dieses *Saccharum giganteum*, blühen regelmäßig sogar an schattigem Standort. Die Aufnahme entstand im September im Virginia Native Plant Garden des Norfolk Botanical Garden, wo der Besucher über einen aufgestelzten Plankenweg historische Pflanzengesellschaften des Wattengebiets und Südost-Virginias erkunden kann.
RECHTS Neben einem Fußpfad durch den Chicago Botanic Garden wogen Anfang Juni die zarten Blütenwolken der Rasenschmiele *Deschampsia cespitosa*. Sowohl die Rasenschmiele als auch die Draht-Schmiele *D. flexuosa* blühen gut in lichtem Schatten.

Wie so viele Projekte im öffentlichen Raum konnte auch der Terrassengarten des Delaware Center for Horticulture nur nach und nach – mit dem schrittweisen Verfügbarwerden der dafür notwendigen Mittel – vervollständigt werden. Diese drei Aufnahmen illustrieren, welche Rolle Gräser während der siebenjährigen Entstehungsphase des Gartens spielten.

Als ich mit der Umgestaltung unseres Gartens begann, lag der Fußweg von der Zufahrt zum häufig benutzten Hintereingang des Hauses in voller Sonne. Inzwischen wird er von laubabwerfenden Gehölzen immer schöner umschlossen und beschattet. Der Weg stellt den Bezug zum hinteren Gartenteil her, welcher wiederum in Beziehung zum angrenzenden Naturschutzgebiet steht. Aus diesem Grund sind die Pflanzenpalette und die Anordnung der Bepflanzung entlang des Weges überwiegend regionaltypisch gehalten. Vor zwei Jahren eliminierten wir eine überflüssig gewordene Öffnung in dem Gehölzstreifen entlang des Bluestone-Weges und erweiterten den Pflanzstreifen auf etwa 4,50 Meter Breite. Heimische Seggen spielen in der Bepflanzung des neuen Teilstücks eine wichtige Rolle.

Oben Als der Garten eine gewisse Reife mit eingespielten Wegverläufen erlangt hatte, erwies sich diese Heckenlücke am hinteren Plattenweg als unnötig. Der zunehmend schattige Bereich war mit seiner Wurzelkonkurrenz für Rasen immer weniger geeignet – vor allem für die einzige Rasensorte, die wir tolerieren, nämlich eine, die weder gewässert noch gedüngt noch vertikutiert noch in irgend einer Weise verwöhnt wird. Im März des Folgejahres wurde der Rasen mechanisch – ohne Einsatz von Chemikalien – entfernt; Kompost aus dem Garten brachte den Boden auf Höhe, und neue Pflanzen wurden gesetzt.

Unten Im Mai hat sich die Lücke bereits geschlossen; den Boden deckt eine Kombination aus standortheimischen Stauden, Farnen und Seggen, darunter *Carex flaccosperma*, *C. laxiculmis*, *C. albicans* und *C. appalachica*.

OBEN Diese Kombination von *Sedum ternatum*, Dolch-Farn *Polystichum acrostichoides*, Weißer Wald-Aster *Aster divaricatus* und Schlaffähriger Segge *Carex flaccosperma* hat sich als zuverlässig schatten- und trockenheitsverträglich erwiesen.

OBEN RECHTS Breitblättriges Plattährengras *Chasmanthium latifolium* neigt sich über den Plattenweg und fängt die frühe Septembersonne ein – ein Willkommensgruß für heimkehrende Hausbewohner und für Gäste, die westwärts Richtung Eingang streben. Das weit verbreitete Gras steht bei uns bereits seit nahezu fünfzehn Jahren am Wegrand. Es ist ein Element, das sich in unserem Garten häufig wiederholt, denn es hat sich gezeigt, dass dieses Gras perfekt mit unseren Bedingungen und unseren Pflegegewohnheiten zurechtkommt. *Chasmanthium* versamt sich zurückhaltend und wird nie lästig, denn wir wässern den Garten lediglich bei lang anhaltender Trockenheit, also sehr selten. An natürlich feuchtem oder künstlich bewässertem Standort kann sich dieses robuste, im östlichen Nordamerika beheimatete Gras dagegen als ziemlicher Opportunist erweisen.

RECHTS Die bläuliche Bereifung von *Carex flaccosperma* wirkt Mitte September neben den Wald-Astern besonders intensiv. Der provisorische niedrige Bambuszaun gibt dem Golden Retriever des Hauses zu verstehen, dass er hier keinen Durchgang mehr hat.

OBEN LINKS Wer auf Einzelheiten achtet, wird viel Interessantes beobachten, wenn er immer wieder denselben Weg geht. Ende August lehnt das Plattährengras seine frischgrünen Ährchen gegen den sich schälenden Stamm einer Schwarz-Birke *Betula nigra* 'Heritage' am Wegrand.

OBEN RECHTS Anfang Oktober beginnen die Ährchen bernsteinfarben zu leuchten.

UNTEN LINKS Bei vielen Gräsern zerfallen reife Ährchen nur nach und nach; dieser Prozess wird durch die Abszission ausgelöst. Beim Plattährengras beginnt er Ende November; das Schattenspiel der Ährchen ist darum jedoch nicht weniger spannend.

UNTEN RECHTS Mitte November beginnt das Laub der Bäume und Sträucher am Wegrand hell zu leuchten. Je weiter sich die sommergrünen Stauden in den Boden zurückziehen, desto stärker rückt das immergrüne Laub der Farne und der *Carex flaccosperma* in den Mittelpunkt.

Hinter dem Haus ist standorttypische Vegetation das Thema; den Zugang zur Haustür dagegen begleitet eine bunte Pflanzenmischung aus Nordostamerika, Ostasien und Osteuropa. Hier, auf der Nordseite des Hauses, bleibt es im Schatten gleichmäßig feucht, und so erfordert der Standort eine ganz eigene Pflanzenpalette.

Rechts Anfang Mai präsentiert sich der Weg erholsam grün in grün.
Rechts unten Wenn sich im November das Laub der sommergrünen Gehölze bunt färbt und von den Zweigen löst, hellt sich der Bereich ein wenig auf. Das trockene Laub der ruhenden Süß- und Riedgräser bleibt weiter bestehen und sorgt für verhaltenen Winterschmuck.

Unten Die ausläuferbildende Sommergrüne Breitlaubsegge *Carex siderosticta* 'Variegata', Vertreterin einer Spezies aus den Bergwäldern Japans, ist gut gerüstet für die Bedingungen an unserem Wegrand; darüber hinaus schätzen wir sie als Erinnerung an unsere Wanderungen in den Wäldern Japans. Ende Mai ist das weiß gesäumte Laub bereits gut entwickelt und hellt den schattigen Weg zur Haustür auf.

Die Steife Segge *Carex elata* 'Aurea' ist eine Auslese einer in nord- und osteuropäischen Feuchtgebieten beheimateten Spezies; dennoch hält sie sich bereits zehn Jahre ohne Wassergaben in dem feuchten Boden an der schattigen Nordwand meines Hauses. Im Frühjahr leuchtet sie besonders hell und frisch, wie diese Aufnahme von Ende Mai zeigt; im Laufe des Sommers dunkelt sie nach. Das weiß gestreifte Hakone-Waldgras *Hakonechloa macra* 'Albovariegata' zur Rechten ist die Auslese einer Art, die von feuchten Felshängen in Japans Hakonegebirge stammt. Zu Beginn der Saison sind seine Blätter mit feinen gelben Streifen gezeichnet; über den Sommer verblassen diese zu Cremeweiß. Begleitpflanzen sind *Ajuga*, Frauenfarn *Athyrium nipponicum*, *Bergenia*, *Ceratostigma*, *Rodgersia* sowie Amerikanischer Ysander *Pachysandra procumbens*.

Element und Matrix

Gräser können Teil einer gemischten Bepflanzung sein, oder sie können, wie in alten gewachsenen Graslandschaften, die Grundmatrix darstellen, in welche alles Übrige eingefügt ist. Grundsätzlich aber erfordert ihre erfolgreiche Einbindung in den Entwurf einer lebenswerten Landschaft grundlegende Kenntnisse der Gestaltung mit Licht, Linie, Textur, Form, Farbe, Fläche, Größenordnung und Wasserangebot.

Licht im Garten

Will man die Durchsichtigkeit und das Leuchtpotenzial der Gräser optimal nutzen, so muss man den Einfallswinkel, die Intensität und den jahreszeitlichen Wandel des Sonnenlichts kennen. Gegen- und Seitenlicht wirken überaus dramatisch; auch einen

Schattenplatz können Sonnenstrahlen vorübergehend verzaubern. Damit solche Effekte nicht ungesehen verpuffen, ist die Platzierung der Gräser nicht nur auf die Sonne, sondern auch auf den voraussichtlichen Betrachtungszeitraum abzustimmen. Will man von einem überwiegend im Morgenlicht begangenen Weg einen direkten Blick auf Gräser im Gegenlicht haben, so muss wenigstens ein Teil dieses Weges nach Osten ausgerichtet sein.

Gräser vor einem nach Süden weisenden Fenster schimmern morgens und abends im schrägen Licht der Sonne, mittags stehen sie im Gegenlicht. Vor einem undurchsichtigen dunklen Hintergrund – das kann auch dichter Schatten sein – präsentieren sich leuchtende Gräser besonders eindrucksvoll.

Das schräge Licht der untergehenden Novembersonne verwandelt die trockenen Halme des Japanischen Federborstengrases *Pennisetum alopecuroides* im Blithewood Rose Garden in ein wahres Lichterspektakel (Bard College Campus, Annandale-on-Hudson, New York). Die Wirkung entsteht durch wenige einfache Kunstgriffe. Wenn man die Hügelkuppe oberhalb des Gartens erreicht, schaut man von oben direkt in den ummauerten, im Seitenlicht liegenden Garten, in dem zwei schlichte, opake Elemente – eine niedrige immergrüne Hecke und die Ziegelmauer – die hell leuchtenden Gräser rahmen.

RAFFINIERT SETZEN SICH am Peter's Pond in der Longhouse Reserve in East Hampton (New York) geradlinige und runde Skulpturen gegen feingliedrigen *Miscanthus sinensis* ab.

OBEN Farbe allein ist es nicht, was hier für Drama sorgt. Sowohl das Gras als auch die gläserne Skulptur von Dale Chihuly sind primär linealisch; dennoch setzt das Gras mit seinem weit überhängenden Laub einen wirkungsvollen Kontrast zu den vertikalen Glasstäben.

UNTEN Grace Knowltons Kugelformen, die breitflächigen Lotosblätter und die leicht gekräuselte Wasseroberfläche kontrastieren grundlegend mit dem linealischen Gestaltelement *Miscanthus*.

In den Gardens of the Great Basin im Chicago Botanic Garden machten Oehme & van Sweden großzügig Gebrauch von dem Garten-Reitgras *Calamagrostis* × *acutiflora* 'Karl Foerster', und dies aus gutem Grund: Kaum ein Gras ist so formprägnant und geradlinig wie diese überaus anpassungsfähige, winterharte, nicht wuchernde Sorte. In Verbindung mit den grazilen Geländern und den Brücken zu Evening Island entfaltet sie hier vorzügliche Wirkung.

Oben links und rechts Wenn sich Linie und Licht zusammentun, stechen sie oft jede farbbasierte Komposition aus. Ich versuche oft, in Schwarz/Weiß zu denken, um die Ausdruckskraft einer Kombination zu beurteilen; wenn es technisch möglich ist, stelle ich meinen Entwurf in Schwarz/Weiß dar. Aufschlussreich ist ein Vergleich dieser beiden Fotos: Gewiss ist der helle Aqua-Ton der Brückenlackierung in Verbindung mit den beigefarbenen Halmen attraktiv, doch auch ohne Farben wirkt das Design ausgesprochen überzeugend.

Links Das Garten-Reitgras steht in seiner Vertikalität den senkrechten Geländerstäben in keiner Weise nach.

Gestalten mit Textur und Form

Linie, Textur und Form sind eng miteinander verwandt; eine Gestaltung, die sich auf diese Attribute stützt, bleibt über einen weitaus längeren Zeitraum attraktiv als ein Entwurf, der lediglich Farbe zum Inhalt hat. Gräser sind überwiegend linealische Gestaltelemente; ihre Texturen und Formen dagegen decken die gesamte Bandbreite an Möglichkeiten ab, was zahllose dauerhaft effektvolle Kombinationen mit pflanzlichen und nichtpflanzlichen Elementen wie Stein, Skulptur und Architektur erlaubt.

RECHTS Vergessen Sie Farbe: Auch diese Komposition würde in Schwarz/Weiß wirken. Das Garten-Reitgras *Calamagrostis × acutiflora* ‘Karl Foerster’ setzt sich als linealisches Gestaltelement deutlich von dem horizontalen Untergrund und den flächigen Blütentellern der orangefarbenen Knolligen Seidenpflanze *Asclepias tuberosa* ab (Chanticleer Gardens, Wayne, Pennsylvania, Ende Juni).

UNTEN LINKS Diese Kombination von Blau-Schwingel *Festuca glauca* ‘Elijah Blue’ mit Woll-Ziest *Stachys byzantina* ‘Helene von Stein’ illustriert, wie wirkungsvoll das Nebeneinander von feingliedrigen Gräsern und breitlaubigen, grob strukturierten Begleitern sein kann.
RECHTS Die Keulenlilie *Cordyline australis* ‘Purple Tower’ steht in unübersehbarem Kontrast zu Textur und Habitus der Schneegras-Spezies *Chionochloa flavicans*. Das Foto entstand Ende August – Winter auf Neuseelands Südinsel.

LINKS OBEN Zwei formprägnante Pflanzen mit Texturen, wie sie gegensätzlicher nicht sein könnten – dennoch erweisen sich das senkrecht aufschießende Garten-Reitgras *Calamagrostis* × *acutiflora* 'Karl Foerster' und der Elfenbein-Mannstreu *Eryngium giganteum* 'Silver Ghost' in Piet Oudolfs Gestaltung für die Royal Horticultural Society als vollkommen ebenbürtig (Wisley, Surrey, England, Mitte Juli).
UNTEN Unübersehbar reckt sich der gelbe Scheinsonnenhut *Echinacea paradoxa* vor der diffusen Blütenwolke der Rasenschmiele *Deschampsia cespitosa* 'Goldtau' in die Höhe – ein weiteres Beispiel für Piet Oudolfs Zauberkunst, ebenfalls Mitte Juli in Wisley.

UNTEN Freundschaftsinsel, Potsdam, Ende August: Riesen-Chinaschilf *Miscanthus* × *giganteus* und Stern-Ligularie *Ligularia dentata* liefern sich einen Kampf der Texturen. Die Pflanzenkombination findet sich in dem sechs Hektar großen Park, den Karl Foerster zwischen 1938 und 1940 als Anschauungsgarten für Sträucher, Stauden, Gräser und Farne gestaltete.

LINKE SEITE, OBEN LINKS Nichts könnte gegensätzlicher sein als die Texturen von *Muhlenbergia* und verschiedenen *Echinopsis*-Kakteen im Botanischen Garten der University of California, Berkeley, Anfang April.
OBEN RECHTS Der „Unterwassergarten" am Eingang zum Ian Potter Foundation Children's Garden in den Royal Botanic Gardens von Melbourne (Australien) fasziniert mit Neuseeländischer Haarsegge *Carex comans* 'Frosted Curls', Zier-Spargel *Asparagus densiflorus* 'Myersii' und Weißfrüchtigem Drahtstrauch *Muehlenbeckia complexa*, der an Drahtskulpturen emporklimmt. Diese Märchenwelt nimmt mühelos die Fantasie junger wie erwachsener Besucher gefangen. Andrew Laidlaws auf den Haupteingang ausgerichtete Skulpturen sollen an Riesenkelp erinnern, der sich in den Fluten wiegt.

LINKE SEITE, UNTEN LINKS Weit übergeneigtes Silber-Raugras *Achnatherum calamagrostis* 'Lemperg' erfüllt den Raum zwischen einem Pflasterweg und verputzten Wandelementen mit Leben; der deutsche Pflanzenkenner Hans Simon gestaltete diesen öffentlichen Raum in Marktheidenfeld.
UNTEN RECHTS Plastiken und Artefakte können auf dramatische Weise mit Gräsern interagieren und Geschichten erzählen. Isobel Gabites gab in ihrem Garten in Otaki, Neuseeland, Schmelztiegeln aus alten Hochöfen zwischen Rotgeflecktem Schneegras *Chionochloa rubra* und Funkien-Felsenlilie *Arthropodium cirrhatum* eine neue Heimat. Für die Landschaftsökologin besteht eine innere Verbundenheit zwischen dem Gras, das vor allem auf dem Vulkanplateau von Neuseelands Nordinsel vorkommt, und den Schmelztiegeln, in denen einst flüssiger Stahl glühte.

RECHTS OBEN Flächig eingesetzer *Miscanthus sinensis* 'Gracillimus' reduziert die weiten Pflasterflächen und scharfkantigen Felsen in New Yorks Battery Park City auf ein menschlicheres Maß.
RECHTS UNTEN Weich gerundeter *Miscanthus sinensis* 'Morning Light' bringt diese äußerst geradlinigen Sitze, die die Mitarbeiter der Chanticleer Gardens in Wayne (Pennsylvania) eigenhändig anfertigten, schön zur Geltung.

OBEN In meinem Haus geht eine Fensterwand auf eine bescheidene Wiese südlich des Hauses hinaus; an klaren Tagen schimmern hier von morgens bis abends die Gräser im Licht. Inmitten der Gräser ragt eine Skulptur empor; sie entstand aus Lüftungsfenstern, die Mitte der 1990er-Jahre im Zuge von Renovierungsarbeiten am Hauptgewächshaus der Longwood Gardens ausgetauscht wurden. Die Rahmen selbst bestehen aus langsam gewachsenem, besonders hartem Rotzedernholz, das in Handarbeit mit Kupferblech ummantelt wurde; Sprossen gliedern sie in jeweils acht Teilflächen. Ich stellte die Fensterelemente senkrecht zu einer Zikkurat auf, die bewusst an die New Yorker Wolkenkratzer erinnert, die mich in jungen Jahren faszinierten. Meine Frau Melinda taufte die Skulptur spontan „Meadow Metropolis" („Wiesenmetropole"). Diese beiläufige Gartenkunst steht nun schon zehn Jahre an ihrem Platz; an ihr und an den Gräsern lesen wir die Zeit ab wie an einer Sonnenuhr.

Oben Die gegensätzlichen Linien, Texturen und Formen und das unterschiedliche Verhalten im Licht der Fenster und der Rutenhirse *Panicum virgatum* 'Prairie Wind' ergänzen sich Ende September zu einem herrlichen Spektakel.

Zwei am selben Augusttag zu unterschiedlichen Tageszeiten entstandene Aufnahmen illustrieren, welch dramatisches Wechselspiel zwischen *Panicum virgatum* und dem von saurem Regen verätzten achtzigjährigen Fensterglas möglich ist.

Linke Seite, unten 11:21 Uhr.
Links 17:48 Uhr.

Dieser Farmall-F12-Traktor aus den späten 1930er-Jahren schluckt nahezu alles Licht, und genau darum ging es mir. Der Traktor bürgt für den gewünschten düsteren Kontrast; wie ein Fenster rahmt er das Gelbe Indianergras *Sorghastrum nutans* und das sich verfärbende Laub des Scharlach-Sumach *Rhus glabra* 'Laciniata' im Hintergrund. Nachdem ich Leo Marx' *Machine in the Garden* gelesen hatte, wo der Autor sich ausführlich zu Amerikas widersprüchlicher Begeisterung für mythische Wildnis einerseits und die Annehmlichkeiten der Mechanisierung andererseits äußert, beschloss ich, eine Maschine in meinem Garten aufzustellen. Aus praktischen Gründen entschied ich mich gegen einen Buick und für ein Arbeitsgerät, das als Skulptur wirkt, zugleich aber auch zu Fragen provoziert, beispielsweise derjenigen, ob in diesem Teil von Pennsylvania einst Landwirtschaft betrieben wurde.

Gestalten mit Farbe

Auch in der Farbgestaltung können Gräser Hauptrollen übernehmen. Häufiger jedoch sind sie besser zum Nebendarsteller geeignet, der mit seiner nuancierten Vorstellung den Gesamteindruck trägt. Sanft variierende Grüntöne harmonieren mit nahezu jeder anderen Farbe; punktuell eingesetzt beruhigen sie das Bild, in größerer Zahl stellen sie einen ausgleichenden Hintergrund für farbenfrohe Blütenstars. Ähnliche Zwecke erfüllen Gräser in kühlen Blaunuancen; diese können zudem die Laub- und Blütenfarben anderer Pflanzen in den Vordergrund rücken. Die wenigen gelb- und rotlaubigen Gräser dagegen kommen in ihrer Farbwirkung oft blühenden Stauden und Sträuchern gleich; bei der Farbgestaltung darf man sie als den Blütenpflanzen gleichwertig betrachten. Dasselbe trifft auf jene zahlreichen Gräser zu, welche sich im Herbst leuchtend orange, rot, golden oder burgunderfarben kleiden. Auch weiß gezeichnete Auslesen, obgleich nicht farbig im eigentlichen Sinn, schaffen unübersehbare Kontraste zu farbkräftigen Blüten und Blättern. Die in erster Linie neutral wirkende silberglänzende Grasblüte setzt in subtilen Kompositionen Glanzlichter und in besonders farbgesättigten Zusammenstellungen Ruhepunkte. Zur Ruhezeit ergänzen die gedeckten Töne der Gräser wunderbar die winterlichen Farben der Baumrinde und der letzten an den Gehölzen verbliebenen Beeren.

Ende August in Piet Oudolfs Rabatten im RHS-Garten Wisley (Surrey, England): Die Haupt- und Beifarben der Halme von Kleinem Präriegras *Schizachyrium scoparium* 'The Blues' spielen mit den Blütenfarben von *Lobelia × gerardii* 'Vedrariensis' und Silber-Perowskie *Perovskia atriplicifolia* 'Little Spire'.

Häufig dokumentieren wir Gärten nur in ihren überschwänglichsten Momenten; viel wichtiger jedoch ist es, dass ein Garten tagein, tagaus in jeder Jahreszeit einfach nur bewohnbar ist. Auf unserer Fotoreise in Vorbereitung auf dieses Buch statteten Melinda und ich unseren Freunden Norio und Mitsuyo Ueda in ihrem Haus in Tokio einen Besuch ab. Wir trafen an einem trüben, regnerischen Tag Ende November ein, doch der Garten war einfach bezaubernd. Durch die Glastür des Gästezimmers blickten wir direkt in den ganz in Grün gehaltenen, abgeschlossenen Gartenraum; dass wir uns in einer der größten Metropolen der Welt befanden, schien wahrhaft unglaublich.

Vom Gästezimmer im Tokioter Stadthaus der Uedas geht der Blick direkt in den Garten.

OBEN Norio Uedas Gestaltung kennt keinen Rasen; stattdessen deckt ein grünes Mosaik mit zwergenhaften, schmalblättrigen Formen von *Miscanthus sinensis* und zahlreichen japanischen Seggen den Boden.

LINKS Die gestreifte Honshu-Segge *Carex oshimensis* 'Evergold' vermag sogar am Ende eines regnerischen Novembertages noch einen Lichttupfer zu setzen.

OBEN Auckland Botanic Garden Ende August (Winter): Diese geometrische Gestaltung macht sich die unterschiedliche Wirkung zweier neuseeländischer Pflanzen zunutze – *Festuca actae* (blaugrün) und *Carex tenuiculmis* (bronzefarben).

RECHTS Ende Juni sind die hellgrünen Horste von *Miscanthus sinensis* 'Variegatus' neben ihren dunkelgrünen Nachbarn unübersehbar (Ashland Hollow, Nord-Delaware).

RECHTS UNTEN Das kräftige Schwarzgrün von *Chondropetalum tectorum* lässt die Blüten des Herzblättrigen Nadelkissens *Leucospermum cordifolium* 'Yellow Bird' besonders intensiv strahlen. Sowohl das Proteusgewächs als auch das grasartige *Chondropetalum* stammen aus Südafrika. Die Aufnahme entstand Ende Juni im Leaning Pine Arboretum in San Luis Obispo (Kalifornien).

Viele Gräser machen im Laufe einer Saison einen erstaunlichen Farbwechsel durch, wie diese Aufnahmen aus dem Delaware Center for Horticulture in Wilmington illustrieren.

Oben Mitte Mai setzt das bunte Hakone-Waldgras *Hakonechloa macra* 'Aureola' ein gelbgrünes Glanzlicht neben Dolch-Farn *Polystichum acrostichoides*, Kanadische Haselwurz *Asarum canadense*, *Amsonia hubrichtii* und Koreanischen Schneeball *Viburnum carlesii*.

Links Mitte November leuchtet das Hakone-Waldgras bernsteinfarben, die Amsonie kleidet sich in Altgold, das Laub des Schneeballs glüht burgunderrot, und die Haselwurz zieht sich in die Winterruhe zurück, während der Farn sein dunkelgrünes Kleid behält.

ZWIEBELBLUMEN SIND HÄUFIG die ideale Begleitung für Gräser, denn überwiegend blühen sie dann, wenn die Gräser austreiben, und haben zur Grasblüte bereits wieder eingezogen. Die Tatsache, dass viele Zwiebelblüher und Gräser trockenheitsresistent sind, macht sie darüber hinaus zu besonders geeigneten Standortpartnern. Zwei Ansichten eines Hangs in Longwood Gardens in Pennsylvania verdeutlichen die Blühfolge einer Gestaltung mit Zwiebeln und Gräsern.

LINKS Mitte April erreichen die großblütigen Narzissen ihren Höhepunkt. Frühgrünende Gräser wie Moor-Blaugras *Sesleria caerulea* und Garten-Reitgras *Calamagrostis* × *acutiflora* 'Karl Foerster' tragen mit ihrem Laub bereits zu dem Arrangement bei, während das spätgrünende Fallsamengras *Sporobolus heterolepis* (unten links im Bild) gerade erst aus der Winterruhe erwacht.

LINKS UNTEN Die Blütenschau der Zwiebeln ist in der ersten Maiwoche größtenteils abgeschlossen; lediglich späte Typen wie die Miniatur-Triandrus-Hybride *Narcissus* 'Hawera', die zwischen den Horsten des Fallsamengrases steht (unten im Bild), zeigen erst jetzt ihre Blüten. Das zusehends unansehnlich werdende Laub der größeren Narzissen wird bereits schön von den höheren Gräsern verdeckt.

OBEN Im Spätfrühling blühende Zwiebelblumen setzen Blickpunkte, bevor die spätgrünenden Gräser zur Blüte ansetzen. Anfang Juni beleben Sternkugel-Lauch *Allium christophii* und Türkischer Mohn einen Wegsaum im Chicago Botanic Garden; den übrigen Raum teilen sich Rutenhirse *Panicum virgatum* 'Dallas Blues' und Silber-Perowskie *Perovskia atriplicifolia*.

LINKS Detailansicht von *Panicum virgatum* 'Dallas Blues' und *Allium christophii*.

OBEN LINKS In Christopher Lloyds überschwänglicher Farbkomposition in Great Dixter ist der hervorstechende Farbton des Magellan-Blaugrases *Elymus magellanicus* den übrigen Beteiligten ein ebenbürtiger Partner (Northiam, England, Ende Juli 2005).

OBEN RECHTS Die violetten Blüten von *Muhlenbergia capillaris* und das sich verfärbende Laub des Blumen-Hartriegels *Cornus florida* zeigen sich in unserem Garten in Pennsylvania in raffiniertem farblichem Einklang – ein Schauspiel, das meiner Frau und mir jeden Oktober von neuem Freude bereitet.

RECHTS Diese Farbkomposition wäre ohne das neutralisierende Band aus blühendem Hohem Haarschotengras *Bouteloua curtipendula* zwischen dem goldenen Glänzenden Sonnenhut *Rudbeckia nitida* und der violetten New-York-Scheinaster *Vernonia noveboracensis* wesentlich weniger wirkungsvoll (Anfang August, North Creek Nurseries, Landenberg, Pennsylvania).

Von zwanglos bis formal

Trotz ihres naturgegeben zwanglosen Erscheinungsbildes finden Gräser in Gärten unterschiedlichster Formalität Verwendung. Regelmäßig in einer klassischen Anlage platziert dienen sie der Unterstreichung starrer Geometrie; am entgegengesetzten Ende des Designspektrums stehen naturhafte Landschaften, in denen Gräser ausgepflanzt oder -gesät werden, um sich dann selbst die ihnen zuträglichsten Nischen zu suchen.

Hüllblättriges Zypergras *Cyperus alternifolius* umspielt die gemauerten Pfeiler im formalen Seerosengarten eines historischen Hotels in Santa Barbara (Kalifornien). El Encanto bewahrt seit Jahrzehnten den klassischen Hollywood-Charme und beschwört mit seinen Gartenräumen den Eindruck eines üppigen Tropenparadieses.

LINKS Dieser ummauerte Viktorianische Garten, Teil der Lauritzen Gardens in Omaha (Nebraska), holt den Klassiker aus dem neunzehnten Jahrhundert in die Moderne. Lampenputzergras *Pennisetum setaceum* 'Rubrum' unterstreicht die formale Geometrie des Mauerwerks; aus einem Kübel in der Poolmitte sprießt Echter Papyrus *Cyperus papyrus*. Faszinierend neuzeitlich wirken die eingestreuten architektonischen Elemente, die aus historischen Gebäuden in Omaha gerettet wurden.

UNTEN Das architektonische Grundgerüst und die Eibenhecken im Senkgarten von Great Dixter (Northiam, England) sind klassisch formal gehalten; Christopher Lloyds Beetgestaltung mit den fantasievoll eingebundenen Gräsern wirkt dagegen vollkommen unkonventionell. In diesem Gartenteil findet man Ende Juli das Garten-Reitgras *Calamagrostis* × *acutiflora* 'Karl Foerster' (links im Vordergrund), *Miscanthus sinensis* (hinten Mitte) sowie Frischgrünes Zypergras *Cyperus eragrostis*, ein grünes Riedgras, das sich eifrig in der Bodendecke aus rotfrüchtigem Piripiri-Stachelnüsschen *Acaena novae-zelandiae* versamen darf.

Größenordnungen

In einer Gartenanlage von entsprechendem Ausmaß lässt sich mit großflächig eingesetzten Gräsern eine enorme Wirkung erzielen. Denselben Effekt kann man jedoch erstaunlich erfolgreich auf ein Miniaturformat reduzieren. So etablierten vor vielen Jahren Freunde von uns in ihrem Garten in Pennsylvania eine weit geschwungene Woge aus Garten-Reitgras in Sichtweite ihres Küchenfensters. Dieser Streifen maß nur etwa drei Meter in der Tiefe, und doch vermittelte er ein Gefühl von Prärie oder auch von Dünengras an einem fernen Strand.

Die Größe eines Gartens wirkt sich darüber hinaus auch auf den Umfang der Pflegemaßnahmen aus. Bei einer weitläufigen Anlage erweist es sich häufig als sinnvoll, Gräser ohne strengen Plan einfach anzusäen; so entsteht mit minimalem Aufwand eine grasreiche Matrix mit geringem Pflegeanspruch. Bei begrenztem Raum oder formaler Gestaltung sollten Graspflanzen eher gezielt platziert und die gewünschte Balance zwischen ihnen und den Begleitpflanzen durch regelmäßiges Eingreifen erhalten werden.

Farbkräftiger *Tridens flavus* säumt die lange Kieszufahrt zum Garten Barton in Landenberg (Pennsylvania) – ein hervorragendes Beispiel für maximale Wirkung bei minimalem, wohlbedachtem Aufwand. Das Purpurschopfgras etablierte sich durch Selbstaussaat, als die Bartons das regelmäßige Mähen einstellten. Heute kommt der Rasenmäher nur noch halbjährlich zum Einsatz. Dies verhindert eine Verbuschung des Bereichs und fördert zugleich das rotviolett blühende perennierende Gras.

Zahlreiche nordamerikanische Präriepflanzen bevölkern Hans Simons „Prärie“ im Berggarten, Teil der hannoverschen Herrenhäuser Gärten. Hier wird bewusst Bezug auf die echte Prärie genommen; gleichzeitig wurden europäische und asiatische Spezies eingearbeitet, die zum Prärie-„Look“ passen und mit den Großstadtbedingungen klarkommen.

Links oben Vom Dach des ehemaligen Regenwaldhauses geht der Blick über Hans Simons Präriegarten, eine weite, mit Gräsern und blühenden Stauden gestaltete Fläche, die nach der Formalität der benachbarten Königlichen Gärten wunderbar erholsam erscheint.
Unten Rutenhirse *Panicum virgatum* und Gelbes Indianergras *Sorghastrum nutans* stehen Seite an Seite mit blühender *Echinacea*, *Liatris*, *Ratibida*, *Aster* und anderen, ebenfalls in Nordamerika beheimateten Stauden.

Unten Koreanisches Diamant-Reitgras *Calamagrostis brachytricha* und osteuropäisches Herbst-Blaugras *Sesleria autumnalis* mischen sich im Berggarten zwischen Sonnenbraut *Helenium* und Becherpflanze *Silphium* aus Nordamerika – ein dauerhaft bunter Mix, der an die Prärie erinnert, aber keineswegs eine Nachbildung darstellt. Zwar fanden sich auch in der echten Prärie krautige Gewächse, doch sie waren dort selten so zahlreich vertreten wie in dieser Pflanzung oder auch derjenigen im RHS-Garten Wisley (Surrey, England) oder in Chicagos Millennium Park.

Oben In Wisley (Surrey, England), dem größten Garten der Royal Horticultural Society, beschwört Piet Oudolf mit einer Woge aus Rasen-Schmiele *Deschampsia cespitosa* 'Goldtau' die Stimmung einer Wildwiese, obgleich es sich hier um durchgeplante Gartenkunst handelt. Oudolf wählte dafür langlebige, an den Standort angepasste Pflanzen, die in der Natur allerdings nicht in dieser Kombination anzutreffen wären.

Rechts Im Garten Morgridge in San Luis Obispo (Kalifornien) wiegt sich *Aristida purpurea* im Wind; die schlichte Gestaltung durch Dave Fross ist der standorttypischen Flora wesentlich näher als ein buntgemischter Präriegarten. Dieses in Kalifornien heimische Gras stellt ein Grundelement der küstennahen Wiesenlandschaften dieses Bundesstaates dar; mit ihm lassen sich hervorragend lebenswerte Landschaften jeglicher Größe gestalten, die trotz problematischer Regenmenge, Bodenbeschaffenheit und Sonneneinstrahlung den Prinzipien der Nachhaltigkeit genügen.

MANCHMAL GENÜGT BEREITS eine leichte Geste, um die Rolle der Gräser in einer Regionallandschaft bildhaft zu machen. *Tridens flavus* überzieht im Spätsommer die Sukzessionsflächen und Wiesen Nordostamerikas mit einem violetten Hauch. Das Museum Winterthur erstreckt sich über insgesamt rund achthundert Hektar im hügeligen Piedmont des nördlichen Delaware; das natürliche Bodenrelief dieser Landschaft nimmt es mühelos mit jeder Gartenkunst auf. Heute ist Winterthur berühmt für seine Waldgärten nach dem Vorbild William Robinsons; einst war es eine Farm mit Milchvieh und eigenem Bahnhof. Der Museumsgründer Henry Francis du Pont sah die Außenbereiche als wesentlichen Bestandteil des Gartens. Dieser Leitgedanke prägt noch heute das Management; verdeutlicht wird er durch diese im Spätsommer entstandenen Aufnahmen, da das blühende Purpurschopfgras dank eines durchdachten Mähregimes die Hügel und Senken der Randbereiche violett abschattiert.

OBEN Strahlend blauer Himmel, Wattewölkchen, violett überlaufene Hügel – ohne diese Elemente wäre ein Spätsommertag in Nord-Delaware unvollständig. Das durchdachte Mähregime fördert *Tridens flavus*, eine standortheimische Spezies, die besonders gut an die Standortbedingungen sonniger Wiesen adaptiert ist.

UNTEN Entlang der Straße zur historischen Bahnstation, wo einst die Milch der Meierei von Winterthur verladen wurde, zeichnet *Tridens flavus* die bewegten Konturen der Landschaft nach.

Feuchtbiotop und Trockenstandort

Der außerordentlichen Vielfalt der Gräser und grasartigen Pflanzen verdanken wir geeignete Arten für nahezu jede Bodenfeuchte. Der Umwelt zuliebe sollte man die natürlich verfügbare Wassermenge eines Standorts bestimmen und entsprechend adaptierte Spezies auswählen. An Feuchtbiotope angepasste Arten können ungemein zur Attraktivität einer wasserreichen Landschaft beitragen und diese zugleich stabilisieren. Trockenresistente Spezies tragen zur Bodenkonservierung bei und entlocken einem Landstück, das für den Gartenschlauch unerreichbar oder tabu ist, ungeahnte Schönheit.

Formprägnanter smaragdgrüner Schmalblättriger Rohrkolben *Typha angustifolia* vervollkommnet diese Brunnenanlage in New Yorks Battery Park City. Selbst in einer höchst formalen Gestaltung gibt es die Möglichkeit, auf grundlegende Prinzipien unserer Ökosysteme zu verweisen: Wem diese schöne heimische Pflanze in ihrer Brunnenheimstatt ins Auge fällt, der wird eher bemerken, welche Rolle *T. angustifolia* auch im New Yorker Einzugsgebiet des Hudson River spielt.

LINKS Beth Chatto stellte die goldene Steife Segge *Carex elata* 'Aurea' an einem Naturteich in ihrem Garten (Colchester, England) in den Mittelpunkt ihrer meisterlich texturierten und kolorierten Komposition. Der Standort entspricht dem natürlichen Habitat dieses europäischen Riedgrases. Seine Begleiter – Mammutblatt *Gunnera*, Hechtkraut *Pontederia*, Seerose *Nymphaea* und Sumpfzypresse *Taxodium* – stammen aus verschiedenen Erdteilen, haben jedoch alle die Vorliebe für feuchte Standorte gemein.

UNTEN Die raffinierte Kombination linearer und kompakter Elemente in dieser Gestaltung ist schon rein optisch ein Vergnügen; gleichzeitig rückt das Arrangement die Anmut und die Standortvorlieben der neuseeländischen Binse *Juncus kraussii* ins Bewusstsein, die größere Beachtung durch Gartengestalter und Landschaftsökologen verdient hätte (Auckland Botanic Gardens).

RECHTS Dieser Teich mit Wasserfall auf einem Privatgrundstück im Bundesstaat New York wirkt bis ins kleinste Detail derart authentisch, dass man ihn für einen natürlichen Lebensraum halten könnte; tatsächlich aber ist der Wassergarten fast vollständig Menschenwerk. Die gestalterische Absicht liegt in einer Rückbesinnung auf die Schönheit der Pflanzen der amerikanischen Ostküste in natürlicher Vergemeinschaftung, und so dominieren hier Teichrandarten wie die Segge *Carex stricta* und Kronenfarn *Osmunda claytoniana*.

UNTEN An einem steinigen Bachufer in der Edmund Niles Huyck Preserve, einem Naturschutzgebiet mit biologischer Forschungsstation in Rensselaerville (New York), erweisen sich *Carex stricta* und Wasserdost *Eupatorium fistulosum* als natürliche Weggefährten. Keine der beiden Spezies wurde angepflanzt, doch beide fallen unter das Biotopmanagement, das die Schönheit, die ökologische Gesundheit und die lokale Artenvielfalt des Wassereinzugsgebiets von Lake Myosotis einschließlich der umliegenden Bodenflächen und Gewässer bewahren soll.

Als im Chicago Botanic Garden die Gardens of the Great Basin angelegt wurden, wurden auch die Uferlinien neu konturiert und mit einer entsprechend adaptierten Pflanzenpalette gestaltet, die der Gesundheit und Schönheit der Landschaft langfristig förderlich ist. Diese Herangehensweise ist nicht nur unendlich attraktiver, sondern auch unvergleichlich naturgemäßer als der sterile, mit Stahlkanten oder erodierenden Rasenrändern befestigte Gewässersaum, den man früher allenthalben in öffentlichen Parks und Gärten antraf.

LINKE SEITE Ein vielfältiger Mix aus Süß- und Riedgräsern und Binsen, darunter Rutenhirse *Panicum virgatum*, Flatter-Binse *Juncus effusus* sowie Salz-Teichsimse *Schoenoplectus tabernaemontani*, sichert das Ufer und reinigt zugleich das Wasser.

LINKS Den Uferstreifen sichern grasgrüne *Carex stricta* in der Nasszone und mit 'Dallas Blues' und 'Cloud Nine' gleich zwei Auslesen von *Panicum virgatum* (Anfang Juni).

UNTEN Anfang Oktober neigen sich die Blütenhalme der beiden *Panicum*-Sorten grazil zum Wasser herab.

Oben Mit Gräsern erschließen sich unendlich viele Möglichkeiten zur Begrünung schwierigster Trockenstandorte, die ohne Bewässerungsmaßnahmen auskommen. Gräser gehören zum grundlegenden Handwerkszeug all jener, die von der Bedeutung nachhaltiger Gartengestaltung überzeugt sind und im sparsamen Umgang mit Wasser eine globale Notwendigkeit sehen. Wie gut sie für wasserarme Situationen geeignet sind, macht häufig schon die einfache Betrachtung ungestörter wie auch gestörter lokaler Lebensräume deutlich. Das Kleine Präriegras *Schizachyrium scoparium* beispielsweise findet sich bisweilen an äußerst trockenen Naturstandorten, und häufig etabliert es sich von selbst auf nährstoffarmen, extrem durchlässigen Böden im Siedlungsbereich. Die hier gezeigte, mit Kleinem Präriegras begrünte Parkplatzinsel des Adkins Arboretum (Ridgely, Maryland) macht sich die Anpassungsfähigkeit dieser heimischen Grasspezies zunutze.

Linke Seite, unten Ein Trockengarten muss sich weder thematisch noch in der Pflanzenauswahl auf Heimisches beschränken. Beth Chattos Kiesgarten in Colchester (England) versammelt einen kosmopolitischen Mix, der vollkommen ohne Wassergaben zurechtkommt. Typisch ist diese Kombination von *Poa labillardieri*, einem Rispengras aus Australien und Neuseeland, mit *Bergenia*, *Oregano* und *Stachys*.

Oben links Auf den Sun Steps der Chanticleer Gardens (Wayne, Pennsylvania) wiegt sich Mexikanisches Fiedergras *Nassella tenuissima* zwischen purpurroten Mohnmalven *Callirhoe involucrata*, orange blühenden Knolligen Seidenpflanzen *Asclepias tuberosa* und Lavendel. Trotz einer jährlichen Regenmenge von über 1000 mm ist es auch hier sinnvoll, Wasser zu sparen. Der hinreißende, nie bewässerte Garten macht deutlich, dass sich Eleganz und Umweltbewusstsein nicht gegenseitig ausschließen.
Oben rechts Zwischen Feigenkakteen *Opuntia phaeacantha* erwacht Anfang April *Aristida purpurea* aus der Winterruhe – kalifornische Wüstenpflanzen im botanischen Garten der University of California (Berkeley).

Links In diesem Trockengarten gesellt sich Mexikanisches Fiedergras *Nassella tenuissima* zu Federborstengräsern aus afrikanischen Trockenregionen und einer bunten Gesellschaft von Kakteen und Sukkulenten des amerikanischen Südwestens (San Luis Obispo, Kalifornien).

Bodendecker

Es wird allmählich höchste Zeit, durstige frühgrünende Rasengräser durch andere niedrig wachsende Kandidaten zu ersetzen. Trittfeste Rasen zählen zwar nicht unbedingt zu unserer Thematik, doch es gibt zahlreiche Süß- und Riedgräser, teils rasenbildend, teils horstig wachsend, die sich als wunderschöne, hervorragend taugliche Bodendecke eignen und die wir hier vorstellen wollen.

Zwar ist das Fallsamengras *Sporobolus heterolepis* nicht begehbar wie ein klassischer Rasen, doch in seiner Wirkung ist dieses höchst attraktive Gras dem Rasen sehr ähnlich. Gleichzeitig entfallen das ständige Wässern und andere Pflegemaßnahmen, die beim traditionellen Rasen nötig sind (Chanticleer Gardens, Wayne, Pennsylvania, Mitte Juni).

Hübsch präsentiert sich Anfang Juni ein Teppich aus Blau-Schwingel *Festuca glauca* 'Elijah Blue' auf einer Parkplatzinsel im Chicago Botanic Garden. Die horstbildenden Blau-Schwingel-Varianten werden seit langem gern als Bodendecker verwendet, sind auf Dauer jedoch wenig ideal, denn nach einigen Jahren beginnen sie in der Mitte zu verkahlen und müssen daher relativ häufig ausgetauscht werden. Durchlässiger Boden, besonders im Winter, wirkt lebensverlängernd. Wo Horstgräser als Bodendecker verwendet werden sollen, empfiehlt es sich letztendlich, andere, langlebigere Arten in Betracht zu ziehen.

Sporobolus heterolepis ist ein horstbildendes Grases, das so langlebig und ausdauernd ist, dass es sich als halbpermanenter Bodendecker eignet. Wie ästhetisch sich mit diesem Fallsamengras ein trockener, nährstoffarmer, unbewässerter Hang begrünen lässt, demonstriert diese Gestaltung zwischen einer öffentlichen Straße und dem Parkplatz des Delaware Center for Horticulture in Wilmington.

OBEN Anfang Juni präsentiert sich das Fallsamengras als üppige geschlossene Bodendecke. Die Einzelpflanzen haben sich dauerhaft etabliert; zwischen den gesunden Mutterpflanzen sind kräftige Sämlinge herangewachsen.

RECHTS Mitte November hat schon weitestgehend die Winterruhe eingesetzt. Noch immer sind die Gräser attraktiv – besonders als farblicher Gegenpart zum Herbstlaub der sommergrünen Gehölze, darunter Erlenblättriger Federbuschstrauch *Fothergilla gardenii*.

RECHTS Rosa Finsley gestaltete den Eingangsbereich der Lone Star Ranch im humiden Osten von Texas mit einer Bodendecke aus Büffelgras *Buchloe dactyloides*. Diese außerordentlich hitze- und trockenheitsverträgliche Spezies stammt von den amerikanischen Great Plains; das erstaunlich strapazierfähige, ausläufertreibende Gras füllt schadhafte Stellen selbst wieder aus.

UNTEN Egapark, Erfurt, Ende August: Diese attraktive, dauerhafte Bepflanzung besteht aus Herbst-Blaugras *Sesleria autumnalis*. Die Gattung *Sesleria* enthält viele langlebige, trockenresistente horstbildende Spezies, die sich hervorragend als Bodendecker eignen.

Auch höhere horstbildende Gräser können geeignete Bodendecker darstellen, sofern ihr grundständiges Laub im Winter nicht einzieht; ein Beispiel ist diese mit Schneegras *Chionochloa flavicans* bestandene Böschung beim Parlamentsgebäude in Wellington. Die Aufnahmen entstanden Ende August – Winter in Neuseeland.

LINKE SEITE, OBEN LINKS Zahlreiche Seggen eignen sich als Bodendecker, wobei sich für die unterschiedlichsten Standorte, von sonnig und trocken bis feucht und schattig, geeignete Arten finden. In diesem Privatgarten in Peka Peka säumt die orangefarbene neuseeländische *Carex testacea* einen Treppenaufgang; die Art ist derart robust, dass sie in ihrer Heimat gern auch zur Begrünung von Verkehrsinseln verwendet wird.
OBEN RECHTS Die bunte Japan-Segge *Carex morrowii* 'Ice Dance' präsentiert sich Ende August im Erfurter Egapark als attraktiver Bodendecker. Diese Sorte ist für diesen Zweck besonders gut geeignet, denn sie breitet sich langsam und ohne zu wuchern aus und füllt so die Lücken, die in jeder Pflanzung hin und wieder entstehen.

LINKE SEITE, UNTEN Die aus Europa stammende Wald-Hainsimse *Luzula sylvatica*, darunter auch die buntblättrige Auslese 'Marginata', ist eine vitale, ausdauernde Alternative, sucht man nach einem niedrigen Bodendecker für feuchten Schatten. Diese Anfang Mai im Garten des Autors entstandene Aufnahme zeigt einen Bestand unter einem ausladenden Apfelbaum, der ohne Wassergaben schon seit über zehn Jahren dicht und attraktiv bleibt; als einzige Pflegemaßnahme werden im Frühjahr die ältesten Blätter ausgezupft.

RECHTS Raffiniert integrierte Clifford Miller Carex pensylvanica in diesen ursprünglich von Jens Jensen gestalteten Garten in der Nähe von Chicago; die sich langsam ausbreitende Segge ist ganz offensichtlich ausgezeichnet für diesen schattigen Standort im Mischwald geeignet.

UNTEN Kombiniert man sehr unterschiedliche Pflanzen in einem Gefäß, so ergibt sich ein besonders interessantes Miteinander von Farben und Texturen, wie hier mit Echtem Papyrus *Cyperus papyrus* als Hauptdarsteller (Chanticleer Gardens, Wayne, Pennsylvania, Ende Juni).

UNTEN RECHTS Magellan-Blaugras *Elymus magellanicus* gesellt sich in diesem Topfgarten in Beth Chattos Anlage zu einer vielgestaltigen Mischung trockenresistenter Pflanzen (Colchester, England, Ende Juli).

Kübelhaltung

Mit ein wenig Fantasie lassen sich die meisten Gräser hervorragend in Kübeln und anderen dekorativen Behältnissen ziehen und arrangieren. Widrige Bodenverhältnisse, Winterkälte und Sommerhitze werden auf diese Weise wunderbar umgangen, und selbst der anspruchsvollsten Spezies kann man mit der ihr genehmen Substratmischung aufwarten. Viele attraktive Gräser sind dermaßen kälteverträglich, dass sie auch im Container den Winter im Freien überstehen. Frostempfindliche Spezies verbringen die warme Jahreszeit im Freien und überwintern im Frühbeet oder warm untergestellt; alpine Arten wiederum profitieren davon, dass gezielter Schutz vor Sommerhitze und hoher Luftfeuchte möglich ist. Trockenresistente Gräser benötigen weniger Wasser als andere Containerpflanzen; allerdings zeichnen sich Gräser generell durch ihr rasch

wachsendes, umfangreiches Wurzelwerk aus, weshalb darauf zu achten ist, dass es ihnen im Topf nicht zu eng wird – dieses hätte ständigen Durst zur Folge.

Ein großformatiges Gras benötigt einen entsprechend voluminösen Kübel, wenn es seine reguläre Größe auch nur annähernd erreichen soll. Mit einem kleineren Behältnis lässt sich gezielt das Gegenteil erreichen: Viele Riesengräser, besonders die buntblättrigen Kulturvarianten, entfalten als kleinformatiger Solist eine schöne Wirkung.

Schier unerschöpflich scheinen die Kombinationsmöglichkeiten zwischen den stabilen Blattfarben der Gräser und den unterschiedlichen Terrakotta- und Glasurtönen, mit denen antike wie neue Pflanzgefäße aufwarten. Wiederverwertete Alltagsobjekte und Artefakte ermöglichen weitere Farb- und Texturspiele.

UNTEN LINKS Ist das Gefäß ausreichend groß, gelangt sogar das Pyrenäen-Pfriemengras *Stipa gigantea* zur Blüte – hier Mitte Juli in Wisley Garden (England), dem größten Park der Royal Horticultural Society.

UNTEN Anfang April entstand diese Aufnahme einer bepflanzten Mauerkrone im Ladybird Johnson Wildflower Center in Austin (Texas). Derartige Standorte sind für das Mexikanische Fiedergras *Nassella tenuissima* ganzjährig geeignet.

Gräser im öffentlichen Raum

Beim Blick über den sprichwörtlichen Gartenzaun stellt sich die Frage, welche Rolle Gräser auf öffentlichen Grünflächen spielen könnten – in Parks und öffentlichen Gärten, auf Firmen- und Hochschulgeländen, in Grünanlagen und entlang unserer Stadt- und Landstraßen, auf unbebauten Grundstücken und Industriebrachen. Lebenswerte Landschaften schafft man am ehesten durch einen kooperativen Ansatz, wobei die Verantwortung und Entscheidungsgewalt bei gleichberechtigten Partnern liegen sollten, denen langfristige Beobachtung sowie kreative Lösungsansätze ein Bedürfnis sind. Dieser Abschnitt stellt die unterschiedlichen Rollen und das gestalterische Potenzial von Gräsern in einigen ausgewählten Landschaften vor.

Nahezu jeder von uns zapft sein Leben lang tagtäglich Leitungswasser – und doch würden sich die meisten Leute weigern, einen Wasserturm in ihre Gartengestaltung einzubinden. Ich ziehe den Ansatz vor, der auf dem Firmensitz von Sancoa International im südlichen New Jersey gepflegt wird: Hier wurde nicht einmal ansatzweise versucht, den Wasserspeicher zu kaschieren; stattdessen hat man ihn mit wogender Rutenhirse *Panicum virgatum* umgeben, einer in der unmittelbaren Umgebung heimischen Spezies – hier Mitte September der Blick von der Terrasse der Cafeteria.

Parkplätze sind ein Teil des öffentlichen Raums, der sich wohl dringlicher als jeder andere für eine Gestaltung mit Gräsern anbietet. Nichts spricht dagegen, eine solche notwendige Einrichtung als potenziellen Garten zu betrachten. Als Lebensraum ist der Parkplatz mit seinem verdichteten, nährstoffarmen, stark durchlässigen Boden, kalten Winterwinden und Sommerhitze, die durch reflektierende versiegelte Flächen noch verstärkt wird, eine Herausforderung; für diese Situation bieten Gräser zahllose Lösungsmöglichkeiten.

Oben Ein Parkplatz auf dem Campus des Bard College in Annandale-on-Hudson, New York, illustriert die Tauglichkeit und Attraktivität einer Mischung aus heimischen und exotischen Gras-Spezies, darunter Chinaschilf *Miscanthus sinensis*, Kleines Präriegras *Schizachyrium scoparium*, Rutenhirse *Panicum virgatum* und Federborstengräser *Pennisetum* spp. Weder *Miscanthus* noch *Pennisetum* sind in New York heimisch; eine Bedrohung für heimische Biotope stellen sie dennoch nicht dar, da für beide die Vegetationsperiode in diesem Teil des Hudson River Valley zu kurz ist, um keimfähige Saat hervorzubringen, die eine hemmungslose Ausbreitung zur Folge haben könnte.

Unten Derselbe Parkplatz aus einer anderen Perspektive.

Joseph Carr & Associates gestalteten den Außenbereich des Lisle-Naperville-Standorts von Lucent Technologies (Illinois) mit einem Anklang an die Hochgrasprärie, die einst diese Region unweit Chicagos überzog. In dem Bereich von Haupteingang und Parkplätzen wurde flächendeckend Garten-Reitgras *Calamagrostis* × *acutiflora* 'Karl Foerster' als abstrahierte Prärie angepflanzt. Hochgrasspezies wie Gelbes Indianergras *Sorghastrum nutans*, Rutenhirse *Panicum virgatum* und Großer Blauhalm *Andropogon gerardii* überziehen Tausende Quadratmeter bis hin zur straßenseitigen Grundstücksgrenze.

Iroquois Park ist einer von achtzehn Parks und sechs Parkways – schön ausgestalteten Prachtstraßen –, die Frederick Law Olmsted und seine Nachfolgerfirma für Kentuckys größte Stadt Louisville anlegten. Der Park steigt an zu einem savannenartigen Plateau, dem Summit Field, das einst mit spätgrünenden Gräsern bedeckt war, zwischen die sich Kastanien-, Pfahl- und Weiß-Eichen mischten. Früher hieß dieses Areal Burnt Knob; der Name deutet auf Brände hin, die möglicherweise einst zum Entstehen der offenen Fläche beitrugen. Jahrelang wurde Summit Field als gemähte Rasenfläche gehalten; 1996 schließlich taten sich die Louisville Olmsted Parks Conservancy und das städtische Grünflächenamt zusammen und etablierten dort von neuem die historische Hochgrasmischung mit Großem Blauhalm *Andropogon gerardii*, Rutenhirse *Panicum virgatum* und Gelbem Indianergras *Sorghastrum nutans*. Die restaurierte Landschaft ist ein Gewinn für die Bürger und die heimische Fauna zugleich.

Oben Mitte Januar überziehen die trockenen Halme der Präriegräser Summit Field; im Vordergrund stehen Weiß-Eichen.

Rechts Eine der Pflegemaßnahmen besteht in regelmäßigem kontrolliertem Abflämmen, das im Frühjahr vom Grünflächenamt und der Louisville Olmsted Parks Conservancy durchgeführt wird. (Foto © Alan Nations)

Südkalifornische Gräser dominieren Tom Bostroms Gestaltung des Cluff Vista Park in Ojai (Kalifornien). In gemeinsamer Anstrengung verwandelten die Naturschutzorganisation Ojai Valley Land Conservancy, die Stadt Ojai und Hunderte Bürger ein dreieckiges Gelände, auf dem sich eine stillgelegte Tankstelle befand, in einen Schaukasten für die Pflanzen und Landschaften des Ojai Valley. Verschiedene Parkbereiche stellen unterschiedliche Pflanzengemeinschaften vor, darunter ein Ufergarten, ein Waldgarten, ein Chaparral-Garten und eine *Muhlenbergia*-Wiese.

Links Zwei trockenheitsverträgliche kalifornische Gräser – *Leymus condensatus* 'Canyon Prince', eine Roggengerste, und der Starre Tropfensame *Muhlenbergia rigens* – säumen die Promenade unter der Pergola (Ende Juni).

Unten links An die Ojai Avenue grenzt eine dicht mit *Muhlenbergia rigens* bewachsene Wiese.
Rechts *Leymus condensatus* 'Canyon Prince' wirkt mit seinem graublauen Laub das ganze Jahr attraktiv.

DER 16.000 QUADRATMETER umfassende Dachgarten auf dem Konferenzzentrum der Church of Jesus Christ of Latter Day Saints in Salt Lake City (Utah) schmückt sich mit Bäumen, Blütenstauden und Gräsern der nahegelegenen Berge. Das Büro Olin gestaltete das Dach mit Pflanzengemeinschaften, die ihr natürliches Vorkommen in unterschiedlichen Höhenlagen spiegeln.

LINKS Grannen-Kiefer *Pinus aristata*, blühende Stauden und verschiedene Gräser, darunter Aschgraue Roggengerste *Leymus cinereus*, Hohes Haarschotengras *Bouteloua curtipendula*, Kleines Präriegras *Schizachyrium scoparium* und das Raugras *Achnatherum hymenoides*, bieten Gelegenheit, die Flora der Wasatch Mountains aus nächster Nähe zu betrachten; im Hintergrund die Berge selbst.
LINKS UNTEN *Leymus cinereus* ist eines der charakteristischen Gräser dieser Dachlandschaft.

UNTEN Bei der Umgestaltung des Konferenzzentrums wurde ein Bach freigelegt, der lange Zeit unter die Erde verbannt war. Mit anmutig übergeneigter Rutenhirse *Panicum virgatum* und ortstypischen Felsblöcken trägt er ein Stück wildes Utah in die Großstadt. Die Bepflanzung besteht aus verschiedenen an die vorherrschenden Bedingungen adaptierten, trockenresistenten Spezies – teils aus Utah, teils Exoten.

Pampasgras *Cortaderia selloana* 'Patagonia' wirkt als optische Verbindung zwischen der Bepflanzung auf Bodenniveau und dem begrünten Dach des Regenwaldhauses.

SO FUTURISTISCH SICH die Architektur des Regenwaldhauses der Königlichen Gärten Herrenhausen in Hannover auch präsentiert – die progressive Bepflanzung seiner unmittelbaren Umgebung und seiner Dachfläche, die Hans Simon nach eigenem Entwurf selbst ausführte, steht ihr in nichts nach. Der mit Gräsern und anderen, an schwierige Trockenstandorte angepassten Pflanzen hervorragend vertraute Pflanzenexperte stellte eine Staudenpalette zusammen, die den Bedingungen auf dem Dach gewachsen ist.

OBEN LINKS Die europäische Erd-Segge *Carex humilis* ist auf offenen, sonnigen, trockenen und zumeist basischen Böden heimisch – Bedingungen, wie sie auch auf den meisten Dachflächen vorherrschen. Ende August bildet Simons eigene Auslese 'Hexe', die sich ohne Bewässerung hervorragend auf dem Dach behauptet, eine dichte Bodendecke.
OBEN RECHTS Auch die europäischen Spezies Kopfgras *Sesleria rigida* (vorne links) und Haar-Schwingel *Festuca filiformis* (Bildmitte und vorne rechts) sind an die trockenen, nährstoffarmen Standortbedingungen einer Dachfläche adaptiert. Ganz rechts im Bild sind die Samenstände des kleinen Gelben Lauchs *Allium flavum* sichtbar, einer ebenfalls an diese Umstände angepassten Pflanze, die mit ihren Blüten recht zeitig im Jahr Blickpunkte setzt.

RECHTS Zwischen den alten Mauern in Duisburgs Landschaftspark stehen Haar-Schwingel *Festuca filiformis* und andere hitze- und trockenheitsverträgliche Stauden schnurgerade aufgereiht. Dieses Gelände einer ehemaligen Stahlgießerei im Herzen des von Schwerindustrie geprägten Ruhrgebiets wurde als öffentlicher Park neu erfunden. Die reglementierte Bepflanzung, formal im Design, zugleich aber ausdauernd und pflegeleicht, steht in spannendem Kontrast zu der Sukzessionsflora, die nach und nach einen Großteil der 200 Hektar umfassenden Fläche zurückerobert.

Gräser waren von Anbeginn eine Grundkomponente der Flora, welche die High Line eroberte, und werden dies auch weiterhin sein. Hier bekommt man eine Ahnung davon, wie in Zukunft öffentliche Gärten und Parks entstehen und sich entwickeln könnten. Die aufgestelzte High Line wurde zwischen 1929 und 1934 errichtet, um eine räumliche Trennung zwischen den Güterzuggleisen durch New Yorks West Side und dem zunehmenden Fußgänger- und Autoverkehr entlang der 10th Avenue zu schaffen. In den 1980er-Jahren wurden die Schienen stillgelegt; in der Folge etablierte sich dort eine bunte Pflanzenwelt, darunter auch regional heimische Gräser. Der alte Schienenweg liegt zwischen 5,50 und 9 Metern über dem Straßenniveau; er hat eine Länge von zwei Kilometern – 22 Häuserblocks – und eine Gesamtfläche von knapp drei Hektar. Der gemeinnützige Verein Friends of the High Line warb erfolgreich mit seiner Vision dieses Raums als langgestreckter Park; derzeit wird die High Line in eine der spannendsten linealischen Landschaften Manhattans verwandelt. Das Projekt erfreut sich eifriger Unterstützung von vielen Seiten; dazu trug unter anderem der geschickte Einsatz von Joel Sternbergs Fotos der hier aufgesprungenen Spontanvegetation bei; sie trafen bei unzähligen New Yorkern, die sich nach ein wenig offenem Raum in dieser höchst kontrollierten Umwelt sehnen, einen Nerv. Als öffentlicher Park wurde die High Line schließlich unter Mitarbeit von Piet Oudolf ausgestaltet.

Oben Bei einer von Friends of the High Line organisierten Begehung im September 2002 präsentierte sich eine Art Hochgarten, der mit keinem anderen in New York vergleichbar ist. Hier findet man Geborgenheit vor einer gigantischen Kulisse; neben einem Blick auf den Hudson River definiert einzigartige Architektur den außergewöhnlichen Freiraum, das Empire State Building (links im Bild), Schornsteine und Rangieranlagen.

Links Wie eine Neuauflage der Prärie erscheint die Gräsermatrix, die einen Großteil der Fläche bedeckt. Bei einer Bestandsaufnahme wurden über zwanzig heimische und nichtheimische Grasarten auf der High Line verzeichnet, deren Überleben einzig durch Regenfall und die kondensierende Feuchtigkeit der Großstadtluft gesichert wird (Richard Stalter, 2004). Die Liste nennt unter anderem Kleines Präriegras *Schizachyrium scoparium*, Purpurschopfgras *Tridens flavus*, Schaf-Schwingel *Festuca ovina* und das Liebesgras *Eragrostis spectabilis*. Unter die Gräser mischen sich blühender Schnittlauch und Zwerg-Bartiris (Mitte Mai).

Oben und rechts oben Diese Ende April entstandenen Aufnahmen machen deutlich, wie zäh und anpassungsfähig das Kleine Präriegras *Schizachyrium scoparium* ist. Noch stehen die trockenen Halme vom Vorjahr, und schon sprießt neues Grün zwischen den Schienen. Auch nach der Neugestaltung der High Line wird dieses einfache Gras präsent sein und so weiterhin an den Schienenweg erinnern.

Rechts Mitte Bei der High Line handelt es sich eindeutig um einen menschengemachten Lebensraum. An der Verteilung der Flora ist abzulesen, dass sich selbst bei einer Bodenstärke von teils unter zehn Zentimetern diverse Mikroklimata herausbilden. Neben den Gräsern sind europäische Fingerkräuter *Potentilla* spp. und Leinkrautarten *Linaria* spp. am zahlreichsten vertreten. Regional heimische Spezies machen gut die Hälfte der Flora der High Line aus (Stalter, 2004).

Rechts unten Die zähe Kleinblütige Königskerze *Verbascum thapsus*, ein ziemlich harmloser europäischer Exot, kommt gut in dem Schotter des Schienenbetts zurecht. Die Pflanzengemeinschaft, die sich auf der High Line ausgebildet hat, lässt für den zukünftigen Lebenswert ehemaliger Industrietrassen hoffen.

Der Gantry Plaza State Park in Long Island City, New York, ist ein hervorragendes Beispiel für die kluge Verwendung von Süß- und Riedgräsern in einer höchst kontextbestimmten Gestaltung. Der von Thomas Balsley Associates, dem Architekturbüro Sowinski Sullivan und Lee Weintraub gemeinsam entworfene Uferpark bietet einen spektakulären Blick auf die Skyline von Manhattan. Ursprünglich wurden hier Güterwaggons auf Barken über den East River verschifft. Die Gestaltung hat die historischen Portalkräne zum Mittelpunkt, mit deren Hilfe einst die Schienen zu den Barken auf dem von der Tide betroffenen East River angehoben und abgesenkt wurden.

Beim nächtlichen Blick vom Gantry Plaza State Park auf die Skyline von Manhattan ist die lichterstrahlende Spitze des Chrysler Building unübersehbar. Granitblöcke und Schienenreste erinnern an die Vergangenheit dieses Ortes; dazwischen steht wintertrockene Rutenhirse *Panicum virgatum*, eine hier heimische Spezies.

OBEN In der wärmeren Jahreszeit setzen unter anderem Rutenhirse *Panicum virgatum* und Zypergras-Simse *Scirpus cyperinus* grüne Akzente.

RECHTS Das Breitblättrige Plattährengras *Chasmanthium latifolium* kommt mit dem häufig trockenen Boden in dieser Umgebung gut zurecht.

RECHTS AUSSEN Der natürliche Standort der Zypergras-Simse *Scirpus cyperinus* ist sonnig und nass, darf aber auch gelegentlich trockenfallen. Auch diese Simse stellt ein dauerhaftes, standorttypisches Element der Bepflanzung dar.

Gräser gehören schon lange zu den „Zufallslandschaften“ entlang unserer Autobahnen und Landstraßen. Eine weltweit wachsende Bewegung erkennt inzwischen ihre Schönheit und ihren Nutzen und bindet sie bewusst in die Landschaften ein, die uns auf unseren Reisen begleiten. Etliche Jahre habe ich mit meinen Kollegen Sue Barton und Gary Schwetz sowie dem Landesstraßenamt von Delaware an einem Projekt zur Verschönerung der Straßen dieses Bundesstaates gearbeitet. Es sollte ein Landschaftskonzept und Pflegeregime für die Tausende Hektar Grünstreifen entlang der Straßen von Delaware erarbeitet werden, das die Pflege sicherer und effizienter macht und zugleich die heimische Vegetation entlang der Straßenränder in den Mittelpunkt rückt, schützt und aufwertet. Zwar ist Delaware ein kleiner Staat, doch seine Böden sind sehr unterschiedlich – von dem nährstoffreichen organischen Boden im hochgelegenen Hügelland des nördlichsten Bezirks bis hin zu sterilem Quarzsand im Süden, besonders ausgeprägt in Küstennähe. In langjährigen Untersuchungen haben sich standortheimische Gräser als die kostengünstigsten und langlebigsten Komponenten des für dieses Projekt entwickelten und entsprechend gepflegten Straßenbegleitgrüns erwiesen.

In weiten Teilen Nordamerikas ist gemähter Rasen die Standardlösung für Mittel- und Seitenstreifen, ungeachtet des damit verbundenen hohen Pflegeaufwands und ungeachtet des Risikos, das mit dem Betreiben schweren Geräts auf oftmals ungleichmäßigem Gelände in unmittelbarer Nachbarschaft zu schnellfließendem Verkehr einhergeht. Das Projekt Enhancing Delaware Highways stellt eine Umkehr von dieser Tradition dar; hier erfolgt eine Neubegrünung mit spätgrünenden Gräser, die mit einem simplen Ein- oder Zweischnittregime dauerhaft erhalten werden. Die Anfang August entstandene Aufnahme zeigt die Route 1, eine der Hauptarterien Delawares, deren Mittelstreifen mit Rutenhirse *Panicum virgatum* eingesät wurde.

OBEN Auf der Innenfläche eines Autobahnkreuzes in Delaware leuchtet ein angesäter Mix aus Gelbem Indianergras *Sorghastrum nutans* und Rutenhirse *Panicum virgatum* in der Novembersonne. Rückmeldungen der Verkehrsteilnehmer lassen darauf schließen, dass das Publikum solche Hochgrasflächen als ausgesprochen attraktiv empfindet, solange ein regelmäßig gemähter Randstreifen zu erkennen gibt, dass die Flächen tatsächlich gepflegt werden.

RECHTS Blühendes Gelbes Indianergras *Sorghastrum nutans*, entlang einer Straße in Nord-Delaware angesät, trägt mit seinen Farben und seinem Wogen unaufdringlich und doch nachdrücklich zu einem Ortsbewusstsein und Heimatempfinden bei – auch dies zählt zu den Zielen des Projekts.

OBEN LINKS Liegt ein Bereich stark im Blickpunkt, wie diese Böschung an der Zusammenführung der Autobahnen I 95 und I 495 an der Grenze zu Delaware, werden die Gräser nach formaleren Gesichtspunkten angeordnet. Hier umspielt Rutenhirse *Panicum virgatum* etliche Exemplare des Kanadischen Judasbaums *Cercis canadensis*; den Vordergrund füllen Wogen von *Amsonia tabernaemontana* und *A. hubrichtii*.

OBEN Für diesen schmalen Mittelstreifen in einem Vorort in Nord-Delaware fiel die Wahl auf Rutenhirse *Panicum virgatum* 'Shenandoah', deren Laub zum Ende der Saison eine ausgeprägt rote Färbung annimmt.

LINKS Oft ist eine große Geste erforderlich, damit die mit hoher Geschwindigkeit dahineilenden Reisenden die Gestaltung überhaupt wahrnehmen. Ende September zieht sich hier ein weit geschwungener Bogen Rutenhirse *Panicum virgatum* 'Northwind' um ein gelbes Meer aus *Solidago rugosa* 'Fireworks'.

OBEN Spätgrünende Rutenhirse *Panicum virgatum* und Gelbes Indianergras *Sorghastrum nutans* wurden gezielt auf den sonnigen offenen Flächen zwischen vorhandenen Rotzedern und Kreuzstrauch *Baccharis halimifolia* ausgesät. Die attraktiven weißen Samenstände dieser standortheimischen Strauchart schmücken die Herbstlandschaft über einen Monat lang und ergänzen die Gräser am Saisonende wunderbar.

RECHTS Samenstände von *Baccharis halimifolia* Mitte Oktober.

Oben links Dieser natürliche Bestand an *Andropogon ternarius* entlang Delawares Route 1 wird im Zweischnittregime gepflegt; dadurch ist die ständige Regenerierung des Bestandes durch Selbstaussaat garantiert.

Oben Enhancing Delaware Highways hat sich zum Ziel gesetzt, existierende Pflanzengesellschaften zu identifizieren, zu schützen und zu pflegen, wo immer dies sinnvoll ist, wie etwa bei diesem Bestand von *Andropogon glomeratus* vor einem feuchten Gehölzsaum, der überwiegend aus Wald-Tupelobaum *Nyssa sylvatica* und Erlenblättriger Zimterle *Clethra alnifolia* besteht.

Links Häufig begleiten Wiesen und Wälder unsere Straßen. Der natürlich erscheinende Bewuchs dieser Böschung neben einer Autobahnausfahrt entstand durch sorgfältiges Überarbeiten der bereits vorhandenen Vegetation. Nachdem die Trasse für die Ausfahrt angelegt worden war, siedelten sich fast ausschließlich heimische Gehölze und Gräser an. Die vor allem im oberen Bereich trockene Erdschicht ist dünn und mit Steinen durchsetzt. Sämlinge von Rot-Ahorn *Acer rubrum* und Amerikanischem Amberbaum *Liquidambar styraciflua* wurden ausgedünnt, um stärker definierte Baumgruppen zu schaffen, die sich nun mit Rotzedern *Juniperus virginiana* und offenen, mit Gelbem Indianergras *Sorghastrum nutans* bewachsenen Flächen abwechseln. Das Ergebnis erscheint den Verkehrsteilnehmern geordneter und lesbarer, und doch bleibt das Miteinander regionaler Ökotypen erhalten.

Links Auf dieser Anfang November entstandenen Luftaufnahme ist die auf der vorhergehenden Seite beschriebene Böschung neben der Autobahnabfahrt zu sehen (links Mitte). Eine Schleife des Autobahnkreuzes umschließt eine offene Fläche, die lange Jahre von Rasen eingenommen wurde. Probeweise wurde das Schnittregime auf einmal jährlich reduziert, ohne neue Pflanzen einzubringen. Innerhalb von vier Jahren eroberten Kleines Präriegras *Schizachyrium scoparium* und Blauhalm *Andropogon virginicus* einen Großteil der Fläche. Sonniger, nährstoffarmer Boden ist eine gute Voraussetzung für das spontane Auftreten solcher Gräser – besonders, wenn sich in der näheren Umgebung bereits etablierte Bestände finden.

Links unten Diese Ende Oktober entstandene Luftaufnahme von der Route 1 in Delawares südlichstem, sandigstem Zipfel verdeutlicht die Wirkung eines eingeschränkten Schnittregimes. Nachdem der Mittelstreifen nur noch einmal im Jahr gemäht wurde, sprang innerhalb von zwei Vegetationsperioden eine artenreiche Mischung aus heimischen Gräsern, Stauden und Sträuchern auf.

Unten Langlebige Goldrute *Solidago sempervirens* und Rutenhirse *Panicum virgatum* blühen Mitte Oktober auf dem Mittelstreifen. Weitere Spezies der neuen Pflanzengemeinschaft sind *Panicum amarum* und diverse Wasserdost-Arten *Eupatorium* spp.

OBEN Hans Simons Kreisverkehrgestaltung in Marktheidenfeld besteht aus einer bunten Mischung robuster Spezies, die ohne Bewässerung über mehrere Jahreszeiten attraktiv bleiben (Ende August).

LINKS AUSSEN Der Atlas-Schwingel *Festuca mairei* stammt, wie sein Trivialname verrät, aus dem Atlasgebirge in Marokko. Dieser relativ hohe Schwingel ist gut an sonnige, trockene Lagen angepasst.

LINKS Auch *Eragrostis chloromelas* wächst auf dem Kreisel, ein ungewöhnlich trockenresistentes bläuliches Liebesgras aus dem Süden des afrikanischen Kontinents, das im Sommer eine Fülle zarter Blüten hervorbringt.

RECHTS Zwischen den dichtgedrängten Blütenstielen der Roten Seidenpflanze *Asclepias incarnata* fallen die ähnlich gefärbten Halme der Rispenhirse *Panicum rigidulum* kaum auf, und doch machen sie einen recht großen Anteil dieser Pflanzengemeinschaft aus, die eine feuchte Bodensenke parallel zum Eastern Shoreway, der U.S. Route 301 in Maryland, bevölkert. Begleitet werden die beiden Spezies von Lanzen-Verbene *Verbena hastata* und verschiedenen Goldruten *Solidago* spp. Marylands Landesstraßenamt kooperiert mit dem Adkins Arboretum mit einer ähnlichen Zielsetzung wie die der Initiative von Delaware; auch hier soll die heimische Flora entlang der Landstraßen geschützt und gefördert werden.

UNTEN Die Verwendung von Süß- und Riedgräsern zur Restaurierung und Verschönerung regionaler Landschaften macht nicht bei Straßenrändern Halt. Ein Beispiel ist dieses Projekt zur Dünenbefestigung in Wellington (Neuseeland). *Desmoschoenus spiralis* ist ein in der neuseeländischen Dünenlandschaft heimisches Riedgras, das zu leuchtendem Orange verbleicht. Zahlreiche Dünensysteme Neuseelands wurden durch Landwirtschaft geschädigt; als dann Anfang des 20. Jahrhunderts die ersten Stabilisierungsversuche erfolgten, kam überwiegend ein Exot zum Einsatz: der in Europa und Afrika heimische Gewöhnliche Strandhafer *Ammophila arenaria*. *Desmoschoenus* ist nicht nur herrlich gefärbt, sondern schafft darüberhinaus flache, stabile Vordünen; der Strandhafer dagegen baut hohe Weißdünen auf, die anfällig sind für Winderosion.

MEIN WISSEN ÜBER GRÄSER und ihre Eignung für die Landschaftspflege beziehe ich überwiegend aus eingehender Beobachtung regionaler Lebensräume; viel verdanke ich jedoch auch den zahlreichen öffentlichen Gärten in aller Welt, die die Gräser in ihrer Vielfalt vorstellen. Besonders eine Institution hat über all die Jahre meine Kenntnisse immer wieder erweitert und mir als Inspiration gedient: der Santa Barbara Botanic Garden in Südkalifornien, eine hervorragende, mit großem Gespür geführte öffentliche Einrichtung mit lebhaftem Interesse an der regionalen Flora. Der SBBG ist nicht auf Gräser fixiert – das kann meiner Meinung nach in keinem großartigen Garten der Fall sein –, doch sie sind in die Gestaltung des gesamten weitläufigen Geländes integriert und häufig mit solchen kalifornischen Spezies vergemeinschaftet, die an einem heimischen Standort sehr wohl ihre natürlichen Begleiter sein könnten; fast immer sind sie mit Pflanzen und anderen Landschaftselementen kombiniert, die in keinem Garten fehlen sollten, der die charakteristische Schönheit Südkaliforniens herausstellen will.

Der SBBG verdankt seine grasreiche Nebenthematik zum guten Teil dem Einfluss von Carol Bornstein, die beständig die Vorzüge der kalifornischen Grasspezies propagiert. Carol Bornstein kam Anfang der 1980er-Jahre aus Detroit (Michigan) nach Kalifornien; der Präriestaat hatte sie dahingehend geprägt, dass Gräser für sie eine zentrale Rolle spielten. So war es nur logisch, dass sie erkundete, wie sich mit den kalifornischen Grasarten in der Flora ihrer neuen Heimat Fixpunkte setzen lassen, denn diese Pflanzengruppe konnte entscheidend zu einer ganzjährig attraktiven Gestaltung des Gartens beitragen.

Je mehr uns die Schönheit und Nützlichkeit der Gräser ins Bewusstsein rücken, desto mehr Orte wie den SBBG wird es hoffentlich geben – Orte, die ideenreiche, regionaltypische Gestaltungen mit Gräsern in lebenswerten Landschaften zeigen.

LINKE SEITE Aus dem Schatten einer immergrünen kalifornischen Eiche *Quercus agrifolia* geht der Blick Anfang April auf eine leuchtend bunte Wiese; in die Matrix aus verschiedenen heimischen Gräsern ist flammender Kalifornischer Goldmohn *Eschscholzia californica* eingestreut.

OBEN Anfang April stehen noch immer die dürren vorjährigen Halme von *Muhlenbergia rigens* auf der Wiese; dahinter leuchtet der Goldmohn.
OBEN RECHTS Zur gleichen Zeit treibt die Kalifornische Roggengerste *Leymus condensatus* 'Canyon Prince' graublau aus; auch hier steht Goldmohn zwischen den Horsten.

RECHTS Durchscheinend schweben derweil die Blüten von *Nassella pulchra* über der Wiese; ein gewaltiger dunkler Felsen im Hintergrund lässt das Fiedergras doppelt intensiv schimmern.

OBEN Ende Juni ist der Mohn vergangen, doch die Gräser schmücken weiterhin die Wiesenlandschaft. Das Blau der Roggengerste nimmt die Farben der Berge auf, die in weiter Ferne im Nachmittagsdunst liegen.

RECHTS In der Nähe des Garteneingangs blüht Ende Juni *Juncus acutus* subsp. *leopoldii*; die Halbkugelform der Binse kontrastiert schön mit den Felsen aus lokalem Gestein.

Oben links Ende Juni beginnt die Roggengerste *Leymus condensatus* 'Canyon Prince' zu blühen.
Ganz oben rechts Ende Juni stehen noch immer die trockenen vorjährigen Halme von *Muhlenbergia rigens* auf der Wiese; im Hintergrund leuchten bereits die roten Beeren der *Mahonia nevinii*.
Oben Wie ein Scherenschnitt wirkt der kräftige Ast eines Jerusalemdorn *Parkinsonia florida*; er rahmt den Blick auf *Aristida purpurea*, die in der Nachmittagssonne leuchtet.

Links Der Wüstengarten im Santa Barbara Botanic Garden präsentiert einen eindrucksvollen Bestand von *Agave shawii* (im Vordergrund) und dahinter zartgliedriges Raugras *Achnatherum speciosum* (Bildmitte).

Anzucht und Pflege

GRÄSER UND GRASARTIGE sind unproblematisch in der Kultur. Viele Spezies tolerieren eine große Bandbreite an Klima- und Bodenverhältnissen, und angesichts der großen Arten- und Sortenvielfalt findet sich für nahezu jeden Ort und Zweck die geeignete Pflanze. Werden Gräser mit Bedacht ausgewählt und platziert,so übertreffen sie nahezu jede andere Zierstaudengruppe an Schönheit und lang anhaltendem Zierwert, und dies bei geringerem Pflegeanspruch. Dieses Kapitel stellt Grundprinzipien, Techniken und Empfehlungen für die Anzucht und Pflege von Gräsern und ihren Verwandten vor. Weitere Erläuterungen und Empfehlungen zu den einzelnen Gattungen, Arten und Sorten finden sich in den Einträgen des enzyklopädischen Teils in Kapitel 7.

Die rechte Pflanze für den rechten Ort

Bei der Auswahl von Gräsern und Grasartigen für den Garten oder die Verwendung in der Landschaftspflege bleiben ästhetische Entscheidungen letztendlich Geschmackssache. Von Stil und Schönheitssinn unabhängig sind dagegen eine Reihe praktischer Gesichtspunkte und Umweltaspekte. In der konventionellen Gartengestaltung wird häufig versucht, den Ort an die Pflanze anzupassen: Mit gärtnerischen Kniffs verändert der Pflanzenliebhaber die Standortbedingungen dahingehend, dass auch minimal adaptierte Spezies überleben können. Manchmal ergibt sich dadurch eine mehr oder weniger dauerhafte Veränderung des Mikro-Habitats, sodass die auserwählten Pflanzen ohne ständige Hilfe gedeihen können. In vielen Fällen bleibt eine solche Bepflanzung jedoch dauerhaft von künstlicher Bewässerung abhängig, und nicht selten müssen die Pflanzen selbst ständig verjüngt, unterstützt oder auch komplett ausgetauscht werden. Weitaus umweltverträglicher ist es, sich bei der Wahl der Pflanzen nach dem Standort zu richten; dazu werden das Klima und die lokalen Wachstumsbedingungen analysiert und entsprechend geeignete Arten ausgewählt. Soll eine Bepflanzung pflegeleicht sein, ist dies ein wesentlich erquicklicherer Ansatz.

Im Leaning Pine Arboretum in San Luis Obispo (Kalifornien) kombinierte Dave Fross *Muhlenbergia rigens* mit Kalifornischem Flanellstrauch *Fremontodendron californicum* und der standortheimischen Säckelblume *Ceanothus obispoensis* – ein perfektes Beispiel für die gekonnte Abstimmung der Bepflanzung auf den Standort, hier ein mit Serpentinbrocken und -schotter bedeckter trockener Hang. Die ohne jede Wassergabe lebensfähige Pflanzengemeinschaft bleibt ganzjährig attraktiv; zugleich bildet sie den autochthonen Serpentin-Vegetationstypus authentisch ab.

Ein wichtiger Faktor: die Provenienz

Das Wort „Provenienz“ bedeutet wörtlich „Herkunft“ oder „Ursprungsgebiet“. Mit diesem Begriff wird eine für den Ökologen bedeutende Unterscheidung getroffen, denn im Gegensatz zu dem umfassenden Wort „heimisch“ bezeichnet die Provenienz den konkreten Ursprung konkreter Pflanzen. Die Rutenhirse *Panicum virgatum* beispielsweise ist eine weit verbreitete Spezies; von Natur aus ist sie auf der Prärie, an sonnigen offenen Standorten, in Wäldern sowie in der Süß- und Brackwassermarsch anzutreffen, und zwar von Ostkanada über die gesamten Vereinigten Staaten (Kalifornien und den Pazifischen Nordwesten ausgenommen) bis hin nach Mexiko und Zentralamerika. Dies ist das natürliche Verbreitungsgebiet der Spezies, sie ist also in diesem gesamten Raum heimisch. Wie bei den meisten weit verbreiteten Arten ist auch das Erbgut von *P. virgatum* sehr variabel; schon bei flüchtigem Hinsehen können deutliche Unterschiede zwischen Pflanzen aus unterschiedlichen Regionen erkennbar sein. Mit der Provenienz wird eben diese spezifische Region angegeben. So sind *P. virgatum*-Exemplare, die von den sandigen Außenbezirken der Küstenebene von New Jersey stammen, anderer Provenienz als jene Pflanzen, die aus dem ost-texanischen Binnenland stammen.

Die Provenienz einer Pflanze kann sich drastisch auf ihren Schmuckwert und ihre Tauglichkeit für die Garten- und Landschaftsgestaltung auswirken. Gelbes Indianergras *Sorghastum nutans* von den Prärien des Mittleren Westens zeichnet sich weitaus

Auf die Herkunft kommt es an: Diese Rutenhirse *Panicum virgatum* siedelte sich spontan an einer Straße außerhalb von Dallas an; sie stellt eine standortheimische Variante der Spezies dar. Da diese Exemplare von einer Population im trockenen, sonnigen Texas abstammen, ist die Wahrscheinlichkeit groß, dass sie über eine genetisch verankerte höhere Hitzetoleranz verfügen als *P. virgatum*-Vertreter aus dem kühleren Norden.

häufiger durch bläulich bereiftes Laub aus als Exemplare aus dem Osten, wo grünlaubige Typen überwiegen. Neben diesem augenfälligen Unterschied stehen die Prärie-Varianten generell höher und sind weicher als jene östlicher Herkunft. Siedelt man nun im Osten Pflanzen an, deren Herkunft in der Prärie liegt, so erhält man mit großer Wahrscheinlichkeit Gräser mit hübsch bläulichem Laub, die sich jedoch vollkommen unansehnlich auf den Boden breiten.

Eigenschaften, die mit der Provenienz korreliert sind, lassen sich bisweilen durch gezielte Auslese überwinden. So selektierte ich aus einer Vielzahl von Sämlingen aus Prärie-Saat ein graublaues Indianergras mit aufrechtem Habitus, das ich als *Sorghastrum nutans* 'Sioux Blue' in den Handel einführte; diese gärtnerische Auslese muss vegetativ vermehrt werden, damit die ausgeprägte Blaufärbung in Kombination mit dem aufrechten Wuchs erhalten bleibt. Vegetativ vermehrte Kultursorten weisen häufig Eigenschaften auf, die durch ihre Provenienz bedingt sind. So ist das aus Nordostamerika stammende *Panicum virgatum* 'Cloud Nine' grün mit relativ dünnen Blättern, während das aus Pflanzen texanischer Herkunft selektierte *P. virgatum* 'Dallas Blues' durch graublaues, derbes Laub charakterisiert ist.

Hitzeverträglichkeit und Frosthärte sind ebenfalls Eigenschaften, die häufig mit der Provenienz in Verbindung stehen. *Muhlenbergia capillaris* beispielsweise wurde in einem natürlichen Verbreitungsgebiet von den Neuenglandstaaten bis zum Golf von Mexiko nachgewiesen. Den Winter in New Jersey überstehen Pflanzen dieser Spezies mit größerer Sicherheit dann, wenn sie nördlicher Herkunft sind.

Neben den augenfälligeren Attributen sind mit der Herkunft zahllose Variablen verbunden, die meist unbemerkt bleiben, die jedoch für die Ausgewogenheit regionaler und lokaler Ökosysteme von allergrößter Bedeutung sind. Will man Gräser in ein im übrigen intaktes Habitat einführen, sollte man daher nach Möglichkeit auf Pflanzen lokaler Provenienz zurückgreifen. Gräser und Saat mit Herkunftsvermerk sind zunehmend im Handel erhältlich; dies geht mit einem wachsenden Problembewusstsein einher.

Frühgrünende und spätgrünende Gräser

Sämtliche Blütenpflanzen einschließlich der Gräser lassen sich grob in zwei Kategorien unterteilen: Solche, die bei kühlerem Wetter effizientere Fotosynthese betreiben und daher bei niedrigeren Temperaturen kräftiger wachsen, und solche, die dafür höhere Temperaturen benötigen. Zur ersten Gruppe, den C_3-Pflanzen, zählen die frühgrünenden Gräser; zur zweiten Gruppe, den C_4-Pflanzen, sind die spätgrünenden Gräser zu rechnen. Beide Pflanzengruppen – C_3 und C_4 – wandeln Wasser und Kohlendioxid mittels Lichtenergie in Zucker (Glukose) um; dieser Zucker dient als Energielieferant und Wachstumsmotor. Die Kürzel C_3 und C_4 stehen für Molekularverbindungen, die bei der Fotosynthese entstehen. C_3-Pflanzen bilden während der Kohlenstoff-Fixierung ein Zwischenprodukt, das drei Kohlenstoffatome enthält; dieses wird in Glukose verwandelt. C_4-Pflanzen bilden ein Zwischenprodukt mit vier Kohlenstoffatomen. Der C_4-Prozess ist im Grunde der effizientere und verantwortlich für das mitunter phänomenale Wachstum der C_4-Pflanzen; er erfordert jedoch relativ hohe Temperaturen, weshalb die in diese Gruppe fallenden Gräser erst relativ spät im Frühjahr austreiben. C_3-Pflan-

Seite an Seite stehen in der Taupo Native Plant Nursery auf Neuseelands Nordinsel Paletten mit Sämlingen des heimischen Schneidgrases *Gahnia setifolia*; Pflanzenstecker weisen die Provenienz der Saat aus. Die seit vierzig Jahren existierende Gärtnerei begann als eine Einrichtung der Naturschutzbehörde; der heute selbständige Betrieb ist erfolgreich auf neuseeländische Flora mit Herkunftsnachweis spezialisiert und produziert im Jahr nahezu zwei Millionen Pflanzen.

zen sind übers Jahr gesehen weniger effizient als C_4-Pflanzen, erbringen jedoch hervorragende Leistung bei niedrigen Temperaturen.

Ein weiterer physiologischer Unterschied, der sich auf die relative Hitzetoleranz und den Wasserhaushalt der Pflanze auswirkt, ist der Umstand, dass frühgrünende Gräser ihre Poren tagsüber zur Aufnahme von Kohlendioxid öffnen, wodurch sie bei warmem, trockenem Wind einen entsprechenden Flüssigkeitsverlust erleiden. Spätgrünende Gräser können während der Nacht CO_2 speichern und öffnen ihre Poren daher zu einer Zeit, da die Temperaturen niedriger sind und der Verdunstungseffekt geringer.

Das maximale Wachstum der frühgrünenden Gräser erfolgt bei relativ hoher Feuchte, Bodentemperaturen zwischen 10 °C und 18 °C und Lufttemperaturen zwischen 16 °C und 24 °C. Daher zeichnen sich frühgrünende Gräser in kaltgemäßigtem Klima oft durch zwei Wachstumsphasen pro Jahr aus. Typischerweise beginnt ihr Wachstum im Nachwinter; bereits im zeitigen Frühjahr hat sich reichlich Grün gebildet, und Blüten treiben je nach Spezies zwischen dem Nachwinter und dem Frühsommer. Mit nachlassenden Regenmengen und steigenden Sommertemperaturen verringert sich die Effizienz der Fotosynthese; gleichzeitig stehen die Pflanzen unter physiologischem Stress, der eine teilweise oder vollkommene Sommerruhe auslösen kann. Wenn im Herbst die Regenmenge wieder steigt und die Temperaturen sinken, setzt bei den frühgrünenden Gräsern erneutes Wachstum ein.

Ein frühgrünendes Gras kann im Winter oder zeitigen Frühjahr sowie im Spätsommer und Herbst geteilt und umgepflanzt werden. Direkt vor oder während der Sommerruhe ist dagegen jede Störung zu vermeiden; selbst wenn das Gras nicht in vollständige Dormanz übergegangen ist, kann es durch die zusätzliche Belastung zugrunde gehen. Hitzestress lässt sich teilweise reduzieren, indem man im Sommer für Schatten sorgt; Wässern während sommerlicher Trockenperioden wirkt ebenfalls stressmindernd. Bei manchen Spezies führt Gießen dazu, dass die Sommerruhe ganz ausbleibt, was allerdings nicht unter wassersparendes Gärtnern fällt. In milden, kühlen Regionen bleiben frühgrünende Gräser oft immergrün oder wintergrün. Zu dieser Gruppe zählen die meisten Spezies von *Achnatherum*, *Calamagrostis*, *Festuca*, *Helictotrichon*, *Koeleria*, *Melica, Milium*, *Poa* und *Stipa*, die in Rasengrasmischungen üblichen Wiesenrispen, Rotschwingel und Raygräser sowie die Getreidearten Weizen und Reis.

Spätgrünende Gräser lieben hohe Temperaturen. In Höchstform sind sie bei Bodentemperaturen zwischen 20 °C und 30 °C und Lufttemperaturen von 25 °C bis 35 °C; für Trockenstress sind sie wesentlich weniger anfällig. In kaltgemäßigten Breiten begeben sich die spätgrünenden Gräser erst relativ spät im Frühjahr aus der Winterruhe und wachsen zunächst sehr langsam, bis die Temperaturen im Sommer in die Höhe schnellen. Sie genießen die heiße Sommersonne, nehmen dabei stetig an Größe zu und speichern Energie für die Blüte am Ende der Saison. Sobald es kalt wird, stellen die spätgrünenden Gräser ihren Stoffwechsel ein und nehmen dabei oft eine schöne Herbstfärbung an; den Winter über ruhen sie.

Das Teilen oder Umpflanzen spätgrünender Gräser sollte während ihres aktiven Wachstums geschehen, und zwar lange vor Beginn der Blüte. In kaltgemäßigten Zonen sind dazu der Spätfrühling und der Frühsommer ideal; bei genügend Feuchtigkeit

besteht auch noch im Sommer die Möglichkeit. Spätgrünende Gräser im Spätherbst zu teilen oder umzupflanzen ist oft riskant, da die Pflanze gerade einen Großteil ihrer Energiereserven für die Blüten- und Samenproduktion verbraucht hat. In kalten Regionen bleibt diesen Pflanzen zudem bis zum Einsetzen der Winterruhe nur sehr wenig Zeit für die Wurzelbildung; dem Kältestress und der Sauerstoffarmut des oftmals gefrorenen Bodens haben die Pflanzen dann nur wenig entgegenzusetzen. Bei kleinen Teilpflanzen und Setzlingen besteht außerdem ein hohes Risiko, dass sie bei Frost-Tau-Wechsel aus dem Boden geschoben werden (Ausfrieren). Die Herbstpflanzung spätgrünender Gräser ist am ehesten in wintermilden Regionen erfolgreich; wo allein schon die Wintertemperaturen dem Gras das Äußerste abverlangen, ist sie dagegen selten von Erfolg gekrönt.

Gattungen spätgrünender Gräser sind unter anderem *Arundo*, *Blepharoneuron*, *Bothriochloa*, *Cortaderia*, *Eragrostis*, *Imperata*, *Melinis*, *Miscanthus*, *Muhlenbergia*, *Pennisetum*, *Setaria*, *Tridens*, *Tripsacum*, *Saccharum* und *Uniola* sowie die Mehrzahl der nordamerikanischen Präriegräser, darunter *Andropogon*, *Bouteloua*, *Panicum*, *Schizachyrium*, *Sorghastrum*, *Spartina* und *Sporobolus*. Mais, Echte Hirse, Sorghum-Hirse sowie Zuckerrohr zählen ebenfalls dazu.

Frosthärte

Die Angaben zur Winterhärtezone in Kapitel 7 und an anderer Stelle in diesem Band beziehen sich auf die hinten im Buch abgedruckten Winterhärtekarten des Landwirtschaftsministeriums der Vereinigten Staaten (USDA, 1990) sowie des Verlages Eugen Ulmer (nach Heinze und Schreiber 1984, Entwurf D. Schreiber). Die Einteilung beruht auf den durchschnittlichen Jahrestiefsttemperaturen und ist ein wenig mit Vorsicht zu genießen. So nützlich sie auch ist, fördert sie doch die Vorstellung, dass die Winter-

DAS KALIFORNISCHE PERLGRAS *Melica californica* ist ein frühgrünendes Gras; es blüht im Frühjahr bei gemäßigten Temperaturen und reichlich Feuchtigkeit, um sich mit Beginn des heißen Sommerwetters in Trockenruhe zu begeben. Die beiden Aufnahmen oben zeigen einen Bestand im Leaning Pine Arboretum in San Luis Obispo (Kalifornien) zu unterschiedlichen Jahreszeiten.

OBEN LINKS *Melica californica* Ende Juni.
OBEN RECHTS *Melica californica* Anfang April.

RECHTS UNTEN Als klassischer Spätgrüner treibt Gelbes Indianergras *Sorghastrum nutans* erst spät im Frühjahr aus; mitten im Hochsommer steht es in voller Blüte (26. August; Ost-Pennsylvania) härte einer Spezies einzig und allein durch ihre Frostverträglichkeit bestimmt werde. Tatsächlich können in vielen Gartensituationen Standortfaktoren wie lang anhaltende Sommerhitze, schlecht dränierter oder sauerstoffarmer Boden und extreme Azidität oder Alkalinität die Überlebenschancen einer Pflanze weitaus stärker beeinträchtigen als die Tiefsttemperaturen.

Eine aus fernen Landen stammende Pflanze ist an ihrem neuen Standort meist einem Klimarhythmus ausgesetzt, der sich von dem ihrer Heimat stark unterscheidet, auch wenn die durchschnittlichen Jahrestiefsttemperaturen sehr ähnlich liegen. So steigen in Japan die Temperaturen nach dem Winter das ganze Frühjahr hindurch ziemlich gleichmäßig an. In Mitteleuropa dagegen finden zu dieser Periode immer wieder kurze späte Frosteinbrüche statt. Auch die Abkühlung im Herbst verläuft hier wesentlich ungleichmäßiger als in Japan; auf beides können nicht daran gewöhnte japanische Spezies negativ reagieren.

Die Winterhärte frühgrünender Gräser hängt oft von den Temperaturen ab, denen sie während der Sommertage und -nächte ausgesetzt waren. Eine frühgrünende Spezies, die in ihrer Heimat extrem niedrige Temperaturen überdauert, kann in dem relativ milden Winter einer fremden Region eingehen, wenn sie vorher durch extreme Sommerhitze oder Trockenheit geschwächt wurde. Spätgrünende Spezies erweisen sich oft dann als frostanfällig, wenn die sommerlichen Temperaturen und die Lichtmenge nicht ausreichten, um ihren Metabolismus genügend anzukurbeln. Dies erklärt zum Teil, warum manche Spezies oder Sorten an einem sehr kalten Ort überleben, an einem anderen Ort mit milderem Klima dagegen absterben. Das weißgestreifte Italienische Pfahlrohr *Arundo donax* 'Variegata' beispielsweise ist in Großbritannien nur in den wärmeren Landesteilen winterhart; in den USA hingegen übersteht es den weitaus strengeren Winter der nordöstlichen Bundesstaaten, denn diesem geht ein heißer Sommer voraus.

Auch die Schneemenge wirkt sich direkt darauf aus, ob ein Gras den Winter durchsteht. Unter einer geschlossenen Schneedecke sinken die Bodentemperaturen oft nur wenig Grad unter den Gefrierpunkt, während die Lufttemperaturen lebensfeindlich tief abfallen können. Diese wichtige Variable ist in den Winterhärtekarten nicht berücksichtigt.

Das Mikroklima ist ein weiterer nicht zu unterschätzender Faktor. In praktisch jedem Garten oder Park finden sich Nischen mit Wachstumsbedingungen, die sich vom regionalen Klima unterscheiden. In einem geschützten Winkel, vor einer warmen Hauswand, in einem Innenhof, sogar auf einem Dachgarten kann man oft die schönsten Gräser ziehen, die in der betreffenden Region eigentlich nicht als winterhart anzusehen sind.

Unvermeidlich handelt es sich bei den Winterhärtezonen, die den Pflanzen in Büchern und Gartenkatalogen zugeordnet werden, häufig eher um einen guten Schätzwert als um belegte Tatsachen. Zwar wurden in den vergangenen Jahren etliche Studien zur Hitzetoleranz und Frosthärte der Gräser durchgeführt, doch es besteht noch immer viel Nachholbedarf; dies gilt in verstärktem Maße für jene Arten, die außerhalb ihres natürlichen Verbreitungsgebietes gezogen werden.

Lichtverhältnisse

Die meisten Süßgräser (Poaceae) und Rohrkolben und ein Großteil der Angehörigen der Restionaceae gedeihen am besten in sonniger Lage, Hainsimsen und viele Seggen dagegen bevorzugen Schatten. Es gibt jedoch zahlreiche Ausnahmen; die genauen Vorlieben der einzelnen Spezies und Sorten sind in den enzyklopädischen Einträgen in Kapitel 7 nachzulesen.

Die Lichtmenge, die ein Gras für optimales Wachstum benötigt bzw. toleriert, lässt sich nicht leicht angeben. Die Lichtintensität in vollsonniger Lage ist von Region zu Region äußerst unterschiedlich. So entspricht ein vollsonniger Standort in Devon (England) eher einer halbschattigen Situation in Südkalifornien. Volle Sonne in montanen Lagen, die häufig von Wolken verhüllt sind, kann Schatten in einem Talgrund gleichkommen. Darüber hinaus steht die ideale Lichtmenge oft in unmittelbarem Zusammenhang mit der Bodenfeuchte und dem Nährstoffgehalt des Bodens bzw. Substrats. Ein Gras beispielsweise, das auf ständig frischem Boden in vollsonniger Lage Maximalhöhe erreicht und reichlich Blüten ansetzt, kann an einem extrem trockenen Standort Halbschatten benötigen, um mühsam zu überleben. Trotz solcher Einschränkungen lässt sich feststellen, dass die meisten lichthungrigen Gräser adäquat wachsen und blühen, wenn sie während der Vegetationszeit täglich etwa fünf Stunden direktes Sonnenlicht erhalten. Bei mehr Sonne wachsen sie kräftiger und aufrechter, bei weniger bleiben sie niedriger und lockerer.

Neben der Intensität der Sonneneinstrahlung wirkt sich auch die von der Jahreszeit abhängige Zahl der Stunden, die die Sonne über dem Horizont steht, auf das Wachstum und die Blütenbildung aus, und ebenso die Anzahl der Tageslichtstunden. Manche Gräser benötigen eine längere Vegetationsperiode als andere, um erfolgreich zu blühen und Saat anzusetzen. Die meisten Süß- und Riedgräser der gemäßigten Zonen sind darüber hinaus fotoperiodisch: Die einen setzen Blüten an, wenn auf kurze Tage längere Tage folgen (Kurz-Langtagpflanze); bei anderen löst das Eintreten vergleichsweise kürzerer Tage die Blüte aus (Lang-Kurztagpflanze).

Schattenliebende Spezies bevorzugen meist Standorte unter Laubgehölzen oder mit wechselnden Lichtverhältnissen; nur sehr wenige gedeihen gut im ständigen Dämmer eines Nadelwaldes. Für immergrüne Gräser und Grasartige kann das Licht, das im Winter zu ihnen gelangt, überlebenswichtig sein; zu viel direkte Wintersonne allerdings wirkt oft austrocknend und hinterlässt Schäden.

Bodenfeuchte

Mit dem Gartenschlauch in der Hand herumzustehen scheint noch immer eine beliebte Form der Selbsttherapie zu sein – und doch kann man im Garten viel schöner entspannen. Die Fähigkeit der Gräser, ohne ständiges Gießen, ja zum Teil sogar ohne jegliche Wassergabe gut zu gedeihen, trägt in großem Maße zu ihrer Beliebtheit und ihrem Gartenwert bei. Neupflanzungen müssen gegossen werden, das ist unvermeidlich, doch davon abgesehen kann sich der Gärtner von dieser verschwenderischen und zeitaufwendigen Arbeit durch klug gewählte und passend platzierte Gräser größtenteils befreien.

Wasserbedarf und Trockenresistenz können selbst innerhalb einer Gattung von Art zu Art beträchtlich variieren. *Carex platyphylla* ist in der Natur auf periodisch knochentrockenen dünnen, felsigen, kalkreichen Böden anzutreffen – hier Mitte Oktober in einem Laubwald in West Virginia.

Die Segge *Carex stricta* bevorzugt Feuchtbiotope – hier ein Rotahorn-Bruchwald in Nord-Delaware (Anfang April). Die sehr anpassungsfähige Spezies überlebt jedoch auch an lediglich frischen Standorten.

Von der charakteristischen Bodenfeuchte am Naturstandort einer Pflanze lassen sich Rückschlüsse auf die Wassermengen ziehen, die diese in einer gestalteten oder naturnahen Landschaft benötigen wird; der kostengünstigste und schonendste Ansatz besteht darin, solche Pflanzen auszuwählen, deren Bedürfnisse vom Zielstandort bereits erfüllt werden. In einer künstlichen oder stark veränderten Umgebung steht häufig weniger Wasser zur Verfügung als in der ungestörten Natur. Anstelle eines Bewässerungssystems sollte man hierfür Spezies in Betracht ziehen, die an Trockenstandorte angepasst sind. In anderen Situationen ist das Problem eher ein Wasserüberschuss; auch hier können entsprechend ausgewählte Gräser und Grasartige die Lösung darstellen. Viele Süß- und Riedgräser, Rohrkolben und Restiogewächse sind auf feuchte oder überstaute Standorte spezialisiert und können ungemein zur ganzjährigen Attraktivität und Artenvielfalt von nassen Senken und Feuchtbiotopen beitragen.

Bodenarten und Nährstoffgehalt

Gräser finden zunehmend in den unterschiedlichsten privaten und öffentlichen Anlagen Verwendung. Dies liegt unter anderem darin begründet, dass viele Arten hervorragend auf Böden gedeihen, auf denen kaum etwas anderes wachsen will. Zwar kommt vielen Gräsern ein durchlässiger, halbwegs nährstoffreicher Lehmboden sehr entgegen, doch die anpassungsfähigsten Arten lassen sich selbst von staunassem Tonboden oder trockenem unfruchtbarem Sand nicht schrecken. Auch stören sich die wenigsten Gräser an saurem oder basischem Boden, solange die Werte nicht extrem sind, und viele – darunter Spezies aus Wüsten- und aus Küstengebieten, die sich im Brackwasserbereich oder in Reichweite salzbeladener Küstenwinde entwickelten – verfügen über eine deutliche Salztoleranz. Arten wie die Erd-Segge *Carex humilis*, eine typische Kalkmagerrasen-Pflanze, sind von Natur aus an ähnliche Bedingungen angepasst, wie sie etwa auf Dächern und in Pflaster- und Mauerfugen vorherrschen.

Bei manchen Spezies allerdings kann sich die Bodenart direkt auf ihre Gesundheit und ihr Ausbreitungsverhalten auswirken. So benötigen sämtliche Blau-Schwingel extrem durchlässigen Boden, um einen kalten, nassen Winter gut zu überstehen. Ausläufertreibende Gräser wie der Gewöhnliche Strandroggen *Leymus arenarius* oder das Italienische Pfahlrohr *Arundo donax* geraten auf festem Tonboden oder nährstoffarmem Sand nicht außer Kontrolle; in nährstoffreicher lockerer Gartenerde dagegen erweisen sie sich als aggressiv. Eine hochspezialisierte Art wie etwa die Schneeblüten-Segge *Cymophyllus fraserianus* überlebt auf Dauer nur auf ausgezeichnet belüftetem Boden mit hohem organischem Anteil.

Von Düngergaben profitiert ein Gras nur dann, wenn es auf absolut unfruchtbarem Boden oder Sand gezogen wird – vorausgesetzt, es hat sich unter anderen Bedingungen entwickelt. Einen durchschnittlichen Boden mit Kunstdünger anzureichern erweist sich oft sogar als kontraproduktiv, denn ein Überangebot an Nährstoffen lässt Gräser derart in die Höhe schießen, dass sie aus der Form geraten und unschön auseinanderfallen. Das trifft ganz besonders bei hocheffizienten Nährstoffverwertern wie den Gattungen *Andropogon*, *Schizachyrium* und *Sorghastrum* zu. Hohe Gräser aufzubinden ist im kleinen Garten mühselig und in der Landschaft schlichtweg unmöglich; werden

Nährstoff- und Wasserangebot auf einem sinnvollen Niveau gehalten, sind solche Maßnahmen außerdem überflüssig. Ein ausläufertreibendes Gras, das sich auf durchschnittlichem Boden gut halten lässt, kann auf fettem Boden zur aggressiven Plage werden. Andere Gräser wiederum, wie das auf unfruchtbare Böden spezialisierte Gambagras *Andropogon virginicus*, verlieren ihren Wettbewerbsvorteil, wenn der Nährstoffgehalt des Bodens zu sehr angehoben wird, und werden überwuchert. Besonders in kaltgemäßigten Breiten existieren zahlreiche invasive krautige Pflanzen, die von Überdüngung massiv profitieren. Macht man sich die Fähigkeit der Gräser zunutze, auch auf unfruchtbarem Boden zu gedeihen, so nehmen solche Kräuter gar nicht erst überhand.

Wuchsformen: Ausläuferbildende und horstbildende Gräser

Sämtliche Gräser verästeln sich mehr oder weniger stark an den unteren Halmknoten; in der Praxis aber unterteilen wir sie in ausläuferbildende und horstbildende Gräser. Ausläuferbildende Gräser breiten sich relativ rasch entweder über Rhizome (horizontale unterirdische Triebe) oder aber über Stolonen (an der Erdoberfläche laufende Triebe) aus.

Eine einzelne Gattung kann sowohl ausläuferbildende als auch horstbildende Spezies umfassen. So wächst das Chinaschilf *Miscanthus sinensis* horstartig, während sich das Amurschilf *M. sacchariflorus* rasch über Ausläufer verbreitet. Das Japanische Federborstengras *Pennisetum alopecuroides* bildet dichte Horste, das Sibirische Lampenputzergras *P. incomptum* schiebt seine Ausläufer geschwind und weit hinaus. Die Mehrzahl der ausläuferbildenden Ziergräser verbreitet sich über Rhizome; die Stolonenbildung ist eher bei Rasengräsern anzutreffen.

Geschickt eingesetzt können ausläuferbildende Gräser den Pflegeaufwand stark reduzieren. Sie schließen selbständig durch Beschädigung oder Krankheit entstandene Lücken in der Pflanzendecke, und viele wachsen derart dicht, dass sie das Aufkommen von unerwünschtem Kraut effektiv unterbinden. Für heikle Standorte wie wasserarme Verkehrsinseln stellen robuste ausläuferbildende Gräser oft die sinnvollste Wahl dar. Manche Arten, wie das Kamm-Schlickgras *Spartina pectinata* oder der Große Schwaden *Glyceria maxima*, sind an feuchte bis nasse Standorte adaptiert; mit ihnen lassen sich Teichränder, Vorfluter und Bachufer erfolgreich begrünen und befestigen.

Falsch verwendete ausläuferbildende Gräser hingegen können sich als ernsthafte Störenfriede erweisen; sie erdrücken weniger durchsetzungsfähige Nachbarn und verwandeln eine artenreiche Landschaft in eine Monokultur. Bevor man ein stark ausläufertreibendes Gras pflanzt, sollte man sorgfältig überdenken, ob Nachbarpflanzen und Baulichkeiten seinem Ausbreitungsdrang widerstehen können und auf welche Weise sich gegebenenfalls seinem Vordringen in Tabuzonen begegnet lässt.

Je nach Klima und Standortbedingungen kann die Verbreitungsgeschwindigkeit ausläufertreibender Gräser extrem variieren. So gerät das spätgrünende Italienische Pfahlrohr *Arundo donax* in einem kleinen Garten im sonnigen South Carolina nur zu leicht außer Rand und Band; die relativ kurze, kühle Vegetationsperiode von Connecticut dagegen bremst diesen Rhizombildner derart aus, dass er nahezu horstartig wächst.

Horstbildende Gräser rühren sich praktisch nicht von der Stelle. Sie mögen zwar langsam im Durchmesser zunehmen, doch neue Seitentriebe bleiben nah am Scheitel. Besonders dicht und hoch wachsende Horste werden auch als Bülten bezeichnet. Zwar erreicht ein Horstgras erst nach Jahren seine endgültige Größe, doch da diese vorhersehbar ist, lässt sich mit einem solchen Gras meist besser planen als mit ausläuferbildenden Gräsern. Da Horstgräser Lücken nur zögerlich auffüllen, sollte man als Bodendecker ausschließlich solche Spezies oder Sorten einsetzen, die sich unter den örtlichen Gegebenheiten als ausdauernd erwiesen haben.

Manche Gräser lassen sich nur schlecht kategorisieren. Das Hakone-Waldgras *Hakonechloa macra* wird mal als horstbildend, mal als ausläufertreibend beschrieben. Diese Spezies treibt Rhizome und kann sich unter idealen Voraussetzungen sehr schön verbreiten; ihr Zuwachs ist jedoch im Allgemeinen so bescheiden, dass sie aus gärtnerischer Sicht als Horstbildner gilt. Auch die Rutenhirse *Panicum virgatum* liegt irgendwo zwischen einem Horst- und einem Rhizombildner. Gelegentlich streben ihre Rhizome deutlich vom Scheitel fort, dennoch bleibt sie für den Gärtner ein Horstgras.

Unerwünschtes und ökosystemschädigendes Verhalten

Es besteht ein grundlegender Unterschied zwischen Pflanzen, die sich im Garten oder in der Grünanlage etwas zu freizügig verbreiten, und solchen mit dem Potenzial, sich jeglicher menschlicher Kontrolle zu entziehen und das Gleichgewicht eines Lebensraumes oder gar eines ganzen Ökosystems zu zerstören. Unglücklicherweise wird der Begriff „invasiv" viel zu häufig und undifferenziert auf beides angewendet. Dieses Thema ist von derartiger Wichtigkeit, dass eine Präzisierung unerlässlich erscheint. Das Auftreten als Gartenunkraut ist ebenso unerwünscht wie das Verwildern im fremden Ökosystem; das zweite jedoch kann folgenreiche Zerstörung mit sich bringen. Bei dem Versuch, das Geschehene rückgängig zu machen oder zumindest den Bioinvasor unter Kontrolle zu bringen, entstehen immense Kosten. Kleinräumiges Denken ist hier vollkommen unangebracht; es gilt, realistische vorbeugende Strategien unter Berücksichtigung lokaler und regionaler Bedingungen zu entwickeln.

Was landläufig als Unkraut bezeichnet wird, ist im Grunde lediglich eine Pflanze am falschen Platz. Gelegentlich werden Gräser im Garten oder in der gestalteten Landschaft zum Unkraut, indem sie aggressiv Ausläufer treiben oder sich versamen. Manche ausläuferbildende Arten lassen sich dann bequem mit Handgerät in ihre Grenzen verweisen; andere machen eine konzertierte Aktion mit Motorgerät und/oder Herbiziden erforderlich. An anderer Stelle kann sich eine höchst aggressiv Ausläufer treibende Spezies hingegen als perfekte Wahl erweisen, etwa für die Begrünung einer Verkehrsinsel; es kommt nur darauf an, bereits vor der Pflanzung abzuschätzen, in welchem Maße die Spezies in der Lage sein könnte, sich jeglicher Kontrolle zu entziehen.

Einjährige Gräser sind zu Recht für ihre Tendenz zum überreichen Versamen bekannt; die meisten der in diesem Buch vorgestellten mehrjährigen Arten jedoch sind ausgesprochen brav, sofern Pflanze und Standort vernünftig aufeinander abgestimmt werden. Mit ein paar einfachen Kniffs lässt sich im Garten der durch Sämlinge verursachte Pflegeaufwand minimieren. Die sicherste Methode bestünde gewiss darin, die

Samenstände zu entfernen, bevor die Saat ausreift; allerdings beraubt man sich auf diese Weise ihres wunderschönen Schmucks.

Eine Möglichkeit, unerwünschte Sämlinge zu verhindern, besteht in der Auswahl von Spezies oder Sorten, bei denen nicht zu erwarten ist, dass sie unter den vorherrschenden klimatischen Bedingungen keimfähige Saat produzieren. Karl Foersters Garten-Reitgras *Calamagrostis × acutiflora* 'Karl Foerster' bringt fast ausschließlich taube Saat hervor; ein Versamen ist praktisch ausgeschlossen. Die Länge der Vegetationsperiode, die für *Miscanthus sinensis* zur Bildung keimfähiger Saat erforderlich ist, variiert je nach Sorte sehr stark. Wählt man für eine Region mit kurzer Vegetationszeit solche Sorten, die eine lange Saison benötigen, lässt sich die Selbstaussaat verhindern.

Eine weitere Möglichkeit zur Minimierung des Versamens besteht im Verzicht auf reichliches Gießen. Mulchen mit Kies oder Schotter reduziert die Zahl der aufspringenden Sämlinge und macht diese zugleich besser sichtbar.

Das Risiko, dass ein Gartengras sich in der Natur ansiedelt und lokale oder regionale Ökosysteme aus dem Gleichgewicht bringt, ist Teil einer komplexen Thematik und eine wirklich ernstzunehmende Gefahr. Wie sehr eine Grasspezies zum Verwildern neigt, hängt stark vom Erbgut des jeweiligen Ökotypus ab und zugleich davon, wie gut die vorhandenen ökologischen Nischen seinen Ausbreitungsstrategien entgegenkommen. Jedes Ökosystem ist unablässig in Veränderung begriffen; Stabilität ist ein relativer Begriff. Im schlimmsten Fall verändert ein invasiver Neophyt das ökologische Gleichgewicht rapide und nachhaltig, indem er wichtigen Arten Lebensraum nimmt, die Standortbedingungen verändert und dadurch die Artenvielfalt effektiv reduziert. Die immer häufigeren Störungen unserer Ökosysteme sind überwiegend durch den Menschen verursacht (anthropogen); sie sind auf die Einführung oder Einschleppung fremder Spezies sowie auf die Störung bis hin zur grundlegenden Umstrukturierung regionaler Biotope zurückzuführen.

Die Argumentation gegen eine Einführung und Verbreitung neuer Pflanzen verläuft häufig auf der Ebene „heimische Art" gegen „Exot", doch dies bleibt zu oberflächlich.

UNTEN LINKS In diesem öffentlichen Park in Delaware hat man versäumt, dem Ausbreitungsdrang des Sibirischen Lampenputzergrases *Pennisetum incomptum* mit Pflasterstreifen oder anderen geeigneten Maßnahmen eine Grenze zu setzen, und so breitet es sich über den Beetrand in den Rasen aus (Ende August).

UNTEN RECHTS Der durch übermäßiges Beregnen gleichmäßig feucht gehaltene organische Mulch in diesem öffentlichen Garten in Pennsylvania bietet zahllosen Samen des Breitblättrigen Plattährengrases *Chasmanthium latifolium* ideale Keimbedingungen (Anfang Juni).

Der Terminus „heimisch“ wird oft derart ungenau verwendet, dass er seinen Nutzen verloren hat; davon abgesehen kann die Ansiedlung einer Spezies aus weniger als hundert Kilometern Entfernung bereits genügen, um einen Lebensraum zu schädigen. Es gibt keine simple Daumenregel; grundsätzlich jedoch empfiehlt sich eine gründliche Analyse der lokalen Gegebenheiten und Dynamik, bevor man eine an ein empfindliches lokales Habitat angrenzende Grünfläche mit einer fertilen Grasspezies gestaltet.

Mit einem Bioinvasor haben wir es dann zu tun, wenn eine entsprechend geeignete Pflanze am falschen Ort auftritt. So wird das Pampasgras *Cortaderia jubata* in seiner Heimat, den Bergregionen von Chile, Ecuador und Peru, durch andere Faktoren ausbalanciert; in den kalifornischen Küstenbergen hingegen hat es sich als zu gut adaptiert erwiesen und konnte sich daher aggressiv ausbreiten. Andere verwilderte Exoten wiederum bleiben ganz von selbst auf gestörte Standorte der Kulturlandschaft beschränkt.

Etliche kultivierte Gräser haben sich in der einen Region als ernsthafter Bioinvasor erwiesen, bleiben an anderer Stelle jedoch vollkommen harmlos. So ist das Italienische Pfahlrohr *Arundo donax* in Südkalifornien verwildert und hat sich dort an warmen, feuchten Standorten weit verbreitet; im kühlen Nordosten der Vereinigten Staaten dagegen, wo es nur selten zur Blüte gelangt und nie Samen ansetzt, wird es im Grunde nie zur Bedrohung. Das Chinaschilf *Miscanthus sinensis* hat sich in feuchten Niederungen im warmen Südosten der USA als überaus zerstörerisch erwiesen; im ariden Kalifornien, wo es überhaupt nur durch Gießen überlebt, birgt es keinerlei Gefahr.

Bisweilen ist der Begriff „Spezies“ zu ungenau, um zwischen solchen Pflanzen zu unterscheiden, die ein Gleichgewicht stören könnten, und solchen, die dies nicht tun. Ausgesprochen verblüffend ist beispielsweise das Gewöhnliche Schilfrohr *Phragmites australis*. Dieser auch im Nordosten der USA heimische Kosmopolit stellte dort früher

UNTEN RECHTS Das Pampasgras *Cortaderia jubata* stammt aus dem Bergland von Chile, Ecuador und Peru. Es konnte sich jedoch in weiten Teilen des kalifornischen Küstengebirges ausbreiten; dabei besetzt es die ökologische Nische zahlreicher heimischer Spezies.

UNTEN Straff aufrecht steht Ravennagras *Saccharum ravennae* neben einem Schienenstrang in Wilmington (Delaware). Der aus Europa stammende Exot wird seit über einem Jahrhundert in den Vereinigten Staaten gezogen; verwildert ist er bisher lediglich auf stark gestörten Böden, wie an diesem durch menschliches Eingreifen stark modifizierten Standort auf einem Betriebsgelände der Bahn.

eine relativ stabile Komponente des regionalen Ökosystems dar. Unachtsam durch den Menschen eingeführte europäische Ökotypen eben dieser Spezies haben sich jedoch als derart perfekt für die heute in der Region herrschenden Bedingungen erwiesen, dass sich das Schilf über zigtausende Hektar ausbreiten konnte. Nach dem üblichen Verständnis des Begriffs „Spezies“ und des Gegensatzpaars „heimisch/exotisch“ muss man dieses invasive Gras als exotische Form einer heimischen Art identifizieren.

Verantwortungsvolle Gärtner und Landschaftspfleger werden nach vernünftigen Möglichkeiten suchen, sich an Gräsern und anderen eingeführten Pflanzen zu erfreuen, ohne dabei das empfindliche Gleichgewicht regionaler Ökosysteme in Gefahr zu bringen. Weiterführende Informationen zu einzelnen Gräsern finden sich bei den Einträgen in Kapitel 7.

Schädlinge und Krankheiten

Kaum eine Gartenpflanze wird so selten von Schädlingen und Infektionen befallen wie die Gruppe der Gräser. Durch geeignete Sortenwahl, Platzierung und Standortbedingungen lässt sich jeglichem Stress so weit vorbeugen, dass man sich im Grunde nicht um sie zu sorgen braucht.

Allerdings sind manche Gräser anfällig für Blattrost, der durch Pilzinfektionen verursacht wird. Dieser „Rost“ zeigt sich als orangefarbene oder bräunliche Verfärbung; er tritt vorwiegend bei großer Wärme und Feuchtigkeit und vor allem an frühgrünenden Gräsern auf. Rost lässt sich minimieren oder vollends eliminieren, wenn man dafür empfängliche Gräser offen platziert, sodass der Wind – vor allem in der warmen Jahreszeit – ständig um und durch sie hindurch streicht. Unter freiem Himmel treten diese Infektionen meist nur vorübergehend auf und sind selten massiv. Am problematischsten erweisen sie sich im Vermehrungshaus; in einem solchen Fall ist der Einsatz von Netzschwefel oder eines kommerziellen Fungizids manchmal unvermeidlich.

Die *Miscanthus*-Wolllaus kann ernsthafte Schäden anrichten; sie bleibt jedoch auf die Gattung *Miscanthus* und ihre gärtnerischen Auslesen beschränkt. *Miscanthicoccus miscanthi* stammt aus Asien, wurde in Nordamerika erstmals Ende der 1980er-Jahre beobachtet und konnte sich seitdem durch unachtsamen Verkauf und Tausch infizierter Pflanzen über weite Teile der USA verbreiten. In Europa ist der Schädling bisher glücklicherweise noch nicht in Erscheinung getreten. Erst bei hochgradigem Befall sind an der Pflanze äußere Zeichen zu erkennen. Der bis zu vier Millimeter große Schädling lebt in dem engen Zwischenraum zwischen Blattscheide und Halm; erst bei zunehmender Befallsdichte breiten sich die Insekten vom Scheitel nach oben aus. Solange die Tiere nicht ausgewachsen sind, sind sie nicht leicht auszumachen. Am einfachsten lässt sich ein Befall feststellen, indem man die Blattscheide eines tief sitzenden Blattes vom Halm löst und den Zwischenraum auf die charakteristischen weißen Schmierspuren und den Läusezucker überprüft, die den Schädlingen als Tarnung dienen.

Die ersten äußerlichen Anzeichen für einen Befall mit *Miscanthicoccus* sind meist allgemeiner Kümmerwuchs sowie untypisch verdrehte Blütenstände. In den Bereichen, wo die Schädlinge saugen, verfärben sich Halm und Blattscheide häufig dunkelrot; dies

UNTEN Mitte August in England: Rostflecken an der Blattunterseite beim Rohr-Pfeifengras *Molinia caerulea* subsp. *arundinacea*.

GANZ UNTEN Wollläuse besiedeln den Zwischenraum zwischen Halm und Blattscheide von *Miscanthus*; die befallenen Halme sind kleinwüchsig und verformt.

GANZ OBEN Pilzerkrankungen an *Miscanthus* zeigen sich in Form rotbrauner Flecken und Streifen auf Blättern und Blattscheiden. (Foto © Nichole O'Neill)

Oben Die Wurzeln dieses *Panicum amarum* wurden dicht unter der Oberfläche von Wühlmäusen abgefressen. Das geteilte, neu eingepflanzte Gras überlebte.

ist am Ende der Saison besonders ausgeprägt. Stark befallene Pflanzen gehen zwar nicht ein, verwandeln sich jedoch in garstige, verunstaltete Grashaufen mit Halmen, die vor allem im unteren Bereich von weißem Puder überzogen sind. Die infizierte Pflanze bringt oft keine oder nur verkürzte Blütenhalme hervor, deren Blüten sich unten zwischen den Blättern öffnen.

Bisher konnten noch keine zur Bekämpfung geeigneten Räuber ausgemacht werden. Durch Spritzungen lässt sich der Schädling nicht vernichten, da diese Mittel nicht genügend in den geschützten Raum zwischen Halm und Blattscheide eindringen. Die Tiere ziehen sich zum Überwintern tief in den Scheitel des Grases zurück; es ist daher sinnlos, lediglich die oberirdischen Pflanzenteile zu entfernen. Eine wirksame, aber hochgiftige Methode besteht darin, den Horst aufzunehmen, zu teilen und die Teilstücke mit einem organischen Phosphorinsektizid zu tränken, doch diese Anwendung ist ausschließlich für den Fachmann unter Einhaltung aller nötigen Sicherheitsvorkehrungen zu empfehlen; für den Privatgärtner kommt die Methode nicht infrage. Die umweltverträglichste Lösung besteht darin, infizierte Pflanzen vollständig aufzunehmen und zu verbrennen und jeglichen *Miscanthus*-Neukauf höchst sorgfältig zu inspizieren.

Auch *Stagnospora* und *Leptosphaeria* können an *Miscanthus* auftreten. Diese Pilze machen sich durch rotbraune Flecken und ovale Streifen auf den Blättern und an den Blattscheiden bemerkbar. Die Ränder und Spitzen junger Blätter sowie ältere Blätter verfärben sich und sterben ab. Kleine Sämlinge und frisch bewurzelte Schnittlinge können ganz daran eingehen. Der Befall lässt sich mit Fungiziden bekämpfen.

Rehwild lässt Gartengräser zumeist unbehelligt. Hohes Gras mit scharfen Blatträndern meiden diese Tiere am liebsten ganz; dieses lässt sich daher gut als Abschirmung für verbissgefährdete Pflanzen und Bereiche einsetzen.

Kaninchen können beträchtlichen Schaden anrichten. Sie fressen die Gräser an und verunstalten sie; bisweilen gehen die Pflanzen sogar ein. Mit einer Umhüllung aus Kaninchendraht lassen sich einzelne Pflanzen schützen, doch dies ist oft unansehnlicher als das eigentliche Problem. Süß- und Riedgräsern allerdings benötigen oft nur so lange Schutz, wie es sich um Jungpflanzen mit besonders schmackhaftem Neuaustrieb handelt.

Wühlmäuse schädigen Gräser bisweilen, indem sie von unten die Wurzeln abfressen. In kalten Breiten sind solche Wühlmausschäden in Jahren mit starkem Schneefall meist am größten. Der unsystematische Schaden, den die Tiere normalerweise anrichten, lässt sich ignorieren; werden sie allerdings auf einer größeren Fläche mit Bodendeckern oder in einer Wiese zu zahlreich, kann die Anwendung von Wühlmausgift, -gas oder -fallen die einzige Lösung darstellen.

Pflanzenerwerb

Eine kurze Internetsuche mit den Stichwörtern „Gräser" und „Gärtnerei" macht deutlich, wie zahlreich inzwischen die Gartenbetriebe geworden sind, die Gräser verschiedenster Arten und Größen produzieren und anbieten. Die entsprechenden Vermehrungsbetriebe widmen sich heute fast ausschließlich der Produktion von Containerpflanzen, was für den Betrieb effizient ist und dem Gartenbauer wie dem Kunden die Arbeit erleichtert. Dies ist einer der Gründe, warum die meisten Verkaufs- und Versandgärtnereien und Gartencenter inzwischen eine beachtliche Vielfalt an Gräsern im Angebot haben. Seltenere Gräser und größere Mengen bieten Spezialbetriebe an, die allerdings häufig nur über den Großhandel an Fachleute liefern.

Unabhängig davon, ob man seine Containerpflanzen in einem örtlichen Gartencenter kauft oder aus dem Katalog ordert, sollte man sie möglichst im Frühjahr erwerben, auch wenn dies nicht ihre attraktivste Zeit ist – am wenigsten bei den einziehenden Gräsern, die nach der Winterruhe jetzt gerade die ersten jungen Spitzen treiben. Ein Gras in Blüte zu kaufen ist grundsätzlich nicht zu empfehlen, da seine Energiereserven zu diesem Zeitpunkt relativ erschöpft sind. Der Gartenhandel hält zunehmend Gräser in größeren Containern für sofortige Wirkung bereit. Dies ist meist eine sehr gute Alternative; allerdings sollte man unbedingt darauf achten, dass die Pflanzen den Ballen nicht übermäßig durchwurzelt haben. Haben die raschwüchsigen Graswurzeln den Topf zu sehr ausgefüllt, lässt sich die Pflanze im Garten oft nur schwer etablieren. Winterharte Gräser mit großem, gut durchwurzeltem Topfballen können auch im Herbst erworben und gepflanzt werden.

Kleinballenstauden in der Multiplatte sind normalerweise nur dem Fachhandel zugänglich. Diese Jungpflanzen werden dort üblicherweise getopft und zu einer gängigen Verkaufsgröße weitergezogen. Für großflächige Anlagen, bei denen eine Ansaat nicht praktikabel ist, stellen sie jedoch häufig die kostengünstigste Alternative dar.

Eine Aussaat ist oftmals die kostengünstigste Methode und bisweilen die einzige Möglichkeit, an bestimmte Spezies heranzukommen. Viele Gärtnereien bieten Sämereien im Versand an. Selbst Samen zu sammeln ist oft die beste Garantie für lokales Saatgut. Wer selbst Gräser aus Saat zieht, hat Gelegenheit, durch aufmerksame Beobachtung interessante Varianten zu entdecken und zu selektieren. Wer sich vor allem für bestehende gärtnerische Auslesen interessiert, sollte nicht vergessen, dass nur wenige Sorten samentreu fallen – die meisten müssen vegetativ vermehrt werden, wenn ihre besonderen Eigenschaften erhalten bleiben sollen.

UNTEN Kleinballenproduktion betreibt North Creek Nurseries in Landenberg (Pennsylvania) – hier Blauhalm-Setzlinge, *Andropogon ternarius*.

GANZ UNTEN LINKS Die Gärtnerei Pleasant Run Nursery in Allentown (New Jersey) zieht Gräser im Großcontainer für die Landschaftsgärtnerei.

GANZ UNTEN RECHTS Die Gärtnerei Native Sons in Arroyo Canyon (Kalifornien) produziert für den Wiederverkäufer; sie ist auf containergezogene Süß- und Riedgräser und andere Pflanzen spezialisiert, die mit dem in diesem Bundesstaat vorherrschenden mediterranen Klima von Natur aus klarkommen.

LINKS Im Frühjahr wurde auf diesem Mittelstreifen in Süd-Delaware Rutenhirse *Panicum virgatum* in 4-Liter-Größe ausgepflanzt. Dünn ausgebrachter organischer Mulch in Kombination mit gezielt angewendetem selektivem Herbizid dienten der Unkrautbekämpfung, bis die Gräser eine geschlossene Decke gebildet hatten.

RECHTS Dieselbe Anpflanzung im September des Folgejahres.

Anpflanzung und erste Pflege

In ihrer Pflanzung unterscheiden sich Gräser kaum von anderen Stauden. Bei Containerware wird vor dem Setzen der Wurzelballen gelockert; das frisch gepflanzte Gras wird gründlich angegossen und so lange regelmäßig mit Wasser versorgt, bis es sich etabliert hat. Am wassersparendsten erweisen sich dabei Jungpflanzen, denn diese sind am schnellsten so weit etabliert, dass sie ohne Gießen auskommen.

Gräser reagieren empfindlich auf die Pflanztiefe – für Jungpflanzen gilt dies ganz besonders. Idealerweise sollte der Scheitel auf einer Höhe mit dem Erdreich sitzen; falls gemulcht wird, sogar etwas höher. Zu tief gepflanzte Gräser können verrotten, zu hoch gesetzte laufen Gefahr, auszutrocknen und abzusterben. In kaltgemäßigtem Klima sollten spätgrünende, als Kleinballenstaude oder kleine Containerpflanze gezogene Gräser grundsätzlich im Frühjahr oder Frühsommer ausgesetzt werden, damit sie bis zum Winter gut eingewurzelt sind und nicht bei Frost-Tau-Wechsel ausfrieren.

Viele Gräser lassen sich problemlos ansäen; bei einer sehr großen Fläche ist dies häufig die einzig sinnvolle Methode. Die Saat kann trocken gestreut, im Hydroseedverfahren oder mit einer kommerziellen Direktsämaschine ausgebracht werden. Im Frühjahr oder Herbst angesäte frühgrünende Gräser keimen rasch. Sät man spätgrünende Gräser im Herbst, so spült der Regen mitunter die Samen fort, bevor sie aufgehen; daher ist für diese die Frühjahrssaat vorzuziehen. Etliche spätgrünende Gräser, darunter viele Arten der Hochgrasprärie, müssen zu diesem Zweck stratifiziert (mit Kälte und Feuchtigkeit vorbehandelt) werden.

Am natürlichen Standort sind häufig Grassämlinge auf nacktem Boden zu beobachten; im Garten oder der gestalteten Landschaft empfiehlt sich jedoch eine leichte Mulchschicht, um den Boden feuchtzuhalten und unerwünschten Aufwuchs zu verhindern. Wird der allgemein beliebte Rindenmulch oder Gartenhäcksel verwendet,

ist unbedingt darauf zu achten, dass dieser nicht zu dicht um die Horste liegt, denn dadurch werden oft Pilzinfektionen begünstigt. Von organischem Mulch profitieren vor allem feuchtigkeitsliebende Spezies, darunter zahlreiche Seggen und Hainsimsen. Viele Süßgräser, besonders solche aus Wüsten- und Trockengebieten, fühlen sich mit mineralischem Mulch wie Kies oder Schotter mindestens ebenso wohl, da diese Materialien den Boden feucht und zugleich kühler halten als dunkler organischer Mulch.

Junge Graspflanzen lassen sich oft nur schwer voneinander unterscheiden. Wer noch nicht gelernt hat, Gräser verlässlich anhand ihrer vegetativen (nicht der Fortpflanzung dienenden) Merkmale zu bestimmen, sollte seine Pflanzen etikettieren oder aber auf einem Pflanzplan einzeichnen.

Eine Gräserpflanzung unkrautfrei zu halten ist manchmal gar nicht so einfach, denn häufig siedeln sich unerwünschte Gräser an, die sich nur schwer von den erwünschten Jungpflanzen unterscheiden lassen – erst recht vor der Blüte. Wildgräser sind unbedingt regelmäßig zu entfernen, und zwar mindestens bis zu dem Zeitpunkt, da die angepflanzten Exemplare eindeutig erkennbar sind. Wer Wildgräser anhand ihrer vegetativen Merkmale identifizieren will, sollte auf Besonderheiten ihrer Blatthäutchen, auf Blattfarbe und -breite sowie auf die Textur – rau, glatt, behaart – achten.

Manchmal keimen unerwünschte Gräser mitten in einem etablierten Horst. Diese Sämlinge sind unbedingt sofort bei Bemerken per Hand zu entfernen. Am einfachsten lässt sich dies bei feuchtem Boden bewerkstelligen. Ignoriert man solche Sämlinge zu lange, kann es erforderlich werden, die ganze Pflanze aufzunehmen und zu teilen. Gräserschonende Herbizide können in einer Graspflanzung angewandt werden; ein gegen Unkrautgras eingesetzter Grasvernichter hingegen wird häufig auch dem Ziergras zum Verhängnis.

LINKS Mit Hilfe einer schleppergezogenen Direktsämaschine wurde eine Anbaufläche von etlichen tausend Quadratmetern in Nord-Delaware mit Gelbem Indianergras *Sorghastrum nutans* eingesät. Im August steht die Saat vom Frühjahr bereits in dichten Reihen.

RECHTS In Wisley, dem Hauptgarten der Royal Horticultural Society, bedeckt eine Mulchschicht aus hellbraunem Schotter den Boden um das Fiedergras *Nassella trichotoma*; zwischen den *Agapanthus*-Pflanzen links im Bild wurde der Schotter zusätzlich mit hellen Kieseln abgedeckt.

Rückschnitt und Abflämmen

Die meisten Gräser benötigen kaum Pflege – ein jährliche Rückschnitt genügt vollkommen, und auch diese Maßnahme erfolgt eher aus kosmetischen Gründen denn aufgrund der Bedürfnisse der Pflanze. In kaltgemäßigten Breiten schneidet man Gräser generell im Nachwinter oder zeitigen Frühjahr – vor dem Neuaustrieb. Gräser, die den Winter über stehenbleiben, sind ein großer Bonus für die Landschaft, denn sie wirken ungemein belebend. Sie bewegen sich im Wind, leuchten in der Sonne und verwandeln sich bei Frost, Schnee und Eis in zarte Skulpturen; darüber hinaus bieten sie diversem Getier den nötigen Unterschlupf.

Kleinere Gräser lassen sich problemlos per Hand mit der Garten- oder Heckenschere schneiden; dasselbe gilt für größere Exemplare, solange es nicht zu viele sind. Dabei sind die Hände grundsätzlich mit Arbeitshandschuhen zu schützen. An den scharfen Blatträndern mancher Gräser, darunter *Miscanthus*, kann man sich unangenehme Schnittverletzungen an Händen und Gesicht zuziehen. Mit der elektrischen Heckenschere sind hohe Gräser und kleinere, als Bodendecker verwendete Spezies im Nu zurückgeschnitten. Mit der Motorsense oder dem Freischneider kommt man ebenfalls schnell voran, doch diese Geräte hinterlassen viele Häcksel, die mühsam aufzusammeln sind.

Zahlreiche immergrüne Süß- und Riedgräser kommen gut ohne jährlichen Rückschnitt aus; sie bleiben mit minimalem Pflegeaufwand über viele Jahre attraktiv. Alte oder unansehnliche Blätter lassen sich meist problemlos mit den Fingern auskämmen.

In der Natur gedeihen Gräser auch ohne Schere gut; hier jedoch tritt oftmals Feuer als verjüngende Kraft auf. Die Vorteile eines kontrollierten Abflämmens restaurierter Prärien und ausgedehnter Wiesenflächen wurden vielfach nachgewiesen. Anders als bei zahlreichen krautigen und verholzenden Pflanzen bleiben beim Gras der Scheitel und das tiefreichende Wurzelwerk vom Feuer unbeeinträchtigt, und die Pflanzen profitieren von den Nährstoffen, die dem Boden durch die Asche wieder zugeführt werden. Jedoch sind auch kontrollierte Feuer nicht ungefährlich und sollten daher vom Profi mit den erforderlichen Sicherheitsvorkehrungen durchgeführt werden. Parks, Naturschutzeinrichtungen und öffentliche Anlagen, die diese Art des Biotopmanagements praktizieren, ziehen bei solchen Maßnahmen normalerweise die Feuerwehr hinzu.

DIESE DREI AUFNAHMEN von Fallsamengras *Sporobolus heterolepis* zeigen dieselbe Pflanzengruppe im Garten des Autors zu drei verschiedenen Jahreszeiten – im Winter, im Vorfrühling und im Frühjahr.

OBEN Selbst das relativ niedrige Fallsamengras lockert die winterliche Landschaft auf, sofern man es im Herbst nicht abschneidet.
UNTEN Ende März wird das alte Laub mit der Gartenschere zurückgenommen.
UNTEN RECHTS Ende April leuchtet der Neuaustrieb in der Rabatte smaragdgrün.

OBEN LINKS Mit der Heckenschere wird im zeitigen Frühjahr die Rispenhirse *Panicum amarum* auf eine gute Handbreit heruntergeschnitten.

OBEN RECHTS Immergrüne und halbimmergrüne Seggen erfordern keinen jährlichen Rückschnitt; manchen Spezies schadet dies sogar. Als Pflegemaßnahme zupft man, falls nötig, altes Laub mit den Fingern aus, wie hier bei *Carex appalachica* und *C. albicans* geschehen.

UNTEN LINKS Auf dem Summit Field im Iroquois Park von Louisville (Kentucky) legt die Louisville Olmsted Parks Conservancy gemeinsam mit dem städtischen Grünflächenamt kontrolliert Brände; für den Notfall steht die Feuerwehr bereit. (Foto © Alan Nations)

UNTEN RECHTS Frische und trockene Grasblüten und -blätter liefern nahezu ganzjährig Schmuck fürs Haus. Breitblättriges Plattährengras *Chasmanthium latifolium*, Scharlach-Sumach, Amsonie und Aster lieferten für dieses oktoberliche Tischgesteck die Zutaten.

UNTEN Gary Schwetz vom Team des Projekts Enhancing Delaware Highways sammelt Saat von einem *Sorghastrum-nutans*-Bestand in Delaware, um damit eine bereits bestehende Population dieser Spezies zu erweitern. Mit Samen bekannter Provenienz lässt sich gezielt die Vielfalt der lokalen Genotypen bewahren.
GANZ UNTEN Wenn ein älterer *Miscanthus*-Horst in der Mitte verkahlt, ist es an der Zeit, ihn zu verjüngen. Dazu werden außen Teilstücke abgenommen und neu aufgepflanzt.
GANZ UNTEN RECHTS Kleinere Gräser wie die Rasenschmiele *Deschampsia cespitosa* kann man aufnehmen und mit dem Messer teilen. Die Faserwurzeln von Gräsern dürfen kurzfristig der Luft ausgesetzt sein, sollten jedoch niemals austrocknen.

Kleinflächiges Abbrennen von Gräsern im Privatgarten kann sinnvoll sein, sofern man für die nötige Sicherheit sorgt; Voraussetzung ist jedoch eine Genehmigung durch das Ordnungsamt. Viele Gräser, darunter *Miscanthus*, brennen erstaunlich heftig. Wählen Sie dafür einen windstillen Tag im Nachwinter oder zeitigen Frühjahr; halten Sie einen Gartenschlauch griffbereit. Sorgen Sie dafür, dass sich Kinder und Haustiere in sicherem Abstand befinden, und kontrollieren Sie die Gräser auf bebrütete Vogelnester und Eiablagen von Nutzinsekten. Brennen Sie keine Gräser ab, die nah an Sträuchern oder Bäumen stehen; besonders gefährdet sind Nadelgehölze. Ich selbst habe einmal 18 Meter hohe Fichten in einem Privatgarten fotografiert, von denen nach dem unkontrollierten Abflämmen der Gräser zu ihren Füßen nichts als verkohlte Stämme und braune Nadeln verblieben war.

Vermehren, Teilen, Umpflanzen

Eine Möglichkeit, ausdauernde Gräser und Grasartige zu vermehren, besteht in ihrer Aussaat in Töpfen oder Schalen in einem Frühbeet oder Gewächshaus, um die Sämlinge später im Freien auszupflanzen. In kaltgemäßigtem Klima werden die meisten Arten im Nachwinter oder zeitigen Frühjahr gesät und nach dem letzten Spätfrost als rund zehn Zentimeter hohe Jungpflanzen ausgesetzt. Die Keimdauer variiert sehr stark: Manche Gräser laufen innerhalb von Tagen auf, andere lassen sich Wochen oder gar Monate Zeit, und manche Spezies beenden die Samenruhe nur nach Kälteeinwirkung. Die Anzucht aus Samen hat den Vorteil, dass dadurch eine genetisch vielfältige Pflanzung entsteht.

Die vegetative Vermehrung von Gräsern und Grasartigen erfolgt üblicherweise durch Teilung; diese wird normalerweise während des aktiven Wachstums vorgenommen. Viele Gräser, darunter die spätgrünenden nordamerikanischen Präriegräser, tolerieren jedoch auch eine Teilung in der Ruhephase. Manche Gräser lassen sich auch über Halmstecklinge oder Gewebekultur vermehren.

Bislang gibt es relativ wenige patentierte oder durch Warenzeichen geschützte Ziergräser; diese Praxis ist jedoch im Zunehmen begriffen. Patentierte Gräser dürfen nur dann kommerziell vermehrt werden, wenn eine Lizenz des Patentinhabers vorliegt. Bei Pflanzen mit Warenzeichen (gewöhnlich durch ™ oder ® gekennzeichnet) ist die Vermehrung grundsätzlich zulässig; die kommerzielle Verwendung des Warenzeichens jedoch bleibt dessen Inhaber und seinen Lizenznehmern vorbehalten.

Bei vielen Gräsern verkahlt der Horst in der Mitte, wenn er in die Jahre kommt; die Pflanze beginnt zu schwächeln, und die Halme kippen um. Solche Gräser lassen sich normalerweise durch Teilen und Neupflanzen verjüngen. Kleine und mittelgroße Gräser lassen sich mit einer stabilen Pflanzkelle oder einem scharfen Spaten aufnehmen; danach wird der Horst mit einem Messer geteilt. Die abgestorbene Mitte wird entfernt, gesunde Randstücke werden neu aufgepflanzt und sofort gründlich angegossen. Auch von ausläufertreibenden Gräser lassen sich Teilstücke abnehmen; dabei ist darauf zu achten, dass sich daran ausreichend Wurzeln befinden.

Für die Teilung und Pflege großer Gräser ist ein scharfer, stabiler Spaten – keine Schaufel – unerlässlich. Ausgewachsene Exemplare sind häufig so massiv und schwer, dass man sie nicht als Ganzes aus dem Boden heben kann; stattdessen teilt man sie an Ort und Stelle mit dem Spaten, um dann die Stücke aufzunehmen. Solange man nicht in der Nähe von Erdkabeln arbeitet, ist ein ganz aus Kohlenstoffstahl gefertigter Spaten ideal – ein leichtes Werkzeug von außergewöhnlicher Festigkeit, das von manchen Herstellern mit gepolstertem Tritt angeboten wird. Dieser Spaten schont den Fuß beim Durchstechen der Grashorste und ist derart stabil, dass sich damit schwere Teilstücke aus dem Boden hebeln lassen.

Mit einem stabilen, leichten Spaten aus Kohlenstoffstahl mit einem Tritt aus Gummi lässt sich im Frühjahr auch der kräftige Horst der Rispenhirse *Panicum amarum* durchstechen. Große Gräser teilt man am besten im Boden, um erst dann die Teilstücke aufzunehmen.

Namen und Nomenklatur der Gräser

WOHIN MAN AUCH SCHAUT, Gräser haben fast immer mindestens zwei Namen: Einen Volks- oder Vulgärnamen – den Trivialnamen – und einen botanischen Namen. Trivialnamen sind Bezeichnungen in der Landessprache oder einem Regionaldialekt. So ist susuki der japanische Name einer Grasspezies, die auf Deutsch allgemein als „Chinaschilf" bezeichnet wird. Die Trivialnamen werden durch niemanden reguliert und können sich daher ständig ändern; sie entwickeln sich mit unserer Kultur, was sie ebenso faszinierend wie verwirrend macht. Häufig sind sie sehr stark an einen Ort oder eine Region gebunden. Ein gemeinsprachlicher Name kann in seiner Region vollkommen eindeutig sein, anderswo jedoch zu Unklarheiten führen. Der Grad der Präzision von Trivialnamen schwankt stark. In Japan ist susuki gleichbedeutend mit der botanischen Bezeichnung *Miscanthus sinensis*, und ogi ist gleichbedeutend mit *M. sacchariflorus*. Sogar für *M. sinensis* var. *condensatus* hat das Japanische einen eigenen Namen, nämlich hachijo susuki. Zwar gibt es deutsche Trivialnamen, die zwischen diesen Spezies unterscheiden („Japanisches Stielblütengras" oder „Silber-Chinaschilf" für *M. sinensis* und „Amurschilf" für *M. sacchariflorus*), doch diese sind nicht sehr verbreitet; meist werden alle Miscanthus-Spezies als „Chinaschilf" bezeichnet. Für präzise Angaben werden bei uns bevorzugt die botanischen Namen herangezogen – und genau dafür sind sie da.

Die Einträge im enzyklopädischen Teil, dem Kapitel 7, enthalten sowohl die aktuellen als auch veraltete deutsche Trivialnamen, in etwa nach ihrer Häufigkeit sortiert (eine unvermeidlich subjektive Angelegenheit); zudem finden sich dort bei einigen Pflanzen Trivialnamen aus dem Ursprungsland in Umschrift.

Der japanische Volksname für *Miscanthus sinensis* var. *condensatus* lautet *hachijo susuki*; hier sieht man dieses Gras Ende Oktober in heimischem Habitat zwischen den Hakone-Bergen und dem Fuji, dessen Spitze im Hintergrund durch die Wolkendecke stößt.

Der Verlag hat besonderen Wert darauf gelegt, für sämtliche in der Enzyklopädie vorgestellte Gräser neben den botanischen, auch deutsche Namen anzugeben. Dies war kein leicht umzusetzender Anspruch, denn längst nicht für alle Arten (nicht einmal für alle Gattungen) gibt es treffende, allgemein eingebürgerte deutsche Namen. Für den garteninteressierten Laien aber auch für den Staudenproduzenten ist es dennoch oft erwünscht und hilfreich, wenn eine Pflanze mit einem deutschen Namen angesprochen werden kann oder im Register aufzufinden ist. Soweit nicht schon in der einschlägigen Fachliteratur vorhanden, hat sich der Verlag unter großer Mithilfe von Cassian Schmidt um aussagekräftige und eindeutige deutsche Namen bemüht. Nach Möglichkeit wurden die neuen Bezeichnungen von den botanischen Namen abgeleitet, sofern diese die Pflanze treffend charakterisieren. In einigen Fällen wurde auch der im Herkunftsland existierende volkstümliche Name hinzugezogen. Die angegebenen Namensvorschläge können zukünftig als fundierte Referenzquelle für die Erstellung von Staudenkatalogen oder für Fachartikel dienen. So werden widersprüchliche Doppelbenennungen vermieden.

Die botanischen Namen

Das System der botanischen Nomenklatur hat sich als präziser Kommunikationsstandard herausgebildet, der einen von Landessprachen und Regionalismen unabhängigen Austausch über Pflanzen ermöglicht. Botanische Namen bezeichnen Lebewesen im Pflanzenreich; sie stellen eine Unterabteilung der wissenschaftlichen Namen dar, zu denen auch die zoologischen Namen als Bezeichnungen der Tierarten zählen.

Botanische Namen sind latinisierte Namen und damit ganz bewusst von der Entwicklung der modernen, lebenden Sprachen losgelöst. Bisweilen hört man die Bezeichnung „lateinische Namen“, doch dies ist nicht ganz korrekt, denn sie leiten sich häufig von anderen Sprachen wie etwa dem Griechischen ab. Die botanische Nomenklatur in der Form, wie wir sie kennen, nahm am 1. Mai 1753 ihren Anfang: An diesem Tag veröffentlichte der schwedische Naturkundler Carl von Linné (der seinen Namen als „Carolus Linnaeus“ latinisierte) mit seinem Werk *Spezies Plantarum* sein System der binären Nomenklatur. Diese auf dem Linnéschen System basierende Form der Benennung wird von Wissenschaftlern weltweit verwendet; einige Grundkenntnisse sind daher für jede Auseinandersetzung mit der artenreichen Gruppe der Gräser und Grasartigen sehr hilfreich.

Die botanischen Pflanzennamen werden in Übereinstimmung mit dem *Internationalen Code der Botanischen Nomenklatur* (ICBN) vergeben – häufig vereinfacht als „der *Code*“ bezeichnet, wenn der Bezug aus dem Kontext klar ist. Der *Code* wird in Abständen durch den International Botanical Congress (IBC) überprüft und ergänzt; an dieser Zusammenkunft sind Botaniker aus der ganzen Welt beteiligt.

Der *Code* regelt die Termini, anhand derer das Pflanzenreich in zunehmend enger gefasste Kategorien unterteilt wird. Die Hauptrangstufen sind – in absteigender Folge – Abteilung oder Stamm (Divisio bzw. Phylum), Klasse (Classis), Ordnung (Ordo), Familie (Familia), Gattung (Genus, Plural: Genera) und Art (Spezies, Plural: Spezies).

Eine Pflanzengruppe beliebiger Rangstufe wird als ein Taxon (Plural: Taxa) bezeichnet. Die Familie der Süßgräser, Poaceae, ist ein Taxon, und ebenso die Spezies *Panicum virgatum*. Die Taxonomie setzt sich mit der Klassifikation der Taxa auseinander.

Eine Familie ist eine Gruppe von Gattungen, deren Angehörige sich in mehreren Wesensmerkmalen gleichen. Eine Gattung besteht aus nah verwandten, einander ähnlichen Pflanzenarten. Innerhalb eines Textes werden die botanischen Namen von Gattung und Spezies durch Kursivschrift oder Unterstreichung hervorgehoben. Der Gattungsname wird mit großem Anfangsbuchstaben geschrieben, so beispielsweise *Carex*. Eine Spezies umfasst Pflanzen, die sich in mehreren Merkmalen ähneln. Befruchten sich Pflanzen derselben Spezies gegenseitig, so weisen auch die Sämlinge die typischen Merkmale dieser Spezies auf. Folgt auf einen Gattungsnamen die Abkürzung sp., so bezeichnet dies eine einzelne unbekannte oder nicht näher bestimmte Spezies dieser Gattung, beispielsweise *Carex* sp. – eine Segge. Diese Abkürzung wird nicht kursiv gesetzt. Mehrere Spezies derselben Gattung werden durch die Abkürzung spp. zusammengefasst: *Carex* spp.

Der *Code* schreibt für jede Pflanzenart einen binären (aus zwei Wörtern bestehenden) Namen vor, der sich aus dem Gattungsnamen und dem Art-Epitheton (der Artbezeichnung) zusammensetzt; dieses wird normalerweise nicht groß geschrieben. Diese beiden Wörter bilden den Artnamen der Pflanze. Bei *Carex laxiculmis* beispielsweise bezeichnet *Carex* die Gattung, *laxiculmis* ist das Art-Epitheton, und *Carex laxiculmis* ist der vollständige Name der Spezies.

Wenn von verschiedenen Spezies ein und derselben Gattung die Rede ist oder ein Name mehrfach wiederholt wird, ist es zulässig, den Gattungsnamen bei der ersten Erwähnung auszuschreiben und im Weiteren nur durch seinen Anfangsbuchstaben wiederzugeben, gefolgt von einem Punkt und dem jeweiligen Art-Epitheton. So zählen beispielsweise zu den kultivierten Chinaschilf-Arten die Spezies *Miscanthus sinensis*, *M. oligostachyus* und *M. sacchariflorus* – eine korrekte Formulierung.

In regionalen Ökosystemen treten gelegentlich Hybriden zwischen unterschiedlichen Spezies auf, sogenannte Artbastarde. Häufiger als diese Naturhybriden sind Hybriden als Ergebnis gärtnerischer Bearbeitung. Unter den Ziergräsern gibt es relativ wenige solcher Kreuzungen; sehr bekannt ist *Calamagrostis* × *acutiflora*, eine Kreuzung zwischen *C. epigejos* und *C. arundinacea*. Das Malzeichen (×) dient als Hinweis auf den Hybridcharakter dieser Pflanze. Die neuesten Nomenklaturregeln stellen dieses Malzeichen bei interspezifischen Hybriden unmittelbar vor das Art-Epitheton.

Die botanische Varietät (Varietas, abgekürzt var.) – nicht zu verwechseln mit einer gärtnerischen Variante (siehe „Namen von Kulturpflanzen") – ist eine der Spezies untergeordnete Rangstufe. Eine Varietät unterscheidet sich von anderen Pflanzen derselben Art in einem oder einigen wenigen Merkmalen, beispielsweise in der Blütenfarbe oder der Blattform. Der Name der Varietät wird grundsätzlich klein geschrieben; er wird immer kursiviert oder unterstrichen, so beispielsweise *Carex morrowii* var. *temnolepis*.

Der *Code* gestattet die Bildung von Untertaxa durch Voranstellen des Präfixes sub-. Möglich sind unter anderem Unterfamilie, Untergattung und Unterart (abgekürzt subsp., alternativ ssp.). *Molinia caerulea* etwa ist ein Gras mit bestimmten Unterarten (infraspezifischen Taxa), wobei *Molinia caerulea* subsp. *caerulea* die typische Unterart ist – gekennzeichnet durch die Wiederholung des Art-Epithetons als Epitheton der Unterart. Dies entspricht den Vorschriften des *Code*. Die zweite Unterart ist *M. caerulea* subsp. *arundinacea*. Wird kein infraspezifisches Epitheton angegeben, handelt es sich um den Typus (die erste Unterart). So versteht sich beispielsweise *M. caerulea* als *M. caerulea* subsp. *caerulea*.

Das Rohr-Pfeifengras 'Windspiel' ist eine Auslese der größeren von zwei Unterarten von *Molinia caerulea* subsp. *arundinacea*. Ende August steht die Sorte in Süddeutschland rund zwei Meter hoch.

Autorzitate und Verwerfung von Namen

Der Code enthält eine Reihe von Vorschriften für die gültige Veröffentlichung eines Pflanzennamens. Wird eine Pflanze erstmals benannt, muss der Namensautor ein Exemplar sammeln, pressen, trocknen und zusammen mit einer exakten Beschreibung

der Pflanze in einem Herbarium oder einem geeigneten Behältnis bewahren. Der neue Pflanzenname ist zusammen mit der Beschreibung der Pflanze, der Angabe, wo sich das Präparat befindet, sowie dem Namen des Autors vorschriftsgemäß zu veröffentlichen. So stellt der Name des Autors eine direkte Verbindung zur Pflanze her, sollte es einmal zu Unklarheiten kommen. Diese Angabe der Autorschaft wird für jede Rangstufe der Nomenklatur gefordert, darunter Familie, Gattung und Art-Epitheton.

Jeder gültige botanische Name hat einen Autor; in wissenschaftlichen Veröffentlichungen und Fachtexten wird dieser nach dem botanischen Namen zitiert, häufig als Standardabkürzung. So ist beispielsweise *Carex* L. der Name, mit dem Linné die Seggen benannte. In Publikumstexten und -zeitschriften kann das Autorzitat überflüssig oder wenig sinnvoll sein; bei der Diskussion einer so komplexen Pflanzengruppe wie derjenigen der Gräser ist es jedoch oft unerlässlich, sollen Unklarheiten von vornherein ausgeschlossen sein.

Der *Code* gründet auf dem Prinzip der Priorität: Gültigkeit hat der älteste wirksam veröffentlichte Name. Ein potenzieller Autor ist verpflichtet festzustellen, ob eine von ihm entdeckte Pflanze bereits wirksam benannt wurde – eine Aufgabe, die heute einfacher ist als zu Linnés Zeiten. Gelegentlich und ohne Absicht wurde in der Vergangenheit ein und dieselbe Pflanze mehrfach beschrieben und benannt. Wird ein solcher Irrtum entdeckt, wird gemäß der Prioritätsregel der älteste legitime Name als der korrekte beibehalten; spätere Namen werden zu Synonymen erklärt. So wurde beispielsweise festgestellt, dass es sich bei dem Namen *Andropogon elliottii* Chapm. um eine spätere Benennung von *A. gyrans* Ashe handelt; *A. gyrans* Ashe genießt Priorität und wurde als korrekter Name beibehalten. Leider ist ein botanischer Name manchmal bereits jahrelang weithin im Gebrauch, bevor sich herausstellt, dass es sich dabei um ein nachrangiges Synonym handelt.

Verwirrung entsteht auch, wenn ein und derselbe Name von verschiedenen Autoren unabsichtlich an verschiedene Pflanzen vergeben wird. So nannte der Botaniker Jean Baptiste Lamarck eine nordamerikanische Segge *Carex stricta*. Ein anderer Botaniker, Samuel Goodenough, veröffentlichte später denselben Namen mit der Beschreibung einer europäischen Seggenart. In diesem Fall ist das Autorzitat erforderlich, um die fragliche Spezies eindeutig zu identifizieren: *C. stricta* Lam. ist eine andere Pflanze als *C. stricta* Gooden. Aufgrund des Prioritätsprinzips bleibt *C. stricta* Lam. der legitime Name der amerikanischen Spezies. *Carex stricta* Gooden. hingegen ist illegitim und zudem ein Synonym für *C. elata* All. – dieser Name hat nun für die europäische Art Priorität. Das Autorzitat *C. stricta* Gooden., non Lam. bezeichnet eindeutig Goodenoughs europäische Spezies und verdeutlicht, dass nicht von Lamarcks amerikanischer Spezies die Rede ist. Ohne Autorzitat bleibt die Bezeichnung *C. stricta* mehrdeutig.

Eine Namensänderung kann auch durch eine Neuklassifikation notwendig werden. Die heutige Systematisierung der Pflanzen (Phylogenese) soll ihre Verwandtschafts-

Einzigartig sind die Muster, die die Teichsimse *Schoenoplectus subterminalis* (Torr.) Soják Mitte September auf die dunkle Wasserfläche der Pine Barrens malt. Ursprünglich wurde diese Spezies durch John Torrey benannt und als *Scirpus subterminalis* Torr. in die Gattung *Scirpus* eingeordnet; inzwischen jedoch wird sie der Gattung *Schoenoplectus* zugerechnet.

beziehungen und Evolutionsprozesse widerspiegeln. Der Wissensstand, aufgrund dessen die Pflanzen in der Vergangenheit klassifiziert wurden, war häufig mit notgedrungen recht ungenauen Hilfsmitteln und oberflächlichen Beobachtungsmethoden erlangt worden. Die heutige Technik ermöglicht die molekulargenetische Analyse und die Bestimmung winziger Unterschiede im chemischen Aufbau der Pflanzen; derartige Untersuchungen decken nicht selten bislang unbekannte Verwandtschaften und falsche Zuordnungen auf. Die Folge ist eine Neueinordnung der Pflanzen und damit einhergehend oftmals eine Umbenennung. So können neue oder erneut ausgewertete Messdaten zeigen, dass eine Spezies, die bisher einer bestimmten Gattung zugeordnet wurde, tatsächlich einer ganz anderen angehört. Der Botaniker Harris O. Yates stellte fest, dass das bis dato als *Uniola latifolia* Michx. geführte Gras sich von der Gattung *Uniola* derart stark unterscheidet, dass eine Neuzuordnung zur Gattung *Chasmanthium* gerechtfertigt war. Den Nomenklaturregeln zufolge wird das Art-Epitheton in dem neuen Artna-

men beibehalten; so lautet der Name nun *Chasmanthium latifolium* (Michx.) H. O. Yates. Der Name des erstbeschreibenden Autors wird in Klammern zitiert; darauf folgt der Name des Autors, der die Änderung vornahm.
Die Änderung eines lange im Gebrauch befindlichen Namens ist zwar lästig, für die Erhaltung eines funktionierenden Systems jedoch unerlässlich. Da verworfene Namen in der Literatur lange überleben können, dauert es oft lange, bis eine Namensänderung allgemein bekannt und durchgesetzt ist. Im Internet abrufbare taxonomische Datenbanken machen dies heute weniger problematisch.

Der *Code* legt nicht fest, wie bestimmte Informationen zur Klassifikation von Pflanzen zu interpretieren sind; er stellt lediglich Richtlinien für die Vergabe und Zusammensetzung der Namen auf. Die Frage, wie der korrekte Name für ein bestimmtes Gras zu lauten hat, lässt sich nicht immer eindeutig beantworten. Da sich Lebewesen nicht immer in fest definierte Kategorien einordnen lassen, sind die Botaniker häufig unterschiedlicher Meinung darüber, wie weit eine einzelne nomenklatorische Rangstufe gefasst sein sollte. So kann es geschehen, dass der eine Botaniker bestimmte Gräser als Unterart einer Spezies betrachtet, während sie für einen anderen eine eigene Spezies darstellen. Das Blaue Pfeifengras *Molinia caerulea* (L.) Moench ist ein solcher Fall. Die meisten Botaniker erachten den Unterschied zwischen den niedrigeren und den höheren Blauen Pfeifengräsern als ausreichend für eine Unterteilung in Unterarten; die niedrigeren Pflanzen bezeichnen sie als *M. caerulea* subsp. *caerulea* (L.) Moench, die höheren als *M. caerulea* subsp. *arundinacea* (Schrank) H. K. G. Paul. Andere Botaniker betrachten die höhere Gruppe als eigene Spezies, nämlich *M. arundinacea* Schrank. Taxonomen, die dazu neigen, die Unterschiede zwischen Pflanzen auch nomenklatorisch festzuschreiben, werden als Splitter (Differenzierer) bezeichnet, jene, die die Taxa weiter fassen wollen, als Lumper (Generalisierer).

Dieses Buch hält sich an die wissenschaftlich anerkannte botanische Nomenklatur der Gräser. Die Namen sind den neuesten internationalen Florenlisten, Veröffentlichungen in Fachzeitschriften und botanischen Datenbanken entnommen, darunter auch solchen, die online verfügbar sind; diese werden in der Bibliografie mit aufgeführt. Synonyme werden in den enzyklopädischen Einträgen in Kapitel 7 genannt, und das Register verweist von ihnen auf den jeweils heute gültigen Namen. Mein Ansatz ist dabei grundsätzlich eine Mischung aus konservativem Denken und Sachverstand; so wurden ausschließlich nachgewiesenermaßen sinnvolle Namensänderungen und Neuklassifikationen mit Aussicht auf Dauerhaftigkeit übernommen. Dort, wo eine definitive Nomenklatur oder Klassifikation noch aussteht, stellt der Eintrag in der Enzyklopädie die unterschiedlichen Perspektiven vor.

Die Namen der Kulturpflanzen

Der Gartenfachmann interessiert sich häufig für Unterschiede zwischen Pflanzen, die durch die oben beschriebenen Rangstufen nicht ausreichend differenziert werden. Zu diesem Zweck prägte man im Englischen den Begriff „Cultivar" („Kulturvariante"), der im deutschen Sprachraum ebenfalls hin und wieder anzutreffen ist; üblich ist hier jedoch die Bezeichnung „Sorte". Die Benennung der Kulturpflanzen regelt der Internationale Code der Nomenklatur der Kulturpflanzen (ICNCP), eine Ergänzung zum Internationalen Code der Botanischen Nomenklatur (ICBN).

Eine Sorte ist „ein Pflanzenbestand, der aufgrund eines bestimmten Merkmals oder einer Kombination von Merkmalen ausgelesen wurde, bezüglich dieser Merkmale eindeutig umgrenzt, einheitlich und stabil ist und diese Merkmale bei geeigneter Vermehrung beibehält" (ICNCP II 2.2). Eine Sorte wird entweder als abweichendes Individuum in der Natur oder im Gartenbau ausgelesen, oder sie geht aus bewusst herbeigeführter oder zufälliger Kreuzung hervor.

Das Sorten-Epitheton wird grundsätzlich groß geschrieben. Anders als der botanische Name wird das Sorten-Epitheton niemals kursiviert oder unterstrichen; stattdessen wird es von einfachen Hochkommata eingeschlossen. Die Sortenbezeichnung steht immer hinter dem botanischen Namen: *Panicum amarum* 'Dewey Blue'. Besonders in Publikumsveröffentlichungen ist es gängig, bei nachfolgender Sortenbezeichnung den Autor der Art nicht mit anzugeben. Darüber hinaus ist es zulässig, im allgemeinen Sprachgebrauch das Art-Epitheton bei der Bezeichnung einer Sorte auszulassen, sofern

Die Rispenhirse *Panicum amarum* 'Dewey Blue' Ende Juni in den Chanticleer Gardens in Wayne (Pennsylvania).

eine Verwechslung ausgeschlossen ist. So darf beispielsweise *P. amarum* 'Dewey Blue' zu *P.* 'Dewey Blue' verkürzt werden, da die Sortenbezeichnung 'Dewey Blue' einzig der Spezies *P. amarum* zugewiesen ist. Ist die Art, von der sich eine Sorte ableitet, unbekannt oder zweifelhaft, so folgt das Sorten-Epitheton grundsätzlich auf den Gattungsnamen, beispielsweise *Miscanthus* 'Purpurascens'.

Die Verwendung von Sortennamen ist eine relativ neue Konvention. Die Erstausgabe des ICNCP erfolgte 1953. Viele alte Sorten sind mit latinisierten Namen bezeichnet; diese wurden zu einer Zeit geprägt, da noch keine klare Unterscheidung zwischen der gärtnerischen und der botanischen Namensgebung erfolgt war. 'Gracillimus' ist ein solcher Name, 'Aurea', 'Variegata' und 'Rubra' sind weitere. Seit 1959 sind die Sorten-Epitheta gemäß den Richtlinien des ICNCP grundsätzlich aus Wörtern einer modernen Sprache zu bilden; diese dürfen nicht latinisiert werden. So ist 'Morning Light' ein zulässiger Sortenname, 'Gracillimus Variegatus' dagegen nicht. Seit 1995 ist nach den Richtlinien des ICNCP auch die Übersetzung von Sorten-Epitheta nicht mehr gestattet; das Chinaschilf mit dem deutschen Sortennamen 'Silberfeder' beispielsweise soll in englischen Texten nicht mehr als 'Silver Feather' ausgewiesen werden.

Auch im ICNCP existiert eine Prioritätsregel; diese besagt, dass der älteste regelmäßig vergebene Sortenname Gültigkeit hat. So wurde beispielsweise für Bowles' gelbgrüne Segge als erster der Sortenname *Carex elata* 'Aurea' festgelegt. Der Name 'Bowles Golden' ist jüngeren Datums und somit als Sortenbezeichnung ungültig.

Es ist ein weit verbreiteter Irrtum, dass eine Kultursorte grundsätzlich eine Gruppe genetisch identischer Pflanzen (Klone) sei. Zutreffend ist dies bei vegetativ vermehrten Sorten; in diesem Fall bezeichnet der Begriff „Klon" die einzelne Pflanze, aber auch die gesamte Gruppe. Ein Beispiel für eine Klonsorte ist *Panicum virgatum* 'Shenandoah'. Diese muss vegetativ vermehrt werden, wenn die Jungpflanzen sämtliche besonderen Merkmale – darunter die relativ kleine Größe und das sich tiefrot färbende Herbstlaub – der Elternpflanze beibehalten sollen.

Samenvermehrte Sorten sind weniger exakt festgelegt als Klonsorten; bisweilen zeichnen sie sich nur durch ein einziges besonderes Merkmal aus. Diese Sorten werden durch Aussaat vermehrt. Manch eine relativ großzügig beschriebene samenvermehrte Sorte wird durch das Auslesen von Sämlingen erhalten, die der Sortenbeschreibung entsprechen; abweichende Sämlinge werden verworfen. Die historische Sorte *Miscanthus sinensis* 'Gracillimus', die seit über hundert Jahren bereits die Gärten der westlichen Welt schmückt, wird häufig durch Aussaat vermehrt. Sie zeichnet sich durch ein schmales Blatt, eine gerundete Silhouette und rötliche, erst spät im Jahr erscheinende Blüten aus. 'Gracillimus'- Sämlinge, obgleich genetisch nicht identisch, weisen überwiegend diese Merkmale auf (sofern die Bestäubung nicht durch eine andere Sorte erfolgte). Seit Jahrzehnten kommen bei *M. sinensis* 'Gracillimus' beide Vermehrungsmethoden zur Anwendung – manche Betriebe ziehen ihn aus Saat, wobei sie gelegentliche Varianten verwerfen, andere wiederum ziehen genetisch identische Jungpflanzen durch Teilung. Vergleicht man Einzelexemplare von zehn verschiedenen Lieferanten, so erscheinen die Pflanzen im Grunde identisch, doch bei genauem Hinschauen wird man geringfügige Unterschiede erkennen.

Enzyklopädie der Süßgräser, Riedgräser, Binsen, Restiogewächse und Rohrkolben

Die Einträge zu den einzelnen Gattungen und Arten sind anhand ihrer botanischen Namen einschließlich Autorzitat alphabetisch geordnet. Auf den Gattungsnamen folgt die Pflanzenfamilie mit botanischem und deutschem Namen, dann der Trivialname der Gattung, sofern vorhanden, danach die Beschreibung. Einträge zu den Spezies beginnen mit dem gültigen botanischen Namen und Autorzitat, gegebenenfalls gefolgt von Synonymen in eckigen Klammern, gefolgt vom Trivialnamen. Existieren davon mehrere, so steht der gebräuchlichste am Anfang. Scheint eine Gattung oder eine Spezies zu fehlen, hat sich möglicherweise der Name geändert. In diesem Fall verweist das Register von dem früher gebräuchlichen auf den heute gültigen Namen. Sortennamen sind halbfett gesetzt und stehen in Hochkommata. Auf den gültigen Sortennamen folgen in Klammern gegebenenfalls synonyme Sortennamen, ebenfalls in Hochkommata. Übersetzungen fremdsprachiger Sortennamen stehen ebenfalls in Klammern, jedoch ohne Hochkommata. Sofern nicht anders vermerkt, ist bei Sorten von vegetativer Vermehrung auszugehen. Die Angaben zur Winterhärtezone beziehen sich auf die Winterhärtekarten am Ende des Buches; bei den Sorten erfolgt diese Angabe nur dann, wenn sie von der Art abweicht. Der Begriff „Winterhärtezone“ ist als „WHZ“ abgekürzt; die darauf folgende Ziffer bezieht sich auf die genannten Karten. Ausführlichere Erläuterungen zur Nomenklatur und zu den Namen der Pflanzen finden sich in Kapitel 6 („Namen und Nomenklatur der Gräser“).

Mitte Juli im RHS-Garten Wisley (Surrey, England): Mitten in der Gräserrabatte ruht ein schwerer Findling; rechts daneben das Silber-Raugras *Achnatherum calamagrostis*.

Achnatherum P. Beauv.

Poaceae – Echte Gräser

Raugras

Diese Gräser aus Mittel- und Südeuropa, Ostasien und dem westlichen Nordamerika bilden dichte, kompakte Horste; die meisten wurden früher der Gattung *Stipa* zugerechnet. Der Trivialname rührt von den zahllosen spitzen Grannen her, ein Merkmal, das sowohl *Achnatherum* als auch *Stipa* zueigen ist und im Wesentlichen für die gefiederte, lichtreiche Wirkung der Blütenstände verantwortlich ist. Sämtliche Arten sind frühgrünend und stehen in Lagen mit intensiver Sonneneinstrahlung, kühlen Nächten und niedriger Luftfeuchtigkeit. Die reiche Blüte erfolgt vom zeitigen Frühjahr bis in den Sommer; getrocknet bleiben die Infloreszenzen noch über Monate attraktiv.

Achnatherum calamagrostis (L.) P. Beauv.

[*Stipa calamagrostis* (L.) Wahlenb.]

Alpen-Raugras, Silber-Ährengras, Silber-Raugras, Föngras

Diese Art mit dichtem, festem, langsam wachsendem Horst ist auf den hoch gelegenen Lichtungen der mittel- und südeuropäischen Gebirgsregionen heimisch. Bei reichlich direkter Sonne, niedriger Luftfeuchtigkeit und kühlen Sommernächten präsentiert sie sich als äußerst elegantes, reichblütiges Ziergras mittlerer Größe. Über einer Fontäne aus schmalem, mittelgrünem Laub stehen im Juni dichte und dennoch zarte silbriggrüne Blütenstände. Höhe zur Blütezeit 60–90 cm. Die Infloreszenzen nehmen Ende Juli/August ein schönes Gelbbraun an; in milden Regionen bleiben sie den ganzen Winter hindurch attraktiv. Das Laub bleibt in milden Regionen wintergrün; in kälteren Gegenden zieht es ein. Bevorzugt volle Sonne; in lichtem Schatten wächst das Gras eher überhängend. Bevorzugt durchlässigen, durchschnittlich nährstoffhaltigen bis kargen Boden; auf fettem Boden sind die Halme weich und fallen auseinander. Das erstaunlich trockenheitsverträgliche Gras sollte in Regionen mit mediterranem Klima oder Steppenklima stärkere Beachtung finden. Die gerundete Form und die locker überhängenden Blütenhalme lassen Gedanken an fließendes Wasser aufkommen. Das Gras überzeugt sowohl als Solitär als auch in größeren Gruppen und Wogen. Vermehrung durch Aussaat oder Teilung im Frühjahr. WHZ 5.

'Allgäu'. Eine aus dem Allgäu stammende frühe Auslese von Karl Partsch.

'Lemperg'. Eine kleinformatige Auslese von Hans Simon.

'Zukunftsmusik'. Diese Verbesserung von 'Allgäu' las Karl Partsch aus einer Pflanzengruppe in einer von Schneeschmelze gespeisten Felsschlucht aus; sie toleriert feuchte Standorte besser.

Achnatherum coronatum (Thurb.) Barkworth

[*Stipa coronata* Thurb.]

Riesen-Raugras

In der Natur steht diese Art in Südwest-Kalifornien und dem angrenzenden Mexiko in Lagen bis 1500 m Höhe auf vollsonnigen trocke-

Ganz oben Silber-Raugras *Achnatherum calamagrostis* Ende August in Münchens Westpark.

Oben Nieselregen befeuchtet wogendes *Achnatherum calamagrostis* 'Lemperg'; die Bepflanzung dieser öffentlichen Anlage gestaltete Hans Simon (Ende August in Marktheidenfeld).

nen Schotter- und Felsböden oder -hängen des Chaparral. Im Frühjahr straff aufrechte, 90–180 cm hohe Blütenhalme; die Samenstände bleiben monatelang aufrecht stehen. Schopfartiger Wuchs mit überwiegend grundständigem Laub. Attraktiv; besonders gut geeignet für sonnige, trockene Lagen. Samenvermehrung. WHZ 7.

Achnatherum extremiorientale (HARA) KENG
[*Achnatherum pekinense* (Hance) Ohwi, *Stipa extremiorientalis* Hara, *S. sibirica* (L.) Lam.]
Fernöstliches Raugras, Sibirisches Raugras
Dieses bis 150 cm hohe Gras aus Japan, China, Korea und Sibirien ist kein Wüstengras, sondern steht am Waldsaum und auf abschüssigen Bergwiesen; es blüht im Hoch- bis Spätsommer. Eine zarte, durchsichtige Pflanze mit lockerem Blütenstand und dunkelgrünem, bis 15 mm breitem Blatt. Optimaler Wuchs auf nährstoffreichem, gleichmäßig frischem Boden in Sonne oder lichtem Schatten. Vermehrung durch Aussaat oder Teilung. WHZ 5.

Achnatherum hymenoides (ROEM. ET SCHULT.) BARKWORTH
[*Oryzopsis hymenoides* (Roem. et Schult.) Ricker]
Sand-Grannenhirse, Indianer-Grannenhierse, „Indian Rice Grass"
Das große Verbreitungsgebiet dieser Art aus dem westlichen Nordamerika reicht von British Columbia und den Great Plains im Norden bis Texas im Süden und Nord-Mexiko im Westen; typische Standorte sind durchlässige bis sandige Böden in der Strauchsteppe, im Sagebrush und an Kiefer-Wacholder-Standorten. Diese Spezies stellte für die Indianer des Südwestens eine wichtige Getreideart dar, als diese noch keinen Mais kannten. Das zarte, luftige Gras ist beim Weidevieh sehr beliebt und steht daher unter großem Druck durch Überweidung und die daraus resultierende Habitatzerstörung. Die fein texturierte, bis 60 cm hohe frühgrü-

OBEN LINKS Anfang Juli reift im südkalifornischen Cleveland National Forest die Saat von Riesen-Raugras *Achnatherum coronatum*; hier steht es neben *Hesperoyucca whipplei* am Rand einer abgebrannten Fläche.
MITTE In Hermann Müssels Garten in Heigenhausen blühen im August Sibirisches Raugras *Achnatherum extremiorientale* und Silber-Raugras *A. calamagrostis* (hinten).
RECHTS Mitte Juni leuchten die trockenen Samenstände der Sand-Grannenhirse *Achnatherum hymenoides* in der Sonne Südkaliforniens.

UNTEN Sand-Grannenhirse *Achnatherum hymenoides* Ende Februar im Norden von New Mexico.

nende Art treibt im zeitigen Frühjahr attraktive lockere Blütenrispen und ruht im Sommer. Gedeiht gut in extrem trockenen Situationen; bei übermäßiger Feuchte geht sie ein. Die zarten, auf den leisesten Luftzug reagierenden Samenstände bleiben den Winter über erhalten. Vermehrung durch Aussaat. WHZ 5.

Achnatherum robustum (Vasey) Barkworth
[Stipa robusta (Vasey) Scribn.]
Schlafgras
Diese trockenheitsverträgliche Spezies ist von South Dakota und Wyoming im Norden bis Texas, Arizona und Nordmexiko im Süden anzutreffen; sie steht auf trockenen Ebenen und Hügeln und in lichten Wäldern. Das aufrechte, bis 150 cm hohe Gras blüht nur, wenn es im Winter geregnet hat. Der Trivialname „Schlafgras" geht auf die ihm nachgesagte Wirkung auf Weidetiere, vor allem Pferde, zurück. Problemlose Vermehrung durch Aussaat. WHZ 4.

Achnatherum speciosum (Trin. et Rupr.) Barkworth
[*Stipa speciosa* Trin. et Rupr.]
Wüsten-Raugras
Dieses langlebige, außergewöhnlich trockenheitsverträgliche Gras aus den Wüstengebieten von Kalifornien und Colorado bis hinunter nach Mexiko überlebt bereits bei einer jährlichen Regenmenge von 130–250 mm. Das äußerst feine, graugrüne, aus dem Scheitel entspringende Laub steht in schopfartigen Büscheln; bei sommerlicher Trockenheit verfärbt es sich intensiv rehbraun bis hellbraun und bleibt den ganzen Winter attraktiv. Auf Winterregen folgt im Frühjahr die Blüte; die flauschigen Blütenstände bleiben bis zum Sommer erhalten. Idealer Begleiter für formprägnante Kakteen, Sukkulenten und andere Wüsenbewohner. Vermehrung durch Aussaat. WHZ 5.

Achnatherum splendens (Trin.) Nevski
[*Stipa splendens* Trin., *Lasiagrostis splendens* (Trin.) Kunth]
Glänzendes Raugras
Heimisch in Steppen und sandigen Halbwüsten, auf Schotterböden, Geröllhalden und Salzwiesen Zentralasiens und Sibiriens; Hauptspezies der als Glycyrrhizo-Achnatheretum splendentis bezeichneten Pflanzenassoziationen. Das imposante Gras kann zur Blüte 240 cm Höhe erreichen. Im Juni/Juli recken sich locker gefiederte rosaviolette Blütenrispen auf schlanken Halmen über den großen Schopf schmaler, grüner bis leicht graugrüner grundständiger Blätter. Die Infloreszenzen verblassen zu beige, bleiben

Links oben Wüsten-Raugras *Achnatherum speciosum* Anfang April im Santa Barbara Botanic Garden (Kalifornien).

Links Wüsten-Raugras *Achnatherum speciosum* Mitte Juni im Santa Barbara Botanic Garden.

jedoch unversehrt und attraktiv. Bevorzugt volle Sonne, niedrige Nachttemperaturen und relativ niedrige Luftfeuchtigkeit. Die Art gedeiht im Garten wie in der Natur hervorragend auf alkalischem bis schotterigem Boden. In milderem Klima wintergrün. Vermehrung am besten durch Aussaat. WHZ 7.

Alopecurus L.

Poaceae – Süßgräser

Fuchsschwanzgras, Fuchsschwanz

Der Gattungsname leitet sich von den griechischen Wörtern *alopex* (Fuchs) und *oura* (Schwanz) ab und beschreibt die weichen, walzenförmigen Infloreszenzen. Die Gattung umfasst etwa 36 ein- und mehrjährige Arten der gemäßigten Zonen der Nordhalbkugel und Südamerikas. Die meisten Spezies sind Wiesen- und Weidegräser von geringer gärtnerischer Bedeutung; die beiden hier vorgestellten Arten werden aufgrund ihrer Laubfarbe geschätzt.

Alopecurus borealis Trin.

[*Alopecurus alpinus* Small, non Vill., *A. alpinus* var. *glaucus* (Less.) Krylov, *A. glaucus* Lessing]

Alpen-Fuchsschwanzgras, Blaugrünes Fuchsschwanzgras

Dieses intensiv graublaue Gras ist in der hohen Arktis rings um den Nordpol anzutreffen, wo es auf Nasswiesen, an Bach- und Teichufern und auf Flussterrassen eine Rolle als Pionierpflanze auf gestörten Böden spielt. Das frühgrünende Gras blüht im Nachwinter oder zeitigen Frühjahr. Die Blüte ist wie bei den meisten Arten der Gattung äußerst unauffällig. Das bis 20 cm hohe Laub ist ausgesprochen attraktiv. Überwiegend horstartig wachsend; verbreitet sich sehr langsam über Rhizome. Gedeiht am besten auf nährstoff-

Links oben Rosig-violett blüht Mitte Juli das Glänzende Raugras *Achnatherum splendens* in Beth Chattos Kiesgarten in Colchester (England).

Links Auch nach der Blüte zeigt *Achnatherum splendens* noch große Präsenz – hier Ende August im Berggarten Hannover.

Unten Alpen-Fuchsschwanzgras *Alopecurus borealis* im Juli in England.

armem Boden in kühlerem Klima. Der Sortenname 'Glaucus' ist überflüssig, da er die typische Form dieses Grases bezeichnet. WHZ 3.

Alopecurus pratensis L.

Wiesen-Fuchsschwanzgras, Wiesen-Fuchsschwanz

Dieses eurasische Wiesengras hat sich über weite Teile des nördlichen Nordamerika verbreitet. Es wächst in dichten Büscheln und blüht 90 cm hoch. Die überwiegend horstbildende Art verbreitet sich sehr langsam über Rhizome. Das frühgrünende Wiesen-Fuchsschwanzgras ist in milden, feucht-gemäßigten Breiten wintergrün. Der gleichmäßig grünlaubige Arttypus wird selten gezogen. WHZ 4.

'Variegatus' ('Aureovariegatus', 'Aureus'). Eines der farbkräftigsten gelbgrünen Gräser. Mit lediglich 45 cm Höhe zur Blüte bleibt es niedriger als die Art. Das schmale Laub variiert von hellem Grün mit leuchtend gelben Längsstreifen bis hin zu nahezu vollkommen gelb; vor allem im Seiten- oder Gegenlicht ist der Gesamteindruck golden. An vollsonnigem Standort ist das Gelb am stärksten ausgeprägt; im Halbschatten ist der Farbton ein hübsches Mandelgrün. Die nichtssagende Blüte erscheint Ende April/Mai. Die Pflanze wirkt akkurater, wenn man sie zu Beginn der Blüte auf gut eine Handbreit abschneidet. Dadurch bleibt die Laubfarbe besser erhalten, wenn das frühgrünende Gras im Sommer kraftlos wird und in Teilruhe übergeht, was vor allem in warmem, luftfeuchtem Klima der Fall ist. Ungeschnitten werden Blüten und Laub ab Juli/August unansehnlich. Mit nachlassender Sommerhitze setzt ein farbkräftiger Neuaustrieb ein, und die Pflanzen bleiben bis zum Frost attraktiv. Ein verlässlicher pflegeleichter Gartenschmuck, der viele Bodenarten und Feuchtegrade toleriert. Vermehrung durch Teilung im Frühjahr oder Herbst.

Ammophila Host

Poaceae – Süßgräser

Helmgras, Strandhafer

Der von den griechischen Wörten *ammos* (Sand) und *philos* (liebend) abgeleitete Name verweist auf den typischen Lebensraum dieser Gattung. Sie umfasst zwei derbe, stark ausläufertreibende spätgrünende Spezies der nördlichen gemäßigten Breiten. Eine dieser Arten ist in den europäischen Küstenregionen und in Nordafrika beheimatet, die andere an der nordamerikanischen Ostküste. Beide stellen eine unerlässliche bodenstabilisierende Komponente der Küstendünenökologie dar. Werden diese Gräser vom Sand verschüttet, so überleben sie, indem sie aus ihren Rhizomen neu austreiben. Beide Spezies sind salztolerant. Vermehrung von Auslesen gewöhnlich durch Teilung; Pflanzung in 30 cm Tiefe. Bei beiden Spezies kommt es sehr schnell zu fatalem Trittschaden.

GANZ OBEN Mitte Mai setzt goldgrüner Wiesen-Fuchsschwanz *Alopecurus pratensis* 'Variegatus' an einem Wegrand in Terry Welchs Garten leuchtende Farbakzente (Woodinville, Washington).
OBEN *Alopecurus pratensis* 'Variegatus' Mitte Mai an vollsonnigem Standort in Pennsylvania.

Ammophila arenaria (L.) Link

Gewöhnlicher Strandhafer

Heimisch in den Küstenregionen Europas und in Nordafrika. Das Art-Epitheton bedeutet „auf Sand wachsend“. Diese anpassungsfähige, aggressiv Ausläufer treibende Art wurde weit außerhalb ihres natürlichen Verbreitungsgebiets zur Erosionskontrolle von Dünen und anderen Sandböden eingesetzt. An der nordamerikanischen Westküste verdrängte sie die dort heimischen Dünengrasgesellschaften, in der entsprechenden ökologischen Nische auf Neuseeland das dortige Riedgras *Desmoschoenus spiralis*. Gegen die an der amerikanischen Ostküste heimische *Ammophila breviligulata* konnte sich *A. arenaria* nicht durchsetzen. WHZ 5.

Ammophila breviligulata Fernald

Amerikanischer Strandhafer

Heimisch an der nordamerikanischen Ostküste und optisch wie ökologisch ein unentbehrlicher Bestandteil von Sandstrand und Düne. Diese Art hat sich an ihrem heimischen Standort als ausdauernder erwiesen als die durch Menschen angesiedelte europäische Verwandte. Für die verschiedenen Regionen sind Auslesen von entsprechender Provenienz im Handel erhältlich. Mitte Oktober bis Mitte April in frostfreiem Boden gepflanzte Teilstücke etablieren sich am schnellsten. Von Sommerpflanzung ist abzuraten. WHZ 5.

'Cape'. Aus einem Naturbestand auf Cape Cod (Massachusetts) ausgelesen. Vor allem für Standorte im Nordosten der USA bis hoch nach Maine geeignet.

'Hatteras'. Diese Auslese gedeiht in den wärmeren Küstenregionen des Südens besonders gut.

Ampelodesmos Link

Poaceae – Süßgräser

Die Gattung enthält eine einzige, hohe Bülten ausbildende Spezies; diese ist in den Küstenregionen Nordwestafrikas und im östlichen Mittelmeerbecken bis West-Griechenland heimisch.

Ampelodesmos mauritanicus (Poir.) T. Durand et Schinz

Mauretanisches Weinried

Das majestätische, in Blüte nahezu 3 m hohe Bültengras steht den höheren Pampasgräsern *Cortaderia selloana* an Größe nicht nach, stellt jedoch vollkommen andere Ansprüche an die Kultur. Das feuertolerante *Ampelodesmos* kann große, prärieartige Bestände bilden. Der Gattungsname bezieht sich auf die frühere Verwendung zum Aufbinden von Weinranken. Das dunkelgrüne, grundständige immergrüne Laub überragen von Hoch- bis Spätsommer überhän-

Links Der europäische Gewöhnliche Strandhafer *Ammophila arenaria* Mitte Dezember an der Küste Nordkaliforniens – eingesetzt zur Dünenbefestigung.

Rechts An der Küste New Jerseys wächst Amerikanischer Strandhafer *Ammophila breviligulata* neben Langlebiger Goldrute *Solidago sempervirens*; die vorhandene natürliche Population wurde durch Zupflanzung unterstützt (Mitte Juli).

LINKS Mauretanisches Weinried *Ampelodesmos mauritanicus* Ende Juli in Kew (England).

OBEN Blütendetail von *Ampelodesmos mauritanicus* Ende Juli in den Royal Botanic Gardens von Kew.

gende Blütenhalme, die den ganzen Winter über attraktiv bleiben. Bevorzugt volle Sonne und durchlässigen Boden. Vermehrung durch Aussaat. Dieses außergewöhnliche Gras hat sich in englischen Gärten, darunter die Royal Botanic Gardens in Kew bei London sowie Beth Chattos Kiesgarten in Colchester, als ausdauernd, trockenheitsverträglich und nicht invasiv erwiesen. WHZ 8, möglicherweise auch WHZ 7.

Andropogon L.

Poaceae – Süßgräser

Bartgras, Blauhalm, Gambagras

Der Gattungsname leitet sich her von den griechischen Wörtern *aner* (Mann) und *pogon* (Bart), eine Anspielung auf die seidigen Haare der Ährchen. Die große, weltweit verbreitete Gattung umfasst über 120 Arten teils einjähriger, überwiegend aber ausdauernder Gräser tropischer und gemäßigter Regionen. Viele Spezies stammen von Trockenstandorten und tolerieren großen Wassermangel. Etwa 13 Arten sind horstbildende mehrjährige Spätgrüner aus dem gemäßigten Nordamerika; diese werden am häufigsten kultiviert. Die meisten Angehörigen dieser Gruppe blühen im Spätsommer und beleben die Herbst- und Winterlandschaft mit intensiven, lange bleibenden Orange-, Rot- und Kupfertönen. Das Laub der im Sommer graublauen Arten ist im Herbst oft rot bis violett überlaufen. Sämtliche Arten ziehen im Winter ein; Rückschnitt möglichst im Nachwinter oder im zeitigen Frühjahr. Bei allen Spezies empfiehlt sich Samenvermehrung oder Teilung im Nachwinter oder Frühjahr. Diese Gattung ist eng verwandt mit *Schizachyrium*: *S. scoparium*, Kleines Präriegras oder auch Kleiner Blauhalm genannt, wurde früher als *Andropogon scoparius* geführt.

Andropogon gerardii VITMAN

Großer Blauhalm, Gambagras

Heimisch in weiten Teilen Nordamerikas und bis nach Zentralmexiko hinunter an oftmals trockenen Standorten auf Prärien und Wiesen, an sonnigen Flussufern und in hellem, lichtem Wald. Mit 150–240 cm Höhe ist der Große Blauhalm der größte nordamerikanische Vertreter seiner Gattung; einst war er die prägende Komponente der Hochgrasprärie. Der Prärieökologe und Gartenbaufachmann Neil Diboll bezeichnet das majestätische Gras als „König der Präriegräser". Aufrecht und horstbildend ohne Ausläufer. Laub bis 9 mm breit, im Sommer grün bis bläulichgrün, im Herbst verlässlich intensiv orange und kupferrot gefärbt; Nachtfrost und Temperaturen unter Null sorgen zusätzlich oft für dunkle Burgundertöne. Ende August/Anfang September erscheinen dreiteilige endständige Blütenstände mit anfangs auffällig roten Staubbeuteln.

Bei dieser Spezies begeistern vor allem die üppige Belaubung und die Herbst- und Winterfärbung; als Solitär überzeugt sie ebenso sehr wie als große Gruppe. Im Hausgarten wirkt das dekorative Gras durch seine Größe und seinen aufrechten Habitus ausgesprochen dramatisch. Ideal als sommerlicher Sichtschutz, zum Verwildern, für Wildwiesen im Garten und zur Prärierestaurierung. Im Sommer und Winter finden Vögel und Säugetiere in dem Gras Schutz und Unterschlupf. Pflanzen, die den Schnee überstehen, ohne zu lagern, bieten im Frühjahr gute Nistmöglichkeiten.

OBEN LINKS In unübersehbarem Purpur leuchten die jungen Blüten des Großen Blauhalms *Andropogon gerardii* Ende August im Botanischen Garten der Universität Hamburg.
OBEN RECHTS Ende August reckt sich im Erfurter Egapark blühender *Andropogon gerardii* steil in die Höhe. Die grüne Laubfarbe ist typisch für die Spezies.

UNTEN LINKS UND MITTE Anmutig neigen sich die Blütenstände von *Andropogon gerardii*, während das Laub das für grünlaubige Gräser typische herbstliche Orange und Kupferrot annimmt (Mitte Oktober, Illinois).

RECHTS Im Garten des Autors in Pennsylvania präsentiert sich *Andropogon gerardii* 'Sentinel' Anfang August sehr aufrecht und sehr blau.

Dieses robuste, langlebige Gras ist ausgesprochen standorttolerant; es kommt mit unterschiedlichen Bodenfeuchten zurecht, benötigt jedoch volle Sonne. Schatten und übermäßiges Nährstoffangebot haben wenig standfeste, überfallende Halme zur Folge. Die meisten der neueren, vegetativ vermehrten Kultursorten zeichnen sich durch aufrechten Wuchs und/oder bereiftes Laub aus; allerdings nehmen nur die grünlaubigen Sorten die orange-rote warme Herbstfärbung an. Zur Bodenstabilisierung und als Weidegras wurden zahlreiche samenvermehrbare Sorten gezüchtet. Diese werden meist aus Wildsaat entwickelt, da das Ziel regional adaptierte Sorten sind. Vermehrung vorzugsweise durch Aussaat im sehr zeitigen Frühjahr. Da die Sämlinge relativ langsam wachsen, kann die Unterdrückung von Wildwuchs durch einmaliges Mähen zu Beginn der Saison mit hoch eingestelltem Schneidwerk (oberhalb der Sämlinge) hilfreich sein. Teilung im Nachwinter oder Frühjahr. Bisweilen treten Hybriden zwischen dem Großen Blauhalm und *Andropogon hallii* auf. WHZ 3.

'Bison'. Eine Sämlingsauslese aus North Dakota mit schöner Herbstfärbung in Rotorange.

'Lord Snowden's Big Blue'. Straff aufrechte Sorte mit kräftigem Halm und in allen Teilen puderblauer Farbe – ein auffälliges Beispiel dafür, wie variabel eine einzelne Spezies sein kann. John Snowden, Inhaber der Bluestem Nursery, sammelte das Ursprungsexemplar an einem Bahndamm in Crowley (Texas); er reichte Pflanzenmaterial an den kalifornischen Gräserguru John Greenlee weiter, der die Sorte nach ihrem Finder benannte. Im Herbst rotviolett überlaufen.

'Niagara'. Eine Sämlingsauslese aus New York mit schöner orangeroter Herbstfärbung.

'Pawnee'. Eine Sämlingsauslese aus dem Herzen von Nebraska mit schöner orangeroter Herbstfärbung.

'Roundtree'. Diese von der amerikanischen Behörde für Bodenschutz entwickelte Sämlingsauslese geht auf Wildsaat aus Monona County (Iowa) zurück. Die Auslese erfolgte mit Blick auf Raschwüchsigkeit der Sämlinge, Blattrostresistenz, verbesserten Futterertrag und geringe Lagerneigung.

'Sentinel'. Norm Hooven von der inzwischen geschlossenen Gärtnerei Limerock (Pennsylvania) traf die Auslese dieser aufrechten, blaugrün bereiften Sorte. Im Herbst rotviolett überlaufen.

Andropogon glomeratus (Walter) Britton, Sterns et Poggenb.

[*Andropogon virginicus* var. *abbreviatus* (Hack.) Fernald]

Geknäueltes Bartgras, Buschiges Bartgras

Diese Spezies unterscheidet sich von den übrigen hier genannten insofern, als sie relativ nasse Standorte bevorzugt – heimisch ist sie in Sümpfen, Marschen, Abzugsgräben und feuchten Niederungen. Die Typusvarietät – *Andropogon glomeratus* var. *glomeratus* – ist in der Küstenebene im Osten Nordamerikas heimisch, von Massachusetts bis hinunter nach Florida. Wird meist 60–90 cm

Ganz oben Auf einem kleinen Hügel in den New Jersey Pine Barrens steht Geknäueltes Bartgras *Andropogon glomeratus* neben Weißer Scheinzypresse *Chamaecyparis thyoides*; die dunkle Wasserfläche reflektiert das Spiegelbild der in der Oktobersonne leuchtenden Grasblüte.

Oben links Mitte September in Colin County, Texas: In einer feuchten Senke steht *Andropogon glomeratus* 150 cm hoch, vergesellschaftet mit Pekanbäumen *Carya illinoensis* und Sonnenblume *Helianthus maximilianii*.

Oben rechts Ende Oktober in den New Jersey Pine Barrens: Die buschigen Samenstände von *Andropogon glomeratus* heben sich hell zimtbraun von den herbstbunten Ufergehölzen ab. Hier, im nördlichsten Teil seines Verbreitungsgebietes, erreicht das Gras lediglich 60 cm Höhe.

hoch. Das Laub ist im Sommer grün und färbt sich im Herbst kupferorange. Die im September auf straff aufrechten Halmen stehenden Blüten sind dicht von auffälligen Tragblättern umstanden. Die trockenen Samenstände bleiben den Winter über gut erhalten; sie liefern schönes Material für Dekorationszwecke. Gedeiht auf durchschnittlich frischem Gartenboden, ist jedoch weniger trockenheitsverträglich als die meisten anderen *Andropogon*-Arten. Vollsonniger bis minimal lichtschattiger Standort. Samenvermehrung im zeitigen Frühjahr oder Teilung im Nachwinter oder Frühjahr. WHZ 5.

Andropogon glomeratus* var. *scabriglumis C. S. Campb.

Rauspelziges Bartgras

Diese Varietät wächst in Feuchtlagen von New Mexico und Südkalifornien bis nach Mexiko im Süden. Mit einer Höhe von nicht selten 120–150 cm wird sie größer als die Typusvarietät; darüber hinaus ist sie weniger kälteverträglich. WHZ 6.

Andropogon gyrans Ashe

[*Andropogon elliottii* Chapm.]

Elliotts Bartgras

Naturstandort dieser Art sind trockene bis feuchte Wiesen und lichte Wälder im östlichen Nordamerika, häufig vergesellschaftet mit *Andropogon virginicus*. Von diesem unterscheidet sie sich durch den Blütenstand, der dichtgedrängt am oberen Halmende steht und von breiten, auffälligen Blattscheiden umgeben ist. Die im Sommer grünen Halme und Blattscheiden leuchten im Spätherbst und Winter in unübersehbarem Orange. Die kräftigen Stängel überstehen etliche Schneefälle aufrecht und bieten der Vogelwelt im Frühjahr gute Nistmöglichkeiten. Horstbildend ohne Ausläufer, 60–90 cm hoch. Bevorzugt volle Sonne und durchschnittlichen bis nährstoffarmen Boden. Trockenheitsverträglich. Vermehrung durch Aussaat im zeitigen Frühjahr oder durch Teilung im Nachwinter oder Frühjahr. WHZ 5.

Andropogon hallii Hack.

[*Andropogon gerardii* var. *paucipilus* (Nash) Fernald]

Sand-Blauhalm, Halls Blauhalm

Diese Spezies ist in ihrer Erscheinung dem Großen Blauhalm *Andropogon gerardii* sehr ähnlich, ist jedoch auf Sandhügeln und anderen sandigen Trockenstandorten anzutreffen. Das Verbreitungsgebiet reicht von North Dakota und Montana bis Texas, Wyoming, Utah und Arizona. Dieses Gambagras ist etwas stärker ausläufertreibend als *A. gerardii* und neigt stärker zu bereiftem Laub. Höhe bis 180 cm. Da beide Arten ineinander übergehen und häufig Hybriden bilden, werden sie nicht selten zusammengefasst. *A. hallii* ist jedoch eine Pflanze mit hohem Gestaltwert und für sehr trockenen Boden weitaus besser geeignet. Eine Reihe hochattraktiver graublauer Hybriden zwischen *A. hallii* und *A. gerardii* erweist sich als ausgesprochen brauchbar und attraktiv. WHZ 3.

Ganz oben Ende Februar: Vorjähriges Rauspelziges Bartgras *Andropogon glomeratus* var. *scabriglumis* steht in der Wiese des Santa Barbara Botanic Garden in Kalifornien 120 cm hoch.

Oben links Anfang Januar akzentuiert die Sonne Elliotts Bartgras *Andropogon gyrans* in der mit leichter Hand geführten Wiese von Longwood Gardens (Pennsylvania).

Oben rechts Der Sand-Blauhalm ist hervorragend an das trockene Klima in Colorado angepasst; hier blüht er Ende August im Botanischen Garten Denver.

'Champ'. Die von Lawrence Newell an der University of Nebraska entwickelte Hybride zwischen *Andropogon gerardii* und *A. hallii* wurde aufgrund ihrer hohen Standorttoleranz selektiert. Die Sämlingssorte wird durch kontrollierte Kreuzung vermehrt.

'Sanbi'. Diese straff aufrechte, intensiv bereifte Hybride zwischen *Andropogon gerardii* und *A. hallii* ging aus Nebraskas Initiative „Great Plants for the Great Plains" hervor; sie ist für die vegetative Vermehrung vorgesehen. Vertrieben wird sie unter dem Handelsnamen Silver Sunrise™.

Andropogon ternarius Michx.

Gespaltenes Bartgras

Heimisch auf Sandböden der nordamerikanischen Küstenebene von Delaware bis Florida und hinüber bis Texas sowie auf Tonböden von Georgia bis Missouri. Höhe 60–90 cm. In seiner Belaubung ist dieses Gras *Andropogon virginicus* und *Schizachyrium scoparium* so ähnlich, dass Verwechslungen möglich sind; die spätsommerlichen Blüten jedoch, die an dünnen Stielen auffällig von den Halmen abstehen, sind unverwechselbar. Die trockenen Samenstände leuchten silberweiß und sind im Gegenlicht besonders attraktiv. Das Laub ist oft leicht bereift und blaugrün; im Herbst nimmt es bronzeviolette, kupfrige und rote Töne an. Benötigt volle Sonne. Sehr trockenheitsverträglich. Vermehrung durch Aussaat im zeitigen Frühjahr oder durch Teilung im Nachwinter oder Frühjahr. WHZ 6.

Andropogon virginicus L.

Virginia-Bartgras

Diese weit verbreitete variable Spezies steht auf verdichtetem bis sandigem Grund auf offenen Böden, Sukzessionsflächen und unfruchtbaren Hügeln in großen Teilen Nordamerikas und bis ins nördliche Südamerika. Die anpassungsfähige, häufig aggressive Pionierpflanze ist in Kalifornien, auf Hawaii, in Japan und Australien verwildert. Aufrecht, horstbildend ohne Ausläufer, in kaltgemäßigten Regionen in Blüte 60–90 cm hoch. Halme und Laub sind im Sommer leuchtend grün, bei Blühbeginn im September dunkel rotviolett überlaufen; im Spätherbst färben sie sich leuchtend orange. Diese Färbung hält den Winter hindurch bis ins Frühjahr an und wird durch Regennässe verstärkt. Im Gegenlicht leuchten die Blütenstände schön silbern. Das Gras wird im Sommer oft übersehen, doch im Winter prägt es zahlreiche Sukzessionsflächen und Weiden mit seiner orangebraunen Farbe. Benötigt nahezu volle Sonne; ist auf kargem Boden am langlebigsten. Extrem trockenheitsverträglich; geeignet für die offengehaltene Kulturlandschaft und für naturnahe Flächen in Parks, für Straßenrandbereiche und weitläufige gestaltete Landschaften. Vermehrung durch Aussaat im zeitigen Frühjahr oder durch Teilung im Nachwinter oder Frühjahr. WHZ 3.

LINKS AUSSEN Anfang August: Andropogon 'Sanbi', eine Hybride aus *A. gerardii* und *A. hallii*, die als Silver Sunrise™ verkauft wird, ging aus dieser Testpflanzung der University of Nebraska (Lincoln) als die bei weitem aufrechteste Sorte hervor.

MITTE LINKS Deutlich heben sich bei *Andropogon* 'Sanbi' hellgelbe Halmabschnitte von dem bläulichen Laub ab (Ende Juli, Pennsylvania, Garten des Autors). Dieselbe Eigenschaft zeichnet *A. hallii* aus.

MITTE RECHTS Auf locker bewachsenem, sandigem Untergrund in Süd-Delaware steht Gespaltenes Bartgras *Andropogon ternarius*; seine Blütenhalme zeichnen sich im Gegenlicht dramatisch gegen das Herbstlaub ab (Ende Oktober).

RECHTS Lange, schlanke Halme tragen die unverwechselbaren Blüten und Samenstände des *Andropogon ternarius*.

Andropogon virginicus* var. *glaucus Hack.

[*Andropogon capillipes* Nash]

Blaugrünes Virginia-Bartgras

Diese Varietät vor allem der Küstenebenen steht meist auf sandigem Boden, von Texas und Florida im Süden bis zum südlichen New Jersey im Norden. Unverwechselbares, stark blau bereiftes Sommerlaub. Etliche Botaniker vertreten die Ansicht, dies sei eine eigene Art, *Andropogon capillipes*; Zwischenformen machen jedoch eine Abgrenzung schwer, und so geht in den letzten Jahren die allgemeine Meinung dahin, *A. virginicus* als variable Spezies zu betrachten. Aufrecht im Habitus, gewöhnlich 60–90 cm hoch, Blüte von Mitte September bis Anfang Oktober. Bevorzugt volle Sonne; gedeiht am besten auf wenig bis durchschnittlich nährstoffreichem Boden. Sehr trockenheitsverträglich. Pflanzen aus südlicheren Regionen sind weniger winterhart als *A. virginicus*, dafür aber weitaus hitzeverträglicher – ein Sommer in Georgia oder Florida macht ihnen nichts aus. WHZ 7.

'Silver Beauty'. Laub im Sommer silbrig blaugrün, im Herbst rot und violett überlaufen.

'Valdosta Blue'. Laub im Sommer blaugrün, im Herbst teils violett gefärbt. Bob McCartney von der Gärtnerei Woodlanders Nursery selektierte diese Sorte aus einem Wildbestand in der Nähe von Valdosta (Georgia) und führte sie in den Handel ein.

Anemanthele Veldkamp

Poaceae – Süßgräser

Diese von *Stipa* losgelöste Gattung ist monotypisch, enthält also nur eine einzige Spezies; zugleich ist sie endemisch für Neuseeland, das heißt, sie kommt nirgendwo sonst auf der Welt vor.

Oben links In voller Sonne steht Virginia-Bartgras *Andropogon virginicus* an einem Hang in Chester County (Pennsylvania); Ende Oktober ergänzt es die Herbstfarbe der Eichen im Hintergrund perfekt.

Oben Mitte Seinen Namen „Bartgras" verdankt *Andropogon virginicus* den seidigen Haaren seiner Blütenährchen und Samenstände – besonders gut sichtbar auf dieser Aufnahme von Anfang November.

Oben rechts Nord-Delaware: Sogar Mitte März übersteht *Andropogon virginicus* Neuschnee noch aufrecht; die von der Wintersonne gebleichten Halme zeichnen zarte Schattenlinien.

Unten *Andropogon virginicus* var. *glaucus* 'Silver Beauty' Mitte September im Norfolk Botanical Garden (Virginia).

Anemanthele lessoniana (Steud.) Veldkamp

[*Stipa arundinacea* (Hook. f.) Benth., *Oryzopsis lessoniana* (Steud.) Veldkamp]

Neuseeland-Windgras, Fasanenschwanzgras

Dieses außergewöhnlich elegante Gras ist am Waldsaum und in den Wäldern und Gebüschen von Neuseelands Nord- und Südinsel beheimatet, von Meereshöhe bis hinauf in die Berge. Es wächst als fein texturierter, sehr dichter, bis 75 cm hoher halbkugelförmiger Horst. Die zarten Halme reagieren auf die leichteste Brise. Im Schatten ist das Laub dunkelgrün, in der Sonne wird es golden bis bernsteinfarben. Im Frühsommer neigen sich unzählige Blütenhalme über das Laub, die sich unter dem Gewicht der reifenden Saat schließlich bis zum Boden herabbeugen. Die fein verzweigten Infloreszenzen sind zunächst intensiv rot bis rosa gefärbt; diese Farbe hält sich über mehrere Wochen. Wenn die Blütenstände mit glitzernden Tautropfen besetzt sind, wirken sie besonders bezaubernd. Versamt sich eifrig im Garten, hat sich bisher jedoch nicht als Bio-Invasor erwiesen. *Anemanthele lessoniana* ist im Wald heimisch und daher recht schattentolerant; dennoch dieses Gras in voller Sonne erstaunlich trockenheitsverträglich und langlebig. Die in ihrer Heimat und in England schon lange beliebte Spezies erweist sich auch in Kalifornien und bis hinauf in den Pazifischen Nordwesten auf durchlässigem Boden als gartengeeignet. Vermehrung am einfachsten durch Aussaat. Teilung ist möglich, bei älteren Pflanzen aufgrund des festen Horstes jedoch mühsam. WHZ 8.

'Autumn Tints'. Laub im Spätsommer intensiv rotorange getönt.

'Gold Hue'. Laub im Spätsommer goldgelb getönt.

Aristida L.

Poaceae – Süßgräser

Dreigrannengras

Die Gattung umfasst nahezu 300 Arten spätgrünender Bültengräser, die weltweit an überwiegend trockenen Standorten anzutreffen sind, darunter Savannen, sandiger Wald, lichter Felswald, trockenes Grasland und Wüsten. Einige Spezies sind als gefährliches Unkraut klassifiziert. Der vom lateinischen *arista* (Borste) hergeleitete Name verweist auf die kräftigen Grannen der meisten Arten.

Aristida purpurea Nutt.

Purpur-Dreigrannengras

Die bis 60 cm hohe aufrechte Spezies, ein schöner Bewohner trockener Graslandschaften, ist sehr variabel und wird häufig in zahlreiche ineinander übergehende botanische Varietäten unterteilt. Sie gedeiht auf sandigem Boden ebenso wie auf Tonboden, an Hängen und auf Mesas, auf Trockenhügeln und Ebenen von Arkansas und Kansas bis Utah und Texas sowie von Südkalifornien bis hinunter nach Nordmexiko. Das ganzjährig attraktive Gras zeigt sich zur Blütezeit außergewöhnlich farbenfroh. Die zunächst intensiv rotvioletten Blütenstände verbleichen in der Sonne zu hellem Strohblond. In Winterregengebieten blüht das Gras normalerweise im Frühjahr, doch weitere Feuchteperioden oder Wassergaben lösen auch zu anderen Zeiten Wachstumsschübe und Blütenbildung aus. Die Laubfarbe ist ein sattes Grün. Bevorzugt volle Sonne. Sehr trockenheitsverträglich. Zurückhaltende Selbstaussaat; bei konstanter Bewässerung können die Sämlinge allerdings ein wenig überhand nehmen. Leicht aus Samen zu vermehren. WHZ 6.

LINKS An einem Schattenplatz in Dave Fross' Garten leuchtet das Neuseeland-Windgras *Anemanthele lessoniana* Anfang April in kräftigem Grün (San Luis Obispo, Kalifornien). Normalerweise wächst es in der Sonne, doch hier entspricht ein leicht schattiger Standort eher seinen heimatlichen Standortbedingungen.

UNTEN Wie eine rosige Fontäne präsentiert sich blühende *Anemanthele lessoniana* Ende Juli in Beth Chattos Garten in England.

OBEN Kalifornien: Das Purpur-Dreigrannengras *Aristida purpurea* reagiert auf Regenfall im Frühjahr mit kräftig purpurroten Blüten.

OBEN RECHTS Bereits im April ist in San Luis Obispo (Kalifornien) das Purpurrot der Blüte von *Aristida purpurea* verbleicht, doch darum wirkt die von Dave Fross gestaltete Gräserwoge unter einer immergrünen Eiche *Quercus agrifolia* nicht weniger dramatisch.

RECHTS Steifes Dreigrannengras *Aristida stricta* Ende Oktober im Botanischen Garten der University of North Carolina in Chapel Hill.

Aristida stricta Michx.

Steifes Dreigrannengras

Dieses 60–120 cm hohe feingliedrige Gras ist auf sandigen Böden und in Kiefernwäldern von North Carolina bis Florida und Mississippi heimisch; es ist ein wichtiger Faktor der für weite Teile des amerikanischen Südostens charakteristischen *Pinus-palustris*-Pflanzengesellschaft. Diese von Sumpf-Kiefer und *Aristida stricta* dominierte, mit vereinzelten Eichen durchsetzte Waldgemeinschaft ist an Waldbrände adaptiert und von ihnen abhängig. Feuer stimuliert das Wachstum und die Samenproduktion der Grasspezies; die Unterdrückung von Waldbränden durch den Menschen hat den Übergang zu Laubwald und den Verlust sowohl des Grases als auch des Kiefernbestandes zur Folge. Derzeit sollen die noch vorhandenen *Pinus-palustris*-Gesellschaften durch Wiederansiedlung des Grases und kontrollierte Brände bewahrt und restauriert werden. Vermehrung durch Aussaat. WHZ 7.

Arrhenatherum P. Beauv.

Poaceae – Süßgräser

Glatthafer

Der von den griechischen Wörtern *arrhen* (männlich) und *ather* (Granne) hergeleitete Name verweist auf die begrannten männlichen Blüten. Umfasst vier mehrjährige Spezies in Europa, Afrika und Asien. Der Gewöhnliche Glatthafer *Arrhenatherum elatius* (L.) P. Beauv. ex J. Presl et C. Presl ist als Unkraut weltweit verbreitet. Einzig die folgende Unterart wird im Garten gezogen.

Arrhenatherum elatius subsp. *bulbosum* (Willd.) Schübl. et G. Martens

[*Arrhenatherum bulbosum* (Willd.) C. Presl]

Knolliger Glatthafer

Diese Unterart zeichnet sich durch auffällige knollenförmige Speicherorgane am Halmgrund aus, die willig bewurzeln und neue Pflanzen bilden. Im Garten wird einzig die im Folgenden beschriebene buntblättrige Auslese gezogen.

'Variegatum'. Gestreifter Knollen-Glatthafer. Das dunkelgrüne Blatt ist derart dicht mit reinweißen Längsstreifen überzogen, dass die Pflanze bereits aus geringer Entfernung fast vollkommen weiß erscheint. Trockene Sommer mit kühlen Nächten lassen den Frühgrüner gut gedeihen; der adrette polsterförmige Horst bleibt unter 30 cm Höhe. Die spätsommerliche Blüte steht auf bis zu 75 cm hohen Halmen; die Pflanze bleibt jedoch attraktiver, wenn sie zu diesem Zeitpunkt zurückgeschnitten wird. In heißen, luftfeuchten Regionen mit hohen Nachttemperaturen befällt den Gestreiften Knollen-Glatthafer häufig Blattrost; die zunehmend entstellte Pflanze fällt schließlich ganz in Ruhe. Halbschatten minimiert Hitzestress, ohne sich auf die Blattzeichnung auszuwirken. Nach dem Neuaustrieb im Herbst gehen die Pflanzen attraktiv in den Winter. Häufiges Teilen erforderlich, möglichst im Frühjahr oder Herbst. WHZ 4.

Arundo L.

Poaceae – Süßgräser

Arundo, Pfahlrohr, Rohr

Der Gattungsname ist das lateinische Wort für (Schilf-)Rohr. Die Gattung umfasst drei Spezies, sämtlich ausläufertreibende Spätgrüner, die ursprünglich aus Feuchtlagen im Mittelmeerraum bis hin nach Ostasien stammen; eine Spezies, *Arundo donax*, hat sich auch in anderen Regionen weit verbreitet.

Arundo donax L.

Italienisches Pfahlrohr, Pfahlrohr

Seit alters her werden aus dieser Pflanze Rohrblätter für Blasinstrumente gewonnen. Von Bambus abgesehen gibt es kein einziges in kühlgemäßigten Breiten winterhartes Gras, das größer und höher wird als diese Spezies aus dem Mittelmeerraum. In einer einzigen Saison kann es selbst dort, wo es bis zum Boden zurückgefroren ist, über 400 cm Höhe erreichen. In warmen Klimaten bleibt es immergrün und erreicht 550 cm Höhe. Die aufrechten Halme sind mit bis zu 80 mm breiten, derben, graugrünen Blättern besetzt. Verbreitet sich geschwind über dicke Rhizome. Im Sommer (in Regionen mit relativ kurzer Wachstumsperiode im Frühherbst) öffnen sich an den Halmspitzen rosige, 30 cm hohe Blütenstände, die silbern trocknen.

Zur Bildung von Blüten benötigt das Italienische Pfahlrohr eine lange warme Vegetationsperiode, doch die dramatischen Halme und das Laub sind Grund genug, es im Garten zu ziehen. E. A. Bowles bezeichnete es aufgrund seiner Blattschmuckwirkung als „König der Gräser". Wenn der Winterwind das vom Frost verbräunte Laub zerschleißt, ist es an der Zeit, die Pflanzen knapp über dem Boden abzuschneiden. Ein eindrucksvoller Solitär oder Sichtschutz.

Am schönsten in voller Sonne; toleriert auch lichten Schatten. Keine besonderen Ansprüche an Boden und Nährstoffversorgung.

Trockenheitsverträglich, toleriert jedoch ebenso zeitweise überstaute Bedingungen. Keimfähige Saat wird nur in warmem Klima, beispielsweise Südkalifornien, produziert; dort kann sich die Art in Feuchtlagen als Bio-Invasor erweisen. Alte, etablierte Exemplare lassen sich aufgrund ihres Gewichts und ihrer Größe kaum teilen, umpflanzen oder entfernen. Glücklicherweise sind die Rhizome relativ weich, sodass sie sich leicht mit einem scharfen Spaten durchstechen lassen. Rhizomstücke bewurzeln willig. Teilung möglichst im Frühjahr. WHZ 6.

'Golden Chain'. Gelbes Blatt mit grünem Mittelstreifen. Niedriger, weniger blühfreudig und weniger winterhart als die Art. WHZ 7, eventuell auch kälter.

'Macrophylla'. Ein alter Klassiker mit breiterem, stärker bereiftem Blatt als die Art.

'Variegata' ('Versicolor'). Laub und Halme rahmweiß gestreift. Die Streifen leuchten im Frühjahr am hellsten; nach einem warmen Sommer sind sie oft zu gelbgrün nachgedunkelt. Niedriger, weniger blühfreudig und geringfügig weniger winterhart als die Art. WHZ 6.

Arundo formosana Hack.

Taiwan-Pfahlrohr

Heimisch in gemäßigten Breiten Ostasiens. In allen Teilen kleiner als *Arundo donax*; Höhe bis 240 cm, Laub 12 mm breit. Die Rhizome bleiben kürzer und die Pflanze damit horstartiger als *A. donax*. Im Spätsommer oder Herbst öffnen sich rosa Blütenstände, die später hellbraun werden. In milderem Klima immergrün.

'Green Fountain'. Stärker gerundet als die Art. Jim Waddick brachte die Sorte aus China mit; Vermehrung über Schnittlinge.

'Oriental Gold'. Diese patentierte Sorte entdeckte Greg Speichert von der Gärtnerei Crystal Palace Perennials als Sport an einer grünlaubigen Pflanze. Über dem leuchtend gelb-grün gestreiften Laub öffnen sich im Herbst hellrosa Blüten. Höhe 120–240 cm. WHZ 6.

LINKE SEITE, LINKS *Arrhenatherum elatius* subsp. *bulbosum* 'Variegatum' Ende Mai mit *Brunnera macrophylla* 'Langtrees'.
MITTE *Arundo donax* steht Ende Oktober in den Longwood Gardens in Pennsylvania 420 cm hoch.
RECHTS *Arundo donax* 'Golden Chain' Ende Oktober in North Carolina.

LINKS Die Blüte von *Arundo donax* beginnt in Longwood Gardens Ende September.
UNTEN LINKS *Arundo donax* 'Variegata' im Chanticleer Garden (Wayne, Pennsylvania, Mitte Juni).
UNTEN RECHTS *Arundo formosana* 'Oriental Gold' Anfang April in den Seaside Gardens in Carpinteria (Kalifornien).

Arundo plinii Turra

[*Arundo pliniana* Turra]

Kleines Pfahlrohr, Pfeilrohr

Kleiner und schilfähnlicher als *Arundo donax*; 150–210 cm hoch. Breitet sich eifrig über lange Rhizome aus. Laub graugrün, in milderem Klima immergrün. Setzt nur bei langer Vegetationsperiode Blüten an. WHZ 6.

Austrostipa S. W. L. Jacobs et J. Everett

Poaceae – Süßgräser

Australisches Fiedergras

Diese erst vor kurzem von *Stipa* abgetrennte Gattung umfasst etwa 70 ausdauernde Spezies aus Australien und Neuseeland.

Austrostipa elegantissima (Labill.) S. W. L. Jacobs et J. Everett

[*Stipa elegantissima* Labill.]

Zierliches Australisches Fiedergras

Heimisch im gemäßigten Australien. Horstbildend, bis 90 cm hoch. Reagiert von Frühjahr bis Herbst auf Regenfall mit erneuter Blütenbildung. Im Laufe der Saison sammeln sich immer mehr lockere Blütenrispen an, die silbern trocknen. Vermehrung durch Aussaat. WHZ 8.

Austrostipa ramosissima (Trin.) S. W. L. Jacobs et J. Everett

[*Stipa ramosissima* (Trin.) Trin.]

Feinästiges Australisches Fiedergras

Die Art steht in ihrer Heimat Australien in Waldnähe in feuchten Rinnen mit durchlässigem Boden, wo sie 240 cm Höhe erreicht; reagiert auf Regenfall nahezu ganzjährig mit erneuter Blütenbildung. In sonniger Lage auf feuchtem Boden reißt die Blüte im Grunde nicht ab, sodass das aufrechte horstbildende Gras schließlich als dichte, hoch aufragende zarttexturierte Blütenwolke dasteht. Leicht aus Samen zu vermehren. WHZ 8.

LINKS Longwood Gardens (Pennsylvania): Die Blütenhalme von *Arundo plinii* stehen Anfang November 180 cm hoch.

UNTEN LINKS Durchsichtig hellgrün leuchten die jungen Blütenstände von *Austrostipa ramosissima* im Leaning Pine Arboretum.

UNTEN RECHTS *Austrostipa ramosissima* mit gelber Gefleckter Gauklerblume *Mimulus guttatus* Ende Juni im Leaning Pine Arboretum (San Luis Obispo, Kalifornien).

Austrostipa stipoides (Hook. f.) S. W. L. Jacobs et J. Everett
Diese seltene Art ist in Australien und Neuseeland auf Küstendünen und Stränden, auf Felsen und im Schlickwatt beheimatet. Wächst als dichtes, bis 90 cm hohes Büschel.

Baumea Gaudich.

Cyperaceae – Riedgrasgewächse
Diese von der Gattung *Cladium* (Schneiden) abgetrennte Gattung umfasst etwa 30 mehrjährige Wasserrand-Arten aus Australasien.

Baumea rubiginosa (Spreng.) Boeckeler
[*Cladium rubiginosum* (Spreng.) Domin]
Braunrote Schneidebinse, Braunrotes Schneideried
Die Spezies wächst in Neuseeland, Australien, Neuguinea, Neukaledonien und Südostasien in Morasten und an Seeufern von Meereshöhe bis in niedrigere Gebirgslagen. Das mehrjährige binsenartige Riedgras breitet sich über Rhizome zu Kolonien aus, lässt sich im Teichgarten jedoch leicht als kleiner Horst halten. Die immergrünen, bis knapp 40 cm hohen, im Querschnitt elliptischen Halme von typisch gleichmäßig dunkelgrüner Farbe stehen kerzengerade. Bevorzugt nasse, zumindest aber ständig feuchte Lagen in voller Sonne. WHZ 7.

'Variegata'. Ein gelber Streifen ziert eine Kante des Halms.

Blepharoneuron Nash

Poaceae – Süßgräser
Der von den griechischen Wörtern *blepharis* (Wimper) und *neuron* (Nerv) hergeleitete Name verweist auf die Nervatur der Deckspelze. Das Genus ist auf zwei spätgrünende Spezies aus den Wüsten des amerikanischen Südwestens beschränkt.

Blepharoneuron tricholepis (Torr.) Nash
Berg-Nebelgras
Diese Spezies ist meist an steilen, felsigen, nach Süden oder Westen weisenden Hängen in den unteren und mittleren Höhenlagen der Vorgebirge und Gebirge der Four-Corners-Region (Vierländereck Arizona, New Mexico, Colorado und Utah) und bis nach Mexiko hinein anzutreffen. Steht zur Blüte im Hoch- bis Spätsom-

Links *Austrostipa stipoides* Ende August (Winter) im Botanischen Garten von Auckland (Neuseeland).

Rechts *Baumea rubiginosa* 'Variegata', eine buntblättrige Form der Braunroten Schneidebinse.

mer 30–60 cm hoch. Die zarten, fein verzweigten Blütenstände leuchten im Morgentau wie Nebelschleier. Diese als Ziergras noch recht unbekannte Spezies ist eine ausgesprochen gartenwürdige Pflanze, die sich dank guter Beobachtung direkt in der Natur fand. David Salman, ein Pflanzenzüchter aus New Mexico, wagte einen Versuch mit dem attraktiven Gras, das ihm schon länger auf seinen Bergwanderungen aufgefallen war. In der Pecos-Region des Santa Fe National Forest sammelte er Saat und bot 2004 in seinem „High Country Gardens"-Katalog die ersten Pflanzen an. Damit ergänzte er die für Wüsten- und Steppenklimate erhältliche Gräserpalette um eine wassersparende regionaltypische Schönheit. WHZ 4.

Bothriochloa Kuntze

Poaceae – Süßgräser

Bartgras

Die Gattung umfasst etwa 35 ausdauernde spätgrünende Spezies, die an offenen Standorten warmgemäßigter und tropischer Regionen weit verbreitet sind und teilweise als Weidegras kultiviert werden. Sehr eng verwandt mit *Andropogon*.

Bothriochloa barbinodis (Lag.) Herter

[*Andropogon barbinodis* Lag.]

Silber-Bartgras

Heimisch auf Trockenhängen und Schotterflächen in Oklahoma, New Mexico, Texas und Kalifornien, nach Süden bis Mexiko. Horstbildend ohne Ausläufer, aufrecht, 60–120 cm hoch. Bringt von Mai bis Oktober Blüten hervor, die auf schlanken Halmen über dem Laub stehen. Die zunächst schmalen silbrigen Blütenstände werden im Aufblühen und später beim Trocknen zunehmend federartiger und durchsichtiger; im Gegenlicht ist die Wirkung oft ausgesprochen dramatisch. Nach der Blüte fallen die Halme locker über. Sehr trockenheitsverträglich; in feuchteren Lagen bleibt die Dormanz aus. Attraktiv als größere Gruppe auf der Wildwiese im Garten. Vermehrung durch Aussaat. WHZ 7.

Bothriochloa ischaemum (L.) Keng

[*Andropogon ischaemum* L.]

Gewöhnliches Bartgras, Gelbes Bartgras

Das ursprünglich von sonnigen Trockenstandorten Europas stammende Gras ist inzwischen weit über Eurasien und Nordafrika verbreitet. Die grünen Halme der aufrechten, horstbildenden mehrjährigen Spezies sind deutlich gelb gezeichnet. Steht zur Blütezeit im Hochsommer bis 75 cm hoch. Erblüht rot und trocknet zu silbern. Leicht aus Samen zu vermehren. WHZ 6.

Bouteloua Lag.

Poaceae – Süßgräser

Moskitogras, Haarschotengras, Gramagras

Nach den spanischen Botanikern Claudio und Esteban Boutelou benannt. Umfasst nahezu 40 ein- und mehrjährige Spezies; heimisch auf Trockenhügeln, Ebenen und anderen offenen Grasflächen Nord- und Südamerikas von Kanada bis Argentinien. Viele Arten stammen aus dem Südwesten der USA; die beiden im Folgenden vorgestellten mehrjährigen Spätgrüner waren Charakterarten der historischen nordamerikanischen Kurzgrasprärie. Diese auch als Great Plains bezeichnete Region ist wärmer und trockener als die Region der Hochgrasprärie. Haarschotengräser sind wichtige Weidegräser.

Bouteloua curtipendula (Michx.) Torr.

Hohes Haarschotengras, Fahnen-Gramagras

Heimisch an trockenen, oftmals steinigen oder schotterigen Standorten, in Nordamerika von Ontario bis Südkalifornien, nach Süden bis Argentinien. Der Trivialname bezieht sich auf die Form der einseitswendig an der Spindel sitzenden Ährchen. Die bis 90 cm hohen Blütenhalme stehen aufrecht bis bogig überhängend über dem grundständigen graugrünen Laub. Die im Frühsommer beginnende Blüte hält bei ausreichend Feuchtigkeit oft bis zum Spätsommer an. Die zunächst leicht violetten Ährchen verblassen mit der Zeit zu strohfarben. Das Herbstlaub weist unter anderem bronze-violette, orange und rote Töne auf. Bevorzugt volle Sonne, wächst

LINKE SEITE Im Hochsommer blüht das Berg-Nebelgras *Blepharoneuron tricholepis* in einem Garten in New Mexico. Foto © David Salman.

RECHTS Ende Juni auf der Wiese des Santa Barbara Botanic Garden in Kalifornien: Die junge Blüte des Silber-Bartgrases *Bothriochloa barbinodis* setzt sich hell gegen die graublauen Berge im Hintergrund ab.

RECHTS UNTEN *Bothriochloa barbinodis* fängt mit seinen Infloreszenzen das Sonnenlicht ein – hier Ende Juni als Wegbegleiter im Leaning Pine Arboretum (San Luis Obispo, Kalifornien).

UNTEN In den Royal Botanic Gardens von Kew (England) blüht *Bothriochloa ischaemum* Ende August.

aber auch in lichtem Schatten. Toleriert unterschiedliche Böden und längere Trockenperioden. Als Einzelexemplar wirkt das Gras auf subtile Art attraktiv, als größere Fläche oft ausgesprochen dramatisch. Eine schöne Ergänzung für die Wildwiese im Garten; auf feuchterem Boden jedoch rasch von anderen Gräsern verdrängt. Vermehrung durch Aussaat im zeitigen Frühjahr, alternativ durch Teilung. WHZ 4.

Bouteloua gracilis (Humb., Bonpl. et Kunth) Griffiths
[*Bouteloua oligostachya* Torr. ex A. Gray]
Moskitogras, Blaues Gramagras, Haarschotengras
Auf trockenen Ebenen von Wisconsin bis Manitoba, nach Süden bis Südkalifornien und Texas heimisch. Dieses winzige, in Blüte meist nur 20 bis knapp 40 cm hohe Gras blüht von Juni bis September. Die ungewöhnlichen, an kleine Bürsten erinnernden Blütenstände stehen waagerecht von der Halmspitze ab; sie sind zunächst intensiv rot gefärbt, verbleichen später zu strohfarben und biegen sich beim Trocknen oft auf. Bevorzugt volle Sonne. Dicht gepflanzt lässt sich das Moskitogras als niedriger, zwangloser

Bodendecker verwenden, der nicht gemäht werden muss; gelegentlich auf 5–8 cm Höhe geschoren ist es ein wassersparender Rasen, der Betreten recht gut toleriert. In mildem Klima ist das Gras wintergrün; in kaltem Klima hält es Winterruhe. Leicht aus Samen zu vermehren. WHZ 3.

Brachypodium P. Beauv.

Poaceae – Süßgräser

Zwenke

Die Gattung umfasst etwa 18 überwiegend eurasische ein- und mehrjährige Arten. In manchen Weltregionen stellen die beiden folgenden europäischen Spezies potenzielle Bio-Invasoren dar; in anderen sind sie kontrollierbar und für problematische Standorte gut geeignet.

Brachypodium pinnatum (L.) P. Beauv.

Fieder-Zwenke

Diese europäische Spezies gedeiht an schattigen und offenen Standorten, darunter Waldränder, lichte Wälder und Grasland. Überwiegend aufrecht wachsend, 30–120 cm hoch. Toleriert trockenen Schatten und Wasserkonkurrenz von Baumwurzeln. Leicht aus Samen zu vermehren. WHZ 4.

Brachypodium sylvaticum (Huds.) P. Beauv.

Wald-Zwenke

Diese europäische Spezies ist in Wäldern und an anderen Schattenplätzen bis Norwegen hinauf heimisch. Horstbildend, überwiegend aufrecht, 30–90 cm hoch. Das sich willig versamende Gras hat sich weit verbreitet, darunter auch in Teilen des amerikanischen Nordwestens, wo es als gefährliches Unkraut eingestuft wird. In trockenen, schattigen europäischen Gärten lässt es sich gut kontrollieren; es ist eines der wenigen Gräser, die mit sehr wenig Licht zurechtkommen. WHZ 3.

Linke Seite, links aussen Delaware Center for Horticulture (Wilmington): Anfang September blüht an leicht schattigem Standort das Hohe Haarschotengras *Bouteloua curtipendula*.

Linke Seite, rechts oben Die Ährchen von *Bouteloua curtipendula* sind alle auf dieselbe Seite der Blütenspindel gewendet.

Rechts Mitte Norddeutschland: Wie ein Mückenschwarm stehen die Blüten des Moskitograses *Bouteloua gracilis* Mitte August über dem Laub.

Rechts unten Im Botanischen Garten von Denver (Colorado) wird *Bouteloua gracilis* als attraktives, wassersparendes Rasengras eingesetzt.

Ganz oben links Ein Trockenhang beim Bandelier National Monument in New Mexico ist natürliches Habitat für *Bouteloua gracilis*; Mitte Februar präsentieren sich die trockenen Blüten charakteristisch aufgebogen.

Ganz oben rechts *Brachypodium pinnatum* Ende August in den Royal Botanic Gardens von Kew.

Oben Sogar im sehr trockenen Schatten eines großen Baumes kann *Brachypodium sylvaticum* noch gedeihen – hier Ende August im Hofgarten von Weihenstephan.

Briza L.

Poaceae – Süßgräser

Zittergras

Die 20 ein- und mehrjährigen Spezies dieser Gattung sind auf Grasland der gemäßigten Zonen Eurasiens und Südamerikas heimisch und wurden vor allem ihrer zierenden Blütenährchen wegen weit darüber hinaus verbreitet. Die im Folgenden beschriebene Art *Briza media* ist mehrjährig. Auch zwei einjährige Arten werden im Garten gezogen: Das aus dem Mittelmeerraum stammende Größte Zittergras *B. maxima* L. mit größeren Ährchen und das Kleine Zittergras *B. minor* L., eine eurasische Art mit kleineren Ährchen.

Briza media L.

Mittleres Zittergras

Dieses eurasische frühgrünende Wiesengras ist in ganz Europa auf leichten bis schweren, trockenen bis frischen, sauren bis basischen Böden anzutreffen. Im späten Frühjahr treibt das Gras bis 75 cm hohe Blütenhalme mit annähernd herzförmigen Ährchen an fein verzweigten Infloreszenzen. Diese rascheln und klappern bezaubernd im Frühlings- und Sommerwind und sind ein ausgezeichneter Vasenschmuck. Die zunächst rot-violett akzentuierten grünen Blütenährchen verblassen bis zum Hochsommer zu hell strohfarben. Das horstbildende Gras treibt einen dichten Schopf weicher, dunkelgrüner Blätter, die sogar in kalten Regionen wintergrün bleiben. Herbstfärbung nicht nennenswert. Verlässlich und in vollsonniger bis lichtschattiger Lage leicht zu ziehen. Toleriert staunassen, schweren Boden ebenso wie ein gewisses Maß an Trockenheit. Im Spätsommer beginnen die Blütenhalme unordentlich zu werden und sollten zurückgeschnitten werden. Ein leichter Rückschnitt der Blätter zu diesem Zeitpunkt stimuliert einen Neuaustrieb; das neue Laub bleibt bis in den Winter attraktiv. Ausdauernd und langlebig. In breiten Wogen gepflanzt entfaltet dieses Gras schöne Blütenwirkung und erweist sich zugleich als Bodendecker. WHZ 4.

'Russells'. Das gestreifte Zittergras ist eine wüchsige Sorte mit gleichmäßig weiß gezeichnetem Laub. WHZ 4.

Bromus L.

Poaceae – Süßgräser

Trespe

Der Gattungsname ist vom griechischen *bromos* (Hafer) abgeleitet. Die etwa 150 ein- und mehrjährigen Arten sind vor allem in der nördlich-gemäßigten Zone weit verbreitet.

Bromus inermis Leyss.

Unbegrannte Trespe

Der in Europa, Sibirien, der Mongolei, der Mandschurei und der Äußeren Mandschurei heimische mehrjährige Frühgrüner wächst

LINKS Die trockende Blüte von *Briza media* ist auch im Juli noch adrett anzuschauen (Longwood Gardens, Pennsylvania). Das grundständige Laub bleibt bei mildem Klima ganzjährig attraktiv.

OBEN LINKS Anfang Juni, Chicago: Die Ährchen von *Briza media* glänzen grün mit rotvioletten Akzenten.

OBEN RECHTS Mitte August, England: *Briza media* 'Russells' in den Knoll Gardens bei Wimborne.

überwiegend horstartig, verbreitet sich jedoch auch über Rhizome. Die als Heu- und Weidegras allgemein geschätzte Spezies wurde im Westen der USA eingeführt und ist dort in weiten Teilen verwildert. Gartenwert hat das als Viehfutter sehr geschätzte Gras lediglich in seiner gestreiften Form. WHZ 3.

'Skinner's Gold'. Mit seinem gelb-grün gestreiften Laub ist diese Sorte während der kühleren Jahreszeit eines der farbigsten Gräser überhaupt. In feuchtheißen Sommern verblasst die Farbe; die Halme fallen auseinander, und die Pflanze wirkt ungepflegt. Steht zur Blüte bis 90 cm hoch. Blüht bei ausreichend Feuchtigkeit vom Frühjahr an den ganzen Sommer hindurch; die Blüte ist allerdings weit weniger attraktiv als das bunte Laub. Bevorzugt keine bestimmte Bodenart. Bevorzugt volle Sonne bzw. – in wärmeren Regionen – sehr lichten Schatten. WHZ 4.

Bromus riparius Rehmann

Ufer-Trespe

Auch diese Spezies ist ein mehrjähriger Frühgrüner eurasischen Ursprungs; sie wächst meist auf sonnigen, häufig feuchten Wiesen. Das grundständige blaugrüne Laub steht dicht und schopfartig; hoch darüber trägt das Gras im Spätfrühling und Frühsommer zarte Blütenstände. Die gewöhnlich als Weidegras gezogene Art ist trockenheitsverträglich und auch für den Garten lohnend. WHZ 3.

Buchloe Engelm.

Poaceae – Süßgräser

Büffelgras

Der Gattungsname leitet sich ab vom griechischen *boubalos* (Büffel) und *chloe* (Gras). Die Gattung enthält ein einziges nordamerikanisches Steppengras.

Buchloe dactyloides (Nutt.) Engelm.

Büffelgras

Für die Grassodenhäuser der nordamerikanischen Pioniere wurden überwiegend Büffelgrassoden gestochen. Dieses spätgrünende Gras dominierte einst die trockenen höheren Lagen der Kurzgrasprärie – der Great Plains. Das Verbreitungsgebiet dieser Spezies reicht von Minnesota im Osten bis Montana im Westen, nach Süden bis Texas, ins westliche Louisiana, nach Arizona und Nordmexiko; es ist in dieser Region noch immer ein wichtiges Weidegras. Das stark oberirdische Ausläufer treibende Gras bildet einen niedrigen, dichten, ausgesprochen strapazierfähigen graugrünen Rasen. Es ist außerordentlich trockenheitsverträglich und erfreut sich in Trockenregionen

LINKS *Bromus inermis* 'Skinner's Gold' Ende Juli in den Merriments Gardens in East Sussex (England).

RECHTS *Bromus riparius* Ende August in den Royal Botanic Gardens von Kew.

ständig wachsender Beliebtheit als wassersparender Rasenersatz. Höhe 10–20 cm; Mähen ist nicht erforderlich, kann aber gelegentlich erfolgen. Diese einziehende Spezies wird im Winter hellbraun; im Frühjahr grünt sie zeitiger als andere im Winter ruhende Rasengräser. Ihr Laub ist wesentlich feiner strukturiert als diese und für nackte Füße angenehmer. Die Art ist zweihäusig, bildet also männliche und weibliche Pflanzen.

Bei den für Rasenanlagen gezüchteten Auslesen handelt es sich häufig um vegetativ vermehrte weibliche Klone; diese sind pollenfrei, bleiben niedriger und wachsen gleichmäßiger. Meist werden sie als Rasensoden angeboten, darunter die Sorten **'609'**, **'Prairie'** und **'Stampede'**. Empfehlenswerte Samensorten sind unter anderem **'Cody'** und **'Tatanka'**. Die Ansaat sollte möglichst im zeitigen Frühjahr erfolgen.

Bevorzugt volle Sonne; gedeiht auch auf schwerem, verdichtetem Boden. Nicht salztolerant. Verfällt bei anhaltender sommerlicher Trockenheit in Ruhe. Eine Rasenbewässerung hält das Büffelgras grün; zu viel Wasser schadet ihm jedoch. WHZ 4.

LINKS Männliche Pflanzen des Büffelgrases *Buchloe dactyloides* stehen Ende August in Hans Simons „Präriegarten" im Berggarten Hannover 20 cm hoch.

UNTEN Anfang April erweist sich das Büffelgras *Buchloe dactyloides* im Ladybird Johnson Wildflower Center in Austin (Texas) als schönes Rasengras.

Calamagrostis Adans.

Poaceae – Süßgräser

Reitgras

Der Gattungsname leitet sich her vom griechischen *kalamos* (Schilf) und *agrostis* (griech. „Ackergras"); die rund 230 teils horstbildenden, teils ausläufertreibenden mehrjährigen Arten sind an unterschiedlichen Standorten der nördlich-gemäßigten Regionen heimisch, darunter Wälder, Wiesen und Marschen, deren Bedingungen von nass bis frisch und von schattig bis sonnig reichen. Viele treiben hoch aufragende, federige Blütenstände, die in der Sonne ausgesprochen spektakulär wirken. Die eurasischen Arten werden am häufigsten gezogen; die Spezies des westlichen Nordamerika hätten größere Beachtung verdient.

Calamagrostis × *acutiflora* (Schrad.) DC.

Garten-Reitgras, Garten-Sandrohr

Diese Form ist eine natürliche, nicht allzu häufig auftretende europäische Hybride zwischen *Calamagrostis epigejos* und *C. arundinacea*. Beide Elternteile versamen sich reichlich; die Hybride jedoch bringt selten keimfähige Saat hervor, was sie für Gartenzwecke besonders attraktiv macht. Der Abkömmling ist frühgrünend wie beide Eltern; er blüht meist sehr spät im Frühjahr oder aber im Frühsommer. Das dichte Horste bildende Gras wächst noch aufrechter als die beiden Elternteile. Lange Zeit wurde eine solche Hybride als Land-Reitgras *C. epigejos* ‚Hortorum' gehandelt und durch Teilung vermehrt. Der bekannte deutsche Pflanzenzüchter Karl Foerster erkannte als erster den Hybridcharakter dieser Sorte; er benannte sie in *C.* × *acutiflora* 'Stricta' um. Da dieser lange Jahre gebräuchliche latinisierte Sortenname jedoch nicht den nomenklatorischen Regeln entspricht, wird die Sorte inzwischen 'Karl Foerster' genannt. Inzwischen gibt es auch gestreifte Auslesen. WHZ 4.

'Avalanche'. Ein weißer Mittelstreifen ziert das Laub dieses durch den Pflanzenzüchter Steve Schmidt aus Oregon eingeführten Moor-Reitgrases. WHZ 4.

'Eldorado'. Die Blattmitte dieser Sorte schmückt ein leuchtend gelbgrüner Längsstreifen. Sortenschutz wurde beantragt (PPAF). WHZ 5.

'Karl Foerster' ('Stricta'). Es verwundert kaum, dass diese schöne, vielseitige, absolut pflegeleichte frühgrünende Sorte weltweit zu den beliebtesten Ziergräsern zählt. Bereits im Spätwinter oder zeitigen Frühjahr entfaltet das tiefgrüne glänzende Laub Gartenwirkung; vor allem in milden Regionen bleibt es bis weit in den folgenden Winter hinein stehen. Horstbildend und straff aufrecht; Mitte Juni erscheinen locker gefiederte, violett überhauchte Blütenstände auf bis 180 cm hohen, nahezu senkrecht stehenden Halmen. Bis August verwandeln diese sich in kerzengerade, schmale, zart rehbraun gefärbte Standarten, die den Großteil des Winters aufrecht und attraktiv bleiben. Dieses geschmeidige Gras bringt auf unübertreffliche Weise Bewegung in den Garten, denn bereits die sanfteste Brise versetzt es in Schwingung. Selbst nach schweren Regengüssen richtet es sich wieder auf; Anbinden ist grundsätzlich überflüssig. Als Solitär oder vertikaler Akzent ebenso wirkungsvoll wie als Massenpflanzung. Wächst rasch zu einem verlässlichen, attraktiven Sichtschutz für mehrere Jahreszeiten heran. Das praktisch sterile Gras ist im privaten wie im öffentlichen Raum großflächig einsetzbar, ohne für angrenzende Naturgebiete eine Gefahr darzustellen.

Links Mitte Juni im Chanticleer Garden in Wayne (Pennsylvania): *Calamagrostis* × *acutiflora* 'Karl Foerster' zeichnet ein Porträt des Windes.
Mitte Wie Kerzenflammen tanzen die trockenen Blütenähren von *Calamagrostis* × *acutiflora* 'Karl Foerster' in der Septembersonne.
Rechts *Calamagrostis* × *acutiflora* 'Overdam' Ende Juli in den Merriments Gardens in East Sussex (England).

Herbstfärbung nicht nennenswert. Gedeiht am besten in voller Sonne auf ausreichend feuchtem, durchlässigem nährstoffreichem Boden; toleriert auch schweren Tonboden und lichten Schatten. Dieser ausgeprägte Frühgrüner leidet unter lang anhaltender Sommerhitze; in einem feuchtheißen Sommer kann – vor allem an wenig luftigem Standort – Blattrost das Laub entstellen. Im Nachwinter empfiehlt sich ein Rückschnitt auf eine gute Handbreit über dem Boden. Teilen und Umpflanzen im Frühjahr oder Herbst. Auch im Container übersteht dieses Gras oft ungeschützt den Winter.

'Overdam'. Ähnlich 'Karl Foerster'; die Blätter dieser Sorte tragen jedoch rahmweiße Längsstreifen, die an den Rändern besonders ausgeprägt sind, und Laub und Blüte sind weniger robust. Die Blattfärbung fällt in dem relativ lufttrockenen Klima Nordeuropas mit seinen kühlen Sommernächten am intensivsten aus. Diese Sorte leidet sehr unter hohen Temperaturen und hoher Luftfeuchtigkeit. WHZ 4.

Calamagrostis arundinacea (L.) Roth

Wald-Reitgras, Rohr-Reitgras

Dieses in Eurasien heimische, sich willig versamende Gras wächst natürlich auf Schlagfluren und an lichtschattigen Standorten und tritt in gestörten Waldbiotopen und am Gehölzrand häufig als Pionier auf. Die aufrechte, horstartig wachsende Art ist vor allem als Elternpflanze der Hybride *Calamagrostis* × *acutiflora* bekannt. Toleriert Sonne wie Schatten, feuchte wie trockene Standorte. WHZ 5.

Calamagrostis brachytricha Steud.

[*Calamagrostis arundinacea* var. *brachytricha* (Steud.) Hack.]

Diamant-Reitgras, Diamantgras

Diese Ende August/September blühende asiatische Spezies unterscheidet sich deutlich von den häufiger kultivierten europäischen Arten. In der Natur ist sie im feuchten Laubwald und am Gehölzsaum anzutreffen. Die bei uns gezogenen Pflanzen stammen größtenteils oder sogar ausschließlich von Material ab, das Richard Lighty (Pennsylvania) im September 1966 im Rahmen einer Auftragsreise für Longwood Gardens in Korea sammelte. Lighty nahm dazu Teilstücke von einer Pflanze ab, die er in 850 m Höhe an einem Bachufer am Berg Tokyu-san im Landesinneren von Südkorea vorfand. Das horstartig wachsende, schattentolerante Gras steht in Blüte bis 120 cm hoch. In der Sonne wächst es überwiegend aufrecht und reichblütig, im Schatten leicht überfallend. Mit bis zu 12 mm Breite ist das glänzend grüne Laub breiter und derber als jenes von *Calamagrostis* × *acutiflora*. Die Blüten öffnen sich zunächst deutlich rötlichviolett überhaucht; auch in getrocknetem Zustand bleiben sie locker gefiedert. Die Herbstfarbe ist ein eher alltägliches Gelb; im Winter gehen die Pflanzen komplett in Ruhe über. Das Gras gedeiht problemlos auf unterschiedlichsten Böden

LINKE SEITE Wogendes Garten-Reitgras *Calamagrostis* × *acutiflora* ‘Karl Foerster’ im Licht eines späten Augustnachmittags im Red Butte Garden (Salt Lake City, Utah).

GANZ OBEN Berggarten Hannover: Ende August präsentiert sich die junge Blüte von *Calamagrostis brachytricha* deutlich rosig-violett schattiert.

OBEN Nord-Delaware: Anfang September lässt die Sonne die Blütenstände von *Calamagrostis brachytricha* aufglänzen.

OBEN RECHTS Wahtenaw County (Michigan): *Calamagrostis canadensis* im Licht der Julisonne. Foto © Greg Vaclavek.

in Halbschatten oder voller Sonne, sofern die Wasserversorgung stimmt. Versamt sich zurückhaltend in feuchten, schattigen Lagen, ohne lästig zu werden. Vermehrung am besten durch Aussaat. Teilung im Frühjahr. WHZ 4.

Calamagrostis canadensis (MICHX.) P. BEAUV.
Kanadisches Reitgras
Dieses dichte Rasen bildende Gras ist die am weitesten verbreitete und am häufigsten anzutreffende nordamerikanische *Calamagrostis*-Art. Sie wächst in Marschen, Feuchtlagen, lichten Wäldern und Wiesen von Grönland bis Alaska und in den Vereinigten Staaten bis hinunter nach Kalifornien, New Mexiko, Missouri, Kansas, West Virginia und North Carolina. Die Spezies verbreitet sich über Rhizome und bildet häufig große, langlebige Kolonien. Die frühsommerliche Blüte erreicht eine Höhe von 90–150 cm. Bevorzugt volle Sonne, toleriert jedoch auch lichten Schatten. Gedeiht am besten in feuchten bis nassen Lagen. Versamt sich willig. Teilung im Frühjahr oder Herbst. WHZ 3.

Calamagrostis epigejos (L.) Roth

Land-Reitgras

Eine eurasische Spezies mit aufrechtem Habitus, die sich lebhaft über Rhizome verbreitet und häufig große Horste oder Herden ausbildet. Dieser Elternteil der Gartenhybride *Calamagrostis × acutiflora* ist in gestörten Wäldern und auf offenen Litoralflächen Nordeuropas eine häufige Pionierart. Toleriert sonnige bis schattige und feuchte bis trockene Standorte. Versamt sich willig. Vermehrung durch Aussaat oder Teilung. WHZ 5.

Calamagrostis foliosa Kearney

Mendocino-Reitgras, Cap Mendocino-Reitgras

Mit seinen niedrigen Tuffs ist dieser kalifornische Frühgrüner eine Ausnahme unter den nordamerikanischen Reitgräsern. In der Natur steht das Gras auf Küstenfelsen und Klippen, in Küstengesträuch und auf offenen steinigen Böden in den Bezirken Mendocino, Humboldt und Del Norte im Norden Kaliforniens, wo es zur Blütezeit 25 bis knapp 40 cm Höhe erreicht. Horstbildend; das meist ganzjährig vorhandene bereifte Laub erscheint häufig nahezu graublau. Bevorzugt lichten Schatten, toleriert bei ausreichend Bodenfeuchte jedoch auch volle Sonne. Abhängig vom Regenfall kann die Blühperiode bis in den Sommer reichen. Toleriert ein gewisses Maß an Salzlast im Wind. Vermehrung durch Aussaat oder Teilung. WHZ 8, eventuell auch kühler.

Calamagrostis nutkaensis (C. Presl) Steud.

Nutka-Reitgras

Heimisch in Feuchtlagen entlang der nordamerikanischen Pazifikküste von Alaska bis Mittelkalifornien. Die schopfartigen Horste erreichen zur Blüte 90–150 cm Höhe. Im Frühjahr öffnen sich ins Violette tendierende federige Blütenstände, die später strohfarben trocknen. Das relativ derbe mittelgrüne Laub bleibt in mildem Klima wintergrün. Gedeiht in feuchten Lagen gut in voller Sonne, ist jedoch besser an schattigere, trockenere Bedingungen angepasst. Bis zu einem gewissen Grad salztolerant. Vermehrung durch Aussaat oder Teilung. WHZ 7.

Oben Ende August in Norddeutschland: Ruderalflächen besiedelt das Land-Reitgras *Calamagrostis epigejos* im Nu.

Mitte Anfang April neigen sich im Santa Barbara Botanic Garden (Kalifornien) die rosig schimmernden Blütenstände des Kap-Mendocino-Reitgrases *Calamagrostis foliosa* über das blaugrüne Laub.

Unten Mitte Juni versprühen die trockenen Blütenstände von *Calamagrostis foliosa* einen veritablen Funkenregen.

LINKS OBEN Im Santa Barbara Botanic Garden (Kalifornien) blüht Mitte Juni an sonnigem Standort das Nutka-Reitgras *Calamagrostis nutkaensis*.

LINKS Auch im Schatten großer Eichen gelangt *Calamagrostis nutkaensis* im Santa Barbara Botanic Garden Mitte Juni zur Blüte.

OBEN *Calamagrostis ophitidis* Mitte August im botanischen Garten der University of California in Berkeley.

Calamagrostis ophitidis (J. T. HOWELL) NYGREN
Serpentin-Reitgras

Diese wenig verbreitete Spezies steht in der Natur auf durchlässigem Serpentin-Schuttboden in mittleren bis höheren Lagen Nordkaliforniens. Schopfartig, horstbildend ohne Ausläufer, zur Blüte bis 90 cm hoch. Im Frühjahr entspringen aus einem dichten Büschel grundständiger Blätter straff aufrechte Blütenhalme. Treibt im Nachwinter und Frühjahr grün aus; im Lauf des Sommers nimmt das Laub zunehmend wärmere Töne an. Erfordert extrem durchlässigen Boden. Vermehrung durch Aussaat oder Teilung. WHZ 8.

Carex L.

Cyperaceae – Riedgrasgewächse

Segge

Weit gefasst bezeichnet der Begriff „Segge" jede der nahezu 4000 Spezies in der Familie der Riedgrasgewächse; im engeren Sinne ist damit jedoch die mehr als 1000 Arten umfassende umfangreiche Gattung *Carex* gemeint. Die hochvariablen Arten sind häufig schwer trennbar, was nicht selten Fehlidentifizierungen sowie eine ungewöhnlich unbeständige Nomenklatur zur Folge hat. Die Mehrzahl der in Kultur befindlichen *Carex*-Arten stammt von feuchten bis nassen Standorten der gemäßigten Zonen; die meisten sind wintergrün oder immergrün. In Habitus, Größe, Form, Farbe und Blüte finden sich jedoch derart zahlreiche Variationen, dass man kaum allgemeine Aussagen treffen kann. Die Blüte ist häufig unscheinbar; hin und wieder aber fällt sie ausgesprochen dekorativ aus. Die Blattfärbung kommt an Vielfalt derjenigen der Süßgräser gleich oder übertrifft sie sogar – in dieser Gattung finden sich zahllose Grün-, Blau-, Gelb-, Braun- und Orangetöne sowie auffällige Zeichnungen. Allein bei den Neuseelandseggen reichen die Farben von mittelgrün bis hellgrün und nahezu weiß, von orange bis dunkelrot, von bronzegrün bis hin zu kupferfarben, metallisch rehbraun und malzbierfarben. Diese letzteren Seggen sind ausgesprochen attraktiv, sofern man sie nicht mit Rindenmulch umgibt. Viele Seggen wachsen horstartig; andere verbreiten sich aggressiv über Ausläufer. Die meisten *Carex*-Arten gedeihen am besten auf humosem Boden mit reichlich Feuchtigkeit; nur manche sind an sonnigen, trockenen alkalischen Boden adaptiert. So bietet die Gattung vielfältige Bepflanzungsmöglichkeiten für den Garten und die Landschaftspflege.

Carex alba Scop.

Weiße Segge

Diese zartgliedrige grüne Spezies kann exemplarisch stehen für die vielen eigentlich lohnenden langlebigen Seggen, die nur zu oft übersehen werden, weil sie sich nicht durch Blattzeichnung oder auffällige Färbung hervortun. Die auf trockenen, häufig felsigen bis sandigen Kalkböden von Mitteleuropa über den Kaukasus bis nach Sibirien, in die Mandschurei und die Äußere Mandschurei verbreitete Weiße Segge ist an karge Bedingungen angepasst und somit ein attraktiver Bodendecker für zahlreiche schwierige Standorte. Höhe 10–30 cm; Verbreitung über Rhizome. Sonne bis Halbschatten. WHZ 5.

Carex albicans Willd. ex Spreng.

Weißliche Segge

Diese horstbildende Segge aus dem Osten Nordamerikas könnte man angesichts ihrer schmalen Blätter und des niedrigen Wuchses leicht für ein Süßgras halten. Das Laub wird lediglich 10–20 cm hoch, die Blüte steht nur wenige Zentimeter darüber. Die langlebige, schattentolerante wintergrüne Spezies stellt eine ausgesprochene Bereicherung für den Waldgarten dar. Die Typusvarietät *Carex albi-*

GANZ OBEN *Carex alba* säumt Ende August einen schattigen Wegrand im hannoverschen Berggarten; ihr gegenüber blüht die nordamerikanische Weiße Wald-Aster *Aster divaricatus*.

OBEN *Carex alba* Ende August im Berggarten.

cans var. *albicans* gedeiht überwiegend in hochgelegenen, häufig kalkreichen Laubwäldern von Massachusetts bis South Carolina, nach Westen bis Michigan, Wisconsin, Nebraska und Oklahoma. *Carex albicans* Spreng. var. *emmonsii* (Torrey) J. H. Rettig ist vor allem auf basischem Boden entlang der Küstenebene anzutreffen; im Inland reicht ihr Verbreitungsgebiet bis Indiana und Illinois. Beide Varietäten lassen sich durch Aussaat vermehren oder durch Teilung im Frühjahr. Toleriert trockenen Schatten. WHZ 4.

Carex albula Allan
Blonde Segge
Das Laub dieser auf Neuseelands Südinsel beheimateten Art ist hellbeige bis nahezu weiß. Horstbildend ohne Ausläufer; das feingliedrige Laub bildet einen dichten, 25–40 cm hohen Tuff. Die Blütenhalme sind kürzer als das Laub und daher kaum sichtbar. Diese auffällige Spezies wird im Handel häufig mit *Carex comans* 'Frosted Curls' verwechselt, die jedoch niedriger und flacher ausgebreitet wächst und nie so hell ist wie die echte *C. albula*. Leicht aus Saat zu ziehen, alternativ Teilung im Frühjahr. WHZ 7.

Carex appalachica J. M. Webber et P. W. Ball
Appalachen-Segge
Das Verbreitungsgebiet dieser feingliedrigen horstbildenden Spezies reicht von Maine und Quebec bis Ohio, in höheren Lagen sogar bis North Carolina und Tennessee hinunter; anzutreffen ist sie jedoch eher selten, und in einigen Regionen wird sie als gefährdet

Links oben Mitte April blüht die 15 cm hohe *Carex albicans* in einem Laubwald im Osten von Pennsylvania – das erste frische Grün in der gerade erwachenden Landschaft.

Links unten Mitte November in Pennsylvania: Die lediglich 10 cm hohe *Carex albicans* (Mitte) ähnelt in ihrer Textur *C. appalachica* (Jungpflanze links im Bild); *C. flaccosperma* (rechts) setzt dazu einen dramatischen Kontrast (Garten des Autors).

Rechts oben *Carex albula* Anfang April in der Berkeley Horticultural Nursery (Berkeley, Kalifornien).

oder bedroht eingestuft. In ihrer Erscheinung ist sie der häufigen *Carex radiata* ähnlich, von der sie sich nur anhand geringfügiger Unterschiede in der Blütenmorphologie unterscheiden lässt; *C. radiata* bevorzugt allerdings feuchtere Standorte. *Carex appalachica* ist in frischen bis trockenen, häufig stark schattigen Waldsituationen anzutreffen; in Verbindung mit ihrem horstartigen Wuchs ist sie somit eine wertvolle Pflanze für den Waldgarten und eine interessante Alternative zu der rasenbildenden *C. pensylvanica*. Vermehrung durch Aussaat, alternativ durch Teilung im Frühjahr. WHZ 4.

Carex baccans Nees ex Wight

Beeren-Segge, Rotfrüchtige Segge

Diese ungewöhnliche Segge fällt durch ihre leuchtend roten Samen auf. Das leicht zerzaust wirkende mittelgrüne Laub der eher derben Pflanze wird im Sommer von bis zu 90 cm hohen Blütenhalmen überragt. Die zunächst grünen, bis zum Spätherbst rot ausreifenden Samen setzen in mildem Klima auch im Winter noch farbkräftige Akzente. Bevorzugt Halbschatten und nährstoffreichen, gut feuchten Boden. Gut an Ufersituationen adaptiert. Vermehrung durch Aussaat oder Teilung im Frühjahr. WHZ 8.

Carex baltzellii Chapm. ex Dewey

Baltzells Segge

Diese relativ seltene Waldsegge steht in der Natur vor allem an Hängen mit sandigem Lehmboden in Alabama, Florida, Georgia und Mississippi. Die in Gärten kaum bekannte Segge verfügt über attraktives, blaugrün bereiftes Laub und ist derart hitze- und schattentolerant, dass sie für trockene Waldgärten im Südosten der USA und in anderen warmgemäßigten Breiten sehr lohnend sein dürfte. Bis 20 cm hoch, Blatt 6 mm breit. WHZ 8.

Carex 'Beatlemania'

Gelbbunte Beatles-Segge

Diese 15 cm hohe wuschelköpfige Sorte ging als Sport aus *Carex* 'The Beatles' hervor, von der sie sich lediglich durch ihren goldgesäumten Blattrand unterscheidet. Zwar wird die Sorte häufig als *C. caryophylla* angeboten, doch wahrscheinlich ist sie eine Hybride zwischen *C. digitata* und *C. ornithopoda*. WHZ 4.

Carex berggrenii Petrie

Nussbraune Segge

Beheimatet auf Neuseelands Südinsel, wo sie feuchte bis nasse Lagen in Sümpfen und Flussniederungen sowie Teichrandsituationen bevorzugt. Mit selten mehr als 10 cm Höhe ist sie die niedrigste der in Kultur befindlichen Neuseelandseggen. Die Blätter sind flach und rotbraun bis bronzefarben. Breitet sich langsam über Rhizome zu Herden aus. Bevorzugt volle Sonne; benötigt feuchten Boden. Vermehrung durch Aussaat oder Teilung. WHZ 5.

Ganz oben *Carex baccans* Anfang Februar im botanischen Garten der University of California in Berkeley.

Oben Reifende Saat der Beeren-Segge *Carex baccans*.

Rechte Seite, oben *Carex brunnea* 'Jenneke' Ende August im Garten Wisley der Royal Horticultural Society (Surrey, England).

Rechte Seite, unten *Carex buchananii* Anfang September (Frühjahr) in den Heronswoods Gardens auf der australischen Mornington Peninsula.

Carex brunnea Thunb.

Dunkelbraune Segge, Braunblütige Segge

Diese als dichter, aufrechter Schopf wachsende Spezies ist weit verbreitet; sie ist in China, Japan, Taiwan, Indien, Indonesien, auf den Philippinen, in Australien und Neukaledonien anzutreffen. Das immergrüne, bis 75 cm hohe Laub ist normalerweise gleichmäßig grün; das Art-Epitheton „brunnea" (braun) bezieht sich auf die Farbe der Blütenähren. Von dieser Segge werden fast ausschließlich auffällig gezeichnete Auslesen kultiviert. Bevorzugt feuchten, durchlässigen Boden in sonniger bis halbschattiger Lage.

'Jenneke'. Blatt leuchtend grüngelb mit dunkelgrünem Rand. Höhe gut 40 cm. WHZ 8.

'Variegata'. Blatt grün mit rahmweißem Rand. WHZ 8.

Carex buchananii Berggr.

Fuchsrote Segge, Buchanan-Segge

Diese Art ist eine der bekanntesten und beliebtesten Neuseelandseggen; vor allem Jungpflanzen fallen durch ihren aufrechten schopfartigen Wuchs auf. Das schmale Laub ist kupfer-bronzefarben bis zimtfarben, bis 60 cm hoch und häufig an der Spitze eingerollt. Gedeiht am besten in voller Sonne; ziemlich trockenheitsverträglich. Wie alle anderen bronzefarbenen Neuseelandseggen entfaltet auch diese Spezies ihre besondere Wirkung nur vor einem kontrastfarbenen Hintergrund; auf braunem Mulch oder nackter Erde erscheint sie wie abgestorben. Eine Mulchschicht aus Kies oder Schotter oder silberblättrige Bodendecker sind dagegen gut dazu geeignet, die einzigartige Blattfärbung optimal herauszustellen. Kalte Winter übersteht diese Segge nur bei durchlässigem Boden. Vermehrung durch Aussaat, alternativ durch Teilung im Frühjahr. WHZ 7.

Carex caryophyllea Latourr.

Frühlings-Segge

Diese europäische Segge ist auf kalkhaltigen Magerwiesen und sauren Gebirgsböden anzutreffen. Die meist dunkelgrünen, umgebogenen Blätter werden bis 30 cm lang. WHZ 7. Die Carex-Sorten 'Beatlemania' und 'The Beatles' werden vom Handel oft dieser Spezies zugeordnet; wahrscheinlich handelt es sich bei diesen Sorten jedoch um Hybriden zwischen *Carex digitata* und *C. ornithopoda*.

Carex castanea Wahlenb.

Kastanienbraune Segge, Kastanien-Segge

Diese in Sümpfen, Mooren, auf Nasswiesen und an Nadelwaldrändern heimische Segge ist in Nordamerika von Neufundland bis Ontario und nach Süden bis Connecticut, Michigan und Minnesota verbreitet. Der gleichmäßige Blättertuff bleibt unter 15 cm hoch, erreicht jedoch einen Durchmesser von 30 cm und mehr; eine langlebige, nicht wuchernde winterharte Pflanze für den Waldgarten. Das hellgrün austreibende Laub reift zu glänzend dunkelgrün und ist mehr oder weniger immergrün. Die zarten Blütenhalme, die im Frühjahr treiben, beeinträchtigen die adrette Wirkung des Laubes in keiner Weise. Diese Segge bevorzugt feuchten humus-

reichen Boden, ist jedoch relativ trockenheitsverträglich, sobald sie Fuß gefasst hat. Gedeiht am besten in lichtem Schatten. Vermehrung durch Aussaat, alternativ durch Teilung im Frühjahr. WHZ 3.

Carex ciliatomarginata NAKAI

[*Carex siderosticta* var. *pilosa* Lév.]

Wimperrandige Breitlaub-Segge, *Ke tagane-so*

Diese Segge ist *Carex siderosticta* sehr ähnlich, hat jedoch schmalere Blattspreiten, deren Blattränder im unteren Bereich lang bewimpert (*ciliatus*) sind. Auf trockenen, schattigen Rasenplätzen in den Bergen Japans, in China und Korea heimisch. Breitet sich langsam über Rhizome zu einem dichten Rasen aus. Bevorzugt nährstoffreichen frischen Boden, toleriert jedoch erhebliche Trockenheit. Gedeiht bei genügend Feuchtigkeit in der Sonne; toleriert ziemlich viel Schatten. Leicht durch Teilung oder Aussaat zu vermehren. WHZ 5.

'Shima Nishiki' (Insel-Brokat). Blattmitte überwiegend grün, Blattrand hellgelb. Höhe bis 10 cm. WHZ 5.

'Treasure Island'. Blattmitte überwiegend grün, zum Rand hin mit weißen Längsstreifen. Höhe bis 10 cm. Sortenschutz wurde beantragt (PPAF). WHZ 5.

Carex comans BERGGR.

Neuseeländische Haarsegge, Schopf-Segge

Diese Segge ist auf Neuseelands Nord- und Südinsel beheimatet; sie fehlt lediglich in der extrem nassen Fjordlandschaft an der Südspitze der Südinsel. Anzutreffen ist sie in frischen offenen Lagen und auf Waldlichtungen. Die dichte Tuffs bildende, perückenartig wachsende Art treibt fadendünne, 30–40 cm lange Blätter; die niederliegenden Blütenhalme verlängern sich bis zur Samenreife oft auf 90 cm und mehr. Das Laub variiert von bronzefarben über rötlichbronzefarben bis hin zu blassgrün und ist häufig auffällig gelockt, wenn auch nicht so stark wie jenes von *Carex buchananii*. Gedeiht am besten in voller Sonne; toleriert lichten Schatten. Gut etablierte Exemplare sind ausgesprochen dürreresistent. Langlebig nur auf durchlässigem Boden. Vermehrung durch Aussaat oder Teilung;

GANZ OBEN LINKS Im Garten des Autors in Pennsylvania blüht *Carex castanea* Anfang Mai. Bis zum Ende des Frühjahrs dunkelt das frischgrüne Laub kräftig nach.

GANZ OBEN RECHTS Anfang November in Pennsylvania: Im Schatten einer Sicheltanne *Cryptomeria japonica* steht grüne *Carex ciliatomarginata* (vorn rechts) neben Dolch-Farn *Polystichum acrostichoides* (oben Mitte und links) und rundblättriger Falscher Alraunenwurzel *Tellima grandiflora* (Mitte links).

MITTE *Carex ciliatomarginata* 'Shima Nishiki' Mitte Mai in Hängegefäßen in der Gärtnerei Terra Nova Nurseries (Oregon).

RECHTS UNTEN *Carex ciliatomarginata* 'Treasure Island' im Mai.

Blattform und -farbe bleiben nur bei Teilung erhalten. WHZ 7.

'Bronze'. Laub kräftig bronzefarben mit rosa Nuancen; allerdings wird dieser Name auf ziemlich viele bronzefarbene Formen der Art angewendet, die oft mehr oder weniger samentreu fallen.

'Frosted Curls'. Laub ein sehr helles Grün, zur Spitze hin heller werdend. Die ersten Exemplare dieser vegetativ vermehrten Sorte entdeckte der Pflanzenzüchter Terry Hatch am Cape Egmont auf Neuseeland; über seine Gärtnerei Joy Plants brachte er sie 1975 in den Handel. Inzwischen werden zahlreiche weitere samenvermehrte oder wild gesammelte blassgrüne Formen als 'Frosted Curls' oder 'Frosty Curls' angeboten. Der Sortenname wird manchmal auch für Pflanzen der Spezies *Carex albula* verwendet, obgleich deren Laub sich nicht so charakteristisch aufrollt wie jenes von *C. comans*.

'Milk Chocolate'. Sattbraune Laubfarbe. Die Abstammung ist nicht eindeutig geklärt, wahrscheinlich jedoch ist die Sorte hier einzuordnen.

OBEN LINKS *Carex comans* 'Frosted Curls' (vorn) mit *C. buchananii* (hinten) und anderen Pflanzen Ende August in Kalifornien.
OBEN Mitte Juli in Bressingham (England): In Adrian Blooms Garten beeindruckt ein Sämling von *Carex comans* mit intensiver Bronzefarbe.
LINKS Die eingerollten Blattspitzen von *Carex comans* 'Frosted Curls' sind typisch für die Spezies.

Carex conica Boott

Keglige Segge, *Hime-kan-suge*

Verbreitet in lichtem Wald auf Hügeln und niedrigen Bergen Japans; auch in Südkorea anzutreffen. Die Pflanze bildet einen dichten Tuff aus schmalem, glänzend grünem Laub. Blatt 4 mm breit. Gewöhnlich wird nur die im Folgenden beschriebene buntblättrige Auslese gezogen.

'Snowline' ('Variegata', 'Marginata'). Blatt dunkelgrün mit reinweißem Rand. Langlebig und langsamwüchsig. Auf gutem Boden und bei genügend Feuchte kann diese zuverlässige Segge knapp 40 cm Höhe und einen Durchmesser von 60 cm erreichen. Dicht gesetzt ist sie ein guter Bodendecker. In Regionen mit intensiver Sommersonne gedeiht sie am besten in lichtem Schatten. In mildem Klima verlässlich immergrün. WHZ 5.

Carex crinita Lam.

Langhaarige Segge

Eine in Nasswäldern und Abzugsgräben des östlichen Nordamerika heimische große horstbildende Spezies mit aufrecht-überhängendem Habitus, bis 120 cm hoch. Die im Frühsommer hervorgebrachten langen, hängenden Blütenstände bleiben bis in den Herbst erhalten. Bereits ein leichter Wind versetzt diese prägnante Pflanze in elegante Bewegung. Maximale Größe erreicht sie an feuchtem bis nassem schattigem Standort, lässt sich aber auch an durchschnittlich frischem halbsonnigem bis schattigem Standort ziehen. Vermehrung durch Aussaat, alternativ durch Teilung im Frühjahr. WHZ 5.

Carex digitalis Willd.

Fingerhut-Segge, Schlanke Waldsegge

Heimisch in trockenen Wäldern von Maine bis Florida im Osten, nach Westen bis Wisconsin, Illinois, Missouri und Ost-Texas. Die weit verbreitete, sehr anpassungsfähige horstbildende Spezies gedeiht an sonnigen bis schattigen, feuchten bis trockenen Standorten. Das bis 20 cm hohe Laub wächst als runder dunkelgrüner Tuff, den im Frühjahr aparte Blütenhalme überragen. Findet sich häufig mit *Carex laxiculmis* vergemeinschaftet, mit dem es auch hybridisiert. Eine anspruchslose, langlebige Segge für Gehölze und den Gehölzrand. Leicht durch Aussaat zu vermehren, alternativ durch Teilung im Frühjahr. WHZ 4.

Oben *Carex conica* 'Snowline' fühlt sich Ende August auf schattigem Grund im Berggarten Hannover besonders wohl.

Mitte Die Langhaarige Segge *Carex crinita* blüht Mitte Juni in einem feuchten Laubwald in Nord-Delaware.

Unten Anfang Oktober: *Carex digitalis* auf moosigem Grund unter dem Blätterdach des Mount Cuba Center in Nord-Delaware.

Carex digitata L.

Gefingerte Segge, Finger-Segge

Diese schmalblättrige, niedrig bleibende Waldsegge ist in Europa weit verbreitet und nach Osten hin bis Sibirien anzutreffen. Sie ist unempfindlich und langlebig; ihre dichten, festen Büschel können 20 cm Durchmesser erreichen. Die Spezies selbst wird nur selten gezogen; *Carex* 'Beatlemania' und *C.* 'The Beatles' sind höchstwahrscheinlich Hybriden zwischen *C. digitata* und *C. ornithopoda*. WHZ 4.

Carex dipsacea Berggr.

Kardenähnliche Segge

Diese neuseeländische Segge ist in Feuchtlagen der Nord- und Südinsel beheimatet. Wächst als dichter, 30–60 cm hoher Schopf. Wuchs aufrecht, ähnlich *Carex testacea*, doch mit meist hellgrünem oder rötlichem Laub. WHZ 7.

Carex divulsa Stokes

[*Carex tumulicola* hort.]

Lockerährige Segge, Unterbrochenährige Segge

Diese weit verbreitete europäische Spezies ist an trockenen, meist kalkhaltigen offenen Standorten anzutreffen; mit ihren dichten, im Durchmesser zunehmenden Horsten ist sie im Garten ausgesprochen vielseitig einsetzbar. Jahrelang wurde sie in Kalifornien und anderen Teilen des amerikanischen Südwestens irrtümlich als *Carex tumulicola* gezogen, eine ähnlich aussehende kalifornische Art. Die korrekte Zuordnung des Kulturmaterials traf im Jahr 2005 Tony Reznicek, ein Seggenspezialist der University of Michigan. Das immergrüne, gleichmäßig dunkelgrüne dicke Polster von 30–45 cm Höhe ist ungewöhnlich dicht und nimmt langsam im Durchmesser zu. Gedeiht an trockenem, schattigem Standort oder aber in voller Sonne auf frischem Boden. Wenn diese Segge Fuß gefasst hat, ist sie trockenheitsverträglich; sie toleriert aber auch feuchte bis gelegentlich nasse Situationen. Versamt sich auf feuchtem Boden; an Trockenstandorten ist die Ausbreitungstendenz sehr gering. Vermehrung durch Aussaat oder Teilung. WHZ 4.

Carex dolichostachya Hayata

Miyama-Segge, *Miyama kan suge*

Heimisch in Bergwäldern Japans und Taiwans. Der japanische Trivialname bezieht sich auf Miyama-cho, eine Bergregion nördlich von Kyoto. Überwiegend horstbildend; es gibt jedoch auch kriechende Formen. Meist grünlaubig, 25–45 cm hoch. Zartgliedrig und schattenverträglich. Im Garten meist als buntlaubige Sorte anzutreffen. WHZ 5.

'Kaga Nishiki' (Kaga-Brokatsegge; 'Gold Fountains' ist ein synonymer Handelsname). Eine besondere Auslese aus Kenji Watanabes Gärtnerei Gotemba in Japan. *Kaga* lautete früher der Name der japanischen Präfektur Ishikawa; *nishiki* bedeutet „Brokat" – eine passende Beschreibung dieser filigranen, goldgestreiften Schönheit. Blatt bis 4 mm breit, mit mittelgrüner Blattmitte und goldgelbem

Ganz oben Lockerährige Segge *Carex divulsa* Anfang April in trockenem Schatten im Leaning Pine Arboretum (San Luis Obispo, Kalifornien).

Oben *Carex dolichostachya* 'Kaga Nishiki' im Halbschatten Ende Juni im Delaware Center for Horticulture in Wilmington.

Rand; die gleichmäßige Laubfontäne kann nach Jahren 60 cm Durchmesser erreichen. Langlebig und unempfindlich; als Akzent ebenso geeignet wie als flächiger Bodendecker. Bis WHZ 6 verlässlich immergrün. Bevorzugt nährstoffreichen humosen Boden und lichten Schatten, bei ausreichend Feuchtigkeit auch volle Sonne. Die Sorte ist im Schatten ziemlich trockenheitsverträglich, nachdem sie Fuß gefasst hat. Vermehrung durch Teilung im Frühjahr. WHZ 5.

Carex eburnea Boott

Elfenbein-Segge

Heimisch auf trockenem Sand, besonders aber auf Kalkfelsen von Neufundland bis British Columbia, nach Süden bis Virginia, Missouri und Nebraska sowie in Berglagen in Texas. Sehr feines, nahezu fadendünnes zartgrünes Laub; das adrette, symmetrische Büschel erreicht 15–20 cm Höhe. Blüht im späten Frühjahr. Breitet sich langsam über Rhizome aus. Bevorzugt stark durchlässigen basenreichen Boden. Sehr trockenheitsverträglich und erstaunlich hitzeverträglich. WHZ 4.

Carex elata All.

[*Carex stricta* Gooden., non Lam.]

Steife Segge, Hohe Segge

Heimisch in Sümpfen, Morasten und Fenngebieten sowie an Gewässerrändern Nord- und Osteuropas. Bildet feste Bülten und bisweilen ausgedehnte Bestände. In Form und Lebensraum der nordamerikanischen *Carex stricta* Lam. vergleichbar. Die grünlaubige Spezies wird, obgleich attraktiv, selten gezogen. Die buntblättrigen Formen zählen zu den farbintensivsten Seggen überhaupt. WHZ 5.

'Aurea' ('Bowles Golden'). E. A. Bowles beschrieb seine Entdeckung als „eine sehr schöne Segge mit goldgestreiftem Laub, ein weiteres Fundstück aus den Norfolk Broads." Bowles, der ebenso sehr Gärtner wie Naturforscher war, wusste die vielseitigen besonderen Pflanzengemeinschaften seiner Umgebung sehr zu schätzen. Diese elegante Pflanze erreicht bis 75 cm Höhe. Das Blatt ist bis 8 mm breit und überwiegend gelb mit kaum sichtbaren, unregelmäßig auftretenden grünen Längsstreifen. Die gelbe Farbe ist in voller Sonne am stärksten ausgeprägt. Am Wasserrand und in der Flachwasserzone bleibt das Laub die ganze Wachstumsperiode hindurch schön. An zu trockenem Standort verbrennt es und hat bis zum Spätsommer seine Attraktivität größtenteils eingebüßt. Bei trockenerem Boden ist ein Schattenplatz nötig; dort ist das Laub intensiv mandelgrün. Leidet in heißem Klima. Die Anfang Mai senkrecht aufstrebenden aparten Blütenstände werden bald von dem sprießenden Laub verdeckt. Vermehrung durch Teilung im Frühjahr. WHZ 5.

'Knightshayes'. Ähnlich 'Aurea', aber mit vollkommen gelbem Laub. Nach dem berühmten Garten in England benannt. WHZ 5.

Carex firma Host

Polster-Segge, Zwergpolster-Segge

Diese winzige Alpensegge ist auf hoch gelegenen Bergwiesen Mitteleuropas heimisch. Das kissenförmig wachsende blaugrüne Laub

Linke Seite, oben
Ende Juli in Colchester (England): *Carex elata* 'Aurea' in Beth Chattos Garten.

Linke Seite, unten
Ende Juli in Portland (Oregon): *Carex elata* 'Aurea' flankiert eine Natursteintreppe im Garten Israelit; direkt darunter *Hakonechloa macra* 'Aureola'. Foto © Melinda Zoehrer.

Oben Ende August in England: *Carex flacca* im Garten Wisley der Royal Horticultural Society.

bleibt unter 10 cm hoch. Wird manchmal im Steingarten gezogen; am häufigsten ist im Garten die im Folgenden beschriebene Sorte. WHZ 6.

'Variegata'. Bunte Zwergpolster-Segge. Blatt hellgelb gestreift. WHZ 7.

Carex flacca Schreb.

[*Carex glauca* Scop.]

Blaugrüne Segge, Schlaffe Segge

Diese in Europa und Nordafrika heimische Art ist auf Kalkrasen, Dünen und in Flussmarschen anzutreffen. Im Osten Nordamerikas ist sie gebietsweise verwildert. Die sehr variable Spezies wird 15–60 cm hoch. Das bis 4 mm breite Blatt ist kann oberseits grün und unterseits blau bereift sein oder auch beidseitig blau bereift mit einem schönen bläulichen Gesamteindruck, der an Nelkenlaub erinnert. Viele verschiedene Formen werden im Garten gezogen, manche niedrig und von intensivem Blau, andere eher grün oder höher im Wuchs. Sonne und Trockenheit fördern die puderblaue Färbung, und die Pflanze bleibt dichter und niedriger. Die im Spätfrühling auf bis zu 30 cm hohen Halmen erscheinenden Blüten sind trotz der deutlich schwarzvioletten Färbung der männlichen wie der weiblichen Ähren relativ unauffällig. Diese stark ausläufertreibende Art breitet sich langsam aber stetig zu dichten, feintexturierten Herden aus; sie ist an vollsonnigem bis halbschattigem Standort ein hervorragender Bodendecker. Sehr trockenheitsverträglich. An unterschiedlichste Böden bis hin zu Alkaliböden angepasst und sogar mäßig salztolerant. *Carex flacca* wird leicht mit *C. nigra* verwechselt; ihre Einzelblüte jedoch hat drei Stigmata, während jene von *C. nigra* zweigrifflig ist. WHZ 4.

'Bias'. Blatt einseitig rahmweiß gestreift.

Carex flaccosperma Dewey

Schlaffährige Segge, Dünnfrüchtige Wald-Segge

Diese horstbildende Waldspezies aus dem Osten Nordamerikas enthält zwei schwer trennbare Varietäten. Das Verbreitungsgebiet der Typusvarietät *Carex flaccosperma* var. *flaccosperma* liegt südlicher; sie wächst in nährstoffreichen, bisweilen kalkreichen Wäldern, Niederungen und Sümpfen von Florida und Texas im Süden bis Virginia, Tennessee und Missouri weiter nördlich. Die immergrüne Segge wächst als schönes, 20–25 cm hohes Polster aus grünen, bis 15 mm breiten Blättern.

Die nördlichere Blaugrüne Segge *Carex flaccosperma* var. *glaucodea* (Tuck.) Kük. gedeiht in Kalkwäldern und auf Kalkrasen von Alabama und Louisiana bis Ontario im Norden, westlich nicht weiter als Illinois und Missouri. Das Laub dieser Varietät ist deutlich bereift, wodurch die Pflanze insgesamt blaugrün bis graugrün wirkt. „Blaugrüne Wald-Segge" wäre ein wirklich passender Name. Die Varietät unterscheidet sich morphologisch wie genetisch so sehr von der Art, dass inzwische ernsthaft erwogen wird, sie als eigene Spezies *C. glaucodea* Tuck. zu klassifizieren.

Beide Varietäten sind langlebige, anpassungsfähige Pflanzen und für die Garten- und Landschaftsgestaltung ebenso gut geeignet wie für landschaftspflegerische Zwecke. Sie sind zwar an feuchten Boden und schattige Laubwaldsituationen angepasst, doch sobald sie Fuß gefasst haben, sind sie relativ trockenheitsverträglich und können bei genügend Bodenfeuchte auch in der Sonne stehen. Die im Mai hervorgebrachten Blüten stehen über dem Laub. Wenn die Samen reifen, bilden die überfallenden Halme oft ein ziemliches Gewirr; wer akkurat wirkende Pflanzen bevorzugt, sollte sie nun zurückschneiden. Nur in äußerst kalten Wintern bleibt das Laub nicht immergrün; ein alljährliches Zurückstutzen, um wintertrockene Blattspitzen zu entfernen, ist möglich. Vermehrung durch Aussaat, alternativ durch Teilung im Frühjahr. WHZ 4.

OBEN Mitte August in Pennsylvania: Flächig gesetzte *Carex flaccosperma* var. *glaucodea* vereint sich im Schatten hoher Laubgehölze im Garten Barton mit heimischen Astern und Farnen.

RECHTS Blaugrüne Segge *Carex flaccosperma* var. *glaucodea* Anfang August im Garten des Autors (Pennsylvania).

Carex flagellifera Colenso

Peitschen-Segge

Heimisch an frischen Standorten auf Neuseelands Nord- und Südinsel und den Stewart-Inseln. Ähnlich *Carex testacea* und *C. comans*. Die Laubfarbe variiert von grün-metallic bis satt kupferbronzefarben und von rot-bronze bis hin zu stumpf grau-bronze. 25–40 cm hoch; die niederliegenden Blütenhalme können sich während der Samenbildung auf 90–180 cm verlängern.

'Bronze Delight'. Laub warm bronzefarben.

'Coca Cola'. Laub cola-farben.

'Nelson'. Laub grün-bronzefarben.

'Toffee Twist'. Laub sahnekaramellfarben.

Oben links *Carex flagellifera* Mitte Juli in den Merriments Gardens in East Sussex (England).
Oben rechts *Carex flagellifera* 'Coca Cola' Ende August im Garten Wisley der Royal Horticultural Society in Surrey (England).

Rechts *Carex flagellifera* 'Toffee Twist' Anfang April in der Berkeley Horticultural Nursery (Berkeley, Kalifornien).

Carex grayi Carey

Morgenstern-Segge

Nach dem bedeutenden amerikanischen Botaniker Asa Gray (1810–1888) benannt. Diese horstbildende nordamerikanische Spezies wächst auf Kalkrasen und in Auwäldern von Quebec bis Iowa, südlich bis Georgia, Mississippi und Missouri. Bis 90 cm hoch, reichbelaubt, mittelgrün. Auf die Blüte im Mai folgen auffällige, attraktive hellgrüne Samenstände, die in ihrer Form an einen mittelalterlichen Morgenstern erinnern und zur Reife meist 20 mm, teils aber bis 40 mm Durchmesser erreichen. Gedeiht im Schatten, bei genügend Bodenfeuchte auch an halbsonnigem Standort. Vermehrung durch Aussaat, alternativ durch Teilung im Frühjahr.

'Morning Star'. Mit etwas größerem Samenstand als arttypisch, bis 25 mm Durchmesser.

Carex hachijoensis Akiyama

Hachijo-Segge, *Hachijo kan suge*

Diese grünlaubige Segge stammt von der Insel Hachijo vor Japans Hauptinsel Honshu. Ähnlich der dichter wachsenden *Carex oshimensis*, jedoch weniger frosthart. Die beliebte buntblättrige Sorte 'Evergold' wird manchmal als *C. hachijoensis* geführt, ist jedoch eine Auslese von *C. oshimensis*. WHZ 7.

Carex humilis Leyss.

Erd-Segge

Heimisch in Europa einschließlich Großbritannien an heißen, trockenen, offenen Standorten mit meist kargem, oft kalkhaltigem Boden, darunter auch Kalkrasen und Macchie; auf etwas nährstoffreicherem Boden häufig mit *Carex flacca* vergemeinschaftet. Die zartgliedrige grüne Erd-Segge wird 20–60 cm hoch und blüht im zeitigen Frühjahr. An langsam kriechenden Rhizomen bilden sich neue Horste. Die Blüte ist relativ unscheinbar. Die von Natur aus an Hitze, Trockenheit und dünnen, mageren Boden angepasste Pflanze erweist sich als gut geeignet für Dachgärten und ähnlich schwierige urbane Situationen. In der Sonne stehende Exemplare sind hellgrün, im Schatten wachsende dunkelgrün. Vermehrung durch Aussaat, alternativ durch Teilung im Frühjahr. WHZ 6, eventuell auch kälter.

'Hexe'. Eine Auslese des Pflanzenspezialisten Hans Simon. Der Name leitet sich von den „Hexenringen" her – kreisförmigen Altbeständen dieser Segge, die man gelegentlich am Naturstandort antrifft.

Oben Anfang Mai in Virginia: Morgensternsegge *Carex grayi* an schattigem Standort neben Zwillingsblatt *Jeffersonia diphylla*, Storchschnabel *Geranium maculatum* und verschiedenen Arten *Trillium* in Cole Burrells Garten „Bird Hill".

Mitte Ende August im Berggarten Hannover: *Carex humilis* 'Hexe' in voller Sonne als Teil einer Dachbegrünung.

Unten Mitte Juli in New York: *Carex humilis* 'Velbeit' in halbschattiger Lage in der Gärtnerei Garden Treasure Nursery auf Long Island.

'Velbeit'. Bei flüchtiger Betrachtung gleicht diese Sorte dem Arttypus, doch sie hat sich als besonders gut für Küstengärten im Nordosten der USA erwiesen.

Carex intumescens Rudge

Kleine Morgenstern-Segge

Der Morgenstern-Segge *Carex grayi* sehr ähnlich, doch die grünen, ebenfalls an Morgensterne erinnernden Samenstände sind kleiner. Heimisch in feuchten bis nassen Wäldern von Neufundland im Nordosten bis Texas im Süden. Blüte im Juni. Bis 60 cm hoch, von relativ weichem Habitus, bis zum Spätsommer immer weiter übergeneigt. Sehr schattenverträglich. Bevorzugt frischen bis feuchten Boden. Zieht im Winter vollständig ein. Vermehrung durch Aussaat oder Teilung. WHZ 4.

Carex laxiculmis Schweinf.

Lockerstielige Segge

Heimisch in nährstoffreichem Wald und auf Lichtungen von Maine bis Süd-Ontario und Wisconsin, nach Süden bis Long Island, Tennessee und Missouri. Diese Spezies wächst als rundes, 15–20 cm hohes halbkugelförmiges immergrünes Laubbüschel. Die bereiften blaugrünen Blätter werden bis 12 mm breit. Bei flüchtiger Betrachtung *Carex flaccosperma* ähnlich, jedoch mit etwas schmalerem und meist stärker bereiftem Laub und mit schlanken Blütenhalmen, die nie den adretten Eindruck der Pflanze stören. Häufig gemeinsam mit *C. digitalis* anzutreffen, mit der sie auch hybridisiert. Ausgesprochen standorttolerant. Bevorzugt lichtschattige Lagen, toleriert bei ausreichend Bodenfeuchte jedoch auch Sonne. Trockenheitsverträglich und erstaunlich hitzetolerant; hervorragend für trockenen Schatten. Vermehrung durch Aussaat, alternativ durch Teilung im Frühjahr. WHZ 4.

'Hobbs'. Eine blaugrüne Auslese aus einem Bestand in Pennsylvania, die Head Ornamentals aus South Carolina als Bunny Blue™ in den Handel brachte und die sogar die Sommerhitze in Floridas WHZ 9 übersteht.

Carex lupulina Muhl. ex Willd.

Hopfen-Segge

Heimisch in Nasswald und Sümpfen von Nova Scotia bis Minnesota und hinunter bis Florida und Texas im Süden. Einziehend, horstbildend, mit aufrechten, bis 75 cm hohen Halmen und bis 12 mm breitem mittelgrünem Blatt. Reiche Blüte von Spätfrühling

Oben Mitte Mai in Nord-Delaware: *Carex intumescens* blüht in feuchtem Laubwald.

Mitte Mitte Oktober in Pennsylvania: *Carex laxiculmis* neben einem Natursteinweg im Garten des Autors.

Unten Mitte November in Pennsylvania: In einem schattigen, bewaldeten Gartenteil schaut *Carex laxiculmis* 'Hobbs' aus dem Herbstlaub des Papau-Strauchs *Asimina triloba* hervor.

bis Frühsommer. Die gut 3 cm langen weiblichen Ähren erinnern an Hopfenzapfen. Der Blütenstand dieser Segge ist größer als derjenige der bekannteren Morgensternsegge *Carex grayi*. Die Spezies eignet sich gut für feuchte bis nasse Gehölzsituationen. Verträgt auch zeitweilig überstaute Lagen. Leicht durch Aussaat zu vermehren, alternativ durch Teilung im Frühjahr. WHZ 4.

Carex montana L.

Berg-Segge

Heimisch an steinigen Gebirgsstandorten im europäischen subalpinen Raum. Immergrün, zartgliedrig, 25–50 cm hoch. Bildet neue Horste entlang der langsam kriechenden Rhizome. Toleriert basischen Boden. Vermehrung durch Teilung im Frühjahr oder durch Aussaat. WHZ 4.

Carex morrowii Boott

[*Carex fortunei* hort.]

Japan-Segge, *Kan suge*

Heimisch in niedrig gelegenen Bergwäldern Zentral- und Südjapans. Horstbildend oder langsam Ausläufer treibend, mit glänzendem immergrünem Laub. Diese unkomplizierte, sehr standorttolerante Spezies ist im Garten meist mit ihren buntblättrigen Sorten vertreten, von denen manche bereits Mitte des 19. Jahrhunderts in den Westen gelangten. Die meisten davon gehören der Typusvarietät *Carex morrowii* var. *morrowii* an; sie haben feste, ledrige, bis 12 mm breite Blätter. 15–30 cm hoch, Standort sonnig bis lichtschattig. Ausdauernd und gut als Bodendecker geeignet, vor allem die stärker ausläufertreibenden Formen. WHZ 5.

'Gilt'. Mit rahmweißem Blattrand. Hans Simon führte sie aus Japan ein und benannte sie.

'Gold Band'. Mit hellgelbem Blattrand.

'Ice Dance'. Mit rahmweißem Blattrand. Stark ausläufertreibend, doch nicht so sehr, dass sie lästig wird. Diesen hervorragenden Bodendecker, der Lücken selbsttätig schließt, brachte Barry Yinger, ein Pflanzenspezialist aus Pennsylvania, aus Japan mit.

'Variegata'. Unter dieser Bezeichnung werden zahlreiche buntblättrige Sorten zusammengefasst, von denen manche auffällig weiße Blattränder haben, während bei anderen die Zeichnung kaum sichtbar ist.

Oben *Carex lupulina* Mitte Juni in feuchtem, schattigem Wald in Nord-Delaware.

Mitte *Carex montana* Ende August im Sichtungsgarten Weihenstephan zwischen Kalksteinen.

Unten Die Blattfärbung der als *Carex morrowii* 'Variegata' angebotenen Pflanzen schwankt stark; kräftiger als bei diesem Exemplar fallen die weißen Streifen nicht aus.

GANZ OBEN Ganz zart gestreifte Exemplare von *Carex morrowii* 'Variegata' markieren eine schattigen Wegkreuzung auf der Potsdamer Freundschaftsinsel; dahinter Morgensternsegge *Carex grayi*, *Epimedium* spp. und Farne (Ende August).

OBEN LINKS *Carex morrowii* 'Ice Dance' mit *Alchemilla mollis* im Egapark Erfurt (Ende August).

OBEN RECHTS *Carex morrowii* var. *temnolepis* 'Silk Tassel' in Tony Avents Juniper Level Botanic Garden in North Carolina (Mitte Juli).

***Carex morrowii* var. *temnolepis* (Franch.)** OHWI

[*Carex temnolepis* Franch.]

Hosaba-Segge, *Hosoba kan suge*

Diese Varietät unterscheidet sich derart stark von der Typusvarietät, dass es bei oberflächlicher Betrachtung kaum möglich scheint, dass beide zur selben Art gehören. So erklärte Adrien Franchet, ein Botaniker des 19. Jahrhunderts, sie zunächst zur eigenen Spezies. Die von Japans Hauptinsel Honshu stammende, überaus feingliedrige Segge hat extrem schmales Laub von gerade einmal 3 mm Breite. Gedeiht in nassen bis trockenen Schattenlagen sowie bei genügend Feuchtigkeit in der Sonne. Horstbildend, bis 30 cm hoch. Vermehrung durch Aussaat, alternativ durch Teilung im Frühjahr. WHZ 5.

'Silk Tassel'. Blatt glänzend, mit weißem Mittelstreifen und dunkelgrünem Rand. Die subtile Zeichnung lässt die Pflanze insgesamt hellgrün bis graugrün erscheinen. Manchmal schlägt die Sorte zu einer vollständig grünen Form zurück. 1976 von Barry Yinger aus Japan in die USA eingeführt und benannt. WHZ 5.

Carex muskingumensis Schweinf.

Palmwedel-Segge

Heimisch in Niederwald und auf Feuchtwiesen im Nordosten und Mittleren Westen der USA. Die bis 60 cm hohen, eher weichen Halme sind ringsum mit schmalen, sich zuspitzenden gleichmäßig grünen Blättern besetzt. Breitet sich rasch über Rhizome zu oftmals großen Herden aus. Die im Spätfrühling hervorgebrachten endständigen Infloreszenzen sind zunächst grün, später hellbraun. Obgleich diese Spezies in Feuchtlagen heimisch ist, ist sie erstaunlich trockenheitsverträglich und gedeiht auch auf durchschnittlich frischem Boden in lichtem Schatten oder Sonne. Ausdauernd und langlebig; als Bodendecker geeignet. Vermehrung durch Aussaat, alternativ durch Teilung im Frühjahr. WHZ 4.

'Ice Fountains'. Blattmitte strahlend weiß gezeichnet, Ränder dunkelgrün. Dan Heims von der Gärtnerei Terra Nova Nurseries in Oregon führte die auffällige Sorte ein.

'Little Midge'. Diese in sämtlichen Teilen schwachwüchsigere Miniatur mit 3 mm breitem Blatt erreicht nur 15–20 cm Höhe. Eingeführt durch Limerock Nursery aus Pennsylvania.

'Little Midge Variegated'. Blatt rahmweiß gesäumt. Wurde als Sport in der Hoffman Nursery in Rougemont (North Carolina) entdeckt.

'Oehme'. Blatt breit gelb gesäumt. Ein Sport aus Wolfgang Oehmes Garten in Maryland; benannt durch Tony Avent von der Gärtnerei Plant Delights.

'Silberstreif'. Blatt grün-weiß gestreift; minimal schwachwüchsiger. Eine deutsche Sorte von Eckhard Schimana.

'Wachtposten'. Grünes Blatt mit etwas aufrechterem Halm als arttypisch.

Carex nigra (L.) Reichard

Schwarze Segge, Braun-Segge, Wiesen-Segge

Diese extrem variable Spezies ist in Sümpfen, Marschen und an Fließgewässern in Europa und in den Ostküstenstaaten Nordamerikas anzutreffen. Die 30–75 cm hohe Art breitet sich über Rhizome aus und bildet bisweilen feste Bülten. Blatt oft bereift, bis 4 mm breit. Blüht im Spätfrühling; die schwarzbraunen weiblichen

Oben Anfang Juni blüht im Chicago Botanic Garden (Illinois) auf trockenem Grund *Carex muskingumensis*, hier verwoben mit Wiesenknöterich *Bistorta amplexicaulis* .

Mitte *Carex muskingumensis* 'Oehme' Mitte August im Hof des Delaware Center for Horticulture in Wilmington.

Unten *Carex muskingumensis* 'Ice Fountains' in der Gärtnerei Terra Nova Nurseries (Oregon).

Blüten sind interessant, aber wenig auffällig. *Carex nigra* wird häufig mit *C. flacca* verwechselt, doch diese hat drei Stigmata, *C. nigra* dagegen zwei. WHZ 5.

'Variegata'. Blatt mit schmalem hellgelbem Rand. Höhe bis 30 cm; Horst im Durchmesser zunehmend. Kleine schwarzbraune Blüten im Spätfrühling. Zwei Stigmata. Vollsonniger bis lichtschattiger Standort.

Carex nudata W. Boott

Kalifornische Schwarzblüten-Segge

Diese in Nordkalifornien heimische Segge ist in der nassen Uferzone sandiger oder steiniger Fließgewässer unterhalb der Hochwassergrenze anzutreffen. Sie wächst als dichter Schopf in hohen Bülten, ähnlich wie *Carex stricta* aus dem Osten des Kontinents. Im Nachwinter oder zeitigen Frühjahr öffnen sich über dem Laub auffällige, attraktive schwarze Blüten an bis 60 cm langen, bogig überhängenden Halmen. Gedeiht am besten in sonniger Feuchtlage. Vermehrung durch Aussaat, alternativ durch Teilung im Frühjahr. WHZ 7.

Carex ornithopoda Willd.

Vogelfuß-Segge

Diese kleine europäische Art gedeiht auf offenen subalpinen, häufig kalkreichen Magerrasen. Gleichmäßig grünes Blatt; Höhe 10–20 cm; Ausbreitung über Rhizome, aus denen neue Horste sprießen. Gedeiht an sonnigem bis lichtschattigem Standort. Ziemlich trockenheitsverträglich, nachdem sie Fuß gefasst hat. WHZ 7.

'Variegata'. Blatt mit weißem Mittelstreifen und grünem Rand. Schwachwüchsiger als *Carex oshimensis* 'Evergold', dieser jedoch so ähnlich, dass im Handel beide häufig verwechselt werden.

Carex oshimensis Nakai

Honshu-Segge, *Oshima kan suge*

Diese horstbildende japanische Segge ist auf Honshu, der größten Insel Japans, in trockenen Wäldern und an felsigen Hängen häufig anzutreffen. Das grazile, weit überhängende immergrüne Laub bildet einen dichten, hohen, überhängenden Schopf von bis zu 40 cm Höhe. Blatt gleichmäßig glänzend grün, bis 8 mm breit. Die langlebige, anpassungsfähige Segge gedeiht in der Sonne wie im Schatten und ist ziemlich trockenheitsverträglich. Im Garten werden vorwiegend die gestreiften Formen gezogen. Vermehrung durch Aussaat, alternativ durch Teilung im Frühjahr. WHZ 5.

Oben Die Kalifornische Schwarzblüten-Segge *Carex nudata* im März in einer von Ron Lutsko gestalteten Gewächshausanlage der Longwood Gardens.

Mitte Die typische grüne Form von *Carex ornithopoda* Ende August im Berggarten Hannover.

Unten links *Carex oshimensis* in arttypischem Grün Mitte August unter Weißer Himalaya-Birke *Betula jacquemontii* im Berggarten Hannover.

Unten rechts *Carex oshimensis* 'Evergold' in einem Pflanzgefäß Mitte Dezember an einer Straße in Takayama (Japan).

'Evergold' (auch als 'Aureo-variegata', 'Old Gold', 'Everbrite' und 'Variegata' im Handel). Dies ist eine der elegantesten und beliebtesten bunten Seggen. Über das dunkelgrün gesäumte Blatt zieht sich ein breiter rahmweißer bis hellgelber Mittelstreifen. Die im zeitigen Frühjahr hervorgebrachten Blüten sind ohne zusätzlichen Zierwert. Der Horst kann in Teilen zu grün oder zu unregelmäßigerer Zeichnung zurückschlagen; im Handel finden sich bisweilen solche Abweichungen. 'Evergold' wird häufig fälschlicherweise als *Carex hachijoensis* oder *C. morrowii* eingeordnet. Eine gute Zierpflanze für unterschiedlichste Situationen, die jedoch bei extremer Hitze leidet. WHZ 6.

'Gold Strike'. Blatt mit gleichmäßig hellgelber Mitte und dunkelgrünem Rand. Eingeführt von Kurt Bluemel.

Carex pallescens L.

Bleiche Segge

In Europa, Asien und Nordamerika heimisch; gedeiht vorzugsweise in lichtem Wald und am Waldsaum. Verbreitet sich über kurze Rhizome; das schmale Laub wird bis 60 cm hoch. WHZ 5.

'Wood's Edge'. Blatt mit rahmweißem Rand.

Carex pansa L. H. Bailey

Kalifornische Wiesen-Segge

Heimisch auf Küstendünen, Stränden und anderen offenen Sandplätzen in Kalifornien, Oregon, Washington und British Columbia. Verbreitet sich mittels kräftiger Rhizome zu großen Herden; ein guter Bodenstabilisierer und eine wassersparende Alternative zu frühgrünenden Rasengräsern. Bleibt das bis 15–20 cm lange feine grüne Laub ungemäht, wirkt es wie ein zerzauster Haarschopf. Trockenheitsverträglich; verfällt in heißen Trockenregionen in Sommerruhe, sofern nicht gewässert wird. Bevorzugt volle Sonne, toleriert jedoch auch lichten Schatten. Am einfachsten durch Jungpflanzen zu etablieren. WHZ 6.

Carex pendula Huds.

Riesen-Segge, Hänge-Segge

Diese weit verbreitete Spezies ist in Europa, Asien und Nordafrika heimisch. Typische Standorte sind Feuchtlagen und Waldränder. Horstbildend, mit bis zu 180 cm langen, elegant übergeneigten Blütenhalmen, an deren Enden schlanke, walzenförmige männliche und weibliche Blütenähren hängen. Die sich willig versamende Segge ist in Deutschland ein gern gesehener Gast im Garten. In der Literatur wird für die Riesen-Segge meist eine naturnahe Gartensituation empfohlen; jedoch kann diese Pflanze, die sich bereits mit einer Pflasterfuge begnügt, vor einer Natursteinmauer oder in einem

OBEN *Carex oshimensis* 'Evergold' mit *Helleborus foetidus* Anfang Dezember im Garten des Autors in Pennsylvania.
MITTE *Carex oshimensis* 'Gold Strike' ist deutlich und sehr gleichmäßig gezeichnet.
UNTEN Ungemähte *Carex pansa* Mitte Juli im Santa Barbara Botanic Garden in Kalifornien.

sachlich-eleganten Hofgarten einen perfekten architektonischen Akzent setzen. Schattentolerant und trockenheitsverträglich. Leicht durch Aussaat oder Teilung zu vermehren. WHZ 7.

'Moonraker'. Diese ungewöhnliche hellgelb gezeichnete Sorte wurde in Wiltshire (England) entdeckt, als ein Traktor sie aus einer Hecke zog. Die helle Färbung ist bei den niedrigen Temperaturen zu Beginn der Saison am stärksten ausgeprägt. Langsame Vermehrung durch Teilung.

Carex pensylvanica Lam.

Pennsylvania-Segge

Diese hochvariable Spezies ist weit verbreitet; sie wächst in weiten Teilen des östlichen Nordamerika in Wäldern, auf Lichtungen und in Hainen auf höher gelegenen humosen bis sandigen, frischen bis trockenen Böden. Die zarte, aufrechte, bis 20 cm hohe Segge verbreitet sich über Rhizome zu oftmals dichten Rasen. Toleriert bei feuchtem Boden nahezu volle Sonne. Äußerst schatten- und trockenheitsverträglich. In milderem Klima wintergrün, in kälteren Regionen einziehend – dort verfärbt sie sich im Spätherbst bisweilen bernsteinfarben oder golden. In Schattenlagen ein praktischer Rasenersatz, der nicht gemäht werden muss; verträgt jedoch nur minimalen Fußverkehr. Toleriert gelegentliches Mähen. Leicht aus Saat zu ziehen; für Rasenflächen empfiehlt sich dennoch das Aus-

Oben links Im Eingangshof von Little Thakeham (Storrington, England) blüht Anfang Juli die Riesen-Segge *Carex pendula* in einer kleinen Pflasterlücke.

Rechts oben *Carex pendula* Mitte August im Red Butte Garden in Salt Lake City (Utah).

Mitte *Carex pensylvanica* steht zur Blüte Mitte April im Garten des Autors 15 cm hoch (Pennsylvania). Die hellgelben Staubbeutel der männlichen Blüten im oberen Teil des Blütenstands sind unübersehbar; unter ihnen stehen die durchsichtig weißen Stigmata der weiblichen Blüten.

Rechts unten Ein dichter Rasen aus *Carex pensylvanica* überzieht eine Parkplatzinsel beim botanischen Garten Chicago (Anfang Juni).

setzen von Jungpflanzen. Pflanzen lokaler oder regionaler Provenienz können sich als besser an den spezifischen Verlauf der Jahreszeiten angepasst erweisen als Pflanzenmaterial aus entfernteren Regionen. Genauere Beobachtung und ein fortgesetzter Ausleseprozess sind wünschenswert. WHZ 4.

'Hilltop'. Eine niedrig bleibende, aus Maryland stammende Sorte.

Carex petriei Cheeseman

Petries Segge, Braune Segge

Heimisch in Feuchtlagen auf Neuseelands Nord- und Südinsel. Die nur 20–30 cm hohe Segge hat kupferbraunes bis rotbronzefarbenes, an den Spitzen häufig aufgerolltes oder gezwirbeltes Laub. Meist aufrecht, wie eine winzige Fuchsrote Segge *Carex buchananii*, bisweilen eher überhängend und in die Breite gehend. Leicht aus Saat zu ziehen; wie bei vielen anderen neuseeländischen Spezies sind die Sämlinge sehr farbvariabel. Bevorzugt feuchten, sehr durchlässigen Boden. WHZ 7.

Carex phyllocephala T. Koyama

Chinesische Palmwedel-Segge, *Tenjiku suge*

Eine ungewöhnlich prägnante chinesische Segge mit immergrünem Laub, das wirtelig um die 60 cm hohen rohrartigen Halme angeordnet ist und nach oben hin immer dichter gedrängt steht. Der vollkommen grüne Arttypus wird selten als Zierpflanze gezogen. Die Spezies wurde in Japan ursprünglich zu medizinischen Zwecken eingeführt; am bekanntesten ist ein gestreifter Sport, heute als 'Sparkler' im Handel. Gedeiht am besten auf nährstoffreichem humosem Boden mit ausreichend Feuchtigkeit. Die etwas frosthärtere grüne Form überlebt häufig den Winter in WHZ 7.

'Sparkler' (*Fuiri Tenjiku suge*). *Fuiri* ist Japanisch für „buntblättrig". Diese wahrhaft außergewöhnliche gestreifte japanische Sorte brachte Barry Yinger in den Westen, der sie auch benannte. Jeder Halm wirkt wie ein kleines Feuerwerk. Die palmenartig an der Halmspitze zusammengedrängten Blätter zeichnen sich durch breite weiße Ränder und dunkelgrüne Mittelstreifen aus; die Gesamtwirkung ist sehr hell. In mildem Klima ist die Segge eine ausdauernde Gartenpflanze, in kälteren Regionen eine schöne Containerpflanze. Gedeiht gut im Halbschatten, bei genügend Feuchtigkeit auch in voller Sonne. WHZ 8.

Carex pilulifera L.

Pillentragende Segge, Pillen-Segge

Diese kleine europäische Segge ist überwiegend im Hochland auf saurem Boden anzutreffen, gelegentlich auch auf Sandboden. Horstbildend, 10–30 cm hoch. Immergrünes Laub von typischem, gleichmäßigem Grün. Bevorzugt sonnigen Standort mit saurem Boden; basischer Boden verursacht Chlorose. Trockenheitsverträglich. WHZ 7.

'Tinney's Princess'. Blattmitte rahmweiß, Blattränder dunkelgrün. Gerald Mundy entdeckte diese Sorte auf seinem Anwesen bei Salisbury (England) und brachte sie in den Handel. Höhe bis 25 cm. WHZ 7.

Carex plantaginea Lam.

Wegerich-Segge, Immergrüne Breitlaub-Segge

Heimisch in nährstoffreichem feuchtem Laubwald des östlichen Nordamerika, häufig an Fließgewässern oder Sickerquellen. Horstbildend, mit glänzend grünem ungewöhnlich breitem Laub (bis 30 mm) mit ausgeprägter paralleler Nervatur, durch die das Blatt wie gefältelt wirkt. Die Grundblätter bleiben den Winter über erhalten, sodass die Pflanze praktisch immergrün wirkt. Ein wunderbarer ausdrucksvoller Begleiter für Farne und Waldblumen am Naturstandort wie im Garten. Für optimales Wachstum benötigt die Segge einen gleichmäßig feuchten halbschattigen Standort. Bei zu viel Sonne vergilbt das Laub, und zwar unabhängig vom Wasserangebot. Vermehrung durch Aussaat, alternativ durch Teilung im Frühjahr. WHZ 5.

'Mountain Yodel'. Diese besonders wuchskräftige, ausdauernde Sorte las Kurt Bluemel aus einem Naturbestand in den Bergen von North Carolina aus.

LINKS *Carex phyllocephala* 'Sparkler', als Containerpflanze gezogen (Pennsylvania, Ende September).

RECHTS *Carex pilulifera* 'Tinney's Princess'.

Carex platyphylla Carey

Breitblatt-Segge, Silberne Breitblatt-Segge

Diese Segge steht an steinigen Hängen und Bachufern in nährstoffreichen Laubwäldern von Maine und Süd-Quebec bis hinunter ins Bergland von North Carolina, nach Westen bis Wisconsin und Missouri. Horstbildend mit 25 mm breitem Blatt und auffälliger Blattstruktur. Das bereifte Laub wirkt manchmal nahezu silbern. Das lockere, niedrige Laubbüschel bleibt meist unter 13 cm. Das im Frühjahr neu getriebene Laub kann den ganzen Winter hindurch ansehnlich bleiben. Bringt im zeitigen Frühjahr aufrechte Blütenhalme hervor. Am üppigsten auf feuchtem organischem Boden, verträgt aber auch staunasse, zeitweise zu Trockenheit neigende Situationen. Toleriert basischen Boden. Gedeiht gut im Laubschatten und an halbsonnigem Standort. Leicht durch Aussaat zu vermehren, alternativ durch Teilung im Frühjahr. WHZ 4.

LINKS OBEN Hellgrün leuchtet das neu treibende Laub von *Carex plantaginea*, hier Anfang Mai an einem Bergbach in West Virginia.
LINKS UNTEN *Carex plantaginea* Ende August im Hofgarten einer Pension in Suhl (Gestaltung: Karl Wienke).

RECHTS OBEN *Carex platyphylla* Anfang September im Garten des Autors in Pennsylvania.
RECHTS UNTEN Longwood Gardens (Pennsylvania): *Carex platyphylla* und andere Waldpflanzen des amerikanischen Ostens füllen eine Pflanzschale im Eingangshof der Abteilung Peirce's Woods (Mitte Juni).

Carex praegracilis W. Boott

Westliche Wiesen-Segge

Diese Segge ist *Carex pansa* sehr ähnlich und wird im Handel häufig damit verwechselt. Die stark ausläufertreibende Spezies ist im amerikanischen Nordwesten an unterschiedlichen feuchten bis trockenen Standorten verbreitet, darunter Wiesen, Prärien und Ufersituationen. In der Natur häufig auf alkalischem Boden anzutreffen; in Kultur, beispielsweise im Straßenrandbereich, hat sie sich als salztolerant erwiesen. Gleichmäßig grün, zartgliedrig, ungemäht bis 30 cm hoch. Die oft teppichartig wachsende Segge ist eine gute Rasenalternative, die ungemäht bleiben kann, sich aber auch mit dem Rasenmäher oder Trimmer auf 10 cm Höhe halten lässt. Ausgesprochen trittfest. Auf feuchtem Boden in milden Regionen immergrün; bei Hitze und Trockenheit verfällt sie in Sommerruhe. Diese ausdauernde, anpassungsfähige Spezies hat sich über ihr ursprüngliches Verbreitungsgebiet hinweg weit nach Osten ausgebreitet und ist heute sogar in Pennsylvania anzutreffen. Bevorzugt volle Sonne, toleriert jedoch lichten Schatten. Am einfachsten durch Jungpflanzen zu etablieren. WHZ 5.

'Laguna Mountain'. Eine kleinformatige dunkelgrüne Auslese aus der Laguna-Mountain-Region in San Diego County (Kalifornien). WHZ 6.

Carex radiata (Wahlenb.) Small

[*Carex rosea* var. *radiata* (Wahlenb.) Dewey]

Östliche Stern-Segge, Strahlenförmige Segge

Diese horstbildende Spezies aus dem östlichen Nordamerika ist in überwiegend feuchten bis nassen Laubwäldern anzutreffen. Das schmale grüne Laub wird 20–30 cm hoch. Gut an feuchte Schattenlagen angepasst. Vermehrung durch Aussaat, alternativ durch Teilung im Frühjahr. WHZ 4.

Carex remota L.

Winkel-Segge, Entferntährige Segge

Diese feingliedrige immergrüne horstbildende Segge ist auf frischen, schattigen Standorten in Europa einschließlich Großbritannien heimisch. Sie bildet mit ihrem leuchtend grünen, 25–30 cm hohen Laub dichte Bülten aus. Gedeiht am besten in lichtschattiger bis sonniger Lage auf feuchtem Boden und am Wasserrand. Vermehrung durch Aussaat, alternativ durch Teilung im Frühjahr. WHZ 6.

Carex riparia Curtis

Ufer-Segge

In der gesamten nördlichen Hemisphäre weit verbreitet; bildet häufig große Bestände an Teichufern, langsam fließenden Gewässern und auf anderen nassen Standorten. Aggressiv ausläufertreibend. Die typische Blattfarbe ist grün. Halme bis 120 cm hoch. WHZ 5.

OBEN Ungemähte *Carex praegracilis* Anfang April im Santa Barbara Botanic Garden in Kalifornien.

UNTEN *Carex remota* Ende August in Karl Wienkes Garten in Suhl.

'Variegata'. Auffällig weiß gestreiftes langes, bogig übergeneigtes Laub. Im Frühjahr vereinzelt auch vollkommen weiße Blätter. Volle Sonne, feuchter bis nasser Standort. Durch Ausläuferbildung manchmal invasiv. WHZ 6.

Carex rosea Schkuhr ex Willd.

[*Carex convoluta* Mackenzie]

Sternförmige Segge, Sternfrüchtige Segge

Diese feingliedrige horstbildende Segge ist in weiten Teilen des östlichen Nordamerika in Laub- und Mischwäldern anzutreffen, häufig in Trockenlagen. 20–30 cm hoch; das grüne Laub ist etwas breiter als bei *Carex radiata* bzw. *C. appalachica*. Gut an trockenen Schatten angepasst. Vermehrung durch Aussaat, alternativ durch Teilung im Frühjahr. WHZ 4.

Carex secta Boott

Neuseeländische Bulten-Segge

Dieses großformatige Bültengras ist auf Neuseelands Stewart-Inseln sowie der Nord- und Südinsel heimisch, wo es in Sümpfen und an Teich- und Flussufern wächst. Die Segge ist das Gegenstück zur europäischen *Carex erecta*, wird jedoch wesentlich größer. Junge Pflanzen wirken wie eine feinstrukturierte Blattfontäne; im Alter bildet sich ein bis 120 cm hoher dicker Stamm aus. Diese unzweifelhaft dekorative Spezies ist in ihrer Heimat derart verbreitet und häufig, dass sie lange ignoriert und geringgeschätzt wurde. Neuerdings ist man auf sie aufmerksam geworden, da sie eine hervorragende Uferbefestigung darstellt und Wasservögeln wertvolle Deckung bietet. Bevorzugt nasse vollsonnige Standorte, toleriert jedoch auch feuchten Boden in lichtem Schatten. Vermehrung am besten durch Aussaat. WHZ 8, eventuell auch kühler.

Carex siderosticta Hance

Sommergrüne Breitlaub-Segge, *Tagane-so*

Heimisch in Bergwäldern Japans, Koreas, der Äußeren Mandschurei und Chinas. Verbreitet sich langsam über Rhizome zu einem dichten, auffällig strukturierten Teppich. Blatt gut 30 mm breit, gleichmäßig grün, bis 20 cm hoch. Einziehend; geht in kalten Wintern in vollkommene Ruhe über. Bevorzugt Halbschatten und frischen bis feuchten humosen Boden. Eine langlebige, ausdauernde Segge für den Waldgarten. Vermehrung durch Aussaat, alternativ durch Teilung im Frühjahr. WHZ 5.

'Banana Boat'. Mit gelbgrüner Blattmitte und schmalem dunklerem Rand. Dan Heims von Terra Nova Nurseries prägte diesen Namen für die unbenannte japanische Sorte, die er in die USA einführte. Im Garten ist die Farbgebung ziemlich stabil, in der Gewebekultur jedoch leider nicht. WHZ 6.

OBEN *Carex riparia* 'Variegata' Ende Juli in England.
UNTEN Betagte Exemplare von *Carex secta* flankieren mit ihren ausgeprägten Stämmen einen Wasserspeier in den Christchurch Botanic Gardens in Neuseeland (Ende August/Winter).

'Lemon Zest'. Eine weitere Einführung durch Terra Nova, diese mit gleichmäßig gelbgrünem Blatt. WHZ 6.

'Variegata'. Bunte Breitblatt-Segge. Blatt grün mit reinweißen Streifen, besonders zum Rand hin. Auf jungem Laub weisen die Streifen bei niedrigeren Frühlingstemperaturen häufig eine attraktive Rosatönung auf. WHZ 6.

Carex 'Silver Sceptre'

Silberzepter-Segge

Diese nur 20–25 cm hohe, gleichmäßig gestreifte Sorte zählt zu den hervorragendsten bodendeckenden Seggen. Sie verbreitet sich über Rhizome zu einem dichten, für Unkraut nahezu undurchdringlichen Teppich aus zusammenhängenden Horsten. Blatt relativ weich, bis 8 mm breit, mit breitem rahmweißem Randstreifen. Ursprünglich wurde sie als Sorte von *Carex morrowii* identifiziert, kann dieser Spezies, die sich durch unbehaarte, überwiegend zweigezähnte Fruchtschläuche auszeichnet, jedoch keinesfalls angehören. Die behaarten, ungezähnten Utricula von *C.* 'Silver Sceptre' ähneln eher jenen von *C. oshimensis*. Wahrscheinlich handelt es sich bei dieser Sorte, die aus dem Garten von Masato Yokoi in Japan stammt, um eine Mutation. Yokoi belieferte den englischen Pflanzenzüchter Roger Grounds mit Material; dieser prägte den Sortennamen 'Silver Sceptre'.

Carex socialis Mohlenbr. et Schwegman

Niedrige Wald-Segge, Gesellige Segge

Diese schmalblättrige ausläuferbildende amerikanische Spezies steht vor allem in Auwäldern und feuchten Niederungen von Texas bis Georgia im Süden bis North Carolina, Kentucky und Illinois weiter nördlich; sie verträgt gelegentliches Überstauen. 20–25 cm hoch; breitet sich über Rhizome häufig zu einer nahezu lückenlosen Bodendecke aus. In feuchteren Situationen eine gute Alternative zu *Carex pensylvanica*. Toleriert Schatten; bei genügend Feuchtigkeit gedeiht sie auch in der Sonne. Vermehrung durch Aussaat, alternativ durch Teilung im Frühjahr. WHZ 5.

Carex solandri Boott

Solandris Segge, Neuseeländische Wald-Segge

Heimisch auf feuchtem Waldboden auf Neuseelands Nord- und Südinsel. Im Gegensatz zu fast allen anderen kultivierten Neuseelandseggen hat diese Art grünes Laub. Höhe 45–60 cm. Bevorzugt feuchte Schattenlagen, gedeiht aber auch in halbsonniger Lage auf frischem Boden, wenn sie erst Fuß gefasst hat. WHZ 7.

Oben *Carex siderosticta* mit Frauenhaarfarn *Adiantum venustum* Ende August in einem stark verschatteten Bereich von Hermann Müssels Garten in Heigenhausen.
Mitte Diese japanische Auslese von *Carex siderosticta* wird in den Vereinigten Staaten als 'Banana Boat' angeboten. Fotografiert Anfang Mai in Cole Burrells Garten in Virginia.
Unten *Carex siderosticta* 'Variegata' Mitte Juni in Barry Yingers Garten in Pennsylvania.

Carex spissa L. H. Bailey

San-Diego-Segge

Heimisch in Südkalifornien, New Mexico und Mexiko an Fließgewässern und Sickerquellen, bisweilen auch auf Serpentinböden in niedrigeren Höhenlagen. Diese auffällige, dramatische Segge mit aufrecht stehendem festem, immergrünem graublauem Laub wird 150 cm hoch. Der Horst nimmt langsam über Rhizome im Durchmesser zu, wuchert jedoch nie. Bringt im Spätfrühling hellbraune endständige Blütenstände hervor. Verblasstes und abgestorbenes vorjähriges Laub wird am besten ausgeharkt. Rückschnitt verträgt diese Segge nicht gut. Gedeiht am besten bei reichlich Feuchtigkeit, ist jedoch erstaunlich trockenheitsverträglich, wenn sie erst Fuß gefasst hat. Vermehrung durch Aussaat oder Teilung. WHZ 7.

Carex stricta Lam.

Amerikanische Steif-Segge, Amerikanische Bulten-Segge

Heimisch in Sümpfen, Marschen, nassen Abzugsgräben und an Bachufern im nordöstlichen Nordamerika. In Wuchs und Standortpräferenzen der europäischen *Carex elata* ähnlich. Die Basis der dichten, über der Wasserfläche stehenden Bülten wird von vorjährigem Laub umhüllt. Die Segge kann sich über unterirdische Rhizome, aus denen neue Bülten wachsen, zu bisweilen großen Beständen verbreiten; ihr intensiv grünes, schmales Laub kontras-

Oben links *Carex* 'Silver Sceptre' mit Wiesenknöterich *Bistorta amplexicaulis* 'Firetail' (vorn) und *Sedum* 'Herbstfreude' (hinten) Ende August im Egapark in Erfurt.

Rechts, ganz oben Anfang April blüht *Carex spissa* im Leaning Pine Arboretum von San Luis Obispo (Kalifornien).

Mitte *Carex stricta* blüht im Mai auf einer Nasswaldlichtung im Staat New York.

Unten Bültenförmig wachsende *Carex stricta* Mitte April im westlichen Massachusetts.

tiert eindrucksvoll mit anderen im Nasswald und am feuchten Waldsaum heimischen Pflanzen des östlichen Nordamerika, darunter Stinkkohl *Symplocarpus foetidus* und Zimtfarn *Osmunda cinnamomea*. Übersteht Trockenperioden und gedeiht auch abseits von offenem Wasser, sofern der Boden feucht ist. Vermehrung durch Aussaat, alternativ durch Teilung im Frühjahr. WHZ 4.

Carex subfusca W. Boott

Amerikanische Berg-Segge, Schwachbraune Segge

Heimisch an Fließgewässern und auf periodisch feuchten Bergwiesen vom US-Bundesstaat Washington über Kalifornien bis nach Mexiko hinein, östlich bis Idaho, Utah und New Mexiko. Verbreitet sich rasch über Rhizome zu einem dicken Teppich aus feinem, 30–45 cm hohen Laub. Gedeiht in Sonne und im Schatten. In heißen, trockenen Sommern verfällt diese Segge in Ruhe; bei ausreichend Feuchtigkeit bleibt sie grün. Vermehrung durch Aussaat, alternativ durch Teilung im zeitigen Frühjahr. WHZ 5.

Carex tahoata Hamlin

Tahoata-Segge

Diese neuseeländische Segge ist auf das Inland der Nordinsel beschränkt. Sie ist *Carex dipsacea* sehr ähnlich, bleibt jedoch niedriger und hat schmaleres Laub. WHZ 7.

'Taupo Bronze Warrior'. Intensiv rotbronze-farbenes Laub. Eine Einführung der Taupo Native Plant Nursery von Neuseelands Nordinsel.

Carex tenuiculmis (Petrie) Heenan et P. J. de Lange

[*Carex secta* var. *tenuiculmis* Petrie]

Dünnstielige Neuseeland-Segge

Von dieser auf Neuseelands Südinsel heimischen Segge wird eine Form gezogen, deren Laub sich durch einen satten warmen Bronzeton auszeichnet. Überwiegend aufrecht-überhängend im Habitus, vor allem als junge Pflanze. Am besten in voller Sonne auf ausreichend feuchtem Boden. WHZ 6.

Carex testacea Sol. ex Boott

Ziegelrote Neuseeland-Segge

Diese Spezies ist auf Neuseelands Nord- und Südinsel im Wald, auf Wiesen und auf Dünen häufig anzutreffen. Sie wächst als dichter, bis 60 cm hoher Schopf mit bogig überhängendem, feinem Laub. Die Farbe variiert von Grün über Goldbraun bis Orange; am häufigsten werden Formen in leuchtendem Orange gezogen, deren Farbe in voller Sonne am schönsten ausgeprägt ist und nahezu ganzjährig bestehen bleibt. Kaum eine neuseeländische Segge ist

Oben *Carex subfusca* auf feuchtem Grund neben einem Felsen auf der Wiese des Santa Barbara Botanic Garden in Kalifornien.

Mitte *Carex tenuiculmis* Anfang April in Südkalifornien.

Unten *Carex testacea* Ende August (Winter) in Christchurch (Neuseeland).

robuster oder trockenheitsverträglicher; aus diesem Grund wird *Carex testacea* gern für Problemsituationen im städtischen Bereich verwendet. Auch als Containerpflanze ist sie ideal. Während der Fruchtreife können die Blütenhalme so lang werden, dass sie zurückgeschnitten werden müssen; außer bei sehr großflächigen Pflanzungen ist dies leicht geschehen. Vermehrung durch Aussaat oder Teilung. WHZ 6.

Carex texensis (Torr.) L. H. Bailey

Texas-Segge

Überwiegend auf steinigem oder sandigem Boden in großen Teilen der östlichen USA anzutreffen, in lichtem, oft auch trockenem Wald und auf Wiesen; westlich bis Illinois, Missouri, Oklahoma und Texas. Als Neophyt bis New Jersey im Osten und Kalifornien im Westen anzutreffen. Die niedrig bleibende horstbildende Segge ist langlebig und so ausdauernd, dass sie sich als wassersparende Alternative zu Rasen anbietet. Das dunkelgrüne, feine Laub wird bis 13 cm hoch. Die unauffällige Blüte im Frühjahr ist ohne Schmuckwirkung. Ansaat möglich, doch Rasen lassen sich besser durch Jungpflanzen etablieren, die man im Abstand von 15 cm setzt. Toleriert gelegentliches Mähen und mäßigen Fußverkehr. Gedeiht in der Sonne oder im Halbschatten auf feuchtem bis trockenem Boden. WHZ 5.

Carex 'The Beatles'

Beatles-Segge, Bubikopf-Segge

Höchstwahrscheinlich eine Hybride zwischen *Carex digitata* und *C. ornithopoda*. Das 15 cm hohe Laub wächst als langsam im Durchmesser zunehmender dunkelgrüner, dicker Schopf. Ein guter niedriger Bodendecker, bei mildem Klima immergrün. Benötigt feuchten Boden. WHZ 4.

Carex trifida Cav.

Blaugrüne Neuseeland-Segge, Dreispaltige Segge, „Tataki-Gras“

Heimisch auf Neuseeland, in Chile und auf den Falklandinseln auf Küstenklippen und zutage tretendem Fels, gelegentlich auch in Sumpfland. Unterscheidet sich von den meisten anderen neuseeländischen Seggen durch ihr relativ breites, blaugrün bereiftes Laub und den gedrungenen Wuchs. Höhe 45–75 cm. Die aufrecht stehenden Blütenhalme tragen attraktive braune Blütenstände. In der Sonne ist die Blaufärbung am stärksten ausgeprägt; die Segge verträgt auch lichten Schatten. Trockenheitsverträglich. Vermehrung durch Aussaat oder Teilung. WHZ 8, eventuell auch kühler.

Carex tumulicola Mack.

Hügel-Segge

Diese langsam im Durchmesser zunehmende Spezies ist auf Wiesen und Lichtungen in British Columbia, Washington, Oregon und Kalifornien heimisch. 30–60 cm hoch mit schmalem grünem Laub. Toleriert Sonne bis Schatten und feuchten bis trockenen Boden. Die Spezies wird im Handel oft mit der europäischen Unterbrochenährigen Segge *Carex divulsa* verwechselt. Lange Zeit handelte es sich bei der Mehrzahl der als *C. tumulicola* angebotenen Pflanzen um *C. divulsa*. WHZ 7.

Oben *Carex texensis* Anfang April im Ladybird Johnson Wildflower Center in Austin (Texas).

Unten *Carex trifida* Ende August (Winter) im Botanischen Garten von Auckland (Neuseeland).

Chasmanthium Link

Poaceae – Süßgräser

Chasmanthium, Plattährengras

Umfasst fünf mehrjährige spätgrünende ausschließlich nordamerikanische Spezies; Hauptverbreitungsgebiet sind das Kernland und der Südosten der USA sowie Nord-Mexiko. Die Spezies dieser Gattung wurden früher zu *Uniola* gerechnet. Sämtliche Arten sind vor allem in Gehölzsituationen, und hier vor allem im Uferbereich von Flüssen und Bächen, anzutreffen.

Chasmanthium latifolium (Michx.) H.O. Yates

[*Uniola latifolia* Michx.]

Breitblättriges Plattährengras

Dies ist die Spezies mit den größten Ährchen und darüber hinaus die einzige mit hängenden Seitenästen und Ährchen. Sie gedeiht an Fluss- und Bachufern, auf Auenböden und in niedrig gelegenen, nährstoffreichen Laubwäldern von New Jersey im Norden bis Florida und Texas im Süden, westlich bis nach Kansas. Horstbildend, aufrecht, zur Blütezeit im Hoch- bis Spätsommer bis 120 cm hoch. In der Sonne stehende Pflanzen zeigen sich straff aufrecht und bleiben heller grün, im Schatten werden sie meist dunkelgrün und wachsen eher locker auseinanderfallend. Die hängenden Ährchen sind zunächst hellgrün, um dann über gelbgrün und hell kupferfarben bis hin zu blass lachsfarben zu wechseln; auch in kalten Regionen bleiben sie den Winter hindurch attraktiv. Das Laub leuchtet im Herbst verlässlich bernsteingelb. Bevorzugt lichten Schatten, gedeiht bei ausreichend Feuchtigkeit jedoch auch in voller Sonne. Sehr trockenheitsverträglich; toleriert staunassen Tonboden.
Auf feuchtem Boden und im bewässerten Garten versamt es sich eifrig; bei Trockenheit gibt es kaum Sämlinge. Das im Grunde horstbildende Gras nimmt dank seiner kurzen Rhizome langsam im Durchmesser zu; es ist so langlebig, dass es sich für sonnige bis schattige Situationen als hoher Bodendecker eignet. Ein alljährlicher Rückschnitt im Spätwinter ist zu empfehlen. Liefert vom Hochsommer bis in den Winter hinein ausgezeichnetes Dekomaterial. Vermehrung durch Aussaat, alternativ durch Teilung im Frühjahr oder Herbst. WHZ 5.

Chasmanthium laxum (L.) H. O. Yates

Lockeres Plattährengras

Heimisch in Laubwald und Kiefern-Mischwald, in Sümpfen und auf Wiesen, überwiegend in der Küstenebene und auf sandigem Boden

Oben Durchsichtig scheinen die goldenen Ährchen des Plattährengrases *Chasmanthium latifolium* im Oktoberlicht; dahinter die hellblauen Blüten der Blauen Wald-Aster *Aster cordifolius* (Pennsylvania, Garten des Autors).

Mitte In voller Sonne im Uferpark von Wilmington (Delaware) blüht Mitte August in großen Wogen *Chasmanthium latifolium*.

Unten *Chasmanthium laxum* Anfang Oktober in der Hoffman Nursery in Rougemont (North Carolina).

in weiten Teilen des amerikanischen Südostens. Horstbildend, aufrecht, zur Blüte im Hochsommer bis 150 cm hoch. Die dicht an der Hauptachse stehenden Ährchen dieses Grases bleiben mit 9 mm Länge wesentlich kleiner als diejenigen von *Chasmanthium latifolium*. Das Laub ist im unteren Teil der Pflanze versammelt. Die oberen Halmstücke einschließlich der Blütenstände sind blattlos. Bevorzugt Schatten; toleriert bei ausreichend Feuchtigkeit auch halbsonnige Lagen. Trockenheitsverträglich. Vermehrung durch Aussaat, alternativ durch Teilung im Frühjahr oder Herbst. WHZ 6.

Chasmanthium sessiliflorum (Poir.) H. O. Yates

Langblättriges Plattährengras

In den meisten Merkmalen *Chasmanthium laxum* sehr ähnlich, jedoch mit 120 cm Höhe etwas niedriger bleibend und seltener in Kiefernwald anzutreffen. Vermehrung durch Aussaat, alternativ durch Teilung im Frühjahr oder Herbst. WHZ 6.

Chionochloa Zotov

Poaceae – Süßgräser

Schneegras, Tussockgras

Von den 24 Spezies dieser eng mit *Cortaderia* verwandten australasiatischen Gattung sind 22 für Neuseeland endemisch. Darunter sind große, bültenartig wachsende, zur Blüte bis 210 cm hohe Arten ebenso wie unter 120 cm bleibende, schopfartig wachsende, sich langsam ausbreitende Spezies. Sämtliche Arten sind mehrjährig und immergrün. Diese Gräser sind wichtige Charakterarten der weiten neuseeländischen Tussock-Grasländer. Manche Arten tragen auffällige Blütenstände hoch über dem Laub. Andere wirken vor allem durch ihre rundliche Silhouette, Textur und Größe. Schneegräser sind in unterschiedlichsten Lebensräumen anzutreffen, vom Küstenwald über Klippen bis hin zu subalpinen Bachufern. Die meisten lassen sich durch Aussaat vermehren. Teilung ist möglich, bei großen, festen älteren Horsten jedoch nicht leicht.

Chionochloa conspicua (G. Forst.) Zotov

Ansehnliches Tussockgras, Hunangamoho-Gras, *Toetoe hunangamoho*

Die für Neuseeland endemische Art ist in Wäldern und auf Lichtungen des Flachlands und der subalpinen Regionen der ganzen Südinsel anzutreffen, vorzugsweise in der Nähe von Fließgewässern; auch in den Bergen der Nordinsel ist sie vertreten. Das Gras bringt im Sommer bis 210 cm hohe große Blütenstände hervor; es erinnert an die neuseeländischen *Cortaderia*-Spezies, präsentiert sich jedoch lockerer und weicher. WHZ 8.

Chionochloa flavescens (Hook. f.) Zotov

[*Danthonia flavescens* Hook. f.]

Breitblättriges Tussockgras

Heimisch auf Neuseelands Nord- und Südinsel, vor allem in Bergregionen, häufig in Wassernähe. Bis 120 cm hohe, feste Bülten aus dunkelgrünem Laub; Blatt bis 12 mm breit. Blüht im Sommer; die über dem Laub stehenden lockeren Blütenstände reagieren auf jeden Luftzug. Gedeiht am besten auf frischem bis feuchtem Boden. WHZ 8.

Chionochloa flavicans Zotov

Gelbliches Schneegras, Gelbliches Tussockgras

Diese elegante, Bülten bildende Spezies ist auf Neuseelands Nordinsel beschränkt, wo sie auf Klippen und zutage tretendem Fels des Tieflands und der mittleren Höhenlagen wächst. 90 cm hoch mit glänzendem, dunkelgrünem Laub und über das Laub erhobenen, anmutig nickenden Blütenständen. Dies ist die am häufigsten kultivierte Art; sie kommt mit unterschiedlichsten Böden und Feuchtegraden zurecht. Ausdauernd und langlebig; als Solitär ebenso wirkungsvoll wie in größeren bodendeckenden Gruppen. Sehr trockenheitsverträglich, nachdem sie Fuß gefasst hat. Gedeiht in Sonne und lichtem Schatten. Vermehrung durch Aussaat oder Teilung. WHZ 8.

RECHTS AUSSEN *Chionochloa flavescens* ist wintergrün; an diesen Pflanzen an einem Gebirgsbach in Inland von Neuseelands Südinsel stehen Ende August – mitten im Winter – noch die Blütenhalme der vergangenen Saison.

RECHTS Das Breitblättrige Tussockgras *Chionochloa flavescens* zeichnet sich durch besonders ledriges Laub aus.

Chionochloa rubra Zotov

Rotgeflecktes Schneegras, Rotgeflecktes Tussockgras

Im Tiefland und den unteren Alpenregionen der Vulkanberge auf Neuseelands Stewart-Inseln sowie der Nord- und Südinsel weit verbreitet. Häufig auf den magnesiumreichen Böden der Südinsel, ebenso in staunassem torfigem Talgrund und an Hängen, meist unterhalb der Baumlinie. Das oft großflächig auftretende Gras ist charakteristisch für das neuseeländische Tussock-Grasland. Die Blüten setzen sich kaum vom Laub ab; die Wirkung dieser Spezies beruht vor allem auf ihrem eleganten Habitus, ihrer feinen Struktur und der Färbung, die von hell goldkupfrig bis zu intensiv kupferrot reicht. Höhe 90–120 cm. Vermehrung am besten durch Aussaat. Bevorzugt sonnige Lagen. Sehr trockenheitsverträglich. WHZ 8.

Links oben *Chionochloa flavicans* Ende August (Winter) in Wellington (Neuseeland).
Mitte An einem Hang im Stadtbereich von Wellington (Neuseeland) wurde *Chionochloa flavicans* als Bodendecker angepflanzt (Ende August/Winter). Das kräftige Grün der Belaubung bleibt häufig den ganzen Winter erhalten.
Unten *Chionochloa rubra* Anfang September (Frühjahr) in den Außenanlagen des Militärmuseums Warouru auf Neuseelands Nordinsel, in der Nähe des Tongariro National Park.

Oben rechts Unweit von Arthur's Pass in Neuseelands Südalpen bildet ein vom Wind geformter Strauch den Gegenpart zu der anmutigen Form und zarten Textur von *Chionochloa rubra* (Ende August/Winter).

Rechte Seite, oben Rotgeflecktes Schneegras *Chionochloa rubra* in Neuseelands Südalpen Ende August (Winter).
Rechts unten *Chondropetalum tectorum* Ende Juni im Leaning Pine Arboretum von San Luis Obispo (Kalifornien).

Chondropetalum Rottb.

Restionaceae – Restiogewächse

Die Gattung umfasst etwa 15 in der südafrikanischen Kapflorenregion heimische, an Binsen erinnernde zweihäusige Spezies, die bis 180 cm hohe Bülten bilden. Sie sind Teil der Feuerökologie der Fynbosvegetation und allgemein auf nährstoffarmem Boden anzutreffen. Die grünen, überwiegend blattlosen Halme mancher Arten werden als Dacheindeckung verwendet. Die Spezies sind frühgrünend und zeigen im Frühjahr und Herbst das stärkste Wachstum, bleiben jedoch immergrün und sind daher ganzjährig präsent. Untersuchungen am Kirstenbosch National Botanical Garden in Kapstadt haben ergeben, dass sich die Keimrate der Restionaceae durch Rauchbehandlung erheblich steigern lässt; seitdem werden diese einzigartigen Pflanzen immer häufiger im Handel angeboten.

Chondropetalum tectorum (L. f.) Raf.

Kap-Ried, Kap-Binse

In Südafrika von Clanwilliam bis zum Kap der Guten Hoffnung und östlich bis Port Elizabeth in Marschen und an Sickerquellen anzutreffen. Bildet bis 120 cm hohe aufrechte Bülten, die durch kurze Rhizome langsam im Durchmesser zunehmen. Kräftig dunkelgrüne unverzweigte Halme ohne erkennbare Blätter; wirkt wie

eine riesige Flatterbinse *Juncus effusus*, ist jedoch weniger steif. Die fächerartig aufgestellten Halme neigen sich unter der Last von Blüten oder Saat manchmal bis auf den Boden. Bei dieser zweihäusigen Art sehen sich die männlichen und weiblichen Blüten ähnlich; sie sind dunkelbraun und stehen dicht gedrängt am Halmende. Eine wahrhaft prägnante Spezies, die alle Blicke auf sich zieht, wenn sie im Wind schwankt oder im Sonnenlicht glänzt. Vermehrung durch Aussaat. Teilung nicht einfach, da das Wurzelwerk auf Störung empfindlich reagiert. Reagiert negativ auf nährstoffreichen Boden. In Regionen außerhalb ihres Winterhärtebereichs ist die Art eine ausgezeichnete Sommerbepflanzung für Container. Bevorzugt volle Sonne; toleriert lichten Schatten, wächst dort jedoch weniger aufrecht. WHZ 8.

Cortaderia Stapf

Poaceae – Süßgräser

Pampasgras, Cortadera, „Toe Toe", Tussockgras

Der Gattungsname leitet sich von dem argentinischen Volksnamen *cortadera* für dieses Gras her. Das Wort hat dieselbe Wurzel wie das spanische *cortar* (schneiden), denn viele *Cortaderia*-Arten zeichnen sich durch gefährlich scharfe Blattränder aus. Von den 24 oder 25 aus Südamerika und Neuseeland stammenden Spezies dieser Gattung ist als Zierpflanze vor allem das südamerikanische Silber-Pampasgras *C. selloana* bekannt. Die Gattung ist eng mit dem Schneegras *Chionochloa* verwandt. Die relativ großen ausdauernden Bültengräser bringen federbuschartige Blütenstände hervor, die hoch über dem Laub stehen. Die Blüten sind entweder zwei- oder eingeschlechtlich, die Spezies dementsprechend ein- oder zweihäusig. Bei den zweihäusigen Spezies tragen die weiblichen Pflanzen die eindrucksvolleren Blüten. Das Laub ist immergrün; mit den Jahren sammeln sich große Mengen abgestorbener Blätter um die Bülten.

Diese Bülten sollten hin und wieder mit einer stabilen Hand- oder Elektro-Heckenschere zurückgeschnitten werden; dabei sind unbedingt Handschuhe zu tragen. Am Naturstandort vernichten normalerweise Lauffeuer das tote Laub und verjüngen die Pflanzen; im Hausgarten wären beim Abbrennen dieser großen Gräser extreme Sicherheitsvorkehrungen nötig, da sie sehr intensiv brennen.

Durch neuere Einführungen aus Südamerika ließ sich der Winterhärtebereich bis in WHZ 6 ausdehnen; die meisten *Cortaderia*-Spezies benötigen jedoch mehr Wärme. In großen Kübeln entwickeln diese Gräser schöne Wirkung.

Sämtliche Spezies lassen sich aus Samen ziehen; Sortenmerkmale dagegen bleiben nur durch Teilung oder Zellkulturvermehrung erhalten. Sowohl *Cortaderia selloana* als auch *C. jubata* sind im amerikanischen Westen verwildert, besonders auf Ruderalfluren.

Cortaderia fulvida (Buchanan) Zotov

Braunes Pampasgras, Kakahogras, Braunes Tussockgras

Diese in Neuseeland und dort vor allem auf der Nordinsel heimische Spezies ist von Meereshöhe bis in den subalpinen Bereich auf offenen Flächen, an Flussufern und am Waldsaum anzutreffen, wo sie bisweilen große Bestände bildet. Blüte im Hochsommer. Blütenfarbe beige, Höhe zur Blüte bis 200 cm. Im Garten gut für Wasserrandsituationen geeignet. WHZ 8.

Cortaderia jubata (Lemoine) Stapf

Mähnen-Pampasgras, Purpur-Pampasgras, Anden-Pampasgras

Heimisch in den Bergen von Ecuador, Peru und Chile. Blüht zeitiger als *Cortaderia selloana*; die Blüten öffnen sich mit rosigem Lavendelschimmer und trocknen zu stumpfem Gräulich-Beige. Blüte bis 270 cm hoch. Diese gut an Trockenheit angepasste Spezies hat sich auf weiten Strecken der amerikanischen Westküste auf Ruderalflächen angesiedelt und gilt als ernstzunehmender Schädling. Einer der Gründe für die rasche Verbreitung ist die Tatsache, dass die weiblichen Pflanzen ihre Saat durch Apomixis (Samenproduktion ohne vorangegangene Befruchtung) hervorbringen. WHZ 8.

Cortaderia richardii (Endl.) Zotov

Richards Pampasgras

Heimisch an feuchten offenen Standorten Neuseelands. Diese Spezies ist ebenso majestätisch wie das Silber-Pampasgras *Cortaderia selloana*, wenngleich ihre Blütenbüschel kleiner und zarter sind. Die zahlreichen Blütenhalme ragen aus der Horstmitte bis 300 cm hoch auf und neigen sich elegant in alle Richtungen über das Laub. Blüte fast reinweiß oder mit messinggelbem Schimmer, häufig leicht einseitswendig. Blüht im Hoch- bis Spätsommer. Ein vielseitiges Gras für den Bach- und Teichrand sowie für durchschnittlich frischen Boden. Weniger trockenheitsverträglich als die südamerikanischen Spezies. WHZ 8.

Cortaderia selloana (Schult. et Schult. f.) Asch. et Graebn.

[*Cortaderia argentea* (Nees) Stapf]

Pampasgras, Silber-Pampasgras, Cortadera

Das klassische Ziergras des viktorianischen Zeitalters, da Straußenfedern und Pampasgrasblüten höchste Eleganz verkörperten. Heimisch auf der Pampa in Brasilien, Argentinien und Chile, wo es meist ausgedehnte Bestände bildet. Das Wort „Pampa" ist dem südamerikanischen Quechua entlehnt; übersetzt bedeutet es „flache Ebene" und bezeichnet das weite Grasland, das die fruchtbaren südamerikanischen Ebenen zwischen dem Atlantik und den Anden überzieht. Das Klima der Pampa ist feuchtwarm, mit nahezu unablässigem Wind und bisweilen unerträglicher Sommerhitze.

Cortaderia selloana ist an diese recht extremen Bedingungen angepasst und fühlt sich daher unter unterschiedlichsten Bedingungen im Garten wohl (und bisweilen auch jenseits des Gartenzauns). Entlang der amerikanischen Westküste ist dieses Pampasgras verwildert und gilt als ernstzunehmender Schädling. In anderen Gegenden hat es kein Invasionspotenzial – ein Beispiel

OBEN LINKS *Cortaderia fulvida* Ende Juli im Nymans Garden in West Sussex (England).
OBEN RECHTS *Cortaderia richardii* an feuchtem, sonnigem Standort im Inneren der neuseeländischen Südinsel (Ende August/Winter). Die Infloreszenzen haben den ganzen Winter überstanden.

UNTEN LINKS *Cortaderia richardii* Mitte Juli in Alan Blooms Garten in Bressingham (England).
UNTEN RECHTS *Cortaderia selloana* Ende August in den Royal Botanic Gardens von Kew (Surrey, England).

für regional oder lokal begrenztes Störverhalten. Der Arttypus ist im Südosten der USA seit langem beliebt und schmückt dort allenthalben die Gärten.

So dramatisch die Blütenwedel sind – viele gestreifte Sorten lohnen allein schon aufgrund ihrer Laubwirkung, ob ausgepflanzt in der Landschaft oder als Containerpflanze für die warme Jahreszeit. Auch in kalten Regionen lassen sich die Pflanzen unbegrenzt halten, sofern man sie unter Glas überwintert. Im Container bleiben diese Gräser meist kleiner und gelangen nur selten zur Blüte, was vor allem dort wünschenswert ist, wo sie sich als invasiv erweisen könnten. Die Spezies und ihre Sorten sind generell bis WHZ 8 winterhart; es gibt jedoch auch einige weitaus kälteverträglichere neue Sorten.

'Albolineata' ('Silver Stripe'). Blatt mit weißen Längsstreifen. Weiße, relativ kleine Blütenwedel. WHZ 8.

'Andes Silver'. 210 cm hoch stehende silberne Blütenwedel. Eine relativ kälteverträgliche Einführung von Kurt Bluemel. WHZ 6.

'Aureolineata' ('Gold Band'). Blatt mit überwiegend auf den Rand konzentrierten gelben Längsstreifen; manche Blattspreiten sind nahezu vollkommen gelb. Weiße, nicht allzu große Blütenwedel. WHZ 8.

'Bertini'. Gedrungen wachsendes Gras, zur Blüte unter 120 cm bleibend. Weiße Blütenwedel.

'Monstrosa'. Eine riesige grüne Auslese mit gewaltigen weißen Blütenwedeln.

'Monvin'. Gelb gestreiftes Blatt. Von der Monrovia Nursery in Kalifornien eingeführt und patentiert; unter dem Namen Sun Stripe™ vermarktet.

'Patagonia'. 210 cm hoch stehende silbrige Blütenwedel. Blatt bläulich graugrün. Eine relativ kälteverträgliche Einführung von Kurt Bluemel. WHZ 6.

'Pink Feather'. Große Blütenwedel mit rosa Schimmer. WHZ 8.

'Pumila'. Zwerg-Pampasgras. Mittelgroße weiße, eher schlanke Blütenwedel im Spätsommer. Zur Blüte 150–210 cm hoch. Eine gute Wahl für den kleineren Garten. Graugrünes Blatt. Eines der kälteverträglichsten echten Pampasgräser. WHZ 6.

'Rendatleri'. Große violett-rosig schimmernde Blütenwedel. Zur Blüte bis 270 cm hoch. WHZ 8.

'Rosea'. Überwiegend silbrig-weiße Blüte mit rosa Hauch. Zur Blüte bis 240 cm hoch. WHZ 8.

'Silver Comet'. Weiß gestreiftes Pampasgras. 'Albolineata' überlegen, mit deutlicherer weißer Markierung. Mittelgroße weiße Blütenwedel. Zur Blüte bis 240 cm hoch. WHZ 8.

'Splendid Star'. Blatt mit gelben Längsstreifen. Ein Sport von 'Pumila', bei dem die kleine Größe und bessere Kälteverträglichkeit erhalten blieben. Zur Blüte lediglich 150 cm hoch. Eingeführt durch Bert Verhoef von der niederländischen Gärtnerei Hazerswoude. WHZ 7.

'Sunningdale Silver'. Zeichnet sich durch besonders große schöne silbrige Blütenwedel aus und gilt allgemein als das prächtigste große Pampasgras. Kann über 300 cm hoch werden. WHZ 8.

'White Feather'. Große weiße Blütenwedel. WHZ 8.

Cortaderia toetoe Zotov

Toe Toe-Pampasgras, Toetoegras

Das auf offenen, feuchten Niederungen heimische Gras ist auf Neuseelands Nordinsel beschränkt; steht zur Blüte bis 370 cm hoch. Diese erst 1963 als eigene Spezies beschriebene Art ist *Cortaderia richardii* (Endl.) Zotov so ähnlich, dass sie leicht damit verwechselt wird.

LINKE SEITE, OBEN *Cortaderia selloana* 'Albolineata' Ende August im Garten Wisley der Royal Horticultural Society (Surrey, England).
LINKS UNTEN *Cortaderia selloana* 'Patagonia' Ende August im Berggarten Hannover.

DIESE SEITE, LINKS OBEN *Cortaderia selloana* 'Silver Comet' Mitte Juli in Alan Blooms Garten in Bressingham (England).
LINKS UNTEN *Cortaderia selloana* 'Aureolineata' Mitte Oktober in den Descano Gardens in Südkalifornien.

RECHTS OBEN *Cortaderia selloana* 'Pumila' Mitte Oktober in Kurt Bluemels Gärtnerei in Fallston (Maryland).
MITTE Das Laub von *Cortaderia selloana* 'Splendid Star' Mitte Juli in England.
UNTEN Laubdetail von *Cortaderia selloana* 'Aureolineata' Mitte August.

Ctenium Panz.

Poaceae – Süßgräser

Kammgras

Der vom griechischen Wort *ktenos* (Kamm) hergeleitete Name verweist auf den kammartigen Blütenstand. Die Gattung umfasst etwa 20 Spezies, von denen die meisten auf den Savannen Nord- und Südamerikas und der afrikanischen Tropen beheimatet sind; zwei Arten stammen aus dem amerikanischen Südosten.

Ctenium aromaticum (Walter) Wood

Aromatisches Kammgras, „Zahnschmerzgras"

Heimisch in Savannen, Sümpfen und nassen bis feuchten Kiefernwäldern von Louisiana bis Florida und in der Küstenebene bis nach Virginia hoch. Blätter meist grundständig; die schlanken, bis 120 cm hohen Blütenhalme münden in einen endständigen, bis 15 cm langen kammartigen, leicht gekrümmten Blütenstand. Sämtliche Pflanzenteile setzen beim Zerreiben zitrusartigen Duft frei. Dieses Gras verfügt über leicht schmerzlindernde Eigenschaften, die auf darin enthaltene Isobutylamide zurückgeführt wurden; es ist eine Volksmedizin zur Linderung von Zahnschmerzen. Ein interessantes Gras von zarter Eleganz, das sich für informell gestaltete Gärten eignet und am Naturstandort geschützt werden sollte. Blüht von Hoch- bis Spätsommer; die Blütenstände bleiben bis in den Winter erhalten. Gedeiht am besten in voller Sonne an feuchtem Standort. Vermehrung durch Aussaat, alternativ durch Teilung im Frühjahr. WHZ 7.

Ctenium floridanum (Hitchc.) Hitchc.

Florida-Kammgras, „Florida-Orangengras"

Wächst in Georgia und Florida in nassen bis trockenen Kiefernwäldern und gelegentlich in höher gelegenen Kiefern-Eichen-Wäldern. Ähnlich *Ctenium aromaticum*, jedoch mit kriechenden Rhizomen. WHZ 8.

Links oben *Cortaderia toetoe* und *Cordyline indivisa* setzen in einer feuchten Niederung im Tongariro National Park auf Neuseelands Nordinsel Akzente.

Unten links Aromatisches Kammgras *Ctenium aromaticum* Ende Juni im botanischen Garten der University of North Carolina in Chapel Hill.

Unten Blütendetail von *Ctenium aromaticum* Ende Juni.

Cymbopogon Spreng.

Poaceae – Süßgräser

Zitronengras, Zitronellagras

Die etwa 55 horstbildenden, überwiegend mehrjährigen Spezies sind in den Tropen und Subtropen Afrikas, Asiens und Australiens heimisch. Die meisten sind stark aromatisch, darunter das Zitronellagras *Cymbopogon nardus*; das aus ihnen gewonnene Öl wird für verschiedene Zwecke verwendet, unter anderem zum Kochen, als Parfüm, Naturheilmittel und Insektenschutzmittel.

Cymbopogon citratus (DC. ex Nees) Stapf

Westindisches Zitronengras

Heimisch in Südindien und Sri Lanka. Das Öl dieser Spezies verströmt einen starken Zitronenduft; die Blätter sind eine beliebte Zutat der südostasiatischen Küche. Die Pflanze ist darüber hinaus mit ihren breiten, flachen, elegant übergeneigten Blattspreiten ausgesprochen attraktiv. Horstbildend, aufrecht. Erreicht im Laufe des Sommers 60–90 cm Höhe. Für die gemäßigten Zonen meist zu kälteempfindlich; lässt sich jedoch im Frühbeet, Gewächshaus oder auf der sonnigen Fensterbank überwintern, um den Sommer und Herbst im Beet oder als Kübelpflanze an der frischen Luft zu verbringen. Einen abendlichen Spaziergang durch den Garten versüßt ein zerriebenes Blatt wunderbar mit seinem Duft. Gedeiht am besten in voller Sonne auf ausreichend feuchtem Boden. Verträgt unterschiedliche Bodentypen. WHZ 9.

Cymophyllus Mack.

Cyperaceae – Riedgrasgewächse

Schneeblüten-Segge, Appalachengras

Der vom griechischen *cyma* (Welle) und *phyllon* (Blatt) hergeleitete Name verweist auf die leicht gewellten Blattränder. Die Gattung ist monotypisch – sie besteht aus einer einzigen, aus dem nordamerikanischen Osten stammenden Spezies, die früher zu *Carex* gerechnet wurde.

Cymophyllus fraserianus (Ker-Gawl.) Kartesz et Gandhi

[*Carex fraserianus* Ker-Gawl., *C. fraseri* Andrews, *Cymophyllus fraseri* (Andrews) Mack.]

Schneeblüten-Segge, Frühlings-Schneeblütensegge

Diese ungewöhnliche nordamerikanische Pflanze wurde nach ihrem Entdecker John Fraser (1750–1811) benannt; sie ist in der Natur selten und wird kaum kultiviert. Sie steht in nährstoffreichem höhergelegenem Wald, häufig in Hanglagen, sowie an Bachufern in Ost-Tennessee und im Nordwestzipfel von South Carolina, nach Norden bis Virginia, West Virginia und über die Südgrenze Pennsylvanias hinweg. Die Schneeblüten-Segge wächst horstartig mit breiten, flach ausgebreiteten wintergrünen grundständigen Blättern. Die im Mai und Juni knapp 40 cm hohen, über dem Laub stehenden Infloreszenzen leuchten reinweiß. Die mit zahllosen fadenförmigen Antheren besetzten männlichen Blüten drängen sich oberhalb der weiblichen Blüten an der Spitze des Blütenstands. Nach der Blüte

Ganz oben links Westindisches Zitronengras *Cymbopogon citratus* Ende August in den Longwood Gardens in Pennsylvania.

Unten *Cymophyllus fraserianus* ist zwar selten, kommt aber dennoch stellenweise in recht großer Zahl vor. Das Anfang Mai entstandene Foto zeigt einen mit Mischwald bestandenen Hang in den Smoky Mountains von North Carolina – typisch für das von dieser Spezies bevorzugte Habitat. Der Boden ist feucht, zugleich durchlässig und reich an organischer Materie.

Ganz oben rechts Anfang Mai blüht *Cymophyllus fraserianus* in North Carolina. Nahe der Spitze drängen sich die männlichen Blüten mit hellgelben Staubbeuteln an langen, zarten weißen Staubfäden; darunter stehen die weiblichen Blüten mit ihren kleinen, aber erkennbar dreiteiligen Narben.

treiben neue, dunkelgrün glänzende Blätter, die schließlich bei 20 mm Breite eine Länge von 50 cm erreichen und den Winter über erhalten bleiben. Ungewöhnlich ist das ungekielte Blatt. Dieses ausgesprochen attraktive Riedgras ist als Blattschmuckstaude ebenso lohnend wie als Blütenpflanze. Für optimales Wachstum benötigt es Halbschatten und durchlässigen, stark humosen, gleichmäßig feuchten Boden. Gedeiht gut am schattigen Hang. Toleriert dichten Laubschatten und lichten Koniferenschatten. Vermehrung durch Teilung, alternativ durch Frühjahrs-Aussaat der frischen Samen, sobald diese sich vom Fruchtstand lösen. WHZ 6.

Cyperus L.

Cyperaceae – Riedgrasgewächse

Zypergras

Diese nach *Carex* zweitgrößte Gattung der Riedgrasgewächse umfasst etwa 600 überwiegend mehrjährige Arten nasser Standorte in den Tropen, Subtropen und gemäßigten Zonen. Die in Größe und Erscheinungsbild vielgestaltige Gattung schließt den berühmten ägyptischen Papyrus *Cyperus papyrus* ebenso ein wie die gefürchtete Erdmandel *C. esculentus*, ein hartnäckiges Gartenunkraut der gemäßigten Breiten. Die Varietät *C. esculentus* var. *sativus* wird um ihrer essbaren Speicherorgane willen kultiviert, die durch Rösten ein süßes, nussartiges Aroma erlangen.

Viele der beliebtesten Gartenspezies sind Tropengeschöpfe, die den Winter nur im Gewächshaus und bei einer Mindesttemperatur von 10 °C überstehen. Bisweilen liest man die Bezeichnung „Schirmgras“ – ein Verweis auf die blattähnlichen Tragblätter, die quirlartig wie die Rippen eines Regenschirms vom Halmende abstehen. Manche Spezies verfügen über gut entwickelte Grundblätter, bei anderen ist das Blatt blattscheidenartig reduziert.

Sämtliche Zypergräser bevorzugen ständig feuchten Boden; viele gedeihen am besten bei niedrigem Wasserstand. Sie sind hervorragende Zimmerpflanzen, sofern sie hell genug stehen. Man kann sie auf einem mit Wasser gefüllten Untersetzer im Topf ziehen, um sie in der warmen Jahreszeit als Wasserrandpflanze in den Teichgarten zu setzen. Dort kontrastiert ihre zarte Textur wunderbar mit den flachen, ausdruckvollen Blättern von Seerosen und anderen breitlaubigen Wasser- und Wasserrandpflanzen. Sämtliche Zypergräser gedeihen am besten in voller Sonne; manche tolerieren auch lichten Schatten. Es gibt zahlreiche buntblättrige Auslesen.

Die meisten als Zierpflanzen gezogenen *Cyperus*-Arten wachsen horstartig; nur manche vermehren sich über Ausläufer, und einige wenige versamen sich aggressiv. Vermehrung durch Teilung im Frühjahr, durch Aussaat oder durch im Wasser bewurzelte Halmspitzen. In den vergangenen Jahren wurden die in Kultur befindlichen *Cyperus*-Arten ständig umbenannt und/oder neu identifiziert; die im Handel verwendeten Namen bieten noch immer reichlich Grund für Verwirrung. So handelt es sich beispielsweise bei allen oder fast allen der als *C. alternifolius* gezogenen Pflanzen um *C. involucratus*.

Cyperus albostriatus Schrad.

[*Cyperus diffusus* hort., non Vahl, *C. elegans* hort., non L.]

Weißgestreiftes Zypergras, Breitblättriges Zypergras

Diese in Südafrika beheimatete Art unterscheidet sich von anderen Zypergräsern durch ihre gut entwickelten Grundblätter und bis 25 mm breite und 15 cm lange blattartige Tragblätter mit deutlicher Parallelnervatur. Die typische Laubfarbe ist dunkelgrün. Anders als viele andere in Kultur befindliche Zypergräser steht diese Spezies ungern im Wasser; in feuchten Gartenboden ausgepflanzt gedeiht sie gut. Verbreitet sich langsam; eignet sich in warmen Regionen als Bodendecker. Toleriert Schatten besser als die meisten anderen und lässt sich gut als Zimmerpflanze halten. WHZ 8.

'Nanus'. Gedrungener Wuchs; gleichmäßig grün. Höhe bis 30 cm.

'Variegatus'. Unter diesem Namen sind sämtliche in Kultur befindlichen gestreiften Formen versammelt. Von den zwei häufigsten wächst die eine 30–45 cm hoch und gedrungen, mit dunkelgrünem, weiß gestreiftem Blatt; bei der anderen sind die Blätter und Tragblätter nahezu vollständig grünlichweiß. WHZ 8.

LINKS *Cyperus albostriatus* in seiner arttypisch grünen Form. MITTE Die kompakte, dunkelgrün-weiß gezeichnete Form *Cyperus albostriatus* 'Variegatus' Mitte August im Garten von Roger Raiche (Berkeley, Kalifornien). Diese Form lässt sich in warmen Gefilden auch als Bodendecker einsetzen. RECHTS Eine hellgrüne Form von *Cyperus albostriatus* 'Variegatus' Ende Mai im botanischen Garten New York in feuchtem Boden unter Glas.

Cyperus alternifolius L.

Wechselblättriges Zypergras

Diese für Madagaskar endemische Spezies sieht man selten in Kultur. Tatsächlich handelt es sich bei den meisten der unter diesem Namen gehaltenen Pflanzen um *Cyperus involucratus* (siehe dort).

Cyperus eragrostis Lam.

[*Cyperus vegetus* Willd.]

Frischgrünes Zypergras

Diese ausdauernde südamerikanische Spezies wurde durch den Menschen außerhalb ihrer Heimat weit verbreitet; sie ist unter anderem im amerikanischen Südwesten und in Europa verwildert. Die bis 60 cm hohe Pflanze ist in allen Teilen hell gelbgrün. Sie ist keine Teichpflanze, sondern bevorzugt frischen bis feuchten Boden. Blüte im Hochsommer. Die sich begeistert versamende Pflanze ist in britischen Gärten besonders beliebt; dort lässt man sie gern selbst in naturnahen Bereichen nach geeigneten Standorten suchen. Vermehrung durch Aussaat oder Teilung. WHZ 6.

Cyperus giganteus Rottb. ex Kunth

Riesen-Zypergras, Mexikanischer Papyrus

Heimisch in Mexiko, Mittel- und Südamerika und Westindien; andernorts, beispielsweise Texas und Louisiana, eingeführt und verwildert. Trotz des Art-Epithetons ist diese Pflanze kein Riese; meist bleibt sie kleiner als der klassische Papyrus *Cyperus papyrus*. Die zunächst fälschlicherweise als *C. papyrus* 'Mexico' im südkalifornischen Gartenhandel angebotene Pflanze wird noch nicht sehr lange im Garten gezogen. Sie erreicht 180–270 cm Höhe und gedeiht am besten, wenn das Wasser nicht zu hoch über den Wurzeln steht. Die sehr durchsichtigen sternkugelartigen Blütenstände können nahezu 40 cm Durchmesser erreichen. Die Tragblätter sind flach und blattartig, ganz anders als die röhrenartigen Tragblätter bei *C. papyrus*. Vermehrung durch Aussaat oder Teilung. WHZ 8.

Cyperus haspan L.

Haspan-Zypergras

Bei den meisten der unter diesem Namen gezogenen Pflanzen handelt es sich tatsächlich um *C. prolifer*. *Cyperus haspan* ist in Nordamerika von den Küstenstrichen Virginias bis hinunter nach Florida und westlich bis Texas heimisch, darüber hinaus in Mexiko, Mittel- und Südamerika, Afrika und Australasien. Die Verzweigungen der Blütenstände dieser eher zarten Pflanze streben offen trichterförmig in die Höhe. Erreicht in feuchten Gräben und an anderen feuchten bis nassen Standorten 60 cm Höhe. WHZ 7.

Rechts oben Das Frischgrüne Zypergras *Cyperus eragrostis* teilt sich den Platz im Senkgarten von Great Dixter (Northiam, England) mit dem ebenso ausbreitungsfreudigen Stachelnüsschen *Acaena novae-zelandiae*.

Unten *Cyperus giganteus* Ende September in den Longwood Gardens.

Cyperus involucratus Rottb.

[*Cyperus flabelliformis* Rottb.]

Hüllblättriges Zypergras, Fächerförmiges Zypergras, Palmblatt-Zypergras, „Wasserpalme"

Dies ist die am häufigsten gezogene *Cyperus*-Spezies; sie ist im Osten des afrikanischen Kontinents heimisch und an vielen anderen Orten eingeführt und verwildert. Sie ist schon seit langem eine in der ganzen Welt beliebte Zimmer- und Wassergartenpflanze. Keine grundständigen Blätter. Die bis 90 cm hohen schlanken Halme tragen an der Spitze einen Schirm aus bis zu 25 spiralförmig angeordneten dunkelgrünen Tragblättern. Diese sind flach, bis 15 mm breit und 10–30 cm lang und ähneln schmalen Blättern. Einer der Gründe für die Beliebtheit dieser Pflanze ist ihre Anspruchslosigkeit. Sie bevorzugt feuchten Boden oder seichtes Wasser und gedeiht in voller Sonne wie im Halbschatten. Vermehrung durch Aussaat, Teilung oder Bewurzelung von Halmspitzen. WHZ 8; bei Winterschutz auch etwas kühler.

'Gracilis'. Schwachwüchsiger als die Spezies, meist unter 60 cm hoch.

'Variegatus'. Gleichmäßig rahmweiß gestreifte Tragblätter. Schlägt manchmal zu Grün zurück.

Cyperus longus L.

Hohes Zypergras, Langes Zypergras

Heimisch in Küstenmarschen und nassen Uferzonen Europas einschließlich Großbritanniens, Asiens und Nordafrikas. 90–120 cm hoch, aufrecht wachsend, mit offenem Blütenstand auf weichem Halm und schmalem, dunkelgrünem, weit herabhängendem Laub. Eine höchst wirkungsvolle architektonische Pflanze für den Teich- oder Poolrand. Verbreitet sich mäßig rasch über Rhizome. Gedeiht auf feuchtem Boden und in der Flachwasserzone. Vermehrung durch Aussaat oder Teilung. WHZ 7.

Cyperus papyrus L.

Echter Papyrus

Dies ist die Papyruspflanze vom Nil, aus der im alten Ägypten der Papyrus der Schriftrollen hergestellt wurde. Die Ägypter schnitten die Halme längs in dünne Streifen, legten diese sauber nebeneinander und bedeckten sie mit einer zweiten, um 90-Grad gedrehten Schicht. Die so entstandene Bahn wurde gepresst und in der Sonne getrocknet. Wahrscheinlich ist diese Spezies auch das „Rohr" der Bibel. Die bis 450 cm hoch stehende Pflanze wirkt wahrhaft majestätisch. Keine grundständigen Blätter. Der kräftige grüne blattlose Stängel trägt einen kugelrunden doldigen Blütenstand von 25–40 cm Durchmesser. Die Tragblätter sind röhrenartig und drehrund und haben mit Blattspreiten überhaupt keine Ähnlichkeit. Vom Hochsommer bis in den Herbst treibt die Pflanze neue Blüten,

LINKE SEITE, OBEN *Cyperus involucratus* Ende September im Seerosenteich der Longwood Gardens. MITTE *Cyperus involucratus* Ende Juni auf feuchtem Boden bei El Encanto in Santa Barbara (Kalifornien). LINKS UNTEN *Cyperus involucratus* 'Variegatus' Ende Mai im Gewächshaus des Botanischen Gartens New York.

OBEN LINKS *Cyperus longus* Ende August in Karl Wienkes Garten in Suhl.
UNTEN LINKS Blühender *Cyperus longus* Ende August in Deutschland.

OBEN RECHTS *Cyperus papyrus* ragt mehr als drei Meter über die Wasserfläche; hier blüht er Anfang Juli in den Quail Botanical Gardens in Encinitas (Kalifornien).
UNTEN MITTE Ende August im Garten Wisley der Royal Horticultural Society (Surrey, England): Ein nur etwas über einen Meter hohes Exemplar des Echten Papyrus *Cyperus papyrus*.
UNTEN RECHTS *Cyperus papyrus* 'King Tut' Ende September im Seerosenteich von Longwood Gardens.

die im Sonnenlicht unvergleichlich leuchten. Die Pflanze verbreitet sich über kräftige Rhizome, lässt sich jedoch auch als Horst halten. Entwickelt sich optimal bei seichtem Wasserstand in voller Sonne. Leicht durch Aussaat oder Teilung zu vermehren. WHZ 9.

'King Tut'. Den Sortennamen prägte Greg Speichert für eine sehr gedrungene Form, die ursprünglich als *Cyperus papyrus* var. *percamentus* – eine ungültige Bezeichnung – von Japan in die USA gelangte. Die lediglich 60 cm hohe Pflanze ist eine wahre Miniatur. Sie wurde in Japan aus samenvermehrten Exemplaren ausgelesen; die Suche galt eigentlich einem schattentoleranten Papyrus, der sich als Zimmerpflanze eignet. Tatsächlich ist diese Sorte erstaunlich schattenverträglich und braucht nicht im Wasser zu stehen – konstant feuchtes Substrat genügt ihr vollauf. Leider wird heute unter dem Namen 'King Tut' bisweilen Papyrus von normaler Größe vermarktet; es gilt also darauf zu achten, ob die Pflanze tatsächlich kleinformatig ist. WHZ 9.

Cyperus prolifer Lam.

[*Cyperus isocladus* Kunth, *C. prolifer* var. *isocladus* (Kunth) Kük.]
Zwerg-Papyrus

Heimisch im Randbereich von Sümpfen und Flüssen im östlichen und südlichen Afrika, auf Madagaskar und den Maskarenen. Wirkt wie eine Miniaturausgabe von *Cyperus papyrus*. Die schlanken Halme werden 60–90 cm hoch. Die doldenförmigen Blütenstände sind bei einem Durchmesser von meist unter 10 cm relativ klein. Im Garten sind die Blütendolden oft steril, ihnen fehlen die Ährchen am Ende der Verzweigungen. Breitet sich über Rhizome aus, lässt sich jedoch leicht als Horst halten. Bevorzugt volle Sonne oder sehr lichten Schatten und nassen bis ständig feuchten Boden. WHZ 9.

Dactylis L.

Poaceae – Süßgräser
Knäuelgras

Der vom griechischen Wort *daktylos* (Finger) abgeleitete Name verweist auf die fingerartig verzweigten Blütenstände. Die Gattung enthält eine einzige, variable Spezies; diese ist im gemäßigten Eurasien in feuchten bis trockenen sonnigen Lagen, unter anderem auf Wiesen und in lichtem Wald, heimisch.

Oben Anfang August: Im Kübel gezogener *Cyperus papyrus* 'King Tut' schmückt die Stufen zum Büro des Scott Arboretum auf dem Campus von Pennsylvanias Swarthmore College.

Mitte *Cyperus prolifer* Ende September im Seerosenteich von Longwood Gardens.

Links *Dactylis glomerata* 'Variegata' Ende August in Deutschland.

Dactylis glomerata L.

Wiesen-Knäuelgras

Diese eurasische Spezies ist heute in fast allen kühlgemäßigten Breiten anzutreffen; häufig wurde sie als Futterpflanze angesiedelt. Die 120 cm hohe, grün belaubte Art ist ein gewohnter Anblick auf sonnigen Wiesen, an Straßenrändern und auf Ruderalflächen. WHZ 4.

'Variegata'. Das auffällig weiß gestreifte Laub lässt diese Sorte hellgrün bis weißlich erscheinen. Das frühgrünende Gras ist im Frühjahr und Herbst am schönsten. In der Hitze des Hochsommers kann es stark leiden; ein Rückschnitt macht Platz für das im Herbst frisch durchtreibende Laub. Diese Sorte ist schwachwüchsiger als die Spezies; sie wird selten höher als 60 cm und blüht weniger intensiv. Die Sämlinge springen meist grün auf. Gedeiht problemlos auf unterschiedlichen, durchschnittlich frischen Böden in Sonne oder lichtem Schatten. Vermehrung durch Teilung im Frühjahr oder Herbst. WHZ 5.

Deschampsia P. Beauv.

Poaceae – Süßgräser

Schmiele

Die 40 ein- und mehrjährigen Arten dieser Gattung sind in weiten Teilen der gemäßigten nördlichen und südlichen Breiten und in höheren Lagen der Tropen anzutreffen; sie gedeihen an offenen bis schattigen Standorten, unter anderem Wiesen, Lichtungen, Schlagfluren und Mischwald.

Deschampsia cespitosa (L.) P. Beauv.

[*Aira cespitosa* L.]

Rasenschmiele

Diese variable Spezies ist in den kühlgemäßigten Regionen Nordamerikas, Europas und Ostasiens heimisch. Anzutreffen ist das frühgrünende Gras an feuchten Standorten, darunter Moore, Wiesen und frische lichte Wälder. Im südlichsten Teil des Verbreitungsgebiets steht es überwiegend in höheren, kühleren Berglagen. Es treibt keine Ausläufer, sondern wächst als gleichmäßig halbkugelförmiger Horst mit schmalem, meist dunkelgrünem Laub, über dem im Frühsommer eine Wolke fein verzweigter Blütenstände steht. Im Seiten- oder Gegenlicht leuchten die zarten Blüten besonders schön. Zur Blütezeit 120 cm hoch. Der Arttypus erblüht hellgrün; der Blütenstand trocknet zu hellem Beige und bleibt bis in den Herbst attraktiv. Viele Kultursorten erblühen gelbgrün; manche sind von gedrungenerem Wuchs und niedriger als die Art. Langlebig und in Sonne wie Schatten unproblematisch zu ziehen, wobei die Blüte in der Sonne am üppigsten ausfällt. In milden Regionen ist das Gras wintergrün; das grundständige Laub bleibt nahezu ganzjährig attraktiv. Dieser langlebige Horstbildner eignet sich dichtgepflanzt auch zum Bodendecker. Leicht durch Aussaat zu vermehren, alternativ durch Teilung im Frühjahr oder Herbst. WHZ 4.

Oben Nahezu kugelrund und in charakteristischem Dunkelgrün treibt *Deschampsia cespitosa* Anfang April in Südkalifornien aus.

Unten Die Blüte von *Deschampsia cespitosa* beginnt im Chicago Botanic Garden Anfang Juni.

LINKS Im Garten Wisley der Royal Horticultural Society in Surrey (England) schwebt Mitte Juli eine zarte Blütenwolke von *Deschampsia cespitosa* 'Goldtau' neben kräftig pinkfarbener *Diascia* 'Rupert Lambert'.
OBEN Blütendetail von *Deschampsia cespitosa* 'Vivipara' Ende August.

'Bronzeschleier'. Erblüht bronzegrün. Zur Blüte 60–90 cm hoch.

'Goldgehänge'. Blütenstand anfangs gelbgrün; leicht übergeneigt. Zur Blüte 60–90 cm hoch.

'Goldschleier'. Erblüht grünlich-gelb. Zur Blüte 30–60 cm hoch.

'Goldstaub'. Erblüht gelbgrün. Zur Blüte 30–60 cm hoch.

'Goldtau'. Blüte zarter als bei anderen Sorten; öffnet sich gelbgrün. Zur Blüte 30–60 cm hoch.

'Northern Lights'. Blatt mit rahmweißen Längsstreifen, in der kühleren Jahreszeit manchmal rosa überlaufen. Gedrungener im Wuchs als die grünen Formen. Stammt von einem Sämling aus der Bluebird Nursery in Nebraska ab; Namensgeber war Steve Schmidt. Zur Blüte 30–45 cm hoch.

'Schottland'. Schottischen Ursprungs, wie dem Namen leicht zu entnehmen ist. Dem Arttypus sehr ähnlich, jedoch gleichförmig, mit gleichmäßig dunkelgrünem Laub. Erblüht hellgrün. Zur Blüte 60–105 cm hoch.

'Tardiflora'. Etwas spätere, anfangs hellgrüne Blüte. Blütenhalme 60–90 cm hoch.

'Tauträger'. Schlanke, hellgrün erblühende Blütenstände. Zur Blüte 30–60 cm hoch.

'Vivipara' ('Fairy's Joke'). Bei dieser viviparen Sorte sprießen im Blütenstand Jungpflanzen, unter deren Gewicht sich die Halme weit überneigen. Zur Blüte 60–90 cm hoch.

Deschampsia flexuosa (L.) TRIN.

[*Aira flexuosa* L.]

Draht-Schmiele, Schlängel-Drahtschmiele

Diese Spezies ist kleiner, niedriger und feiner texturiert als *Deschampsia cespitosa*. Der horstbildende Frühgrüner ist im kühlgemäßigten Nordamerika und Eurasien beheimatet und steht überwiegend auf trockeneren Wiesenstandorten und Schlagfluren. Vielerorts ist diese Art ein wichtiges heimisches Weidegras. Dicht schopfartig wachsend, mit sehr feinem, unter 20 cm hohem, meist mittelgrünem Laub. Steht zur Blütezeit im Früh- bis Hochsommer bis zu 60 cm hoch. Auf unterschiedlichsten Böden bis hin zu Sand problemlos zu ziehen. Gute Blütenentwicklung in Sonne oder Halbschatten; hervorragend an trockenen Schatten angepasst. Vermehrung durch Aussaat, alternativ durch Teilung im Frühjahr oder Herbst. WHZ 4.

'Aurea' ('Tatra Gold', 'Hohe Tatra'). Laub gelbgrün, besonders im Frühjahr. Die Färbung ist in kühleren Regionen stärker ausgeprägt und dauerhafter. Fällt samentreu.

LINKS OBEN Ende Juli blüht *Deschampsia flexuosa* auf den offenen Flächen eines Felshangs am Blue Ridge Parkway (Virginia).

RECHTS OBEN Wie Bodennebel liegt Mitte Juli blühende *Deschampsia flexuosa* über einer Lichtung in den Smoky Mountains (North Carolina).

LINKS UNTEN Das feine Laub und die zarten Blüten von *Deschampsia flexuosa* bilden einen schönen Kontrast zu dunklem, regennassem Granit (Mitte Juli in den Smoky Mountains, North Carolina).

RECHTS Die Blüte der *Deschampsia flexuosa* 'Aurea' beginnt in Linda Cochrans Garten „Froggy Bottom" bei Seattle (Washington) Mitte Mai.

'Mückenschwarm'. Unzählige dunkelgrüne Ährchen zeichnen die Blütenstände aus.

Desmoschoenus Hook. f.

Cyperaceae – Riedgrasgewächse

Diese monotypische Gattung enthält eine einzige, für Neuseeland endemische Spezies.

Desmoschoenus spiralis (A. Rich.) Hook. f.

Pingao-Sandbinse, Spiralige Gold-Sandbinse, „Pingao"

Dieses in Neuseeland heimische Riedgras ist ein wichtiger Faktor für die Stabilität des Küstendünensystems. Die einst häufige Art wurde von dem eingeführten Gewöhnlichen Strandhafer *Ammophila arenaria* verdrängt, erlebt jedoch derzeit dank Restaurationsmaßnahmen ein Comeback. Ausdauernd, 60–90 cm hoch mit derbem gelb-grünem Laub an dicken, seilartigen Rhizomen. Mit ihrem Wuchs fördert diese Pflanze glatte, stabile Vordünen; *Ammophila arenaria* dagegen baut steile, leicht erodierende Weißdünen auf. *Desmoschoenus spiralis* kommt in der Kultur der Maori eine bedeutende Rolle zu; das Material kam in der Fertigung fester Gewebe für Kleidung und Behausung zum Einsatz. In voller Sonne bei gelegentlichem Trockenstress nimmt das Laub eine leuchtend orange Färbung an. Blüht von Frühjahr bis Frühsommer; die Saat in den Fruchtständen reift dunkelbraun aus. Vermehrung durch Aussaat frischer Samen oder durch Schnittlinge. WHZ 8.

UNTEN Die flachen Vordünen am Strand von Wellington (Neuseeland) werden von der Pingao-Sandbinse *Desmoschoenus spiralis* gehalten (Ende August/Winter).

UNTEN RECHTS *Dichanthelium clandestinum* Ende Juli in lichtem Schatten im Garten Wisley der Royal Horticultural Society (Surrey, England).

Dichanthelium (Hitchc. et Chase) Gould

Poaceae – Süßgräser

Rispenhirse

Die Gräser dieser Gattung wurden ursprünglich zu *Panicum* gerechnet, heute sind sie allgemein als eigene, etwa 72 Spezies umfassende Gattung anerkannt. Etwa die Hälfte der Arten ist in Nordamerika heimisch. Alle Arten sind mehrjährig, manche sind stark ausläufertreibend.

Dichanthelium clandestinum (L.) Gould

[*Panicum clandestinum* L.]

Bambushirse, Hirschzungen-Rispenhirse, Hirschzungengras

Dieses Gras ist auf feuchten, mitunter sandigen Böden in weiten Teilen der östlichen USA verbreitet, wo es auf Wiesen, in Gehölzen und lichtem Wald sowie entlang von Fließgewässern anzutreffen ist. Das Blatt ist mit gut 30 mm relativ breit, dabei nicht mehr als 18 cm lang. Die Spezies wächst als dichtes, bis 75 cm hohes Büschel, kann sich aber auch aggressiv über Rhizome verbreiten und dabei große Herden ausbilden. Das im Sommer leuchtend grüne Laub verfärbt sich mit dem Herbstfrost ockerfarben – eine aparte Ergänzung zum Weiß, Violett und Gelb spät blühender Astern und Goldruten. Das Gras verbreitet sich nicht nur vegetativ, sondern versamt sich reichlich und kann dadurch in wärmeren Klimazonen im kleineren Garten zum Problem werden. In Regionen

mit kühlerer, kürzerer Vegetationsperiode, etwa in Großbritannien und Nordeuropa, sind seinem Ausbreitungsdrang engere Grenzen gesteckt. Die Blüte ist ohne zusätzlichen Zierwert. In Sonne bis Halbschatten problemlos zu ziehen. Trockenheitsverträglich. Vermehrung durch Aussaat, alternativ durch Teilung im Frühjahr. WHZ 4.

Dulichium Pers.

Cyperaceae – Riedgrasgewächse

Diese Gattung enthält eine einzige, in Feuchtbiotopen Nordamerikas heimische Spezies.

Dulichium arundinaceum (L.) Britton

Rohrsegge, Bambussegge, „Three-Way Sedge"

Typischer Standort ist stehendes Wasser in offenen Feuchtbiotopen – Moore und Sümpfe sowie die Uferzonen von Seen, Teichen und Bächen – von Neufundland bis Minnesota, nach Süden bis Florida und Texas, außerdem von British Columbia bis Kalifornien und Montana. Die leuchtend grünen Blätter stehen gleichmäßig nach drei Seiten ab, was besonders deutlich wird, wenn man die Pflanze von oben betrachtet. Die aufrechten, 60–90 cm hohen Halme erinnern mit dem schmalen Laub ein wenig an Bambus. Blüht im Hochsommer ausgesprochen unauffällig. Verbreitet sich über Rhizome zu häufig ausgedehnten Kolonien, die den Gewässerrand leuchtend grün nachzeichnen. Ein zart texturierter Kontrast zu den großen flachen Blättern von See- und Teichrosen (*Nymphaea, Nuphar*), in deren Begleitung dieses Sauergras oft auftritt. Pflegeleicht in Sonne bis lichtem Schatten, sofern der Boden gleichmäßig nass bis feucht ist. Lässt sich im großen Topf oder Kübel ziehen; eine schöne Ergänzung für den Teichgarten. Vermehrung durch Aussaat, alternativ durch Teilung im Frühjahr. WHZ 5.

Elegia L.

Restionaceae – Restiogewächse

Binsenried

Die Gattung umfasst etwa 32 ausdauernde zweihäusige Spezies, die in der südafrikanischen Kapregion beheimatet sind. Manche dieser Arten werden traditionell als Dacheindeckung bzw. zur Besenherstellung verwendet. Die *Elegia* spp. sind Teil der an häufige Feuer angepassten Fynbosvegetation. Sämtliche Arten sind windbestäubt; typische Standorte sind offene, windexponierte Flächen am Kap. Das aktivste Wachstum folgt auf Regen, doch als immergrüne Pflanzen sind sie ganzjährig präsent. Forschungsarbeiten in Kapstadts Kirstenbosch National Botanical Garden haben ergeben, dass eine Rauchbehandlung der Samen die Keimrate signifikant erhöht. Sämtlichen *Elegia*-Arten fehlen normal entwickelte Blätter

UNTEN LINKS Hell säumt *Dulichium arundinaceum* das dunkle Wasser der New Jersey Pine Barrens; am Ufersaum blüht Sumpf-Rhododendron *Rhododendron viscosum*, während auf dem tieferen Wasser im Vordergrund die breiten Schwimmblätter von Seerosen treiben.

UNTEN *Dulichium arundinaceum* und die Duftende Seerose *Nymphaea odorata* teilen sich friedlich ihren angestammten Lebensraum in den New Jersey Pine Barrens (Ende August).

mit Blattspreiten. Die Fotosynthese findet in den grünen Halmen, Tragblättern und Verästelungen statt. Manche Arten haben einfache, unverzweigte Halme, andere erinnern mit ihren fein verästelten Trieben an Schachtelhalm *Equisetum*. Bei manchen Spezies sitzen unter den endständigen Blütenständen sehr dekorative bleibende aufgerollte Tragblätter, die bernsteingelb leuchten. Lässt sich auch in anderen Regionen mit mediterranem Klima ziehen, beispielsweise Kalifornien und Südengland. In kühleren Regionen kann man *Elegia* problemlos als Kübelpflanze halten, die im Herbst in den Wintergarten umzieht; auch hier erweist sie sich als ausgesprochen dekorativ.

Elegia capensis (Burm. f.) Schelpe

Kap-Binsenried, Schachtelhalmartiges Binsenried, Goldlocken-Binsenried

In Südafrika von Clanwilliam bis zum Kap der Guten Hoffnung und östlich bis Port Elizabeth an Flussufern und Sickerquellen in unteren Bergregionen anzutreffen. In Südafrika werden daraus traditionell Besen gebunden. Horstbildend, knapp 210 cm hoch; sieht mit seinen dichten Wirteln aus fadendünnen Verästelungen, die in regelmäßigen Abständen dem Halm entsprießen, einem gigantischen Schachtelhalm täuschend ähnlich. Endständige braune weibliche und männliche Blüten auf verschiedenen Pflanzen. Unübersehbar sind die papierdünnen Tragblätter, die den Halm umhüllen. Bevorzugt volle Sonne und feuchten, durchschnittlich nährstoffreichen bis kargen Boden. In mediterranem

Ganz unten *Elegia capensis* im Frühjahr im Kirstenbosch National Botanical Garden in Kapstadt (Südafrika, Anfang September).
Oben links Halm- und Blütendetail des Kap-Binsenrieds *Elegia capensis* im botanischen Garten Kirstenbosch (Anfang September).
Oben rechts Halm- und Blattdetail von *Elegia capensis* im botanischen Garten Kirstenbosch (Anfang September).

Klima möglichst zu Beginn der Regenperiode pflanzen. In Regionen außerhalb ihres Winterhärtebereichs ist diese *Elegia* eine ausgezeichnete Containerbepflanzung. Vermehrung am besten durch Aussaat. Eine Teilung ist nicht einfach, da das Wurzelwerk auf Störung empfindlich reagiert. WHZ 8.

Elegia equisetacea Mast.

Schachtelhalm-Binsenried

Diese weit verbreitete Spezies ist von den Zederbergen des Westkaps bis Port Elizabeth im Osten anzutreffen. Aufrecht wachsend, bis 120 cm hoch, mit meist unverzweigten Halmen; die Neutriebe von Jungpflanzen weisen allerdings häufig wirtelartige Verästelungen auf, ähnlich *Elegia capensis*. Bevorzugt volle Sonne und durchlässigen Boden. WHZ 8.

Elegia fenestrata Pillans

Fensterartiges Binsenried, Durchscheinendes Binsenried

Von der Kap-Halbinsel bis Bredasdorp anzutreffen. Aufrechter Wuchs; unverzweigte, bis 75 cm hohe Halme. Bevorzugt volle Sonne. Gedeiht auf durchschnittlichem bis trockenem Boden. WHZ 8.

Elegia juncea L.

Binsen-Binsenried

An trockeneren Standorten von Tulbagh bis zur Kap-Halbinsel und in den östlich gelegenen Swartbergen häufig anzutreffen. Aufrechter Wuchs, 30–75 cm hoch, durch Rhizome langsam im Durchmesser zunehmend. Bevorzugt volle Sonne. Sehr trockenheitsverträglich. WHZ 8.

Ganz oben links *Elegia equisetacea* Mitte September (Frühjahr) in den Hottentots Holland Mountains in der südafrikanischen Kapregion.

Oben rechts *Elegia fenestrata* Ende Juni im Leaning Pine Arboretum von San Luis Obispo (Kalifornien).

Unten *Elegia juncea* an einem trockenen Felsstandort in den südafrikanischen Swartberg Mountains (Mitte September/Frühjahr).

Eleocharis R. Br.

Cyperaceae – Riedgrasgewächse

Sumpfbinse, Sumpfried

Der Gattungsname leitet sich vom griechischen *helos* (Marsch) und *charis* (liebend) ab. Umfasst etwa 200 weltweit verbreitete Spezies auf nassem Boden oder im Flachwasser; viele bilden dank kriechender Rhizome ausgedehnte, dichte Matten. Das Blatt ist zu einer Blattscheide ohne Spreite reduziert, der Halm schlank und unverzweigt; sämtliche Halme münden in ein endständiges Ährchen. Die schlichte Sumpfbinse wird häufig übersehen, und doch ist sie eine elegante, fein texturierte Komponente unserer Feuchtbiotope. Im Landschaftsschutz und in der Gartengestaltung sollte ihr stärkere Beachtung zuteil werden. Viele *Eleocharis*-Arten gleichen sich dermaßen, dass sie kaum zu unterscheiden sind.

Eleocharis acicularis (L.) Roem. et Schult.

Nadel-Sumpfsimse, Nadelsimse

Das Art-Epitheton „nadelförmig" bezieht sich auf die äußerst schlanken Halme und Ährchen dieser Art. Die weit verbreitete ausdauernde Spezies ist in arktischen Regionen, in weiten Teilen Nordamerikas, nach Süden bis Mittel- und Südamerika sowie in Eurasien anzutreffen; Standorte sind nasse Böden und Wiesen, Teich- und Seeufer und Frühjahrstümpel, häufig auch gestörte frische Böden. Bildet mit seinen Rhizomen dichte Rasen aus. Nahezu haarfeine Halme, bis 30 cm hoch, aufrecht bis locker auseinanderfallend. In der Sonne auf feuchtem Boden bis hin zur Flachwasserzone ausgesprochen pflegeleicht; für Teichrand und Aquarien geeignet. Gedeiht am besten unter leicht sauren Bedingungen. Vermehrung durch Teilung im Frühjahr oder durch Aussaat. WHZ 4.

Eleocharis dulcis (Burm. f.) Trin. ex Hensch.

Chinesische Wassernuss, Wasserkastanie, *Mai-tai*

Die schlichte, attraktive, in Asien und Westafrika weit verbreitete Pflanze wird vor allem wegen ihrer essbaren Speicherorgane gezogen. Der drehrunde grüne Halm ist durch Knoten gegliedert, etwa 4 mm stark und bis 120 cm hoch. Das Ährchen ist endständig und bis 50 mm lang, kann aber auch fehlen. Verbreitet sich über lange Stolonen, an deren Enden sich rundliche, bis 4 cm dicke Speicherorgane befinden. Frisch oder gekocht sind diese weißen, knackigen Knollen eine bekannte Zutat der chinesischen Küche. In voller Sonne in seichtem Wasser unproblematisch zu ziehen. Vermehrung durch Ableger aus den Knollen. WHZ 9.

Elymus L.

Poaceae – Süßgräser

Haargerste, Strandgerste, Waldgerste, Quecke, Wildroggen

Die bis zu 150 ausdauernden, horstbildenden oder ausläufertreibenden Spezies dieser weltweit verbreiteten Gattung sind in unterschiedlichen Lebensräumen der gesamten gemäßigten Breiten der Nord- wie der Südhalbkugel anzutreffen, darunter Wiesen, Prärien, Wälder, Steppen und Dünen. Die meisten sind ausgesprochene Frühgrüner. *Elymus* ist der Gattung *Leymus* eng verwandt, der eine Reihe von früher zu *Elymus* gezählten Spezies zugeordnet wurden – darunter der Gewöhnliche Strandroggen *Leymus arenarius* sowie die Riesen-Roggengerste *L. racemosus*.

Unten links *Eleocharis acicularis* in seichtem Wasser unweit der Küste von Maine, Anfang August.

Unten *Elymus canadensis* Ende Juni in den Longwood Gardens in Pennsylvania.

Elymus canadensis L.

Kanada-Haargerste, Kanada-Quecke, Kanadischer Wildroggen

Heimisch in weiten Teilen Nordamerikas, wo sie an Flussufern, auf Prärien, offenen Flächen und oft auch auf trockenem sandigem Boden steht. Dieser Frühgrüner ist häufig mit den spätgrünenden Spezies der von Blauhalm dominierten Hochgrasprärien und Savannen vergesellschaftet. Horstbildend, 90–180 cm hoch. Die im Frühsommer erscheinenden nickenden Blütenstände erinnern an Roggen und bleiben meist bis in den Winter intakt und attraktiv. Das Laub ist derb, gewöhnlich grün, manchmal auch bereift blaugrün. Die Blautönung ist nie so ausgeprägt wie bei den verwandten *Leymus arenarius* und *L. racemosus*. Dieses raschwüchsige, allerdings relativ kurzlebige Präriegras ist häufig als Beisaat in Saatmischungen mit langsamwüchsigeren Prärегräsern und Kräutern enthalten. Auf nahezu jedem feuchten bis trockenen Boden in Sonne bis lichtem Schatten problemlos zu ziehen. Leicht durch Aussaat zu vermehren, alternativ durch Teilung im Frühjahr oder Herbst. Versamt sich, was für Wiesen und restaurierte Prärieflächen wünschenswert ist, im kleineren Garten jedoch stören kann. WHZ 3.

Elymus glaucus Buckley

Blaugrüne Quecke, Blaugrüner Wildroggen

Heimisch in feuchten bis trockenen lichten Gehölzen in weiten Teilen des nördlichen Nordamerika. Bildet dichte, schopfartige Horste. Typisch ist bereiftes Laub. Diese Spezies wird selten kultiviert. Der in Gartenkatalogen und -büchern noch immer allgemein verwendete Name *Elymus glaucus* hort. ist eine Fehlbezeichnung für *Leymus arenarius*, eine stark ausläufertreibende Spezies mit stark bereiftem blaugrauem Laub. WHZ 5.

Elymus hystrix L.

[*Hystrix patula* Moench]

Flaschen-Bürstengras, Gewöhnliches Bürstengras

Dieses frühgrünende Gras wurde jahrelang als *Hystrix patula* bezeichnet, doch inzwischen besteht allgemeiner Konsens, dass es sich nicht genügend von anderen *Elymus*-Arten unterscheidet, um eine eigene Gattung *Hystrix* Moench zu rechtfertigen. Eines der gewichtigsten Argumente für die Zuordnung zu *Elymus* ist die Tatsache, dass *E. hystrix* am Naturstandort gelegentlich mit anderen *Elymus* spp. hybridisiert, vor allem mit *E. virginicus*. *E. hystrix* ist in feuchtem bis trockenem, oft felsigem Wald in der Osthälfte Nordamerikas heimisch, von Nova Scotia und Quebec bis North Dakota, nach Süden bis Virginia und Oklahoma. Horstbildend, aufrecht, bis 120 cm hoch. Mitte Juni erscheinen die flaschenbürstenartigen, bis 15 cm langen Blütenstände; bei genügend Feuchtigkeit werden bis Ende August in Abständen immer neue Blüten hervorgebracht. Erblüht grün, verbleicht zu hellbeige und bleibt bis zum Höhepunkt der Herbstfärbung der Laubwälder attraktiv. Die Samenstände werden gern für Trockensträuße verwendet. Eines der wenigen an trockenen Schatten adaptierten Süßgräser; auf feuchten nährstoffreichen Boden reagiert es mit dichterem Wuchs und vollerer Blüte.

Ganz oben links In Missouri beginnt die Blüte von *Elymus hystrix* Anfang Juni. Der langbegrannte Blütenstand sieht aus wie eine Flaschenbürste. Offenbar fühlte sich der Botaniker Carl von Linné an Stachelschweine erinnert und wählte das Artepitheton „hystrix“ entsprechend.

Ganz oben rechts *E. hystrix* und *Rhus aromatica* Mitte Oktober in einem trockenen, felsigen Hickory-Eichen-Wald in West Virginia.

Unten Blühende *Elymus hystrix* und *Campanula americana* im Juli am Naturstandort an Virginias Blue Ridge Parkway.

Heißes, trockenes Sommerwetter kann eine Ruheperiode auslösen. Diese aparte Waldpflanze kommt bei informeller Gestaltung am besten zur Geltung. Versamt sich in Maßen. Vermehrung am besten durch Aussaat. WHZ 3.

Elymus magellanicus (Desv.) A. Löve
[*Agropyron magellanicum* Desv., *A. pubiflorum* (Steud.) Parodi]
Magellan-Blaugras
Heimisch an sonnigen Standorten in Hochlagen von Südamerika. Das bereifte Laub dieses dicht schopfartig wachsenden Horstgrases leuchtet nahezu neonblau. Ein ausgeprägter Frühgrüner, der in milden Regionen wintergrün bleibt, unter feuchtheißen Bedingungen – besonders bei gleichfalls hohen Nachttemperaturen – jedoch rasch leidet und sogar in Sommerruhe verfallen kann. In Südengland zeigt sich das Gras anfällig für Blattrost. Gedeiht am besten an einem luftigen Platz mit äußerst durchlässigem Boden. Gedeiht gut in kühlen Küstenbereichen; hervorragend als Containerbepflanzung geeignet. Vermehrung möglichst durch Aussaat, alternativ durch Teilung im zeitigen Frühjahr. WHZ 6.

'Blue Tango'. Eine Einführung von Kurt Bluemel; das Ursprungsmaterial wurde in Südamerika gesammelt.

Elymus solandri (Steud.) Connor
[*Triticum solandri* Steud.]
Solanders Quecke, Neuseeland-Quecke
Heimisch auf Neuseelands Nord- und Südinsel an sonnigen, offenen Standorten von Meereshöhe bis in die oberen Bergregionen.

LINKE SEITE, LINKS AUSSEN Mitte Juli im Scott Arboretum: Die trocknenden Blütenstände von *Elymus hystrix* mischen sich unter die Blüten von Arzneiehrenpreis *Veronicastrum virginicum* und *Phlox paniculata* 'David' (Swarthmore College, Pennsylvania).

LINKE SEITE, OBEN RECHTS Ende August: Feiner Kiesmulch umgibt *Elymus magellanicus* an sonnigem, durchlässigem Standort im Garten Wisley der Royal Horticultural Society (Surrey, England).
MITTE Das hellblaue Laub von *Elymus magellanicus* setzt im Juli im Garten von Great Dixter (Northiam, England) einen mühelosen Kontrapunkt gegen feuerroten Salbei.
UNTEN August in Neuseeland: Auch im Spätwinter ist das Laub von *Elymus solandri* noch überwiegend grün.

DIESE SEITE Mitte November in Texas: *Elymus virginicus* überzieht feuchten Waldboden.

Anzutreffen in steinigen Küstenzonen, in Flussbetten und auf Moränen sowie auf dem Tussock-Grasland des Inneren. Relativ weiche Halme; unter 45 cm hoch; breitet sich häufig relativ rasch über Stolonen aus. Das Laub ist stark bereift und kräftig blaugrün. Bevorzugt Sonne, passt sich jedoch unterschiedlichsten Böden und Feuchtegraden an. Vermehrung durch Aussaat oder Teilung. WHZ 7.

Elymus virginicus L.

Virginische Haargerste, Virginische Quecke

Dieser variable, horstartig wachsende Frühgrüner ist in weiten Teilen Nordamerikas in nährstoffreichen Gehölzen, an Ufern, auf Auenböden und zum Teil auch auf basenreichen Standorten heimisch. Das derbe Gras ähnelt *Elymus canadensis*, sein Laub ist jedoch selten bereift und die Grannen sind kürzer und weniger auffällig. Schattigeren, frischeren Standorten zugeneigt als *E. canadensis*; dennoch werden beide manchmal am selben Standort angetroffen, und gelegentlich hybridisieren sie. Leicht durch Aussaat zu vermehren, alternativ durch Teilung im Frühjahr oder Herbst. Gedeiht in Sonne bis Halbschatten. Versamt sich. WHZ 3.

Elytrigia DESV.

Poaceae – Süßgräser

Quecke

Diese Gattung umfasst 80 ausdauernde teils horstbildende, teils aggressiv ausläufertreibende Arten an unterschiedlichen Standorten vor allem der Nordhalbkugel; oft auf trockenem Alkaliboden oder sandigem Salzboden anzutreffen. Einige wenige Arten, darunter die Gewöhnliche Kriech-Quecke *Elytrigia repens*, gelten als lästiges Unkraut. Eng mit *Elymus* verwandt.

Elytrigia elongata (HOST) NEVSKI

[*Agropyron elongatum* (Host) P. Beauv., *Elymus elongatus* (Host) Runemark, *Thinopyrum ponticum* (Podp.) Barkworth et D. R. Dewey]

Pontische Quecke

Diese trockenheitsverträgliche, salztolerante horstbildende Spezies ist im Mittelmeerbecken heimisch, wurde jedoch als Weidegras und Bodenstabilisierer weit darüber hinaus angesiedelt und hat sich vielerorts eingebürgert, darunter auch in Wüstengebieten im Südwesten der USA. Straff aufrecht, jedoch so biegsam, dass es sich im

Wind neigt; 150 cm hoch; Halme und Laub graublau bereift. Blüht im Frühsommer. Versamt sich mit Begeisterung; kann je nach Situation regelmäßige Kontrollmaßnahmen erfordern. In voller Sonne auf unterschiedlichsten Böden und bei diversen Feuchtegraden leicht zu ziehen. Vermehrung durch Aussaat, alternativ durch Teilung im Frühjahr. WHZ 3.

'Jose Select'. Diese kerzengerade Auslese traf David Salman von der Gärtnerei High Country Gardens in New Mexico. Sie wurde als Sämling in einer Zwischenfrucht-Saat von 'Jose' entdeckt, einer frühen Sorte, die das Plant Material Center des NRCS (Natural Resources Conservation Service) des amerikanischen Landwirtschaftsministeriums USDA in Los Lunas (New Mexico) ursprünglich als *Thinopyrum ponticum* 'San Jose' herausgebracht hatte.

Eragrostis Wolf

Poaceae – Süßgräser

Liebesgras

Diese riesige Gattung umfasst nahezu 350 ein- und mehrjährige Spezies, die weltweit in tropischen, subtropischen und gemäßigten Breiten heimisch sind. Der Trivialname ist nicht neu; die Ableitung des Gattungsnamens ist ungewiss. Möglicherweise geht er auf das griechische *eros* (Liebe) und *agrostis*, den Namen einer Grasart, zurück; eventuell stammt er auch von den griechischen Wörtern *eri-* (früh) und *agrostis* (wild) ab, was sich darauf beziehen ließe, dass etliche der Arten Ruderalflächen kolonisieren. Die im Folgenden vorgestellten ausdauernden Spezies sind sämtlich spätgrünend.

Eragrostis chloromelas Steud.

[*Eragrostis curvula* var. *conferta* Nees]

Schwarzgrünes Liebesgras, Burisches Liebesgras

Hier und dort finden sich Pflanzen dieses Namens in Kultur, doch die meisten Taxonomen ordnen dieses Gras inzwischen bei *Eragrostis curvula* ein. Von *E. curvula* unterscheidet es sich durch sein bereiftes Laub und seine etwas geringere Winterhärte; vielleicht sollte es als Spielart angesehen werden. Das Gras ist apomiktisch und fällt samentreu. Bevorzugt volle Sonne; kommt mit unterschiedlichsten Böden zurecht. Äußerst trockenheitsverträglich. WHZ 7.

LINKS Raketengleich emporschießende *Elytrigia elongata* 'Jose Select' wiegt sich Ende Juni zwischen den Blüten der Knolligen Seidenpflanze *Asclepias tuberosa* in der frühsommerlichen Brise (Chanticleer Garden, Wayne, Pennsylvania).
LINKS UNTEN *Elytrigia elongata* Mitte August in unweit Salt Lake City (Utah).

UNTEN Dieses Gras wird in den USA meist fälschlicherweise als *Eragrostis elliottii* identifiziert und auch unter diesem Namen verkauft, stammt jedoch eindeutig aus Afrika. Höchstwahrscheinlich handelt es sich um eine blaugrüne Form von *E. chloromelas*, möglicherweise auch von *E. robusta* – zwei Spezies, die des Öfteren in *E. curvula* eingeschlossen werden. Das Gras ist auch *E. trichophora* Coss. et Durieu sehr ähnlich, einer blaugrünen südafrikanischen Spezies, die der Natural Resources Conservation Service des USDA in Nordamerika einführte. Die Aufnahme entstand Mitte Juli in North Carolina.

Eragrostis curvula (Schrad.) Nees

Schwachgekrümmtes Liebesgras, Afrikanisches Liebesgras

Die Spezies ist in Südafrika heimisch, wurde jedoch vielerorts zur Bodenstabilisierung, als Weidegras und als Zierpflanze angesiedelt, darunter auch im Südosten der USA. Sie ist weitaus kälteverträglicher, als man aufgrund ihrer Herkunft erwarten sollte. Das dichte, schmale, mittelgrüne Laub wächst schopfartig als adretter, halbkugelförmiger Horst, der im Hoch- bis Spätsommer von bis zu 120 cm hohen überhängenden Blütenhalmen überragt wird. Laub und Blütenhalme sind relativ weich; der Gesamteindruck ist fontänenartig. In kühlerem Klima wie etwa Nordeuropa bleibt das Gras zurückhaltend, in wärmeren Regionen jedoch versamt es sich aggressiv. In den USA wird es schon lange zur Erosionskontrolle von Straßenrandbereichen eingesetzt, ist jedoch vielerorts darüber hinaus verwildert. Bevorzugt volle Sonne, wächst aber auch in lichtem Schatten. Vermehrung durch Aussaat, alternativ durch Teilung im Frühjahr. WHZ 6.

'Totnes Burgundy'. Das Laub dieser hervorragenden Auslese ist vom Hochsommer bis zum Herbst intensiv rot akzentuiert. In den Handel gebracht wurde es durch Sarah und Julian Sutton von der Gärtnerei Desirable Plants in Totnes (Devon, England).

Eragrostis elliottii S. Watson

Elliotts Liebesgras

Die meisten der in den USA als *Eragrostis elliottii* in Gärten anzutreffenden Pflanzen gehören dieser Art gar nicht an. Der Blütenstand der echten *E. elliottii* ist von der Basis bis zur Spitze zunehmend verzweigt. In Habitus und Größe ist diese Spezies *E. spectabilis* sehr ähnlich. Das falsch zugeordnete Pflanzenmaterial, dessen Infloreszenzen auf hohen, lediglich im oberen Bereich verzweigten Halmen stehen, ist mit an Sicherheit grenzender Wahrscheinlichkeit südafrikanischen Ursprungs und möglicherweise *E. chloromelas* Steud. oder *E. robusta* Stent zuzuordnen; diese beiden Arten werden heute von den meisten Taxonomen *E. curvula* zugerechnet.

Das im Garten relativ seltene echte *Eragrostis elliottii* ist in sandigen Kiefernwäldern und immergrünen Eichenwäldern heimisch und wird vor allem von der Küstenebene des amerikanischen Südostens bis Mittel- und Südamerika hinunter angetroffen. Horstbildend; im Sommer während der Blüte 20–75 cm hoch; Laub blaugrün bereift. Vermehrung durch Aussaat, alternativ durch Teilung im Frühjahr. WHZ 8, wahrscheinlich auch kühler.

'Tallahassee Sunset'. Diese besonders stark bereifte Sorte selektierte John Greenlee aus Sämlingen mit Provenienz Florida. Zum Winter verfärbt sich das Laub pflaumenrot.

Unten *Eragrostis curvula* Ende Juni in voller Sonne in der Afrika-Abteilung des Leaning Pine Arboretum von San Luis Obispo, Kalifornien.

Rechts oben *Eragrostis curvula* Ende Juni an halbschattigem Standort in Ojai (Kalifornien).
Rechts unten *Eragrostis curvula* 'Totnes Burgundy' Mitte Juli im Garten Wisley der Royal Horticultural Society (Surrey, England).

Eragrostis spectabilis (Pursh) Steud.

Purpur-Liebesgras, Prächtiges Liebesgras

Heimisch auf Sandböden bis hin zu tonigem Lehmboden in Süd-Kanada, weiten Teilen der östlichen USA und nach Süden über Mexiko bis Mittelamerika. Horstbildend; mit weniger als 45 cm Höhe während der spätsommerlichen Blüte relativ niedrig. Mittelgrünes, derbes, überwiegend grundständiges Laub. Die sehr durchsichtigen Blütenstände verzweigen sich von der Basis an. Das sich überreich versamende anpassungsfähige Gras wächst bisweilen in dichten Wogen, die den Boden mit Nebelwolken rotvioletter bis rosafarbener Blüten überziehen. Mehrjährig, jedoch verhältnismäßig kurzlebig. Gedeiht am besten auf offener Fläche in voller Sonne. Sehr trockenheitsverträglich. Leicht durch Saat zu vermehren, alternativ durch Teilung im Frühjahr. WHZ 5.

Eragrostis trichodes (Nutt.) A. W. Wood

Bogen-Liebesgras, Sand-Liebesgras, Haar-Liebesgras

Endemisch für die kontinentalen USA (außer Alaska), wo es von Illinois bis Nebraska und nach Süden bis Arkansas und Texas vor allem an offenen oder lichtschattigen sandigen Standorten einschließlich Prärien und lichten Wäldern anzutreffen ist. Wesentlich höher als *Eragrostis spectabilis*; aufrecht wachsend, mit beblätterten, bis 120 cm hohen Blütenhalmen. Von Juli bis Anfang August erscheinen die leicht rosigen Blütenstände. In voller Sonne auf nahezu jedem durchlässigen Boden leicht zu ziehen. Sehr trockenheitsverträglich. Versamt sich in Maßen. Vermehrung durch Aussaat, alternativ durch Teilung im Frühjahr. WHZ 5.

'Bend'. Schön überhängend; die Blütenhalme neigen sich gegen Ende der Saison unter dem Gewicht der Samenstände weit über. Eine Selektion von Richard Lighty aus Pennsylvania.

Eragrostis trichophora Coss. et Durieu

Behaartes Liebesgras

Heimisch in Südafrika an feuchten, häufig gestörten Standorten. Blatt graublau bereift. Im Sommer erscheinen bis 90 cm hohe fein verzweigte Blütenstände hoch über dem grundständigen Laub. Trockenheitsverträglich. Versamt sich reichlich. In Nordamerika durch den Natural Resources Conservation Service des USDA zur Bodenstabilisierung und Weideverbesserung eingeführt und möglicherweise verwildert. WHZ 7.

Links oben *Eragrostis spectabilis* Ende August in Südost-Pennsylvania.

Oben rechts *Eragrostis spectabilis* Anfang September im Delaware Center for Horticulture (Wilmington).

Links unten *Eragrostis trichodes* 'Bend' Mitte Juli bei gerade beginnender Blüte in North Carolina. Die Infloreszenzen werden noch wesentlich voluminöser und durchsichtiger werden.

Eriophorum L.

Cyperaceae – Riedgrasgewächse
Wollgras

Der Name leitet sich von *erion* (Wolle) und *phoros* (tragend) ab und bezieht sich auf die wie Wollflocken wirkenden Samenstände. Umfasst etwa 25 ausdauernde weit verbreitete Arten der kühlgemäßigten, arktischen und alpinen Zonen vor allem der Nordhalbkugel, gewöhnlich in voller Sonne und häufig in sauren Sümpfen und Mooren. Manche wachsen horstartig, andere verbreiten sich über Rhizome. Einzigartig unter den Riedgrasgewächsen durch die zahllosen feinen langen Blütenhüllfäden, die als dichte, an Wollflocken erinnernde Büschel weit aus den Ährchen hervorstehen. Die Farbe der Hüllfäden reicht von stumpf ockerfarben bis hin zu nahezu reinweiß. Ein im Spätherbst von Tausenden solcher in Frucht stehenden Pflanzen überzogenes Hochmoor bietet einen spektakulären Anblick. Die Samenstände sind hervorragend für Trockensträuße geeignet, sollten jedoch nie der Natur entnommen werden. Für optimales Gedeihen benötigen sämtliche Arten volle Sonne, kühle Sommer, reichlich Feuchtigkeit und sauren Boden. Vermehrung durch Aussaat, alternativ durch Teilung im Frühjahr.

Eriophorum angustifolium Honck.

Schmalblättriges Wollgras

Heimisch in Sümpfen von Grönland quer durch Nordamerika bis nach Alaska, südlich bis New York, Michigan, Iowa und Washington. Auch auf den britischen Inseln und in Eurasien beheimatet. Bis 90 cm hoch; verbreitet sich über lange Rhizome. Weiße Blütenhüllfäden. WHZ 3.

Eriophorum gracile W. D. J. Koch

Schlankes Wollgras

Heimisch in Sümpfen und Mooren von Neufundland bis British Columbia und südlich bis Pennsylvania, Indiana, Colorado und Nordkalifornien. In Eurasien ebenfalls beheimatet. Gewöhnlich unter 60 cm bleibend; verbreitet sich über lange Rhizome. Weiße Blütenhüllfäden. WHZ 4.

Eriophorum latifolium Hoppe

Breitblättriges Wollgras

Heimisch in diversen Feuchtgebieten der britischen Inseln, jedoch weniger häufig als *Eriophorum angustifolium*. In Eurasien ebenfalls beheimatet. Lediglich 30–45 cm hoch, mit kurzen Rhizomen. Weiße Blütenhüllfäden. WHZ 4.

Eriophorum vaginatum L.

[*Eriophorum spissum* Fernald]
Scheiden-Wollgras, Scheidiges Wollgras

Heimisch in Mooren und an frischen, anmoorigen Standorten der britischen Inseln; ebenso in Europa und dem nördlichen Nordamerika. Horstbildend mit dichtem schopfartigem Wuchs; bildet stämmige Bülten aus. Weiße Blütenhüllfäden. WHZ 4.

Eriophorum virginicum L.

Virginisches Wollgras

Diese für Nordamerika endemische Spezies ist in Sümpfen, Mooren und Nasswiesen von Neufundland und Quebec bis Manitoba und Minnesota, nach Süden bis Florida und Kentucky zahlreich vertreten. Bis 90 cm hoch; bildet dank langer Rhizome ausgedehnte Kolonien. Blütenhüllfäden weiß oder ockerfarben. Toleriert feuchtwarme Sommer besser als jene Spezies, die ausschließlich in kühlen Regionen heimisch sind. WHZ 3.

UNTEN Mitte Oktober: *Eriophorum virginicum* überzieht ganze Hektar Land an seinem Naturstandort, während die Laubbäume ihr Herbstkleid anlegen; gezeigt ist das größte Moor West Virginias, das Naturschutzgebiet Cranberry Glades Botanical Area.

GANZ UNTEN Die Infloreszenzen von *Eriophorum virginicum* leuchten im Licht des späten Nachmittags (Dolly Sods, West Virginia).

Festuca L.

Poaceae – Süßgräser

Schwingel

Diese große Gattung umfasst über 350 ausdauernde, weltweit in den gemäßigten Zonen verbreitete Spezies. Viele davon sind im Gebirge, auf Ebenen und Wiesen anzutreffen. Die Mehrzahl gedeiht in voller Sonne auf normal frischem bis leicht trockenem durchlässigem Boden. Manche bilden schopfartige Horste, andere breiten sich rasch über Rhizome aus. Die Höhe variiert von 15–90 cm. Sämtliche Arten sind frühgrünend; viele kommen mit feuchtheißen Sommern nur schlecht zurecht. Schwingel werden als Bodenstabilisierer und Erosionsschutz eingesetzt, als Rasengras und als Zierpflanze. Zu ihnen zählen die beliebten Blau-Schwingel, die häufig inkorrekt als „*Festuca ovina glauca*" bezeichnet werden, korrekt jedoch einem Komplex zuzuordnen sind, der hauptsächlich aus *Festuca glauca* Vill. und möglichen *F. glauca*-Hybriden besteht. Manche Arten, darunter der Atlas-Schwingel *F. mairei*, sind ausdauernde, langlebige Pflanzen; bei vielen der kleineren blaulaubigen Arten verkahlt der Horst jedoch bereits nach wenigen Jahren in der Mitte. Diese müssen für einen adretten, gesunden Eindruck regelmäßig geteilt und neu aufgepflanzt werden. Die meisten Schwingel lassen sich leicht aus Saat ziehen; die Farb- und Wuchseigenschaften von Klonsorten bleiben jedoch nur bei vegetativer Vermehrung erhalten.

Festuca actae Connor

Banks-Schwingel

Endemisch für die Banks Peninsula, eine Halbinsel der Südinsel Neuseelands, wo das Gras auf Klippen und zutage tretendem Fels von Meereshöhe bis in die unteren Bergregionen gedeiht. Laub blaugrün, unter 30 cm. Nah mit *Festuca novae-zelandiae* verwandt, jedoch mit schmalerem Laub. Vermehrung durch Aussaat oder Teilung. WHZ 6, eventuell auch kälter.

Festuca amethystina L.

Amethyst-Schwingel, Regenbogen-Schwingel

Heimisch in Mitteleuropa. Schopfartig, horstbildend, zur Blüte 60 cm hoch. Laub fadenartig aufgerollt und extrem fein; die Farbe reicht von blaugrün bis hin zu intensiv graublau. Trägt seine Blütenstände im Spätfrühling oder Frühsommer auf schlanken Halmen hoch über dem Laub. Im Garten ähnlich zu verwenden wie der Blau-Schwingel *Festuca glauca*, jedoch etwas größer. WHZ 4.

'Aprilgrün'. Neuaustrieb leuchtend grün.

'Bronzeglanz'. Laub mit leichtem Bronzeschimmer.

Oben *Festuca actae* Ende August (Winter) im Botanischen Garten von Auckland (Neuseeland).
Mitte *Festuca amethystina* 'Superba' Anfang Juni in den Longwood Gardens (Pennsylvania).

Unten Anfang Juni bezaubert *Festuca amethystina* 'Superba' mit kräftig rosavioletten Blütenhalmen (Pennsylvania).

'Klose'. Niedriger als die Art; Laub olivgrün. Nach dem deutschen Pflanzenzüchter Heinz Klose benannt.

'Superba'. Stark bereiftes, silbrigblau wirkendes Laub. Ausgesprochen attraktiv aufgrund der unübersehbaren amethyst-rosafarbenen Färbung der Blütenhalme, die ab Blühbeginn im Spätfrühling oder Frühsommer drei Wochen lang erhalten bleibt.

Festuca californica Vasey

Kalifornischer Schwingel

Anzutreffen auf trockenen offenen Flächen, in Chaparral, Gebüschen und lichtem Wald bis etwa 1500 m Höhe in Oregon und Kalifornien westlich der Sierra Nevada, gelegentlich auf Serpentinboden. Steht häufig am Nordhang. Ein ausgesprochen elegantes mittelgroßes Gras; das abgeflachte blaugrüne bis blaugrau bereifte Laub bildet einen lockeren rundlichen, 60–90 cm hohen Horst, über dem von April bis Ende Juni zarte Blütenrispen stehen. Dieser Frühgrüner ist in milden Regionen verlässlich immergrün. Langlebig und unverwüstlich. Auf unterschiedlichen Böden in Sonne bis lichtem Schatten leicht zu ziehen. Relativ trockenheitsverträglich, auf durchschnittlich frischem Boden jedoch üppiger. Altes Laub kann durch gelegentlichen Rückschnitt der ganzen Pflanze entfernt werden oder durch Auskämmen mit den Fingern oder einer festen Harke. Vermehrung durch Aussaat, alternativ durch Teilung bei ausreichend feuchter Witterung. WHZ 7.

'Blue Fountain'. Laub leuchtend graublau. Nevin Smith selektierte die Sorte aus einem Wildbestand in Santa Clara County (Kalifornien).

'Horse Mountain Gray'. Laub graugrün; Blatt relativ breit. Sally Casey selektierte diese Sorte aus einem Naturbestand in Humboldt County (Kalifornien).

Oben links Ende Juni ist das Violett von *Festuca amethystina* 'Superba' verblasst, doch die hohen Blütenhalme stehen noch fest, und das Gras setzt einen deutlichen blauen Akzent im Garten Wave Hill in der New Yorker Bronx.

Rechts oben Blühende *Festuca californica* am 1. April im Leaning Pine Arboretum von San Luis Obispo, Kalifornien.

Rechts unten *Festuca californica* im Februar unter Manzanita-Geäst (*Arctostaphylos manzanita*) im Botanischen Garten der University of California in Berkeley.

LINKS *Festuca californica* 'Serpentine Blue' besticht sogar im Dezember noch mit seinem farbkräftigen Laub (Botanischer Garten der University of California, Berkeley).

OBEN *Festuca coxii* Anfang September (Frühjahr) in der Taupo Native Plant Nursery auf Neuseelands Nordinsel.

'Mayacamas Blue'. Laub blaugrau. Roger Raiche vom botanischen Garten der University of California/Berkeley selektierte diese Sorte aus einem Bestand in den Mayacamas-Bergen in Lake County (Kalifornien).

'Salmon Creek'. Laub blaugrau.

'Serpentine Blue'. Reiche Blüte, intensiv blaugraues Laub. Roger Raiche brachte die Sorte in den Handel; das Ursprungsexemplar entstammte einem Bestand auf Serpentinboden in Marin County (Kalifornien). Besonders hitzeverträglich.

Festuca cinerea VILL.

Blau-Schwingel, Grauer Schwingel

1787 beschrieb der französische Arzt und Botaniker Dominique Villars sowohl diese Spezies als auch *Festuca glauca* Vill. Dank moderner Bestimmungsmethoden weiß man heute, dass *F. cinerea* hexaploid ist und *F. glauca* tetraploid. Im Übrigen sind beide so gut wie gar nicht zu unterscheiden, weshalb wir hier *F. cinerea* gemeinsam mit *F. glauca* Vill. abhandeln (s.u.).

Festuca coxii (PETRIE) HACK.

Cox' Schwingel

Diese für Neuseeland endemische Art steht ausschließlich auf steinigen, sandigen Küstenstandorten der Chatham-Inseln. Horstbildend; unter 30 cm; das locker auseinanderfallende bereifte Laub erscheint häufig stark graublau. Nur mäßig trockenheitsverträglich, gedeiht aber in sehr lichtem Schatten. Vermehrung durch Aussaat oder Teilung. WHZ 6, eventuell auch kälter.

Festuca filiformis POURR.

[*Festuca tenuifolia* Sibth., *F. ovina* subsp. *tenuifolia* (Sibth.) Dumort.]

Fadenförmiger Schwingel, Haar-Schaf-Schwingel, Haar-Schwingel

Der in Europa heimische, meist horstartig wachsende Haar-Schwingel steht überwiegend auf sandigen, oft auch sauren Böden. Das nahezu fadendünne grüne Laub bildet einen dichten, fein texturierten halbkugeligen Schopf von bis zu 15 cm Höhe, über dem im Juni aufrechte, bis 40 cm hohe Blütenhalme stehen. Bevorzugt volle Sonne bis lichten Schatten und sehr durchlässigen Boden. Sehr trockenheitsverträglich; guter Bodendecker für Dachbegrünungen und andere schwierige, von Mauerwerk oder Pflaster geprägte Standorte. Vermehrung durch Aussaat oder Teilung. WHZ 4.

Festuca gautieri (HACK.) K. RICHT.

[*Festuca scoparia* A. Kern. ex Nyman]

Bärenfell-Schwingel, Bärenfellgras

Der Trivialname dieses Grases dürfte niemanden verwundern. Die Art breitet sich langsam aber beständig durch kurze Rhizome aus und bildet mit der Zeit einen dichten, pelzartigen, fein texturierten

Rasen, der tatsächlich stark an ein Bärenfell erinnert – allerdings in kräftigem Grün. Heimisch in Frankreich und Spanien. Über dem 8–13 cm hohen Laub stehen im Spätfrühling schlanke, aufrechte Blütenhalme. Vermehrung durch Aussaat, alternativ durch Teilung im zeitigen Frühjahr oder Herbst. WHZ 4.

'Pic Carlit'. Mit knapp 8 cm Höhe eine wahre Miniatur.

Festuca glauca VILL., NON LAM.

[*Festuca ovina* var. *glauca* (Lam.) Hack., *F. cinerea* Vill., *F. cinerea* var. *glauca* (Vill.) Stohr]

Blau-Schwingel

Aus dieser ursprünglich aus Südfrankreich stammenden Art gingen die meisten der bei Gartenbesitzern beliebten Blau-Schwingel hervor; „*Festuca glauca*" bezeichnet all diese Sorten am zutreffendsten und einfachsten. Die Blau-Schwingel unserer Gärten gehören einer Gruppe von *Festuca*-Spezies an, die ineinander übergehen und sich miteinander vermischen. Ohne eine Chromosomenzählung, die nur selten zur Verfügung steht, ist es oft unmöglich, die genaue Herkunft festzustellen oder auch nur die Eltern von Gartensorten zu erraten.

LINKS OBEN Die Blütenhalme von *Festuca filiformis* stehen auch Ende August noch schön aufrecht (Berggarten Hannover).

LINKS *Festuca filiformis* bedeckt einen großen Teil der Dachfläche des ehemaligen Regenwaldhauses (Berggarten Hannover, Ende August).

OBEN *Festuca gautieri* Ende August auf der Potsdamer Freundschaftsinsel.

Das dicht schopfartig wachsende, schmale bereifte Laub bildet einen adretten, halbkugelförmigen Horst von 15–25 cm Höhe, über dem im Spätfrühling oder sehr zeitigen Sommer bis 40 cm hohe aufrechte bis aufrecht überhängende Blütenhalme stehen. Die blau oder grün erblühenden Infloreszenzen verbleichen rasch zu hell strohfarben; da sie häufig bereits in der zweiten Sommerhälfte zerrupft und unschön wirken, sollten sie zu diesem Zeitpunkt zurückgeschnitten werden.

Als ausgesprochene Frühgrüner bleiben die meisten Blau-Schwingel den ganzen Winter hindurch frisch und attraktiv; bei feuchtheißer Sommerwitterung dagegen können sie in Teilruhe verfallen oder an Infektionen leiden. Durchlässiger Boden und ein luftiger Standort sind gutem Gedeihen förderlich. Trockenheitsverträglich. Am schönsten in voller Sonne; toleriert auch lichten Schatten. Blau-Schwingel ist als Bodendecker beliebt, muss jedoch – vor allem in feuchtwarmem Klima – alle paar Jahre geteilt und neu gepflanzt werden.

Es gibt zahllose benannte Auslesen mit unterschiedlicher Laubfärbung; viele davon wirken ausgesprochen edel. Ohne Sortenangabe als „Blau-Schwingel“ angebotene Pflanzen können in Farbe und Größe stark variieren. Im Folgenden sind einige besonders weit verbreitete bemerkenswerte Sorten aufgeführt. Die meisten sind bis WHZ 4 winterhart.

'Azurit'. Silbrig-blaues Laub.

'Blaufink'. Taubenblaues Laub.

'Blaufuchs'. Grünlichblaues Laub.

'Blauglut'. Intensiv blaues Laub.

'Blausilber'. Nahezu silbern wirkendes, stark bereiftes Laub.

'Blue Note'. Blaugrünes Laub.

'Boulder Blue'. Intensiv blaues Laub, das 'Elijah Blue' Konkurrenz macht. Diese Jahrzehnte alte, jedoch noch nicht lange im Handel erhältliche Sorte entstammt Ted Kuettels Gärtnerei in Colorado; Steve Schmidt bemerkte und benannte sie. Sie hat sich als besonders geeignet für Steppengärten erwiesen.

'Däumling' ('Tom Thumb'). Lediglich 10 cm hoch.

'Elijah Blue'. Die Sorte für all jene, die sich nicht entscheiden können. Stärker silbrig-blau als 'Boulder Blue' und einer der langlebigsten Blau-Schwingel überhaupt. Entdeckt und benannt durch Lois Woodhill von der Gärtnerei The Plantage auf Long Island, New York.

'Frühlingsblau'. Hellblaues Laub.

'Golden Toupee'. Kein bisschen blau, sondern mit leuchtend hellgelbem Neuaustrieb, der mit fortschreitender Jahreszeit gelbgrün nachdunkelt. Die gelbe Färbung ist in kühlerem, milderem Klima am stärksten ausgeprägt. Relativ kleinformatig, mit weichem, nadelartigem Laub.

'Meerblau'. Silbrig-blaues Laub.

'Seeigel'. Kompakt im Wuchs, Laub blausilbern.

'Silberreiher'. Blausilbernes Laub.

'Siskiyou Blue'. Diese blausilberne Sorte wurde lange als die kalifornische Spezies *Festuca idahoensis* gehandelt, doch nun wurde festgestellt, dass es sich bei ihr um einen Blau-Schwingel handelt. Das ändert jedoch nichts an der Tatsache, dass dies eine hervorragende Sorte ist.

'Solling'. Silbrig-blaues Laub; gelangt nur selten zur Blüte.

LINKE SEITE, OBEN Mitte Juli: *Festuca glauca* und *Lonicera nitida* 'Baggesen's Gold' erweisen sich im Garten Wisley der Royal Horticultural Society in Surrey (England) als friedliche Topfpartner.

LINKE SEITE, UNTEN *Festuca glauca* 'Blaufink' blüht Anfang Juni in den Longwood Gardens in Pennsylvania.

OBEN LINKS *Festuca glauca* 'Elijah Blue' Mitte Juni in den Longwood Gardens in Pennsylvania.
UNTEN LINKS *Festuca glauca* 'Golden Toupee' Anfang Mai in Portland (Oregon).

OBEN RECHTS *Festuca glauca* 'Blaufuchs' im Nieselregen Ende August auf der Potsdamer Freundschaftsinsel.
UNTEN RECHTS *Festuca glauca* 'Siskiyou Blue' mit *Aloe plicatilis* Anfang April im Leaning Pine Arboretum von San Luis Obispo, Kalifornien.

Festuca idahoensis Elmer

Idaho-Schwingel

Diese horstbildende Art ist in lichtem Wald und an steinigen Hängen von British Columbia bis Alberta, nach Süden bis Zentral-Kalifornien und Colorado heimisch. Der Frühgrüner mit graugrünem bis blaugrauem Laub ist von Meereshöhe bis hin zu alpinen Wiesen anzutreffen. Bei der bekanntesten unter diesem Artnamen gehandelten Sorte 'Siskiyou Blue' handelt es sich tatsächlich um eine *Festuca glauca* Vill.; es gibt jedoch andere, korrekt zugeordnete Sorten. WHZ 4.

'Snow Mountain'. Diese etwas größere blaugraue Auslese von Nevin Smith stammt vom Snow Mountain in Kalifornien.

'Stony Creek'. Der East Bay Regional Parks Botanic Garden in Kalifornien führte diese blaugraue Auslese aus einem Naturbestand in Del Norte County ein.

Festuca longifolia Thuiller

[*Festuca caesia* Sm.]

Langblättriger Blau-Schwingel

Mit diesem Namen werden oft fälschlicherweise Exemplare von *Festuca trachyphylla* bezeichnet; tatsächlich handelt es sich bei *F. longifolia* um eine europäische Spezies mit häufig stark bereiftem blaugrünem Laub, die dem in Gärten verbreiteten Blau-Schwingel *F. glauca* Vill. sehr ähnlich ist. Die Blütenhalme weisen nicht selten eine ausgeprägte Rosafärbung auf, ähnlich *F. amethystina*. Horstbildend, zur Blüte 30 cm hoch. Vermehrung durch Aussaat, alternativ durch Teilung im Frühjahr. WHZ 6.

Festuca mairei St.-Yves

Atlas-Schwingel

Heimisch im marokkanischen Atlasgebirge bis zu einer Höhe von 2.300 Metern. Dieses dem Gräserpionier Karl Foerster gut bekannte einzigartige, vielseitig verwendbare mittelgroße Gras ist sehr ansprechend, jedoch noch immer viel zu wenig bekannt. Das flache, graugrüne Laub bildet einen adretten halbkugelförmigen Horst von 60–75 cm Höhe, über dem im Juni äußerst schlanke Blütenrispen stehen. Frühgrünend; weitaus hitzeverträglicher als viele andere Schwingel. Langsam wachsend, aber langlebig und robust. In milden Regionen verlässlich immergrün; dort kann sich die Pflege darauf beschränken, im Frühjahr trockene Blätter mit der Hand auszukämmen. Bevorzugt volle Sonne. Vermehrung durch Aussaat, alternativ durch Teilung im Frühjahr. WHZ 5.

Oben *Festuca longifolia* Mitte Juli in den Royal Botanic Gardens von Kew (Surrey, England).
Unten *Festuca mairei* bei leichtem Regen Ende August in Berlin.
Rechte Seite, links *Festuca mairei* setzt Anfang April Akzente im Leaning Pine Arboretum von San Luis Obispo (Kalifornien).
Rechte Seite, rechts *Festuca rubra* 'Patrick's Point' Ende Oktober im Botanischen Garten der University of California in Berkeley.

Festuca novae-zelandiae (Hack.) Cockayne

Neuseeland-Schwingel

Diese für Neuseeland endemische Spezies ist überwiegend auf dem Tussock-Grasland und in den Flusstälern der Nord- und Südinsel anzutreffen. Aufrecht, horstbildend, bis 40 cm hoch. Das frische Grün färbt sich später lohfarben; in Verbindung mit dem vorjährigen trockenen Laub ergibt sich dadurch die charakteristische attraktive Ockerfärbung der Tussock-Grasländer. Vermehrung durch Aussaat oder Teilung. WHZ 6, eventuell auch kälter.

Festuca ovina L.

Gewöhnlicher Schaf-Schwingel, Schaf-Schwingel

Diese weit verbreitete europäische Spezies von typisch grüner Laubfarbe ist in anderen Teilen der Welt als Unkraut eingebürgert, unter anderem auf Ruderalfluren Nordamerikas; als Ziergras jedoch wird sie so gut wie nie gezogen. Die häufig als „*Festuca ovina glauca*" gehandelten Blau-Schwingel zählen dagegen korrekt zu *F. glauca* Vill. WHZ 5.

Festuca rubra L.

Rot-Schwingel

Diese weit verbreitete Spezies ist in ganz Europa und Nordamerika heimisch. Sie verbreitet sich über kurze Rhizome und ist vor allem durch die zahlreichen als Rasengräser gezüchteten Sorten bekannt. Diese grünlaubigen Sorten benötigen für optimales Wachstum meist reichlich Feuchtigkeit; viele sind aus den Gärten verwildert. *Festuca rubra* wird in Kombination mit *F. trachyphylla* gern als Bodenstabilisierer und Erosionsschutz eingesetzt; ebenso als wassersparende Rasenalternative, die nur selten oder gar nicht gemäht wird. Da die Spezies sehr variabel ist, empfiehlt es sich, speziell auf die Region abgestimmte Sorten auszuwählen. So sind beispielsweise für eher trockene Regionen Sorten kalifornischer Herkunft zu empfehlen, die sich als besonders trockenheitsverträglich erwiesen haben. Bevorzugt Sonne, toleriert jedoch auch lichten Schatten. Vermehrung durch Aussaat oder Teilung. WHZ 4.

'Jughandle'. Kompakter Wuchs; dichtes, graublaues Laub. David Amme traf diese Auslese an der Küste von Mendocino County (Kalifornien). Vor zu viel Hitze und Trockenheit schützen.

'Molate Blue'. Laub graugrün. Eine besonders trockenheitsverträgliche Auslese aus einem Bestand in Contra Costa County (Kalifornien) von David Amme.

'Patrick's Point'. Kompakter Wuchs; graublaues Laub. Eine Auslese von der Küste in Humboldt County (Kalifornien) von Roger Raiche.

Festuca trachyphylla (HACK.) KRAJINA
[*Festuca longifolia* auct., non Thuiller, *F. duriuscula* auct., non L.]
Raublättriger Schwingel
Diese europäische Spezies wurde in weiten Teilen Nordamerikas als Weidegras und als pflegeextensiver Rasen bzw. Bodendecker eingeführt. Häufig wird sie als *Festuca longifolia* oder *F. duriuscula* gehandelt, doch diese Namen bezeichnen andere Gräser. Oft ist die Spezies in Saatmischungen enthalten, häufig gemeinsam mit *F. rubra*. Schopfartig wachsend, horstbildend; Laub meist graublau, 15–30 cm hoch. Gedeiht am besten auf nährstoffreichem, leicht saurem bis basischem Tonboden, wächst jedoch auch auf leichteren Böden. Mäßig salztolerant. Am besten an eher trockenem Standort. Toleriert kein Überstauen. Frühgrünend; kann bei Hitze teilweise in Sommerruhe verfallen, um bei sinkenden Temperaturen und zunehmendem Niederschlag im Herbst erneut auszutreiben. Toleriert gelegentliches Mähen; ungemäht stellt es eine robuste, wassersparende Rasenalternative dar. Vermehrung durch Aussaat bei ausreichend Niederschlag im zeitigen Frühjahr oder im Herbst. WHZ 4.

Festuca valesiaca SCHLEICH. EX GAUDIN
Walliser Schaf-Schwingel, Walliser Schwingel
Diese weit verbreitete eurasische Spezies ist frühgrünend und wächst horstartig; sie ist den Blau-Schwingeln praktisch gleichzusetzen, dabei aber meist kompakter im Wuchs. WHZ 5.

'Glaucantha'. Kleinformatig, unter 15 cm bleibend, Laub blaugrün.

'Silbersee'. Gut 20 cm hoch, Laub silbrig-blau.

Festuca vivipara (L.) SM.
Brutknospen-Schwingel, Tundra-Schwingel
Dieses Gras ist außergewöhnlich, denn es vermehrt sich vegetativ über Jungpflanzen, die sich direkt am Blütenstand bilden. Viele Taxonomen betrachten die Spezies als zirkumpolar und geben als ihr Verbreitungsgebiet Nord- und Osteuropa, die kaltgemäßigten Regionen Asiens einschließlich Sibiriens und das subpolare Nordamerika an. Andere sehen den Namen als Sammelbezeichnung für diverse vivipare Schwingel. Bevorzugt Sonne und durchlässigen Boden. Vermehrung durch Aufpflanzen der Jungpflanzen oder durch Teilung. WHZ 3.

Gahnia J. R. FORST. ET G. FORST.
Cyperaceae – Riedgrasgewächse
Schneidgras, Schneidsegge
Die Gattung ist nach dem schwedischen Botaniker Henricus Gahn aus dem 18. Jahrhundert benannt, einem Studenten Carl von Linnés. Sie umfasst etwa 40 ausdauernde Spezies, die vor allem in Neuseeland und Australien vorkommen, aber auch auf den Pazifikinseln bis nach Hawaii und nach Ostasien anzutreffen sind. Die nur selten kultivierten Pflanzen sind am Naturstandort sehr auffällig und beeindrucken dort mit ihrer prägnanten Eleganz. Fortschrittliche, auf die regionale Pflanzenwelt spezialisierte Gärtnereien wie etwa die Taupo Native Plant Nursery in Neuseeland erarbeiten derzeit verbesserte Vermehrungstechniken, um *Gahnia* für den Handel leichter verfügbar zu machen. Die Pflanzen sind in der Kultur recht unproblematisch und lassen sich teilen; auf Störung der Wurzeln reagieren sie allerdings empfindlich, was ein Verpflanzen etablierter Exemplare schwierig macht. Die Vermehrung durch Aussaat ist möglich, doch oft keimen die Samen erst nach Monaten. Die meisten Arten wachsen horstartig; *G. lacera* ist eine der wenigen ausläufertreibenden Spezies. Sämtliche Arten treiben auffällige Blütenhalme, die oft in hohem, weit ausladendem Bogen über dem Laub stehen; die Infloreszenzen wirken mit den braun bis schwarz ausreifenden großen Samenkörnern sehr auffällig. Die fein gesägten Blattränder vieler Spezies können bloßen Armen und Beinen gefährlich werden. Zahlreiche *Gahnia*-Arten bieten der heimischen Fauna wichtigen Lebensraum; manche *Gahnia*-Spezies sind sogar der Hauptnahrungslieferant für einige spezialisierte Tierarten.

Gahnia lacera (A. RICH.) STEUD.
Zerschlitztes Schneidgras, Tarangarara-Gras
Diese Art ist auf Neuseelands Nordinsel heimisch, wo sie vor allem in lichten Wäldern oder Küstengesträuch wächst. Weiches, leuchtend gelbgrünes Laub; 90–150 cm hoch. Verbreitet sich langsam über Rhizome. In lichtem Schatten relativ leicht zu ziehen. Die Art bevorzugt durchschnittlich frischen bis feuchten Boden, ist jedoch trockenheitsverträglich, sobald sie etabliert ist. WHZ 8, eventuell auch kühler.

Gahnia procera J. R. FORST. ET G. FORST.
Schlankes Schneidgras
Heimisch auf Neuseelands Nordinsel im hohen Bergwald und Krummholz, auf der Südinsel und an deren Südspitze (der kühlsten Region) in subalpinem Krummholz und Gesträuch bis hinab auf Meereshöhe. Dies ist eine der kleineren Arten; sie wächst als 60–90 cm hoher, adretter rundlicher Horst mit weit auseinanderspringendem Laub. Blatt im Schatten dunkelgrün, an sonnigem Standort in großen Höhenlagen meist heller gelbgrün bis oliv. Die Blütenstände bleiben im Laub verborgen und sind weniger auffällig als bei verwandten Arten; das Dunkelbraun der reifenden Samenstände wirkt dennoch ausgesprochen attraktiv. Bevorzugt in wärmeren Regionen Schatten; gedeiht in kühlem Klima oder in hohen Lagen auch in voller Sonne. Gedeiht am besten auf durchschnittlich frischem bis feuchtem Boden, ist jedoch trockenheitsverträglich, sobald sie etabliert ist. WHZ 8, eventuell auch kühler.

Gahnia setifolia (A. RICH.) HOOK. F.
Borstenblättriges Schneidgras, Mapere-Gras
Diese vorwiegend auf Neuseelands Nordinsel und im Norden der Südinsel anzutreffende großformatige Spezies erreicht in lichtem Wald und Gesträuch 240 cm Höhe. Mit reichlich Feuchtigkeit gedeiht sie am üppigsten, ist jedoch sehr anpassungsfähig und trockenheitsverträglich und steht nicht selten auf relativ trockenen

LINKS OBEN *Festuca vivipara* Ende Juli in den Royal Botanic Gardens von Kew (Surrey, England).

LINKS UNTEN *Gahnia lacera* Ende August (Winter) in lichtem Schatten in den Waitakere Ranges, einer Hügelkette westlich von Auckland (Neuseeland).

RECHTS OBEN *Gahnia procera* Anfang September (Frühjahr) in der hochgelegenen Krummholz-Region des Tongariro National Park auf Neuseelands Nordinsel.

RECHTS UNTEN Im Halbschatten einer Südbuche *Nothofagus solandri* entwickelt das Laub von *Gahnia procera* ein dunkleres Grün als in voller Sonne.

Schneisen und entlang von Straßen. Eine statueske Pflanze mit elegant überhängenden Blütenständen. WHZ 8, eventuell auch kühler.

Gahnia sieberiana J. R. Forst. et G. Forst.

Rotfrüchtiges Schneidgras, Schwertgras

Diese Art ist die am häufigsten kultivierte australische Spezies. Anzutreffen ist sie an frischen Standorten bis hin zu Sumpfrandzonen und nassen Küstenheiden, häufig vergesellschaftet mit *Banksia robur*. Sie ist die Hauptfutterpflanze für die Raupe des australischen Schmetterlings *Tisiphone abeona albifascia* und wird in manchen Gegenden Australiens gezielt angepflanzt, um die Falterpopulation zu fördern und das Überleben des Insekts zu sichern. Aufrechter als viele neuseeländische Arten, mit übergebogenen Infloreszenzen auf aufrechtem Halm. Die Samen sind während der Reife zeitweilig rot gefärbt. Bevorzugt Sonne bis lichten Schatten und durchschnittlich frischen bis feuchten Boden. Vermehrung durch Aussaat oder Teilung. WHZ 8, eventuell auch kühler.

Oben links Diese formprägnante, knapp eineinhalb Meter hohe *Gahnia setifolia* hat sich von selbst an einer steilen, sonnigen Böschung unweit von Otaki auf Neuseelands Südinsel angesiedelt (Ende August/Winter).

Oben rechts Die weit überhängenden Samenstände von *Gahnia setifolia* in Nahansicht.

Rechts Frühjahr in Australien: *Gahnia sieberiana* Anfang September in den Royal Botanic Gardens Cranbourne in Victoria.

Gahnia xanthocarpa (Hook. f.) Hook. f.

Gelbfrüchtiges Schneidgras

Diese gewaltige Spezies kann zur Blüte über 300 cm Höhe erreichen. Das meist glänzend dunkelgrüne Laub ist relativ breit. Die Spezies ist auf Neuseelands Nord- und Südinsel vor allem im Wald anzutreffen. Bevorzugt Schatten, gedeiht bei genügend Feuchtigkeit auch in der Sonne; nach dem Fußfassen ist sie relativ trockenheitsverträglich. Vermehrung durch Aussaat oder Teilung. WHZ 8, eventuell auch kühler.

Glyceria R. Br.

Poaceae – Süßgräser

Süßgras, Schwaden, Wasserschwaden

Der Gattungsname leitet sich vom griechischen Wort *glykeros* (süß) ab; er bezieht sich sowohl auf die süßen Samen, die gern von Wasservögeln angenommen werden, als auch auf das beim Weidevieh beliebte Grün. Umfasst etwa 40 ausdauernde Spezies, die weltweit in Feuchtlagen der gemäßigten Zonen heimisch sind. Die meisten sind stark ausläufertreibend.

Glyceria grandis S. Watson

Hoher Schwaden, Amerikanischer Schwaden

Die Spezies ist von Quebec und Nova Scotia nach Süden bis Virginia, nach Westen bis zur Pazifikküste in Sümpfen und Marschen, an Flussufern und in seichtem Wasser heimisch. Steht zur Blütezeit im Hoch- bis Spätsommer bis 150 cm hoch. Laub mittelgrün. Verbreitet sich über Rhizome; bildet mitunter ausgedehnte Herden. Bevorzugt volle Sonne und ständig feuchten Boden. Vermehrung durch Aussaat oder Teilung. WHZ 3.

Glyceria maxima (Hartm.) Holmb.

[*Glyceria aquatica* L.]

Großer Schwaden, Wasser-Schwaden, Riesen-Süßgras

Heimisch in Europa und dem gemäßigten Asien; vorwiegend auf nassem Boden, im seichten Wasser von Marschen und an Gewässerrändern anzutreffen. Grünlaubig; blüht in der zweiten Sommerhälfte mit aufrechten, zarten Blütenrispen von 180–240 cm Höhe. Verbreitet sich aggressiv über kräftige Rhizome; wo die Art sich ungehindert ausbreiten kann, erobert sie große Flächen. Wurde weit über ihr Ursprungsgebiet hinaus als Weidegras auf periodisch überschwemmten Wiesen angesiedelt und ist mancherorts verwildert. Schenkt Wasservögeln Nahrung und Deckung. Benötigt volle Sonne bis sehr lichten Schatten und ständig feuchten Boden. Gedeiht auf unterschiedlichsten Böden. Vermehrung durch Aussaat, alternativ durch Teilung im Frühjahr. WHZ 6.

Oben Winter auf Neuseelands Nordinsel: *Gahnia xanthocarpa* in einem Wald von Kaurifichten (*Agathis australis*) Ende August in den Waitakere Ranges.

Mitte Schwer hängt der Samenstand von *Gahnia xanthocarpa* über (Ende August/Winter).

Unten *Glyceria maxima* im Botanischen Garten München Ende August.

'Variegata'. Das Laub dieser Sorte unterscheidet sich von dem der Art durch leuchtend hellgelbe Streifen, die sich bei kühlerem Wetter im Frühjahr und Herbst oft rosa färben. Die Gesamtwirkung ist ein hübsches Hellgelb. Mit meist unter 50 cm Höhe wesentlich niedriger als die Art; gelangt nur selten zur Blüte. Die rapide ausläufertreibende Pflanze kann weniger durchsetzungsfähige Nachbarn erdrücken; sie ist ein pflegeleichter Bodendecker für Teichgärten und nasse Niederungen, sofern der Standort gut gewählt wird und für eine Wurzelsperre gesorgt ist. Im Winter wirkt das abgestorbene Laub eher ungepflegt. In voller Sonne bis lichtem Schatten auf feuchtem Boden oder in der Flachwasserzone unproblematisch zu ziehen. Schöne Containerbepflanzung. Vermehrung durch Teilung im Frühjahr. WHZ 5.

Glyceria obtusa (Muhl.) Trin.

Stumpfer Schwaden, Atlantischer Schwaden
Heimisch in Mooren und Morasten Nordamerikas von Nova Scotia an der Ostküste entlang über die New Jersey Pine Barrens bis

Oben links „Froggy Bottom", Mitte Mai: *Glyceria maxima* 'Variegata' säumt die Trittsteine durch einen nassen Abschnitt von Linda Cochrans Garten bei Seattle.

Oben rechts *Glyceria obtusa* zieht sich Mitte August als hellgrünes Band über das dunkle Wasser der New Jersey Pine Barrens.

Drei Aufnahmen verdeutlichen die jahreszeitlichen Entwicklungsstufen des Atlantischen Schwadens *Glyceria obtusa* in den New Jersey Pine Barrens.

LINKE SEITE, UNTEN Mitte Juli leuchtet das Gras hellgrün.

LINKS Mitte September glänzen die Ähren von *Glyceria obtusa* dunkel schokoladenfarben.

LINKS UNTEN Anfang März sind die Halme und Blätter von der Wintersonne ausgebleicht, stehen jedoch noch immer aufrecht.

North Carolina im Süden, nach Westen bis Ost-Pennsylvania. Relativ niedrig bleibend; zur Blüte im Frühsommer unter 60 cm. Verbreitet sich über Rhizome; zeichnet oft die Wasserkante als leuchtend grüner Streifen nach. Die Blüten öffnen sich grün; die Samen reifen im Herbst schokoladenbraun. Die Samenstände verbleichen zu hell strohfarben und bleiben den ganzen Winter über der Wasserfläche stehen. Eine wichtige Nahrungsquelle für heimische Wasservögel. Bevorzugt volle Sonne. Benötigt ständig feuchten Bodens; toleriert saure Standorte. Vermehrung durch Aussaat, alternativ durch Teilung im Frühjahr. WHZ 4.

Hakonechloa MAKINO EX HONDA

Poaceae – Süßgräser

Zwergschilf

Die einzige Spezies dieser monotypischen Gattung ist in feuchten Berglagen Japans heimisch.

Hakonechloa macra (MUNRO) MAKINO

Hakone-Waldgras, Japan-Waldgras, Japan-Zwergschilf, *Urahagusa*

Heimisch an nassen Felshängen in den Bergen auf Japans Hauptinsel Honshu, unter anderem in der Region des Hakone-Gebirges, von dem sich der Gattungsname herleitet. Eine sich langsam ausbreitende Spezies mit grazil übergeneigten Halmen, die locker überhängende Wogen von 30–90 cm Höhe bilden. Das weiche, kräftig grüne Laub erinnert sehr an Bambus. Die Horste nehmen über Seitentriebe langsam im Durchmesser zu. Im Hochsommer erscheinen zwischen den Blättern nah am Halmende aparte Blütenstände.

Obgleich das Hakone-Waldgras ein spätgrünendes Gras ist, benötigt es für optimales Gedeihen eine kühle, feuchte Umgebung, wie sie auch am Naturstandort vorherrscht. In kühleren, feuchteren Klimaten wächst es sogar in voller Sonne üppig; in wärmeren, trockeneren Regionen muss es ziemlich schattig stehen und gegossen werden.

In westlichen Gärten war zunächst nur die auffällig gestreifte Sorte 'Aureola' bekannt; diese hervorragende Zierpflanze erfreut sich derart großer Beliebtheit, dass der Gartenwert der grünlaubigen Art häufig übersehen wird. Die Spezies ist sonnenverträglicher, trockenheitsverträglicher, winterhärter, raschwüchsiger und leichter zu vermehren als die buntlaubige Sorte.

Für eine Verwendung als Bodendecker muss das Gras dicht gepflanzt werden, da sich die Horste nur relativ langsam verbreitern. *Hakonechloa* ist in Japan eine seit alters her beliebte Topfpflanze, die gern Bonsais zur Gesellschaft gegeben wird. Inzwischen sind etliche japanische Sorten auch im Westen problemlos erhältlich.

Benötigt feuchten, humosen, durchlässigen Boden. Vermehrung bevorzugt durch Teilung im Frühjahr. Da das Gras sehr flach wurzelt, ist das Frühjahr auch zum Umpflanzen die beste Zeit; bei Herbstpflanzung drohen Frostschäden und Auswintern. WHZ 4.

'Albovariegata' ('Albostriata'). Laub grün mit zahlreichen feinen, unterschiedlich breiten weißen Längsstreifen. Größer und wesentlich wüchsiger als 'Aureola'; bis 90 cm hoch. Toleriert warme, sonnige Standorte besser und lässt sich leichter durch Teilung vermehren. Das in den USA verbreitete Pflanzenmaterial lässt sich größtenteils auf Pflanzen zurückführen, die dem Privatgarten des japanischen Spezialisten für buntlaubige Pflanzen, Masato Yokoi, entstammen. Weitere weiß gestreifte Sorten befinden sich in Liebhabergärten in Japan und wurden zum Teil in andere Länder exportiert. Die meisten dieser Sorten werden unter den Bezeichnungen 'Albovariegata' und 'Albostriata' zusammengefasst, auch wenn sie sich im Blattmuster und in der Wuchskraft unterscheiden. WHZ 4.

'All Gold'. Blatt vollständig leuchtend gelb, vor allem an sonnigem Standort. Namensgebung durch Masato Yokoi (Japan). Etwas wüchsiger und größer als 'Aureola'. Benötigt in warmen Regionen Halbschatten. WHZ 6.

'Aureola' ('Albo-aurea'). Blatt nahezu vollkommen gelb mit nur wenigen schmalen grünen Streifen im Randbereich. Die Farbintensität ist standort- und klimaabhängig. In tiefem Schatten sind die Streifen gelbgrün, in halbsonniger Lage in warmem Klima kräftig goldgelb gefärbt. In sonniger Lage in kühlen Regionen fallen sie eher rahmweiß denn gelb aus. Während kühler Phasen im Frühjahr, vor allem aber im Herbst und im zeitigen Winter treten rosafarbene und rote Verfärbungen auf. Niedriger als die Art, meist unter 45 cm bleibend. WHZ 6.

'Beni Fuchi'. Laub im Sommer bronzefarben, im Herbst rot, vor allem an den Blattspitzen. In Japan existieren mehrere Klone mit diesen Charakteristika. Außerhalb von Japan wird die Sorte kaum kultiviert. WHZ 5.

LINKE SEITE *Hakonechloa macra* Anfang Oktober als Bodendecker an halbschattigem Standort im Chicago Botanic Garden.

LINKS OBEN *Hakonechloa macra* 'Albovariegata' Mitte September im Garten des Autors in Pennsylvania.

MITTE *Hakonechloa macra* 'Albovariegata' Ende Oktober im Garten des Autors in Pennsylvania.

UNTEN *Hakonechloa macra* 'All Gold', im Topf gezogen und regelmäßig gegossen, an vollsonnigem Standort Anfang April in Jamie Collins' Garten in New Jersey.

OBEN *Hakonechloa macra* 'Aureola' bringt Licht in ein schattiges Gehölz im Chanticleer Garden (Wayne, Pennsylvania); Pflanzpartner sind *Ligularia dentata* 'Othello' und *L. przewalskii*.

Helictotrichon Besser ex Roem. et Schult.
Poaceae – Süßgräser
Staudenhafer, Wiesenhafer
Der vom griechischen *heliktos* (verdreht) und *trichon* (Haar, Borste) hergeleitete Gattungsname verweist auf die Form der Grannen. Die nahezu 100 ausdauernden Arten sind überwiegend an Trockenhängen, auf Wiesen und am Waldrand im gemäßigten Eurasien heimisch, aber auch in anderen gemäßigten und subtropischen Regionen der Welt einschließlich Afrikas und Nordamerikas anzutreffen.

Helictotrichon sempervirens (Vill.) Pilg.
[*Avena sempervirens* Pilg.]
Blaustrahlhafer, Blaustrahl-Wiesenhafer, Blaustrahl-Staudenhafer, Immergrüner Wiesenhafer
Heimisch an offenen, häufig felsigen Standorten Südeuropas, vorwiegend in den Seealpen. Horstbildend ohne Ausläufer; der dichte, aufrechte silbrig-blaue Blattschopf wird bis 75 cm hoch. Das Laub

Linke Seite, oben links *Hakonechloa macra* 'Aureola' Ende Juni im Chanticleer Garden.
Linke Seite, oben rechts Das Bronzerot von *Hakonechloa macra* 'Beni Fuchi' verstärkt sich bei niedrigen spätherbstlichen Temperaturen (Takayama, Japan).
Links unten Ein einzelnes Exemplar von *H. macra* 'Aureola' setzt in Karl Wienkes Garten in Suhl Ende August einen hellen Akzent.

Oben Hell blausilbriger *Helictotrichon sempervirens* kontrastiert mit roten Rosen und mandelgrüner *Alchemilla mollis* in dieser von Lynden Miller entworfenen Kombination (Battery Park City, New York).

Rechts oben Reichblühend präsentiert sich *Helictotrichon sempervirens* Mitte Juni im Chanticleer Garden in Wayne (Pennsylvania).
Mitte Anfang November im Scott Arboretum des Swarthmore College (Pennsylvania): *Helictotrichon sempervirens* setzt in einer edlen Komposition einen unübersehbaren Akzent.
Unten *Helictotrichon sempervirens* zieht sich quer durch Dave Fross' Garten in Kalifornien (Anfang April).

dieses frühgrünenden Grases bleibt in milden Regionen immergrün, in kälteren wintergrün. Im Spätfrühling trägt es seine Blütenstände auf schlanken, nickenden Halmen mehr als 60 cm über dem Laub. In Regionen mit kühlem, ständig feuchtem Frühjahr fällt die Blüte am üppigsten aus, doch dieses Gras lohnt allein schon des Laubes wegen. Feuchtheißes Klima begünstigt Blattrost. Bevorzugt volle Sonne; langlebig und gesund nur auf durchlässigem Boden. Unter den mittelgroßen blaulaubigen Gräsern an Gartenwert nahezu unübertroffen. Hervorragend als Solitär, in Massenpflanzungen oder als Containerpflanze. Vermehrung durch Aussaat, alternativ durch Teilung im Frühjahr. WHZ 4.

'Pendula'. Reichere Blüte, mit stark nickenden Infloreszenzen.

'Robust'. Blattrostresistente Auslese von Eckhard Schimana.

'Saphirsprudel'. Sehr helles silbrig-blaues Laub, verbesserte Blattrostresistenz. Die Sorte wurde in der Gärtnerei Heinz Klose selektiert und eingeführt.

Hesperostipa (M. K. Elias) Barkworth

Poaceae – Süßgräser

Nadelgras, Westliches Pfriemengras

Der Gattungsname leitet sich her vom griechischen *esperis* (westlich) und dem Namen der Gattung *Stipa*, von der *Hesperostipa* abgetrennt wurde. Alle vier oder womöglich fünf ausdauernden Spezies sind auf eher trockene und oft hochgelegene Lebensräume im nordamerikanischen Westen und Südwesten beschränkt. Die Mehrzahl trägt auffällig lange, nadelförmige Grannnen. Alle sind ausgesprochene Frühgrüner. Die Gattung ist nah verwandt mit *Nassella* und *Piptochaetium*.

Hesperostipa comata (Trin. et Rupr.) Barkworth

[*Stipa comata* Trin. et Rupr.]

Nadelgras

Anzutreffen in hoch gelegenen Regionen des westlichen Nordamerika einschließlich Wüsten, Sagebrush und Kiefer-Wacholder-Standorten sowie in offenem Grasland. Das zarte, glänzende Gras ist in niedrigeren Höhenlagen oft schwierig zu ziehen. 60–75 cm hoch; graugrünes Laub; Blüte im Frühjahr und Frühsommer. Die langen, feinen, durchsichtigen Grannen leuchten bei Sonnenschein ausgesprochen apart. Benötigt volle Sonne. Gedeiht am besten auf durchlässigem Boden. Sehr trockenheitsverträglich. Vermehrung am besten durch Aussaat. WHZ 4.

Hesperostipa spartea (Trin.) Barkworth

[*Stipa spartea* Trin.]

Stachelschweingras

Heimisch auf Ebenen und Prärien in mittleren bis oberen Höhenlagen des nordamerikanischen Binnenlandes. Horstbildend, aufrecht, zur Blüte 30–45 cm hoch. Die langen Grannen der an aufrechten Halmen nickenden Blütenstände sind unübersehbar. Die Prärie schimmert und glitzert, wenn der Wind die nahezu 20 cm langen, fadendünnen, durchscheinenden Grannen im hellen Sonnenlicht in Bewegung versetzt. Diese Spezies ist in niedrigeren Lagen weitaus einfacher zu ziehen als *Hesperostipa comata*. Bevorzugt volle Sonne; kommt mit den meisten durchschnittlich frischen Böden zurecht. Versamt sich in Maßen. Vermehrung durch Aussaat. WHZ 3.

Hierochloe R. Br.

Poaceae – Süßgräser

Mariengras

Der Gattungsname leitet sich von den griechischen Wörtern *hieros* (heilig) und *chloe* (Gras) ab. Mit dem duftenden Laub mancher Spezies, allen voran *Hierochloe odorata*, wurden einst an Feiertagen Kirchen ausgestreut, und das geflochtene Gras findet noch heute als Räucherwerk Verwendung. Die Gattung umfasst 30 ausdauernde Spezies in Wäldern und Marschen, auf Grasland und in der Tundra gemäßigter und subpolarer Zonen.

Mitte Juni auf einer Prärie in Minnesota: Fadendünne Grannen von *Hesperostipa spartea* glänzen im Licht des späten Nachmittags.

Hierochloe occidentalis Buckley

Östliches Mariengras, Kalifornisches Mariengras

Heimisch in Nadelwald in Kalifornien und im Staat Washington, überwiegend auf feuchtem Boden. Die zerriebenen Blätter und Halme duften süß. Aufrecht, überwiegend horstbildend mit kurzen Rhizomen, zur Blüte 60–90 cm hoch. Bevorzugt lichten bis starken Schatten und gleichmäßig feuchten Boden. Vermehrung durch Aussaat oder Teilung. WHZ 7.

Hierochloe odorata (L.) P. Beauv.

Duftendes Mariengras, Wohlriechendes Mariengras

Diese zirkumboreale Spezies ist auf Feuchtwiesen, am Rand von Mooren und an anderen feuchten Standorten Nordamerikas und Eurasiens anzutreffen. Aufrecht, zur Blüte bis 60 cm hoch, breitet sich über Rhizome aus. Die indigenen Völker Nordamerikas flechten daraus duftende Körbe. In Sonne oder Halbschatten auf durchschnittlich frischem bis feuchtem Boden leicht zu ziehen. Vermehrung durch Aussaat oder Teilung. WHZ 4.

Holcus L.

Poaceae – Süßgräser

Honiggras

Die neun überwiegend ausdauernden Spezies dieser Gattung sind in Europa, den gemäßigten Zonen Asiens, in Afrika und auf den Kanarischen Inseln auf Wiesen und in lichtem Wald heimisch.

Holcus lanatus L.

Wolliges Honiggras

Heimisch auf feuchten bis trockenen Wiesen und in lichtem Wald auf den Britischen Inseln, in Kontinentaleuropa und den gemäßigten Zonen Asiens sowie in Nordafrika; in Nord- und Südamerika eingeführt und weitläufig verwildert. Die dicht mit feinen Härchen überzogenen Blätter und Halme dieses Grases fühlen sich samtweich an. Horstbildend; aufrecht; zur Blüte im Frühjahr oder Frühsommer 30–75 cm hoch. Erblüht weiß bis blassgrün, häufig mit rosigem oder violettem Schimmer; die getrockneten Infloreszenzen sind schmaler, flauschig und rahmweiß. Frühgrünend; verfällt in hochsommerlicher Hitze oft in Teilruhe. In voller Sonne auf beliebigem Boden leicht zu ziehen. Versamt sich willig. Vermehrung am besten durch Aussaat, alternativ durch Teilung im Frühjahr oder Herbst. WHZ 5.

Holcus mollis L.

Weiches Honiggras

Heimisch in Wäldern und auf Magerwiesen Europas, besonders auf saurem Boden. Dem Wolligen Honiggras ähnlich, jedoch weniger samtig. Verbreitet sich über Rhizome zu ausgedehnten Rasen. Die grünlaubige arttypische Form tendiert zum Wuchern und Versamen und wird daher als Zierpflanze gemieden. WHZ 5.

Ganz oben Ende Juni blüht *Holcus lanatus* auf der Massachusetts vorgelagerten Insel Martha's Vineyard.

Unten *Holcus mollis* 'Variegatus' Anfang Oktober (Frühlingsmitte) im Christchurch Botanic Garden auf Neuseelands Südinsel.

'Variegatus' ('Albovariegatus'). Blatt kräftig weiß gestreift. Wesentlich zurückhaltender im Wuchs als der Arttypus und leicht im Garten zu halten. Verbreitet sich über Rhizome; ein ausdauernder Bodendecker für kühleres, milderes Klima. Das lediglich 10–20 cm hohe Laub wirkt zur kühleren Jahreszeit am attraktivsten. Trockene Sommerhitze kann eine Ruheperiode auslösen. Geringe Blühneigung. In kühleren Regionen am besten in voller Sonne, in wärmeren an leicht schattigem Standort. Vermehrung durch Teilen im Frühjahr oder Herbst. WHZ 6.

'White Fog'. Gedrungener Wuchs, besonders intensiv gestreift. Weniger hitzeverträglich.

Hordeum L.

Poaceae – Süßgräser

Gerste

Der Gattungsname ist das alte lateinische Wort für Gerste. Die etwa 40 ein- und mehrjährigen Spezies sind in weiten Teilen der gemäßigten Zonen verbreitet. *Hordeum vulgare*, unsere Gerste, ist ein wichtiges Getreide, das aufgrund seiner schnellen Reife und hohen Salztoleranz geschätzt wird.

Hordeum jubatum L.

Mähnen-Gerste

Heimisch auf Wiesen und offenen Plätzen Nordamerikas von Neufundland bis Alaska, nach Süden bis Maryland, Texas, Kalifornien und Mexiko; vielerorts eingeführt und verwildert. Eine mehrjährige, häufig aber kurzlebige Art. Diese Spezies ist mit ihren langen Grannen und den durchsichtig-rosigen Blütenständen die wilde Gerste mit dem größten Schmuckwert. Frühgrünend; bis 75 cm hoch; Blüte im Juni/Juli. Liefert hervorragendes Material für die Floristik. Versamt sich reichlich und sollte in der Nähe empfindlicher Standorte nur mit Vorsicht angesiedelt werden. Auf bewässertem Weideland im Westen der USA gilt die Art als gefährliches Unkraut. In voller Sonne auf beliebigem Boden, selbst auf salzbelastetem sandigem Küstenboden, leicht aus Saat zu ziehen. WHZ 4.

UNTEN Blühendes *Hordeum jubatum* Anfang August an der Küste von Maine.

GANZ UNTEN *Hordeum jubatum* Ende August in einem sonnigen Beet im Sichtungsgarten Weihenstephan.

Imperata Cirillo

Poaceae – Süßgräser

Alang-Alang-Gras

Die neun Spezies sind in weiten Teilen der warmgemäßigten bis tropischen Regionen beider Hemisphären anzutreffen. Sie sind stark ausläufertreibend und mehrjährig; manche wuchern sehr stark.

Imperata brevifolia Vasey

Kalifornisches Seidenschwanzgras

Dieses harmlose Gras ist von West-Texas über Utah und Nevada bis Kalifornien auf Feuchtwiesen-Enklaven der Trockenwüsten heimisch. Von den meisten Naturstandorten ist es infolge von Erschließungsmaßnahmen verschwunden; heute ist es selten und möglicherweise gefährdet. Aus unerfindlichen Gründen stand es eine Zeitlang auf der Liste gefährlicher Unkräuter des Staates Kalifornien – ein Paradebeispiel der Folgen von Unwissenheit beim Umgang mit invasiven Pflanzen. Inzwischen wurde es von dieser Liste gestrichen; die einzig mögliche Erklärung für die ursprüngliche Aufnahme ist eine Verwechslung mit eingeführten *Imperata*-Spezies. Im Sommer erscheinen über dem leuchtendgrünen Laub seidigglänzende Blütenstände auf aufrechten, 60–120 cm hohen Halmen. Eine aparte Ergänzung für die Feucht- oder Nasswiese in sonniger bis lichtschattiger Lage. Vermehrung durch Aussaat oder Teilung. WHZ 7.

Imperata cylindrica (L.) P. Beauv.

Walzenförmiges Alang-Alang-Gras

Heute wird diese äußerst variable Spezies, die je nach Herkunft unterschiedliche Verhaltensweisen an den Tag legt, von den Taxo-

Unten Die in Kalifornien heimische *Imperata brevifolia* Mitte Oktober im Theodore Payne Native Plants Garden (Descanso Gardens, Südkalifornien).

Rechts oben Ende Mai blüht *Imperata cylindrica* 'Red Baron' in Pennsylvania.

Mitte *Imperata cylindrica* 'Red Baron' mit *Sedum* 'Frosty Morn' (vorn) Ende Juni in den Seaside Gardens in Carpinteria (Kalifornien).

Rechts unten Flammengleich reckt sich Anfang August *Imperata cylindrica* 'Red Baron' aus bodendeckendem Schwarzem Schlangenbart *Ophiopogon planiscapus* – eine Gestaltung im Scott Arboretum des Swarthmore College (Pennsylvania).

nomen eher weit gefasst. Eine Zeitlang wurde die in Japan, China, Korea und der Äußeren Mandschurei beheimatete Morphe der gemäßigten Zonen als Japanisches Alang-Alang-Gras Imperata koenigii (Retz.) P. Beauv. bzw. als botanische Varietät *I. cylindrica* var. *koenigii* (Retz.) Perkins geführt. Diese niedriger bleibende Morphe ist in ihrem natürlichen Verbreitungsgebiet auf offenen, feuchten bis trockenen, oft auch gestörten Böden häufig anzutreffen.

Daneben existiert eine Morphe tropischer Regionen, die einst als *Imperata cylindrica* var. *major* (Nees) C. E. Hubb. klassifiziert wurde; diese ist ein gefährlicher, weit verbreiteter Bio-Invasor tropischer und warmgemäßigter Gebiete. Diese Morphe wurde im Südosten der Vereinigten Staaten eingeführt und ist dort verwildert; das Landwirtschaftsministerium der USA führt die Spezies *I. cylindrica* daher als gefährliches Unkraut. Die Sorte 'Red Baron' ist japanischen Ursprungs und eindeutig ein Vertreter der weniger aggressiven Morphe gemäßigter Breiten; dennoch wird sie mit aufgelistet, denn es besteht berechtigte Sorge, dass ein Teil der durch Meristemvermehrung gewonnenen Exemplare von 'Red Baron' die aggressiven Eigenschaften der tropischen Morphe aufweisen könnte. WHZ 7.

'Red Baron' ('Rubra'). Japanisches Blutgras oder auch Blutgras. Laub rot überlaufen, vor allem an den Spitzen; die Rotfärbung steigert sich im Verlauf der Vegetationsperiode. Die häufigste Form ist in Japan seit über hundert Jahren bekannt, wo sie vor allem in flachen Schalen als Begleiter für Bonsai gezogen wird. Den Namen 'Red Baron' prägte Kurt Bluemel. In flachen Gefäßen gelangt dieses Gras nie zur Blüte. Ausgepflanzte Exemplare werden selten höher als 30 cm und gelangen hin und wieder zur Blüte. Schlägt gelegentlich zu vollkommen grün zurück. Zieht in kälterem Klima im Winter ein. Bevorzugt volle Sonne und feuchten, nährstoffreichen Boden. Trockenheitsverträglich, nachdem es Fuß gefasst hat. Vermehrung durch Teilung im Frühjahr. Herbstgepflanzte Exemplare können in kühleren Regionen leicht auswintern. WHZ 6.

Isolepis R. Br.

Cyperaceae – Riedgrasgewächse

Moorbinse, Schuppensimse, Tauchsimse

Nach derzeitiger Definition umfasst diese Gattung über 60 ein- und mehrjährige, über die ganze Welt verbreitete Arten gemäßigter und kühlerer tropischer Regionen, mit Hauptvorkommen in Afrika und Australien. Sehr nah verwandt mit der Gattung *Scirpus*, unter der die Arten oft subsumiert werden. Sämtlichen Spezies ohne gut entwickelte charakteristische Blätter. Die Fotosynthese findet in den grünen, drehrunden, oft fadendünnen Halmen statt.

Isolepis cernua (Vahl) Roem. et Schult.

[*Scirpus cernuus* Vahl]

Niedere Moorbinse

Diese variable Spezies ist im westlichen Nordamerika, Eurasien, Afrika, Australien und Neuseeland an feuchten bis nassen offenen Standorten der Süßwasserzone bis hin zu leicht brackigen Standorten vor allem in Küstennähe anzutreffen. Ihre zarten, leuchtend grünen bis gelbgrünen Halme bilden einen dichten, perückenartigen Schopf. In voller Sonne bis lichtem Schatten auf feuchtem Boden leicht zu ziehen. Ausgezeichnet für die Topfkultur oder das Gewächshaus. Vermehrung durch Aussaat oder Teilung. Mit leichtem Schutz WHZ 7.

Jarava Ruiz et Pav.

Poaceae – Süßgräser

Südamerikanisches Federgras, Nadelgras, „Ichu"

Die Gattung umfasst mindestens 50 in Zentral- und Südamerika heimische Arten; sie wurde erstmals 1894 beschrieben, doch die meisten ihrer Spezies wurden bis vor kurzem noch *Stipa* zugerechnet. Eng mit *Achnatherum* verwandt; ebenso mit *Nassella*. Mit ihren extrem fedrigen Blütenständen wirken viele dieser Gräser höchst dekorativ; außerhalb ihrer Heimat sind sie jedoch potenzielle Bio-Invasoren, weshalb diese Arten bei Einführung in empfindlichen Regionen wie dem ariden Südwesten der USA sehr gut beobachtet werden sollten. Sämtliche Arten sind frühgrünend und wachsen horstartig. In Südamerika wird der Name *ichu* häufig für sämtliche Gräser dieser Gattung verwendet, einschließlich der Typus-Art *Jarava ichu*.

Jarava ambigua (Speg.) Peñail.

[*Stipa ambigua* Speg.]

Zweideutiges Federgras

Heimisch in Südamerika. Schmal aufrecht im Wuchs; zur Blüte bis 90 cm hoch. Dunkelgrünes, feines Laub. Bevorzugt volle Sonne. Sehr trockenheitsverträglich. Vermehrung durch Aussaat oder Teilung. WHZ 8, eventuell auch kühler.

Linke Seite Auf Awaji-shima (Japan) besiedelt die dort heimische *Imperata cylindrica* gestörten Boden am Wegrand und zwischen Reisfeldern. Die Aufnahme entstand Mitte Dezember und zeigt die für diese Jahreszeit typische Färbung.

Links *Isolepis cernua* Anfang Juni im Garten Ashland Hollow in Nord-Delaware.

Unten *Jarava ambigua* Ende August in den Royal Botanical Gardens von Kew (England).

Jarava caudata (Trin.) Peñail.
[*Stipa caudata* Trin.]
Geschwänztes Federgras
Heimisch in Südamerika. Das feine, dunkelgrüne Laub wächst als halbkugelförmiger, bis 45 cm hoher Horst; die Blütenhalme sind kaum länger. Volle Sonne. Sehr trockenheitsverträglich. Vermehrung durch Aussaat oder Teilung. WHZ 8, eventuell auch kühler.

Jarava ichu Ruiz et Pav.
[*Stipa ichu* (Ruiz et Pav.) Kunth]
Peruanisches Federgras, Ichu-Federgras
Dies ist die Typus-Art der Gattung *Jarava* und zur Blüte die wohl spektakulärste Spezies. Heimisch in Mexiko, Argentinien, Bolivien, Ecuador und Peru. Aufrecht; zur Blüte bis 90 cm hoch. Die Infloreszenzen sind dicht und fedrig, was sich beim Trocknen und mit fortschreitender Samenreife noch verstärkt. Bevorzugt volle Sonne. Sehr trockenheitsverträglich. Wird in der Andenregion ihrer Heimat bisweilen zur Bodenstabilisierung und Rekultivierung eingesetzt. Vermehrung durch Aussaat oder Teilung. WHZ 8, eventuell auch kühler.

Jarava plumosa (Trin.) S. W. L. Jacobs et J. Everett
[*Stipa plumosa* Trin., *S. papposa* Nees]
Chilenisches Federgras
Heimisch in Argentinien, Bolivien, Chile und Peru; in Afrika und Australien eingeführt und verwildert. Ähnelt äußerlich *Jarava ichu*. Bevorzugt volle Sonne. Sehr trockenheitsverträglich. Vermehrung durch Aussaat oder Teilung. WHZ 8, eventuell auch kühler.

Juncus L.

Juncaceae – Binsengewächse

Binse

Diese weltweit verbreitete Gattung umfasst über 200 vorwiegend mehrjährige, ausläufertreibende Spezies, die in erster Linie an feuchten bis nassen Standorten sämtlicher gemäßigter Zonen anzutreffen sind; manche allerdings sind an trockene Situationen adaptiert, und viele überstehen kürzere Trockenperioden. Der Mehrzahl fehlen normal entwickelte Blätter mit flachen Blattspreiten; stattdessen findet die Fotosynthese in den grünen drehrunden Halmen statt. Wo Binsen vorhanden sind, treten sie häufig in großer Zahl auf. Dank ihrer Ausläufer bilden viele Arten große, dichte Kolonien oder Herden. Mit ihrem straff aufrechten Wuchs stellen diese Pflanzen vielerorts ein einzigartiges, die Landschaft prägendes Element dar; zahlreichen Arten kommt zugleich eine wichtige Funktion im Nährstoffkreislauf und bei der Reinigung von Feuchtbiotopen zu. In eher mildem Klima bleiben Binsen immergrün, in kühleren Regionen wintergrün. Sämtliche Binsen sind langlebig und ausdauernd. Alte Halme vergehen meist nicht, sondern verbleichen zu hellem Beige. Die meisten Binsen lassen sich auf unterschiedlichsten Böden leicht ziehen und durch Aussaat oder Teilung vermehren.

Juncus acutus* subsp. *leopoldii (Parl.) Snogerup

[*Juncus acutus* var. *sphaerocarpus* Engelm.]

Stachel-Binse

Heimisch an feuchten, oft salzbeladenen Standorten einschließlich alkalischer Sickerquellen und Salzmarschen vom nordwestlichen Nordamerika bis Südamerika sowie in Südafrika. Die gleichmäßig aus der Mitte entspringenden steifen grünen Halme bilden ein igelartiges, nahezu kugelförmiges Polster. Höhe 60–120 cm; Blüten dichtgedrängt nahe der Halmspitze. Die Unterart bevorzugt volle Sonne und durchschnittlich frischen bis feuchten Boden, ist jedoch sehr trockenheitsverträglich, wenn sie sich etabliert hat. Eine ausdauernde, äußerst prägnante Pflanze. Vermehrung durch Aussaat, alternativ durch Teilung in der feuchteren Jahreszeit. WHZ 8.

Linke Seite, unten links *Jarava caudata* in einem von Ximena Nazal und Pablo Cornejo gestalteten Privatgarten in der Nähe von Santiago de Chile (Januar/Hochsommer). Foto © Jaime Peñaloza.
Linke Seite, unten rechts Diese Anlage von Ximena Nazal und Teodoro Fernández in Peñalolén (Chile) setzt *Jarava caudata* (vorn) vor den Hintergrund des Cerro San Ramón, Teil der Vorberge der Anden (Ende August/Spätwinter). Foto © Ximena Nazal.
Linke Seite, oben Ein blühendes junges Exemplar des Peruanischen Federgrases *Jarava ichu* Anfang Dezember in Jason Kubrocks Garten in Encinitas, Kalifornien.

Diese Seite, oben *Jarava ichu* mit *Agave obscura* (vorn) Anfang Juli in den Quail Botanical Gardens in Encinitas (Kalifornien).
Mitte *Jarava plumosa* Ende Juli im Licht der tiefstehenden Sonne in den Royal Botanical Gardens von Kew (England).
Unten *Juncus acutus* subsp. *leopoldii* Ende Juni im Santa Barbara Botanic Garden (Kalifornien).

Juncus biflorus Elliott

Zweiblütige Binse

Heimisch an sonnigen, feuchten bis periodisch nassen Standorten von Massachusetts im Osten bis Michigan im Westen, nach Süden bis Florida und Texas; außerdem in Alaska. Diese ungewöhnliche Binse bringt zwischen grünen Halmen einige Blätter mit langen, schmalen, flachen Spreiten hervor, womit sie sich optisch stark von den meisten anderen Spezies der Gattung einschließlich *Juncus effusus* unterscheidet. Die in endständigen Spirren angeordneten dunkelbraunen Blüten reifen zu rotbraunen Samenkapseln. Die schlanke, aufrechte Pflanze erreicht 30–90 cm Höhe. Benötigt feuchten Boden. Vermehrung durch Aussaat oder Teilung. WHZ 3.

***Juncus conglomeratus* L.**

Knäuel-Binse

Heimisch in Europa auf nassen, oftmals sauren Weiden und Wiesen und in Mooren. Steif aufrecht, bis 90 cm hoch. Blüht in der ersten Sommerhälfte; die dichtgedrängten Blüten überragt ein Stängelblatt, dessen Länge etwa ein Viertel der Halmlänge beträgt und das wie eine Halmverlängerung wirkt. Halm graugrün. Auf unterschiedlichsten Böden problemlos zu ziehen. Bevorzugt vollsonnige feuchte bis nasse Lagen. Vermehrung durch Aussaat oder Teilung. WHZ 7.

***Juncus effusus* L.**

Flatter-Binse

Kaum eine Binsen ist weiter verbreitet als die Flatter-Binse; sie ist weltweit an feuchten bis nassen, sonnigen bis lichtschattigen Standorten der gemäßigten Zonen heimisch. In Nordamerika ist sie die häufigste Spezies und abgesehen von ariden Wüstenstrichen fast überall anzutreffen. Auch in Japan ist sie die häufigste Binse; seit Jahrhunderten findet sie dort in der Fertigung der Tatami-Matten

Verwendung. Eine sehr statueske Pflanze mit tannengrünen, fächerartig aufgestellten aufrechten Halmen, die 120 cm Höhe erreichen können. Die Winterhärte variiert je nach Herkunft; die kälteverträglichsten Pflanzen sind bis WHZ 3 verlässlich winterhart.

'Frenzy'. Bunte Korkenzieherbinse. Eine auffällig hellgelb gestreifte Sorte mit korkenzieherartig gezwirbelten Halmen.

'Gold Strike'. Gerade, aufrechte Halme mit gelben Streifen.

'Spiralis'. Korkenzieherbinse. Spiralförmig gewundene, gleichmäßig mittelgrüne Halme.

'Unicorn'. Korkenzieherbinse. Spiralförmig gewundene, gleichmäßig dunkelgrüne Halme.

LINKE SEITE, UNTEN LINKS *Juncus biflorus* Anfang August in einer nassen Niederung im südlichen Delaware.

LINKE SEITE, RECHTS OBEN *Juncus conglomeratus* Anfang August im Berggarten Hannover.

RECHTS UNTEN *Juncus effusus* Anfang Juni am feuchten, sonnigen Laubwaldrand in Nord-Delaware.

UNTEN *Juncus effusus* Ende Juni im Chanticleer Garden in Wayne (Pennsylvania).

RECHTS Großflächig kontrastiert *Juncus effusus* mit seiner eigenen Herbstfarbe und Textur das dunkelrote Laub von Blaubeeren *Vaccinium corymbosum* (hinten) und scharlachroter Rosmarinweide *Itea virginica* (vorn) am Rand eines Feuchtbiotops in den New Jersey Pine Barrens.

RECHTS UNTEN Whitesbog, New Jersey Pine Barrens: In der Abenddämmerung Anfang Juni setzt die Silhouette von *Juncus effusus* einen architektonischen Akzent.

RECHTE SEITE, LINKS OBEN *Juncus effusus* 'Spiralis' Anfang Juni in den Longwood Gardens in Pennsylvania.

LINKS UNTEN *Juncus effusus* 'Frenzy' Ende Juni in Südkalifornien.

RECHTE SEITE, RECHTS OBEN *Juncus inflexus* Mitte August in Barry Yingers Garten in Pennsylvania.

RECHTS UNTEN *Juncus inflexus* 'Lovesick Blues' Mitte Juli in Tony Avents Juniper Level Botanic Garden in North Carolina.

Juncus inflexus L.

Blaugrüne Binse

Weltweit einschließlich Europas und Nordamerikas in den gemäßigten Breiten anzutreffen; typisch sind sonnige, feuchte bis nasse Standorten. Typisch sind drehrunde Halme, ähnlich wie die der Flatterbinse *Juncus effusus*, hier allerdings graugrün bis blaugrün bereift und wesentlich steifer. Höhe 60–120 cm. Wesentlich trockenheitsverträglicher als die Flatterbinse; gedeiht gut auf durchschnittlich frischem bis hin zu leicht trockenem Boden. Vermehrung durch Aussaat oder Teilung. WHZ 4.

'Afro'. Halme graugrün, gedreht und gezwirbelt. Gesamthöhe unter 30 cm. Bevorzugt Sonne und durchschnittlich frischen bis feuchten Boden, ist jedoch sehr trockenheitsverträglich, wenn sie sich etabliert hat. Die meisten Sämlinge behalten den Drehwuchs bei. Benannt durch Tony Avent von der Gärtnerei Plant Delights in North Carolina.

'Lovesick Blues'. Eine stark bereifte graublaue Binse mit weit überhängenden Halmen. Die Pflanze wächst als elegante, bis 35 cm hohe Blattfontäne. Eine Markteinführung der Gärtnerei Plant Delights.

Juncus kraussii Hochst.

Krauss' Binse

Heimisch in Australien und Afrika in häufig salzigen bis brackigen Küsten-Feuchtbiotopen. Stark ausläufertreibend, 90–120 cm hoch, mit relativ großen, stark verzweigten endständigen Blütenspirren. Bevorzugt volle Sonne und flaches Wasser. Salztolerant. Vermehrung durch Aussaat oder Teilung. WHZ 8.

Juncus militaris Bigelow

Bajonett-Binse

Diese unübersehbare Flachwasserpflanze ist in Süßwasserbiotopen einschließlich Mooren und anderen seichten Gewässern entlang der nordamerikanischen Küste von Nova Scotia bis Delaware und New York, im Landesinneren bis Süd-Ontario und Michigan anzutreffen. Aus dem unter Wasser liegenden horizontalen Rhizom streben kräftige, glänzendgrüne, durch Knoten gegliederte Halme kerzengerade empor. An jedem Halm steht auf halber Höhe ein steifes, halmartiges aufstrebendes Stängelblatt, das die verzweigte Blütenspirre überragt. Gesamthöhe 100 cm; steht bis 60 cm über der Wasseroberfläche. Der untere Halmteil ist oft attraktiv rot gefärbt. Blüht in der zweiten Sommerhälfte; die Infloreszenzen reifen zu intensiv rotbraunen Samenständen. Zusätzlich zu den aufrechten Halmen und Blättern treiben die Rhizome häufig zahllose Unterwasserblätter, die wie langes Haar in der Strömung treiben. Vermehrung durch Aussaat oder Teilung. Kleine Pflanzen oder Jungpflanzen können nahezu ganzjährig gesetzt werden, sofern ihnen mindestens sechs Wochen zum Einwurzeln bleiben, bevor die Temperaturen unter Null fallen. WHZ 3.

Unten *Juncus kraussii* Ende August (Winter) im Botanischen Garten von Auckland (Neuseeland).

Rechte Seite, oben links Die Bajonett-Binse *Juncus militaris* verbreitet sich unter Wasser über horizontal wachsende Rhizome; in dichten Rängen steht es im flachen Wasser des Oswego River (New Jersey Pine Barrens, Mitte Juli).
Oben rechts Die Mitte Juli braun aufblühenden verzweigten Blütenstände von *Juncus militaris* werden von den straff aufrechten Halmen und Blättern halb verdeckt.
Rechte Seite unten Pflanzenstoffe verleihen dem Oswego River die Farbe von Schwarztee – Mitte Juli ein faszinierender Untergrund für das Spiel der Texturen von *Juncus militaris* und der heimischen Seerose *Nymphaea odorata*. Im Vordergrund verraten die fadendünnen Unterwasserblätter der Binse den Verlauf der trägen Strömung.

Juncus patens E. Mey.

Abstehende Binse, Kalifornische Grau-Binse

Zwar ist diese Spezies in Feuchtlagen Kaliforniens und Oregons heimisch, doch sie gedeiht auch auf durchschnittlich frischem bis trockenem Boden und kann zeitweilige Trockenperioden überstehen. Sie ähnelt der Flatter-Binse *Juncus effusus*, wächst jedoch steifer aufrecht mit blaugrün bis graugrün bereiftem Halm und verträgt größere Sommerhitze und Trockenheit. Überwiegend immergrün, besonders in milden Regionen. Höhe bis 60 cm. Bevorzugt volle Sonne und feuchten Boden oder Flachwasser. WHZ 7.

'Carman's Gray'. Eine graugrüne Sorte von Ed Carman (Kalifornien).

'Elk Blue'. Halm blaugrün bereift.

'Occidental Blue'. Halm graugrün bereift.

Oben *Juncus patens* 'Elk Blue' Anfang April im Leaning Pine Arboretum von San Luis Obispo, Kalifornien, Anfang April.
Oben rechts Nahansicht von *Juncus patens* 'Elk Blue'.
Rechts *Juncus patens* Anfang Mai in den Descanso Gardens in Südkalifornien.

Juncus polyanthemus BUCHENAU

Vielblütige Binse, Australische Grau-Binse

Heimisch an sumpfigen Standorten Australiens, überwiegend in Küstennähe. Mit 150 cm Höhe deutlich größer als andere Binsen; Halm graugrün bis graublau mit bis zu 9 mm Durchmesser. In milderem Klima immergrün. Bildet große Horste, die durch Rhizome langsam im Durchmesser zunehmen. Bevorzugt volle Sonne und ständig feuchten Boden oder Flachwasser. Vermehrung durch Aussaat oder Teilung. WHZ 8, eventuell auch kühler.

Koeleria L.

Poaceae – Süßgräser

Schillergras, Kammschmiele

Die Gattung ist nach dem Botaniker und Gräserspezialisten Georg Ludwig Koeler (1765–1807) benannt. Die etwa 35 ein- und mehrjährigen Spezies sind weltweit in offenen Lagen der nördlichen und südlichen gemäßigten Breiten anzutreffen. Sie sind frühgrünend und blühen normalerweise im späten Frühjahr oder Frühsommer. In feuchtheißen Sommern verfallen sie teilweise oder ganz in Ruhe; in kühleren Regionen bleiben sie bis zum Spätherbst ansehnlich. Die einzelne Pflanze ist meist kurzlebig, doch der Bestand selbst bleibt durch Versamen oft unbegrenzt erhalten. Aufrecht im Wuchs, mit schmalen aufrechten Blütenrispen über einem fein texturierten Blattschopf. Der Blütenstand erblüht durchsichtig hellgrün und trocknet gefällig sandfarben. Schillergras blüht früher als viele andere Gräser und eignet sich gut zum Erweitern der Blühsaison. Alle Spezies lassen sich hervorragend auf der Wildwiese im Garten auswildern. In voller Sonne auf feuchtem bis mäßig trockenem Boden leicht zu ziehen. Vermehrung am besten durch Aussaat, alternativ durch Teilung im Frühjahr. WHZ 5.

Koeleria glauca (SCHRAD.) DC.

[*Koeleria macrantha* subsp. *glauca* (Schrad.) P. D. Sell]

Blaugrüne Kammschmiele, Blaugrünes Schillergras

Diese auffällig bereifte Spezies ist in Europa und dem gemäßigten Nordafrika vor allem auf sandigen Böden heimisch. Steht zur Blüte im Spätfrühling bis Frühsommer 30–60 cm hoch. Laub leuchtend graublau. In der Sonne auf unterschiedlichsten Böden problemlos zu ziehen. Trockenheitsverträglich. WHZ 6.

'Coolio'. Laub in dem arttypischen Graublau.

Koeleria macrantha (LEDEB.) SCHULT.

[*Koeleria cristata* auct. pro parte, non Pers., *K. pyramidata* auct. pro parte, non (Lam.) P. Beauv.]

Schlankes Schillergras, Zierliches Schillergras, Großblütige Kammschmiele, Prärie-Schillergras, „Prairie June Grass"

Dieses attraktive Gras ist in weiten Teilen der westlichen, zentralen und nordöstlichen USA auf Prärien und in lichtem Wald häufig

UNTEN LINKS Anfang Juni beginnt in den Longwood Gardens (Pennsylvania) die Blüte von *Festuca glauca.*

GANZ UNTEN RECHTS Mitte Juli sind die Samen der *Koeleria glauca* hellbraun gereift (Center for Urban Horticulture, Seattle, Washington).

UNTEN Anfang Juni gesellen sich in der Shaw Nature Reserve in Gray Summit (Missouri) die Blüten der *Koeleria macrantha* zu denen des Roten Scheinsonnenhuts (hinten).

und auch in gemäßigten Regionen Eurasiens heimisch. Steht zur Blütezeit im Spätfrühling bis Frühsommer 30–60 cm hoch. Laub leuchtend grün. In voller Sonne leicht zu ziehen. Bevorzugt sandigen, durchlässigen Boden. Vermehrung am besten durch Aussaat. Die Winterhärte variiert in Abhängigkeit von der Provenienz. Pflanzen der nördlichen Prärien sind bis WHZ 4 winterhart.

Leptocarpus R. Br.

Restionaceae – Restiogewächse

Drahtbinse

Von den etwa 15 zweihäusigen Arten dieser Gattung ist die Mehrzahl in Australien beheimatet; eine Art ist in Neuseeland endemisch, eine andere in Chile heimisch. Die häufig an feuchten Standorten anzutreffenden mehrjährigen Pflanzen mit stark reduzierten Blättern erinnern äußerlich an Binsen.

Leptocarpus similis Edgar

Neuseeland-Drahtbinse, „Oioi"

Endemisch auf Neuseelands Nord- und Südinsel, den Stewart-Inseln und den Chatham-Inseln, wo die Spezies in Küstenlagen zwischen Salzmarschen und Dünen und im Inland in verlandeten Marschen vorkommt. Wächst häufig als große Kolonie. Die schmalen, blaugrünen Halme werden je nach Feuchtigkeitsangebot 60–120 cm hoch. Bei voller Sonne und Trockenheit färben sich die Halme orange. Naturstandort sind vor allem Feuchtlagen; dennoch toleriert diese anpassungsfähige, langlebige Pflanze erhebliche Trockenheit. Auf Neuseeland findet die Art häufig als Bepflanzung von Verkehrsinseln und ähnlich schwierigen urbanen Standorten Verwendung. Auf unterschiedlichsten Böden problemlos zu ziehen. Aussaat möglich; Teilung ist jedoch einfacher. WHZ 8.

Leymus Hochst.

Poaceae – Süßgräser

Dünengras, Haargerste, Strandroggen, Roggengerste, Sandhafer

Die Gattung umfasst nahezu 40 ausdauernde ausläufertreibende Spezies; diese sind auf Küstendünen und Stränden und anderen salz- oder basenreichen Standorten sowie steinigen Hängen und Steppen vor allem der nördlichen gemäßigten Zonen heimisch. Früher wurden die Arten zu *Elymus* gerechnet. Viele Spezies sind von großer Bedeutung für die Stabilisierung von Küstenbiotopen; trotz gelegentlich aggressiven Wucherns sind einige seit langem als Zierpflanzen beliebt. Das Laub zeigt sich häufig bereift und silbrig-blau bis blaugrau. Sämtliche Spezies sind trockenheitsverträglich und salztolerant.

Leymus arenarius (L.) Hochst.

[*Elymus arenarius* L., *E. glaucus* hort., non Buckley]

Dünengras, Gewöhnlicher Strandroggen, Sand-Strandroggen

Heimisch auf Dünen und an durch Sandzufuhr geprägten Küstenstandorten in Nord- und Westeuropa einschließlich der Britischen Inseln. Diese für die Dünenbefestigung wichtige Spezies breitet sich vor allem in locker-sandigem Boden rasch über Rhizome aus; britische Gärtner wie Gertrude Jekyll schätzten und schätzen sie aufgrund ihres silbrig-blau bereiften Laubes schon lange als Zierpflanze. Der Habitus ist eher locker-aufrecht mit weichen, 30–60 cm hohen Halmen, die im Sommer von 90–120 cm hoch stehenden Blütenähren überragt werden. Die Spezies ist frühgrünend, toleriert jedoch relativ große Hitze und Luftfeuchte. Mit ihrem niedrigen, wuchernden Wuchs ist die Pflanze ein sehr guter Bodendecker. Kann in der klassischen Rabatte schwer zu kontrollieren sein. Das Laub bleibt in milden Regionen immergrün, in kaltem Klima wintergrün. Die Spezies ist von Natur aus für die Verwendung auf Verkehrsinseln und an ähnlich schwierigen salzbelasteten Standorten mit nährstoffarmem verdichtetem Boden geeignet. Vermehrung durch Aussaat, alternativ durch Teilung im Frühjahr.

Linke Seite *Leptocarpus similis* im Winter (Ende August) kurz vor Sonnenuntergang am Naturstandort nördlich von Wellington (Neuseeland).

Diese Seite, links oben Ende August (Winter): Am öffentlichen Strand von Pauahatanui bei Wellington (Neuseeland) wurde großflächig *Leptocarpus similis* angepflanzt.

Links unten Eine Woge aus *Leptocarpus similis* schmückt diese Poolgarten-Gestaltung von Trish Bartleet (Privatgarten in Auckland, Neuseeland). Die Aufnahme entstand Anfang September (Frühjahr).

Rechts Typisch für das Laub von *Leymus arenarius* ist die graublaue Bereifung.

LINKS OBEN *Leymus arenarius* Mitte Juli in Beth Chattos nie gewässertem Kiesgarten in Colchester (England).
RECHTS The Coach House (England), Anfang Juli: In der Gestaltung ihres Privatgartens nimmt Penelope Hobhouse mit *Leymus arenarius* die Farbe einer grünspanüberlaufenen Kupferschale auf.
LINKS UNTEN Ein junges Exemplar von *Leymus arenarius* 'Blue Dune' Ende Oktober im südlichen New Jersey.

'Blue Dune'. Laub intensiv silbrig-blau.

'Findhorn'. Relativ gedrungen und niedriger; breitet sich langsamer aus.

'Glaucus'. Dieser Sammelname für bereifte Formen bezeichnet keine bestimmte Klonsorte. Da die Bereifung arttypisch ist, ist der Sortenname überflüssig; dennoch ist er im Handel noch immer weit verbreitet.

Leymus cinereus (Scribn. et Merr.) A. Löve

[*Elymus cinereus* Scribn. et Merr.]

Aschgraue Roggengerste, Graue Roggengerste, Great-Basin-Roggengerste

Heimisch auf Wiesen, in Canyons, an Fließgewässern, in Sagebrush und lichtem Wald von Minnesota bis British Columbia, nach Süden bis Colorado, Nevada und Kalifornien; meist in größeren Höhenlagen anzutreffen als *Leymus condensatus*. Auffällig sind der aufrechte Wuchs und die graugrüne Färbung der Halme und Blätter. Steht zur Blüte 180–240 cm hoch. Unterscheidet sich von den meisten anderen kultivierten *Leymus*-Arten durch seinen geringeren Ausbreitungsdrang; die sich nur langsam über Rhizome ausbreitende Art lässt sich leicht als Horst oder kleinerer Fleck ziehen. Außer in sehr kalten Regionen immergrün. Das markante Gras präsentiert sich in Wogen auf größeren Wiesen und Lichtungen als höchst wirkungsvoll. Bevorzugt volle Sonne, kühle Sommernächte und niedrige Luftfeuchte. Gedeiht gut im kühlen Nordeuropa. Sehr trockenheitsverträglich und wesentlich kälteverträglicher als *L. condensatus*. Vermehrung durch Aussaat, alternativ durch Teilung im Frühjahr. WHZ 5.

Leymus condensatus (J. Presl) Á. Löve

[*Elymus condensatus* J. Presl]

Kalifornische Roggengerste, Riesen-Roggengerste

Diese aufrecht wachsende Spezies erinnert im Habitus an *Leymus cinereus*, wird jedoch mit bis zu 270 cm Höhe noch größer. Laub und Halme sind bei der Art grün und nur sehr leicht bereift.
Das Verbreitungsgebiet dieser Spezies liegt südlicher als das von *L. cinereus*; sie gedeiht an trockenen sonnigen Hängen und in

LINKS OBEN *Leymus cinereus* blüht Mitte Juni im Santa Barbara Botanic Garden.
RECHTS OBEN *Leymus cinereus* Mitte Juni auf der Wiese des Santa Barbara Botanic Garden (Kalifornien).

LINKS UNTEN Blühender *Leymus condensatus* Ende Juni in der Nähe von Morro Bay (Kalifornien).
RECHTS UNTEN Blütendetail von *Leymus condensatus* Ende Juni.

lichtem Wald von Südkalifornien bis nach Mexiko hinein und ist wesentlich weniger kälteverträglich. Sie verbreitet sich nur langsam über Rhizome, versamt sich jedoch reichlich und lässt sich am einfachsten in weitläufigen Landschaften halten. Sehr trockenheitsverträglich und recht salztolerant. Bevorzugt volle Sonne bis lichten Schatten. WHZ 7.

'Canyon Prince'. Entstammt einem Wildstandort auf Prince Island, einer kleinen Insel der Channel-Island-Gruppe vor der Küste Südkaliforniens; benannt und eingeführt durch den Santa Barbara Botanic Garden. Die in sämtlichen Teilen sehr stark bereifte Pflanze erscheint blausilbrig; mit 120–150 cm Höhe zur Blütezeit bleibt sie relativ niedrig. Diese Sorte breitet sich rascher aus als die Art. Die Gattung *Leymus* ist dafür bekannt, dass ihre Spezies willig hybridisieren; es ist nicht ausgeschlossen, dass die stärkere Bereifung, der niedrige Wuchs und die verstärkte Neigung zum Wuchern dieser Sorte das Ergebnis einer Kreuzung sind, möglicherweise mit *L. mollis*. Auf jeden Fall lässt sich dieses auffällige, ausgezeichnete Gras unter vielfältigen Bedingungen – von sonnig bis lichtschattig, von trocken bis leicht feucht – leicht ziehen. Vermehrung durch Teilung. WHZ 7, eventuell auch kälter.

Leymus mollis (Trin.) Hara

[*Elymus mollis* Trin., *E. arenarius* var. *villosus* E. Mey.]

Amerikanischer Strandroggen, Weicher Strandroggen

Heimisch auf Dünen und Stränden an beiden Küsten Nordamerikas, im Osten bis Massachusetts, im Westen bis Kalifornien hinunter, im Inland entlang der Ufer des Lake Superior; außerdem an der nordostasiatischen Küste. Aufrechter als *Leymus arenarius*; Laub grüner, weniger stark bereift. Wichtig für die Befestigung von Küstenbiotopen. Vermehrung durch Aussaat oder Teilung. WHZ 3.

Leymus racemosus (Lam.) Tzvelev

[*Elymus racemosus* Lam., *E. giganteus* Vahl, *E. glaucus* hort., non Buckley]

Traubige Roggengerste, Wolga-Roggengerste, Riesen-Dünengras

Diese eurasische Spezies ist etwas größer als *Leymus arenarius*, dieser Art im Übrigen aber derart ähnlich, dass beide im Handel häufig miteinander verwechselt werden. Der oft angetroffene Sortenname 'Glaucus' ist überflüssig, da bereits das Laub der Art bereift mit silbrig-blauem Gesamteindruck ist.

Leymus triticoides (Buckley) Pilg.

Kriechende Roggengerste, Weizenähnliche Roggengerste

Heimisch auf feuchten, sonnigen Wiesen oder Salzwiesen unterer bis mittlerer Höhenlagen Kaliforniens, im Staat Washington und in Montana; in Berglagen bis Texas im Süden. Im Gegensatz zu den Dünenarten ist diese Spezies kaum bereift; sie hat bis 90 cm hohes

OBEN *Leymus condensatus* 'Canyon Prince' Ende Juni im Santa Barbara Botanic Garden.

UNTEN Nahansicht der Belaubung von *Leymus mollis* Ende Juli in den Royal Botanic Gardens von Kew.

grünes bis bläulich-graugrünes Laub. Äußerst stark ausläufertreibend; bildet normalerweise ausgedehnte dichte Rasen und wird daher gern zur Bodenstabilisierung, zur Rekultivierung oder auch als weiches, pflegearmes Wiesengras eingesetzt. Bleibt selbst in heißen, trockenen Regionen meist den ganzen Sommer grün. Auf sonnigem, feuchtem bis durchschnittlich frischem Boden leicht zu ziehen. Sehr salz- und basentolerant. Vermehrung am besten durch Teilung. WHZ 4.

'Gray Dawn'. Laub glänzend bläulich graugrün, bis 60 cm hoch. Eine kalifornische Sorte von Nevin Smith.

'Shell Creek'. Gedrungen im Wuchs, bis 45 cm hoch, Laub bläulich-graugrün. Dave Foss selektierte die Sorte aus einem Wildbestand unweit des Shell Creek östlich von San Luis Obispo (Kalifornien).

Luzula DC.

Juncaceae – Binsengewächse

Hainsimse, Marbel

Die etwa 80 überwiegend ausdauernden Spezies dieser weltweit verbreiteten Gattung sind vor allem in den gemäßigten und kalten Zonen der nördlichen Hemisphäre anzutreffen. *Luzula* zählt zu den Binsengewächsen und ist nah mit *Juncus* verwandt, doch die meisten Arten besitzen normal entwickeltes Laub mit flachen Blattspreiten und wirken auf den ersten Blick wie Sauergräser. Das Laub entspringt meist aus der Basis, die Pflanzen wachsen horstartig oder verbreiten sich über Rhizome. Im Frühjahr treiben sie relativ kleine braune bis hellbraune Blüten mit auffälligen hellgelben Staubbeuteln auf aufrechten Halmen. Der Trivialname deutet bereits an, dass die Arten vor allem im Wald und an schattigen Standorten anzutreffen sind, auf teils eher trockenem, meist aber feuchtem Boden. Einige europäische Hainsimsen werden schon lange im Schattengarten gezogen; viele weitere – auch nordamerikanische – Arten sollten zur Gestaltung von Waldgärten verstärkt herangezogen werden. Das oft relativ dicke, leicht ledrige Laub bleibt den ganzen Winter grün, bis es im Frühjahr mit dem Blütenaustrieb durch neue Blätter ersetzt wird. Manche *Luzula* spp. haben auffällig behaarte Blattränder. Die Vermehrung geschieht entweder durch Aussaat oder durch Teilung im Frühjahr oder Frühherbst.

Luzula acuminata Raf.

Amerikanische Hainsimse, Zugespitzte Hainsimse

Diese nordamerikanische Spezies ist im Wald, auf Lichtungen und Felsen von Kanada bis in die höheren Lagen von Georgia im Süden, nach Westen bis Illinois und South Dakota anzutreffen. Die grund-

Oben *Leymus triticoides* Anfang April im Garten Morgridge in San Luis Obispo (Kalifornien).
Mitte Anfang Dezember im Mount Cuba Center in Nord-Delaware: *Luzula acuminata* besiedelt den Fuß eines greisen Tulpenbaums *Liriodendron tulipifera*.
Unten In kräftigem Grün glänzt Ende Oktober das gut einen Zentimeter breite Laub von *Luzula acuminata*.

LINKS Aus dem vorjährigen Laub von *Luzula acuminata* treiben Ende April junges Grün und Blütenhalme.

OBEN Ende März blüht *Luzula echinata* in Tony Avents Juniper Level Botanic Garden in Raleigh (North Carolina).

ständigen Blätter sind dunkelgrün und glänzend und relativ breit (bis 12 mm). Die Blattränder sind fein behaart. Blüht im April/Mai auf bis 35 cm hohen Halmen; die Blüten sind beige mit rotbraun. Breitet sich langsam über Rhizome aus; bei relativ dichter Pflanzung als Bodendecker für Waldsituationen geeignet. Der Zuwachs erfolgt wesentlich langsamer als bei der größeren europäischen Wald-Hainsimse *Luzula sylvatica*. Toleriert dunklen Laubgehölzschatten und feuchte bis mäßig trockene Situationen. Bevorzugt humosen Boden; steht überwiegend auf neutralem bis saurem Grund. Für basenreichen Gartenboden sind die weiter südlich an kalkreichen Waldhängen anzutreffenden und bisweilen als *L. acuminata* var. *carolinae* (S. Watson) Fernald identifizierten Pflanzen besser geeignet. WHZ 4.

Luzula echinata (SMALL) F. J. HERM.

Igel-Hainsimse

Das Art-Epitheton heißt übersetzt „igelartig", und tatsächlich wirkt diese zarte nordamerikanische Spezies in Blüte wie eine Stachelkugel – allerdings eine ziemlich weiche. Die Spezies ist in Wäldern, Gebüschen und Lichtungen von Georgia und Alabama bis New York im Norden und Illinois im Westen verbreitet. Ähnlich *Luzula multiflora*, mit lediglich 6 mm breiten, aus der Basis entspringenden Blättern, jedoch runder in der Form und nur 20 cm hoch. In Schatten auf feuchtem bis mäßig trockenem Boden leicht zu ziehen. Vermehrung durch Aussaat oder Teilung. WHZ 6.

Luzula luzuloides (LAM.) DANDY ET WILMOTT

Schmalblättrige Hainsimse, Weißliche Hainsimse

Heimisch in Mittel- und Südeuropa. Locker schopfartig wachsend, ausläufertreibend. Schmales, bis 6 mm breites grundständiges Laub, graugrün mit behaartem Rand. Blütenstand bis 60 cm hoch, mit dichten, büschelig stehenden weißlichen bis beigefarbenen Blüten, die mit fortschreitender Samenreife immer stärker überhängen. Ein guter pflegeleichter Bodendecker für Sonne bis Halbschatten auf feuchtem bis mäßig trockenem Boden. WHZ 6.

Luzula multiflora (RETZ.) LEJ.

Vielblütige Hainsimse

Weit verbreitet in Europa, Asien, Nordamerika und Australien, wo sie in lichtem Wald, auf Feldern und Wiesen gedeiht und in großen Teilen ihres Verbreitungsgebiets die häufigste *Luzula* sp. darstellt. Ähnlich *Luzula echinata*, jedoch aufrechter im Wuchs. Laub grün, schmal, bis 6 mm breit. Steht zur Blüte im Frühjahr bis 25 cm hoch. In Schatten wie Sonne auf feuchtem Boden leicht zu ziehen. Weniger langlebig und zäh als *L. acuminata*. WHZ 3.

Luzula nivea (L.) DC.

Schneeweiße Hainsimse, Schnee-Hainsimse, Schnee-Marbel
Heimisch in Mittel- und Südeuropa, meist in alpinen Lagen. Ähnlich *Luzula luzuloides*, Blüte jedoch heller und klarer. Locker schopfartig wachsend, langsam ausläufertreibend. Grundständiges Laub unter 6 mm breit, grün, mit auffallend behaartem Rand. Blütenstand im Frühsommer bis 60 cm hoch, mit dichten, büscheligen Blüten in gebrochenem bis nahezu reinem Weiß; der Samenstand hängt mit fortschreitender Samenreife zunehmend über. Langlebig; ein guter Bodendecker für sonnige bis halbschattige Lagen. Auf feuchtem bis mäßig trockenem Boden leicht zu ziehen. WHZ 6.

'Schneehäschen'. Blütenbüschel nahezu reinweiß.

'Snowbird'. Blütenbüschel nahezu reinweiß.

Luzula pilosa (L.) Willd.

Behaarte Hainsimse, Frühlings-Hainsimse, Haar-Marbel
Diese eurasische Spezies ist mit der nordamerikanischen *Luzula acuminata* nahezu identisch und wird von vielen Experten als synonym betrachtet. Pflanzen europäischer Provenienz sind möglicherweise weniger winterhart als Pflanzen aus den kälteren Regionen Nordamerikas. WHZ 5.

Luzula sylvatica (Huds.) Gaudin

[*Luzula maxima* (Reichard) DC.]
Wald-Hainsimse, Wald-Marbel
Heimisch auf den Britischen Inseln, in West-, Mittel- und Südeuropa, im Kaukasus und in der Türkei in Wäldern und Mooren, an Fließgewässern und an anderen typisch sauren Standorten. Die größte Hainsimsen-Art. Glänzend grünes, bis 25 mm breites grundständiges Laub mit behaartem Rand. Bildet große Horste, die sich relativ rasch über Rhizome verbreitern; kann lückenlose Rasen bilden. Die ausdauerndste und langlebigste, als Bodendecker geeignete Hainsimse. Blüht im Frühjahr. Bis 50 cm hohe aufrechte Blütenhalme mit lockeren, durchsichtigen Blütenbüscheln. Passt sich an unterschiedlichste Böden und Feuchtegrade in schattiger bis halbsonniger Lage an. Vermehrung durch Aussaat, alternativ durch Teilung im Frühjahr oder Frühherbst. WHZ 4.

'Aurea'. Gold-Marbel. Gelbgrünes Blatt. WHZ 6.

'Hohe Tatra'. Hat mit 25 mm das breiteste Blatt. Hermann Müssel selektierte diese Sorte in der Hohen Tatra.

'Marginata'. Goldrand-Marbel. Laub mit gleichmäßigem rahmweißem Rand.

OBEN In lichtem Schatten hat sich *Luzula multiflora* in einem Moosflecken auf nacktem Fels angesiedelt und blüht dort Ende Mai (bei Pawling, New York).

MITTE *Luzula nivea* 'Schneehäschen' Mitte Juli in New York.

UNTEN Der Blattrand von *Luzula nivea* ist fein bewimpert.

GANZ OBEN LINKS Das Blatt von *Luzula sylvatica* 'Hohe Tatra' ist fast so breit wie eine Ein-Euro-Münze.
GANZ OBEN RECHTS Anfang Mai blüht *Luzula sylvatica* 'Marginata' unter einem alten Kanadischen Judasbaum in „Springwood", dem Garten Lighty in Pennsylvania.
UNTEN *Luzula sylvatica* 'Hohe Tatra' Ende August in dichtem Schatten im Sichtungsgarten Weihenstephan.

'Schattenlicht'. Laub dunkelgrün mit feinen weißen Längsstreifen.

'Taggart's Cream'. Nahezu weißer Neuaustrieb, der allmählich vergrünt. WHZ 5.

'Tauernpass'. Breitblättrige grüne Auslese von Heinz Klose.

Melica L.

Poaceae – Süßgräser

Perlgras

Die nahezu 80 ausdauernden, horstbildenden Spezies der Gattung sind weltweit mit Ausnahme von Australien an sonnigen, trockenen, steinigen Hängen und in schattigen Wäldern der gemäßigten Zonen anzutreffen. Als ausgesprochene Frühgrüner beginnen die Perlgräser bereits mit dem ersten Einsetzen von Herbstregen auszutreiben. Viele schmücken sich im Frühjahr mit dekorativen rahmweißen Blüten, bevor sie in der Sommerhitze halb oder ganz in Ruhe verfallen. Das Laub ist hell- bis dunkelgrün und meist eher unauffällig; in Sommerruhe verfallene, unansehnlich gewordene Pflanzen lassen sich bodennah zurückschneiden. Als Zierpflanzen sind die europäischen, afrikanischen und südamerikanischen Arten am weitesten verbreitet; vor allem für Trockenstandorte sollten die höchst attraktiven kalifornischen Arten mehr Beachtung erfahren. Vermehrung am besten durch Aussaat. Manche Spezies versamen sich in Maßen.

Melica altissima L.

Hohes Perlgras, Sibirisches Perlgras

Heimisch in Gebüschen und an Waldrändern von Mittel- und Osteuropa bis Sibirien. Überwiegend aufrecht mit beblätterten Halmen; zur Blüte im Spätfrühling bis Frühsommer bis 120 cm hoch. Wächst in voller Sonne am aufrechtesten; toleriert lichten Schatten. Auf feuchtem bis mäßig trockenem Boden leicht zu ziehen.

GANZ OBEN *Melica altissima* Ende Juli in den Merriments Gardens in East Sussex (England).
OBEN Anfang April beginnt die Blüte von *Melica californica* im Leaning Pine Arboretum von San Luis Obispo (Kalifornien).
RECHTS Ende Juni in New York: Die rundliche Gestalt von *Melica ciliata* markiert eine Wegbiegung im Garten Wave Hill.

Verfällt in heißem Klima in Sommerruhe. Versamt sich in Maßen. WHZ 5.

'Alba'. Die weiß aufblühenden Ährchen verblühen rehbraun.

'Atropurpurea'. Malvenfarbene Ährchen verblühen rehbraun.

Melica californica Scribn.

Kalifornisches Perlgras

Dies ist die dramatischste kalifornische Spezies; sie ist an unterschiedlichsten Standorten anzutreffen, von sonnigen Wiesen über trockene Felshänge bis hin zu lichten trockenen bis leicht feuchten Wäldern. Aufrecht; zur Blüte im Frühjahr 60–120 cm hoch. Die schlanken Blütenstände erblühen strahlend weiß und trocknen schließlich zu beige; häufig bleiben sie selbst in heißen Trockenregionen, wo die Pflanze ganz oder teilweise in Sommerruhe fällt, aufrecht und attraktiv. Auf unterschiedlichsten Böden leicht zu ziehen. Am besten in voller Sonne bis sehr lichtem Schatten. Trockenheitsverträglich. Vermehrung durch Aussaat. WHZ 8.

Melica ciliata L.

Gewimpertes Perlgras, Östliches Perlgras, Wimper-Perlgras

Heimisch in Europa, Nordafrika und Südwestasien. Laub schmal, mittelgrün, überwiegend grundständig. Im Spätfrühling bis Frühsommer treiben elegante, bis 60 cm hohe, aufrecht-übergebogene Blütenhalme mit hell rahmweißen, rehbraun verblühenden Blütenähren, die noch mindestens vier Wochen attraktiv bleiben. Gedrungener, relativ niedriger Wuchs. Eine ausgezeichnete Ergänzung für den Frühlingsgarten. Bevorzugt Sonne bis lichten Schatten und feuchten bis mäßig trockenen Boden. Verfällt in wärme-

OBEN Hell leuchten die Blüten von *Melica ciliata* Ende Juni im Seitenlicht (Longwood Gardens, Pennsylvania).

RECHTS *Melica macra* Ende Juli in den Royal Botanic Gardens von Kew (England).

rem Klima ganz oder teilweise in Sommerruhe. Die einzelne Pflanze ist oft relativ kurzlebig. Versamt sich in Maßen. WHZ 6.

Melica imperfecta Trin.

Kalifornisches Küsten-Perlgras

Die überwiegend an Küsten anzutreffende Spezies ist auf Dünen, an trockenen Geröllhängen und in lichten Wäldern Südkaliforniens und Mexikos heimisch. Steht zur Blütezeit im zeitigen Frühjahr bis 60 cm hoch. Während manche *Melica*-Arten schlanke, dramatisch weiß leuchtende Ährenrispen hervorbringen, sind die Blütenstände von *M. imperfecta* deutlich verzweigt und eher locker. Dieses Gras stellt eine anmutige Ergänzung für die Wildwiese und andere informelle Gestaltungen dar. In Sonne bis sehr lichtem Schatten leicht aus Saat zu ziehen. WHZ 8.

Melica macra Nees

Großes Perlgras

Ein horstbildendes mehrjähriges Gras sonniger Standorte in Südamerika. Steht zur Blütezeit im Spätfrühling oder Sommer 60–90 cm hoch. Die schlanken Ährenrispen öffnen sich strahlend weiß und verblühen beige. Das schmale, dunkelgrüne Laub läuft zur Spitze fein zu. Die nach der Blüte weicher werdenden Halme neigen sich oft sehr attraktiv herab. In voller Sonne leicht zu ziehen. Vermehrung durch Aussaat. WHZ 8.

Melinis P. Beauv.

Poaceae – Süßgräser

Natalgras

Die in Kultur verbreiteten Spezies der Gattung *Melinis* wurden früher zur Gattung *Rhynchelytrum* gerechnet, doch neuere taxonomische Untersuchungen haben ergeben, dass die Unterscheidung hinfällig und somit für alle der ältere Name – *Melinis* – zu verwenden ist. Die 20 oder mehr ein- und mehrjährigen Spezies der Gattung sind vorwiegend in Afrika, aber auch im Westteil Asiens auf offenem Grasland, auf Savannen und in anderen Trockenlagen heimisch. Einige Arten haben Ruderalfluren weit über ihre eigentliche Heimat hinaus erobert, allen voran das Natal-Gras *M. repens*, das in vielen warmen Regionen als hartnäckiges Unkraut gilt. Diese Art sowie die häufig kultivierte *M. nerviglumis* sind mehr oder weniger spätgrünend und nur begrenzt winterhart. Beide sind ausdauernd, doch in kühl- und kaltgemäßigten Regionen werden sie überwiegend als Einjährige gezogen. Die Blüte hängt von der Kultivierung ab: In warmem Klima im Boden gezogene Exemplare blühen meist im Sommer; in kühlerem Klima als Sommerflor ausgepflanzte Exemplare verbringen die ersten zwei Monate damit, Laub zu treiben, und gelangen erst im Spätsommer oder Herbst zur Blüte. Unter Glas gezogene Pflanzen lassen sich gezielt im Winter zur Blüte bringen.

Melinis nerviglumis (Franch.) Zizka
[*Rhynchelytrum nerviglume* (Franch.) Chiov.]
Rubin-Natalgras

Mit ihrer intensiv gefärbten Blüte und dem horstartigen Wuchs ist diese ausdauernde südafrikanische Spezies als Zierpflanze der *Melinis repens* vorzuziehen; sie ist jedoch kälteempfindlicher. Ein Großteil des in den USA in Kultur befindlichen Pflanzenmaterials geht auf Saat zurück, die Gayle Weinstein als Mitarbeiterin der Botanischen Gärten Denver in den 1980er-Jahren vom Drakensberg Botanic Garden (Harrismith, Südafrika) mitbrachte. Das Laub dieser Pflanzen ist blaugrün; die zunächst dunkel rubinroten bis rosavioletten Blütenstände erblühen irisierend rosa. Steht zur Blüte 45–60 cm hoch. Die Pflanzen werden oft unter der Bezeichnung „Pink Crystals" angeboten; hierbei handelt es sich nicht um einen Sortennamen, sondern um einen Trivialnamen. In kalten Regionen empfiehlt es sich, die Pflanzen drinnen vorzuziehen und frühzeitig auszusetzen, damit die Blüte im Hochsommer bis Herbst stattfinden kann. Gedeiht am besten in voller Sonne. Sehr trockenheitsverträglich. Vermehrung am besten durch Aussaat. WHZ 9.

Melinis repens (Willd.) Zizka
[*Rhynchelytrum repens* (Willd.) C. E. Hubb., *R. roseum* (Nees) Stapf et C. E. Hubb., *Tricholaena repens* (Willd.) Hitchc., *T. rosea* Nees]
Natalgras, Rosa Natalgras

Zwar ist diese wahrscheinlich aus Afrika stammende Spezies weniger kälteempfindlich als *Melinis nerviglumis*, doch sie blüht weniger farbintensiv und verbreitet sich durch Samen und Ausläufer entschieden unkrautartig. In großen Wogen oder flächig

Unten links *Melinis nerviglumis* erblüht kräftig rosa bis rosigviolett.

Ganz unten links *Melinis nerviglumis* Ende Juni im Leaning Pine Arboretum von San Luis Obispo (Kalifornien).

Unten rechts In der Nahansicht zeigt sich, warum *Melinis nerviglumis* auch „Pink Crystals" genannt wird.

Ganz unten rechts *Melinis repens* zieht sich Ende Juni als blühende Woge durch die Huntington Botanical Gardens von San Marino (Kalifornien).

eingesetzt entfaltet das Gras eindrucksvolle Wirkung, doch aufgrund seines Potenzials zum Verwildern ist dort, wo es mehrjährig gedeiht, Vorsicht geboten. In voller Sonne bis 90 cm hoch. Sehr trockenheitsverträglich. Vermehrung am besten durch Aussaat. WHZ 8.

Merxmuellera Conert

Poaceae – Süßgräser

Traubenhafer

Die nach dem deutschen Botaniker Hermann Merxmüller benannte Gattung umfasst 16 horstbildende Spezies in Südafrika, wo sie an sehr trockenen, offenen, oft gebirgigen Standorten anzutreffen sind.

Merxmuellera macowanii (Stapf) Conert

[*Danthonia macowanii* Stapf]

Afrikanischer Traubenhafer, Immergrüner Traubenhafer

Diese große, ausgesprochen attraktive Spezies ist in Bergregionen Südafrikas beheimatet, wo sie häufig in großen Herden anzutreffen ist, oft in Feuchtlagen in der Nähe von Fließgewässern. Über dem bis 90 cm hohen immergrünen adretten, halbkugelförmigen Horst aus schmalem blaugrünem Laub stehen im Frühjahr oder Sommer schlanke, 150 cm hohe Blütenrispen. Das in westlichen Gärten noch immer seltene Gras beeindruckt bereits seit Jahren in der Gräsersammlung der Royal Botanic Gardens in Kew; es sollte häufiger verwendet werden. Vermehrung durch Aussaat, alternativ durch Teilung während der kühleren, feuchten Jahreszeit. WHZ 8, eventuell auch kühler.

Milium L.

Poaceae – Süßgräser

Flattergras

Die vier ein- und mehrjährigen, in gemäßigten Breiten weltweit heimischen Arten dieser Gattung sind meist in Mischwald, aber auch an offenen, häufig trockenen Standorten anzutreffen. Entgegen dem Eindruck, der durch manche Trivialnamen entstehen kann, handelt es sich dabei nicht um Verwandte der Getreide-Hirsen.

Milium effusum L.

Wald-Flattergras, Waldhirse

Diese Spezies ist in den gemäßigten bis subpolaren Regionen der nördlichen Hemisphäre heimisch. Viele Botaniker erkennen zwei einander sehr ähnliche botanische Varietäten an, nämlich die

LINKS *Merxmuellera macowanii* Ende Juli in den Royal Botanic Gardens von Kew (England).

LINKS UNTEN Das Laub von *Milium effusum* 'Aureum' in Nahansicht.

UNTEN Blühendes *Milium effusum* 'Aureum' Anfang Mai in der Gärtnerei Heronswood in Kingston (Washington).

europäische Typusvarietät *Milium effusum* var. *effusum* und das in den Wäldern des östlichen Nordamerika heimische Atlantische Flattergras *M. effusum* var. *cisatlanticum* Fernald. Schon lange gibt es Zuchtformen mit leuchtend gelbem Austrieb, deren Provenienz ungewiss ist, vor allem aber wohl in Europa liegen dürfte. Das frühgrünende Gras blüht zeitig im Frühjahr und verfällt bei hochsommerlicher Hitze mitunter ganz oder teilweise in Ruhe, besonders bei Trockenheit. In schattiger, feuchter Lage bleibt die Pflanze während der gesamten Vegetationsperiode grün. Zur Blüte 60–90 cm hoch. Vorwiegend horstartig, kann sich jedoch auch über Rhizome verbreiten. Am einfachsten durch Aussaat zu vermehren. WHZ 5.

'Aureum'. Goldflattergras. Kaum ein anderes Gras treibt im Frühjahr in einem derart hellen, leuchtenden Gelb aus. Die Farbe dunkelt – vor allem in wärmeren Gegenden – mit der Zeit zu gelbgrün oder grün. Bevorzugt lichten Schatten und ständig feuchten Boden, kann in kühleren Regionen aber auch in voller Sonne stehen. Die gelbe Farbe wird oft an die Sämlinge weitergegeben. WHZ 5.

Miscanthus Andersson

Poaceae – Süßgräser

Chinaschilf, Stielblütengras, *Susuki zoku*

Der vom griechischen *mischos* (Stiel) und *anthos* (Blüte) hergeleitete Gattungsname bezieht sich auf die gestielten Ährchen. Umfasst etwa 20 ausdauernde spätgrünende Spezies, die in Ost- und Südostasien in unterschiedlichsten offenen Lagen heimisch sind, darunter Küstenniederungen, Marschen, Berghänge und Waldränder. Die früher zu *Miscanthus* gerechneten afrikanischen Spezies sind heute größtenteils in *Miscanthidium* Stapf versammelt.

In Japan, woher die meisten kultivierten *Miscanthus*-Spezies stammen, heißt dieses Gras *susuki*. Es findet sich dort in den klassischen Künsten immer wieder als Motiv und gilt neben dem Fächer-Ahorn als Herbstsymbol. *Miscanthus*-Halme sind ein traditionelles japanisches Eindeckmaterial für Wohnhäuser und Tempel.

Im Westen ist das Chinaschilf seit über hundert Jahren eine beliebte Zierpflanze, und das aus gutem Grund. Kein Ziergras kann es mit dieser Gattung an Schönheit und Vielgestaltigkeit der Blüten und Belaubung, der Herbstfärbung und der winterlichen Schmuckwirkung aufnehmen, keines ist den vielfältigen Anforderungen der Gartengestaltung ähnlich gewachsen. Das Gras gedeiht prächtig an schwierigsten Standorten und kann erheblich zur Reduzierung des Arbeitsaufwands und des Wasserverbrauchs in der Landschaftsgestaltung beitragen.

Die langanhaltende Begeisterung für *Miscanthus* hat bereits mehr als hundert Gartensorten hervorgebracht, von denen viele noch heute im Handel sind. Die positiven Eigenschaften dieser Gräser wurden in der jüngeren Vergangenheit durch Auslese und Kreuzung weiter verstärkt, wodurch das Gras an Beliebtheit noch hinzugewonnen hat. Das Lob ist zumeist wohlverdient, allerdings ist in einer Hinsicht Vorsicht geboten: Das Chinaschilf zeigt sich zunehmend in der Lage, zu verwildern und fern von seiner Heimat zum ökologischen Störfaktor zu werden.

In feuchten, sonnenreichen gemäßigten und subtropischen Regionen ist *Miscanthus* sehr wettbewerbsfähig. Flächendeckende natürliche Monokulturen mancher Spezies in Japan und Südostasien verdeutlichen die Vitalität dieses Grases und lassen ahnen, wie es sich unter ähnlichen Bedingungen an anderem Ort verhalten dürfte. Ob die Gattung zum Bio-Invasor wird, hängt wie immer von den regionalen Gegebenheiten ab; Strategien eines vernünftigen Risikomanagements sind daher regional zu entwickeln. So stellt etwa in England keine der *Miscanthus*-Arten ein Risiko dar, da es dort an der Wärme und Sonnenintensität fehlt, die für eine signifikante Produktion keimfähiger Saat nötig sind. Die kühleren Regionen Nordamerikas, etwa der Nordosten oberhalb des Staates New York, der Mittlere Westen und der Pazifische Nordwesten sind ebenfalls kaum bis gar nicht gefährdet. Aride Regionen der USA, wie New Mexico, Arizona und Südkalifornien, bieten zwar die nötigen Temperaturen, doch mangelt es dort an Wasser, und das Chinaschilf könnte sich höchstens in Uferbereichen ansiedeln.

Vollkommen anders sieht es in den Mittelatlantikstaaten New York, New Jersey und Pennsylvania und im Südosten der USA aus. Diese Regionen sind mit ihrem fruchtbaren Boden, der langen Vegetationsperiode und den reichlichen Regenfällen dem Naturstandort von *Miscanthus* am ähnlichsten; *M. sinensis* ist dort bereits an zahlreichen Stellen verwildert und beginnt, regionale Ökosysteme zu dominieren. Dessen Potenzial zum Bio-Invasor wurde ironischerweise in jüngerer Vergangenheit durch die gärtnerische Bearbeitung verstärkt: Alte Sorten wie 'Gracillimus', 'Variegatus' und 'Zebrinus' benötigen eine relativ lange Vegetationsperiode, um überhaupt zur Blüte zu gelangen, und dort, wo sie spät im Herbst blühen, reift die Saat nicht aus. Bei vielen neueren Markteinführungen aber zielte die Züchtung speziell auf eine frühere Blüte in einer kürzeren Vegetationsperiode ab; dazu zählen etliche der auffälligen Auslesen von Ernst Pagels aus Leer. Seine Züchtungen sind hervorragend für das nördlichere Europa, England und die kälteren Regionen der USA geeignet, wo der Gärtner nun auch endlich in den Genuss der herrlichen Blütenwedel kommt. In wärmeren Regionen jedoch versamen sich diese Sorten überreich. Sie verbreiten sich willig im Garten und in der Natur, bedrohen regionale Ökosysteme und werden auf Wildwiesen und in Parklandschaften zur echten Plage. In diesen Gegenden ist es am vernünftigsten, später blühende, weniger fruchtbare oder sterile Sorten zu pflanzen oder auf andere, weniger problematische Gräser auszuweichen, die ähnliche gestalterische Wirkung entfalten. Wunderschön und vielseitig etwa sind die nordamerikanischen spätgrünenden Gattungen *Panicum* und *Muhlenbergia*, von denen es wunderbare neue Selektionen gibt, welche die dem Gärtner zur Verfügung stehende Auswahl erweitern.

Viele *Miscanthus*-Arten können hybridisieren; somit besteht eine reale Möglichkeit, gezielt sterile polyploide Sorten (solche mit mehr als zwei Chromosomensätzen) zu erzeugen. Dadurch ließe sich die *Miscanthus*-Palette erweitern und zugleich das Risiko unerwünschter ökologischer Komplikationen mindern.

Als echter Spätgrüner beginnt *Miscanthus* erst im fortgeschrittenen Frühjahr zu treiben, wächst jedoch zunehmend kräftiger, je heißer der Sommer wird. Warme, feuchte Bedingungen lassen ihn üppig sprießen, und hohe Luftfeuchtigkeit macht ihm nichts aus. Chinaschilf ist auf unterschiedlichsten Böden, von lockerem Sand bis hin zu schwerem Ton, leicht zu ziehen und übersteht periodisches Überstauen ebenso wie beträchtliche Dürre. Ein Übermaß an Nährstoffen oder Wasser hat übertriebenen, weichen, wenig standfesten Wuchs zur Folge; zu viel Schatten hat ähnliche Wirkung. Die meisten Arten und Sorten bevorzugen volle Sonne und tolerieren lichten Schatten.

Die Gattung umfasst horstartig wachsende Spezies wie *M. sinensis* ebenso wie stark ausläufertreibende Arten wie *M. sacchariflorus*. Einzelne Pflanzen können viele Jahre alt werden, doch ältere Horste verkahlen in der Mitte und sollten gelegentlich aufgenommen und durch Randstücke ersetzt werden. Zum Teilen und Umpflanzen empfehlen sich das Frühjahr und der Frühsommer, in wintermilden Regionen auch der Herbst. Die größeren Sorten werden meist auf Dauer für den kleinen Wohngarten zu groß; auch hier hilft regelmäßiges Teilen, die Pflanzen kleiner zu halten, sodass der Gärtner auf ihren Habitus und ihre Blüte nicht verzichten muss. Ein scharfer Spaten ist dafür unabdingbar. Achtzugeben ist – vor allem bei *M. sinensis* – auf die oft scharfen Blattränder, an denen man sich leichte, jedoch ausgesprochen irritierende Schnittverletzungen an Gesicht und Händen zuziehen kann.

Samenvermehrung ist unproblematisch, bei vegetativ zu vermehrenden Sorten jedoch nicht sinnvoll. *Miscanthus* blüht vom Hochsommer bis zum Herbst; die genaue Zeit variiert je nach Art und Sorte. Die Blüten öffnen sich überwiegend rötlich, trocknen flauschig silbrig und bleiben meist den Winter hindurch attraktiv. Die Winterhärte hängt von der Art und Sorte ab.

Miscanthus floridulus (Labill.) Warb.

Pazifikschilf, *Tokiwa susuki*

Dies ist mit teilweise über 240 cm Höhe die größte Spezies der Gattung; die Halme tragen breite, derbe, gut 30 mm breite Blätter. Die Art ist in Niederungen der wärmeren Regionen Südjapans heimisch, außerdem in Taiwan und auf den Pazifikinseln. Der Blütenstand gliedert sich über eine dominante Hauptachse, was die Spezies von anderen asiatischen *Miscanthus*-Arten unterscheidet. Am Naturstandort ist die Art sehr häufig und kann ausgedehnte Bestände bilden; in westlichen Gärten dagegen ist sie kaum anzutreffen. Was im Handel als *M. floridulus* angeboten wird, ist eher obskurer Herkunft; inzwischen ist bestätigt, dass es sich dabei

um eine Hybride handelt. Diese wurde als *M. × giganteus* gültig beschrieben. *M. floridulus* ist zwar weniger kälteverträglich als *M. sinensis*, doch die statueske Pflanze sollte an geeignetem Standort mehr Beachtung finden. WHZ 7; Pflanzen aus kühleren Regionen möglicherweise auch kälter.

'Karl Foerster'. Das Ursprungsexemplar las der deutsche Pflanzenspezialist Karl Partsch aus einem Bestand in einem Moorrandbereich in den Alpen Honshus aus – außerhalb des üblichen Verbreitungsgebietes. Sie lässt auf bessere Frosthärte hoffen, wurde bisher jedoch nur in WHZ 7 geprüft.

Miscanthus × *giganteus* J. M. Greef et Deuter ex Hodk. et Renvoize

Riesen-Chinaschilf, Riesen-Landschilf, Schilfgras

Diese herrliche, seit langem beliebte Zierpflanze hat eine verwickelte Namensgebung hinter sich, die endlich ein dauerhaftes Ende gefunden hat. Sie lässt sich auf Pflanzen zurückführen, die der dänische Botaniker Aksel Olsen in den 1930er-Jahren aus Yokohama er-

Linke Seite Mitte Dezember, Akademie für Garten- und Landschaftsbau Awaji (Hyogo, Japan): Geradezu zwergenhaft wirkt *Miscanthus sinensis* (Bildmitte) neben *M. floridulus* (rechts).

Links oben Deutlich sichtbar ist auf dieser Mitte Dezember in Japan entstandenen Aufnahme die kräftige Blütenspindel von *Miscanthus floridulus*.

Links unten Nur selten gelangt *Miscanthus × giganteus* 'Aksel Olsen' in England zur Blüte; geschätzt werden seine auffällige Statur, der Habitus und die ungewöhnliche Textur – hier Ende Juli im Garten von Great Dixter (Northiam, England).

Unten In der Gärtnerei Kurt Bluemel in Maryland blüht *Miscanthus × giganteus* 'Aksel Olsen' Anfang Oktober.

LINKS *Miscanthus × giganteus* 'Jubilar' Ende August im Garten Wisley der Royal Horticultural Society in Surrey (England).
OBEN MITTE Das Blatt von *Miscanthus × giganteus* 'Jubilar'.

OBEN RECHTS Ende August öffnen sich in Beth Chattos Garten in Colchester (England) die Blüten von *Miscanthus nepalensis* wie gesponnenes Gold.

hielt. Der deutsche Pflanzenzüchter Karl Foerster gelangte derart rasch in den Besitz dieser Pflanze, dass sie bereits in seinem Katalog aus dem Jahr 1935 als *Miscanthus sinensis* 'Giganteus' aufgeführt ist. Später verwendete Foerster den Namen *M. floridulus*. Neueren Studien zufolge handelt es sich um eine triploide Hybride (57 Chromosomen) zwischen *M. sacchariflorus* und *M. sinensis*. Dadurch erklärt sich auch, warum die Eigenschaften des Grases auf eine Zwischenstellung zwischen diesen beiden Arten verweisen. Die Blüten ähneln jenen von *M. sacchariflorus*, doch im Gegensatz zu dieser Spezies verbreitet sich die Hybride nicht über Rhizome. *Miscanthus × giganteus* wächst aufrecht und horstartig und steht zur Blüte nahezu 300 cm hoch. Das dunkelgrüne, 25 mm breite Laub präsentiert sich mit einem charakteristischen, wasserfallartig herabhängenden Habitus. Versuche haben bestätigt, dass die Saat steril ist; die Vermehrung kann daher nur durch Teilung erfolgen. Die Blütezeit liegt im Spätsommer; die Blüten öffnen sich hellrosa und trocknen rasch zu silbern. Die untersten Blätter werden im Spätsommer oft braun oder sterben ab; dies lässt sich mit niedrigen vorgepflanzten Begleitern kaschieren. Bevorzugt volle Sonne und durchschnittlich frischen bis feuchten Boden, ist aber dennoch ziemlich trockenheitsverträglich. WHZ 4.

'Aksel Olsen'. Mit diesem Namen wird inzwischen das seit langem kultivierte Pflanzenmaterial bezeichnet, das sich auf den dänischen Botaniker Aksel Olsen und die 1930er-Jahre zurückführen lässt. Andere aus *Miscanthus sacchariflorus × M. sinensis* hervorgegangene Kreuzungen benötigen einen eigenen Sortennamen, sofern man sie nicht sämtlich als *M. × giganteus* identifizieren will.

'Jubilar'. Laub gelbgrün längsgestreift. Geht auf einen Sport von *Miscanthus × giganteus* 'Aksel Olsen' zurück, mit dem es in sämtlichen übrigen Merkmalen identisch ist.

Miscanthus nepalensis (TRIN.) HACK.

Himalaja-Chinaschilf, Nepal-Stielblütengras

Heimisch im Himalaja und in Myanmar. Grünlaubig, in Blüte bis 180 cm hoch, mit auffällig nickendem goldfarbenem Blütenstand. Neuere Einführungen aus größeren Höhenlagen haben Pflanzen hervorgebracht, die widerstandsfähiger und kälteverträglicher sind als früher gesammelte Exemplare. In Südengland scheinen diese neuen Einführungen verlässlich winterhart zu sein; möglicherweise erweisen sie sich auch in kühleren Regionen als überlebensfähig.

Miscanthus oligostachyus STAPF

Breitblatt-Chinaschilf, Wenigähriges Stielblütengras, „Kari yasu modoki"

Wesentlich kleiner als *Miscanthus sinensis*, in Blüte meist unter 120 cm; lockerer im Wuchs. Die etwa 12 mm breiten Blätter sind kürzer und relativ weich und zart. Sie sind außerdem sehr flach mit einer weniger ausgeprägten weißen Mittelrippe als *M. sinensis*.

LINKS OBEN *Miscanthus nepalensis* Mitte August im Temperate House der Royal Botanic Gardens von Kew (England).

RECHTS OBEN *Miscanthus oligostachyus* Ende August im Garten Wisley der Royal Horticultural Society in Surrey (England).

LINKS UNTEN Die wenigen buntblättrigen Auslesen von *Miscanthus oligostachyus* haben keine westlichen Sortennamen und sind außerhalb Japans sehr selten. Die Aufnahme entstand Anfang November in Japan.

RECHTS UNTEN *Miscanthus oligostachyus* Ende August im Westpark München.

Blüht relativ früh, meist im Juli oder August. Der Blütenstand ist kaum verzweigt und längst nicht so dicht und flauschig wie bei den größeren Arten. Bei der Herbstfärbung fallen oft rotbronzene Töne auf. Gute Garteneigenschaften sind der kompakte Wuchs, eine gewisse Schattentoleranz und die außerordentliche Winterhärte. In Japan wurden buntblättrige Formen ausgelesen; diese werden von Spezialisten gezogen. Kaum eine davon hat bisher einen westlichen Sortennamen erhalten; außerhalb von Japan sind diese Auslesen sehr selten. Vermehrung durch Aussaat oder Teilung. Versamt sich normalerweise nicht. WHZ 4.

Miscanthus 'Purpurascens'

Purpur-Chinaschilf, Herbstflammen-Chinaschilf

Noch immer ist unklar, welcher Spezies diese Pflanze angehört, doch sie ist zweifellos eine der schönsten und vielseitigsten *Miscanthus*-Sorten. In ihr vereinen sich kleinformatiger Wuchs, aufrechter Habitus, frühe Blüte, außerordentliche Winterhärte und vielerorts ein sehr verlässliches herbstliches Orangerot. Darüber hinaus produziert sie so gut wie nie keimfähige Saat, womit all diejenigen, die sich um die Gefahr des Versamens in der Natur sorgen, auf der sicheren Seite wären.

Diese durch Teilung vermehrte Sorte entstand aus Saat, die der deutsche Pflanzenspezialist Hans Simon in den 1960er-Jahren als *Miscanthus purpurascens* Andersson aus Japan mitbrachte. Nach heutiger Klassifizierung gehört die frühere Art *M. purpurascens* inzwischen zu *M. sinensis*; *M.* 'Purpurascens' jedoch ist kein Vertreter von *M. purpurascens*. In Deutschland ist das Gras als *M.* 'Herkules' bekannt; es ist hier jedoch von geringerer Bedeutung, da sich unter den hiesigen Bedingungen nur selten die Herbstfärbung ausprägt. Möglicherweise ging *M.* 'Purpurascens' aus einer Kreuzung mit *M. oligostachyus* hervor, was jedoch noch durch weitere Forschung wie etwa Chromosomenanalysen zu bestätigen wäre.

Im Klima Nordost-Amerikas blüht die Pflanze im August bei einer Höhe von 150 cm. Die schlanken, senkrecht aufstrebenden Blütenpinsel öffnen sich mit leicht rosigem Schimmer, um dann rasch silbrig zu werden. Das 12 mm breite Blatt ist gräulich-grün. Eine sehr verlässlich aufrechte Chinaschilf-Art, die selbst in lichtem Schatten nur selten auseinanderfällt oder lagert. Bevorzugt volle Sonne und durchschnittlich frischen bis feuchten Boden. Weniger trockenheitsverträglich als *M. sinensis*. Eine ähnliche, kleinere Pflanze war einmal als 'Herbstfeuer' erhältlich; diese war jedoch kaum wüchsig und wird daher kaum noch im Handel geführt. WHZ 4.

Miscanthus sacchariflorus (Maxim.) Benth.

Amurschilf, Silberfahnengras, Großes Stielblütengras

In Feuchtbiotopen im Tiefland von Japan allgemein verbreitet, ebenso in der Äußeren Mandschurei, Korea und Nordchina. Zeichnet sich vor allem durch kräftige Rhizome und stark ausläufertreibenden Wuchs aus. Blüht relativ früh im Sommer, meist im August; steht zur Blüte bis 240 cm hoch. Der Blütenstand ist schmaler und aufrechter als bei *Miscanthus sinensis* und steht deutlich oberhalb des Laubes. Die Blüten öffnen sich silbern und trocknen flauschig weiß; sie bleiben fast den ganzen Winter attraktiv. Blatt gut 30 mm breit mit ausgeprägter weißer Mittelrippe. Die unteren Blätter werden bei sommerlicher Trockenheit oft braun. Dank der Ausläufer lassen sich damit größere Flächen wie Randstreifen von Parkplätzen oder Teichufer rasch begrünen; im kleineren Garten ist das Gras oft äußerst schwer unter Kontrolle zu halten. Versamt sich. WHZ 4.

'Gotemba'. Blatt größtenteils gelb-gelbgrün panaschiert mit dunkelgrünen Längsstreifen. Wurde in Japan durch Kenji Watana-

Linke Seite Im Licht der Morgensonne leuchtet Anfang Oktober eine blühende Kolonie von *Miscanthus* 'Purpurascens' im Chicago Botanic Garden.
Ganz oben Die Blüte von *Miscanthus* 'Purpurascens' ist besonders schlank und aufrecht.
Oben Ende September kleidet sich *Miscanthus* 'Purpurascens' in den Lauritzen Gardens von Omaha (Nebraska) in sein Herbstgewand.

Rechts oben *Miscanthus sacchariflorus* Ende August in den Longwood Gardens in Pennsylvania.
Rechts unten *Miscanthus sacchariflorus* 'Gotemba' Mitte September in Pennsylvania.

bes Gärtnerei Gotemba eingeführt. Barry Yinger etablierte die Sortenbezeichnung in der westlichen Gartenwelt, um auf die Herkunft der Sorte zu verweisen. Sie verbreitet sich eifrig über Rhizome; geblüht hat sie in Pennsylvania in über zehn Jahren nicht ein einziges Mal.

'Robustus'. Ein alter überflüssiger Sortenname für eine per se schon robuste Spezies.

Miscanthus sinensis Andersson

[*Eulalia japonica* Trin.]

Silber-Chinaschilf, Japanisches Stielblütengras, Eulalia-Gras, „Susuki"

Das klassische Chinaschilf unserer Gärten ist an Hängen im Hügelland und in den Bergen Japans heimisch, von Hokkaido über die südlicher gelegene Insel Yaku und die Ryukyu-Inseln bis hin nach Taiwan, und ebenso auf den südlichen Kurilen, in Korea und China. Horstbildend. Blatt meist tiefgrün mit weißer Mittelrippe. Die eigentliche Art ist in Kultur kaum anzutreffen; hier dominieren die Gartensorten. Blüht durchweg recht spät in der Saison, zwischen August und Oktober, und in kühleren Regionen oft gar nicht. Der Blütenstand ist stark verzweigt, voll und dicht; die zahlreichen Blütentrauben öffnen sich meist rot oder rosig und trocknen silbrig-weiß. In gemäßigtem Klima nimmt das Laub im Herbst schöne Gelb- und Bernsteintöne an. In Küstennähe trifft man auf Pflanzen von gedrungenerem Wuchs, die botanisch als *Miscanthus sinensis* var. *condensatus* eingeordnet werden; die Beschreibung dieser Varietät folgt weiter unten.

Miscanthus sinensis ist im Garten mit unzähligen Kultursorten vertreten, die mit unterschiedlichster Größe, Höhe, Textur, Laub- und Herbstfarbe, Blütezeit und Blütenfarbe sowie Winterhärte aufwarten. Im Folgenden wird eine Reihe der besten und/oder am weitesten im Handel verbreiteten Sorten vorgestellt. Sie alle bevorzugen volle Sonne, sofern nicht anders angemerkt. Angegeben ist die Höhe eines ausgewachsenen, blühenden Exemplars bei optimalen Standortbedingungen; in kühlerer oder eher trockener Umgebung bleiben die Pflanzen oft wesentlich kleiner. Die Herbstfärbung ist goldgelb, sofern nicht anders angegeben. Sämtliche Sorten sind bis WHZ 6 winterhart, falls nicht anders angegeben.

'Adagio'. Eine kompakte Auslese von Kurt Bluemel, ähnlich 'Yaku Jima', dieser jedoch durch ihre verlässliche, über dem Laub stehende Blüte überlegen. Blatt grün, sehr schmal, Herbstfarbe gelb. Blüht im August bis 150 cm hoch; erblüht rötlich. Feintexturiert; gut für kleinere Anlagen geeignet.

'Aethiopien'. Eine kleine, langsam wachsende Pagels-Auslese mit kräftigen burgunderroten Herbstakzenten.

'Altweibersommer'. Blüht im Spätsommer oder Frühherbst mit bis 210 cm hohen Blütenhalmen. Eine Auslese von Ernst Pagels.

'Andante'. Trägt in der zweiten Sommerhälfte besonders große Blütenstände reichlich oberhalb des Laubes; bis 210 cm hoch. Die Blüten öffnen sich rosa überhaucht und werden rasch durchsichtig silbern. Blatt schmal, grün. Eine ausgesprochen attraktive Auslese von Kurt Bluemel.

'Arabesque'. Gedrungener Wuchs; steht zur Blüte im Hochsommer bis 150 cm hoch. Eine Auslese von Kurt Bluemel.

'Autumn Light'. Diese hohe Sorte steht zur Blüte im Spätsommer bis 240 cm hoch. Kälteverträglicher als die meisten anderen. WHZ 4.

'Blondo'. Ein wenig derb, bis 180 cm hoch. Kälteverträglicher als die meisten anderen. WHZ 4.

'Blütenwunder'. Diese früh blühende Sorte gelangt auch in nördlichen Regionen verlässlich zur Blüte. Bis 210 cm.

'Bronceturm'. Blatt breit; Gesamteindruck sehr derb. Großwüchsige Sorte, bis 270 cm. Die Blüten öffnen sich im Hochsommer kupfrig-bronzefarben knapp über dem Laub. Eine Auslese von Ernst Pagels. Vermehrung durch Teilung.

'Dixieland'. Blatt mit weißen Längsstreifen. Mit 120–150 cm Höhe wesentlich kompakter als 'Variegatus'.

'Ernst Pagels'. Sehr aufrecht; vergleichsweise niedrig bleibend. Von Karl Partsch nach Ernst Pagels benannt.

'Ferner Osten'. Eine der hervorragendsten Pagels-Auslesen mit Blüten, die in der zweiten Sommerhälfte tiefrot erblühen. Blatt ein wenig breiter als 'Gracillimus'.

'Flamingo'. Schmal aufrecht wachsend mit lockerem Blütenstand, der im Spätsommer rosig aufblüht; bis 180 cm. Eine Auslese von Ernst Pagels.

'Gold Bar'. Diese besondere patentierte Auslese der Joy Creek Nursery (Scappoose, Oregon) bleibt mit lediglich 120–150 cm Höhe sehr kompakt; das Laub ist von sämtlichen bisherigen Sorten am auffälligsten quer gestreift. Wurde Mitte der 1990er-Jahre als Sämling in dem Gärtnereibetrieb entdeckt.

'Goldfeder'. Noch immer eine der schönsten längsgestreiften *Miscanthus*-Sorten mit goldgelb gestreiftem Blatt. Hans Simon aus Deutschland benannte diese Sorte, einen Sport seiner bekannten Auslese 'Silberfeder', Ende der 1950er-Jahre. Sie ist 'Silberfeder' mit ihrem eher lockeren Wuchs und den im Hochsommer bis 210 cm hohen, weit über dem Laub getragenen Blütenständen sehr ähnlich. In warmem Klima dunkeln die Streifen zum Spätsommer zu einem hellen Gelbgrün.

'Gracillimus'. Eine der ältesten *Miscanthus*-Sorten und möglicherweise die bekannteste; sie wird vor allem wegen ihrer fein texturierten Belaubung und des elegant gerundeten Gesamteindrucks geschätzt. Blüht sehr spät in der Saison; die kupferroten Blüten öffnen sich Ende September oder Oktober, bei kurzer Vegetationsperiode auch gar nicht. Bis 210 cm hoch. In hundert Jahre alten

OBEN LINKS *Miscanthus sinensis* 'Adagio' Anfang Oktober in der Gärtnerei Kurt Bluemel in Maryland.
OBEN MITTE *Miscanthus sinensis* 'Bronceturm' öffnet Ende August in Ernst Pagels' Gärtnerei in Norddeutschland seine roten Blüten.
OBEN RECHTS Ein junges Exemplar von *Miscanthus sinensis* 'Flamingo' Mitte August in Deutschland.

UNTEN LINKS Dunkelrot erblüht *Miscanthus sinensis* 'Ferner Osten' in den Knoll Gardens bei Wimborne (England).

UNTEN RECHTS Die Blüten von *Miscanthus sinensis* 'Ferner Osten' nehmen Ende August im Garten Wisley der Royal Horticultural Society in Surrey (England) die ersten Silbertöne an.

Gartenbüchern findet sich dieses Gras als *Eulalia japonica* var. *gracillima* oder *E. gracillima* var. *univittata*; diese gärtnerischen Bezeichnungen entsprachen noch nicht der heutigen Nomenklatur der Kulturpflanzen. 'Gracillimus'-Sämlinge sind häufig von der Elternpflanze nicht zu unterscheiden, weshalb diese Sorte seit Jahrzehnten nicht nur durch Teilung, sondern auch durch Aussaat vermehrt wird. Es handelt sich somit nicht um eine Klonsorte. Als 'Gracillimus' angebotene Pflanzen sollten schmales Laub, eine rundliche Gestalt und eine rötliche Blüte spät im Jahr aufweisen; vollkommen identisch sind sie allerdings nicht unbedingt. Jungpflanzen stehen schön aufrecht; ältere Exemplare tendieren zum Auseinanderfallen, besonders an schattigerem Standort oder auf zu feuchtem oder nährstoffreichem Boden. Von den zahlreichen zeitiger blühenden Alternativen zu 'Gracillimus' mit ebenfalls schmalem grünem Laub weisen nicht alle den elegant gerundeten Habitus auf. WHZ 5.

'Graziella'. Die hoch über dem Laub stehenden Blütenstände öffnen sich im August oder Anfang September; sie werden rasch silbrig und wirken trocken besonders flauschig. Bis 210 cm hoch. Etwas aufrechter im Wuchs als 'Gracillimus'. Das schmale Laub färbt sich im Herbst oft intensiv kupferrot und orange. Eine besonders edle Auslese von Ernst Pagels. Vermehrung durch Teilung. WHZ 5.

'Große Fontäne'. Blüht im Hochsommer mit bis 240 cm hohen federartigen Blütenständen. Eine Auslese von Ernst Pagels. WHZ 5.

'Helga Reich'. In der Textur ähnlich 'Gracillimus', jedoch etwas schmaler im Habitus. Blüht früher im Jahr; die Blüten werden rasch durchsichtig silbrig.

'Hinjo'. Ähnlich 'Zebrinus' mit quergestreiftem Laub, jedoch in jeder Hinsicht kleinformatiger; bis 180 cm. Standfest und aufrecht; im Gegensatz zu 'Zebrinus' keine Tendenz zum Lagern. Wird im Handel häufig als Little Nicky™ angeboten.

LINKE SEITE, OBEN LINKS *Miscanthus sinensis* 'Gold Bar'. Foto © Joy Creek Nursery.

LINKE SEITE, OBEN RECHTS *Miscanthus sinensis* 'Goldfeder' Ende August im Westpark München.

LINKE SEITE, UNTEN LINKS Blattdetail von *Miscanthus sinensis* 'Goldfeder' Ende August.

LINKE SEITE, UNTEN RECHTS Mit seiner gerundeten Form und feinen Textur bildet *Miscanthus sinensis* 'Gracillimus' Mitte Juli eine elegante Kulisse für eine Rabatte im New Yorker Garten Wave Hill.

RECHTS OBEN *Miscanthus sinensis* 'Graziella' färbt sich Anfang November in der Gärtnerei Kurt Bluemel kräftig kupferrot.

RECHTS UNTEN *Miscanthus sinensis* 'Helga Reich' Ende Oktober in den Olbrich Botanical Gardens von Madison (Wisconsin).

'Huron Sunrise'. Eine sehr frostverträgliche Auslese des Kanadiers Martin Quinn. Rötliche Blüte im Spätsommer. Sortenschutz wurde beantragt (PPAF). WHZ 4.

'Juli'. Aufrecht, derb, mit breiten, in großen Abständen an den Halmen stehenden Blättern. Eine Auslese von Ernst Pagels.

'Kaskade'. Die Pagels-Auslesen mit den schönsten Blüten bringen außerordentlich flauschige Blütenpinsel hervor, und diese Sorte zählt dazu. Blüht relativ frühzeitig, meist spätestens im August.

'Kleine Fontäne'. Eine fein texturierte, gedrungene Auslese von Ernst Pagels, die außerdem sehr schön blüht. Bis 150 cm hoch.

'Kleine Silberspinne'. Eine fein texturierte, aufrecht stehende kompakte Auslese von Ernst Pagels.

'Little Kitten'. Diese Sorte wirkt wie eine Miniaturausgabe von 'Gracillimus'. Selbst ein älteres Exemplar steht zur Blüte kaum 120 cm hoch. Wesentlich kleiner als 'Adagio' und 'Yaku Jima' – ideal bei wenig Raum. Eine Auslese aus Japan. WHZ 5.

'Little Zebra'. Dieses Miniatur-Zebragras ist derzeit die kompakteste der quergestreiften Sorten; zur Blüte knapp 120 cm hoch. Eine patentierte Auslese von Thomas Walsh aus Michigan.

'Malepartus'. Eine weitere Besonderheit von Ernst Pagels, die 'Gracillimus' ähnelt, ihre federbuschartigen, rasch von Rot nach Silber wechselnden Blütenstände aber einen Monat zeitiger öffnet. Weist häufig rote oder orangefarbene Herbsttöne auf. WHZ 5.

'Morning Light'. Eine der edelsten, elegantesten Chinaschilf-Sorten. Sehr ähnlich 'Gracillimus', mit ebenmäßig rundlichem Habitus, jedoch mit gleichmäßig feinem weißem Blattrand. Die seit mindestens hundert Jahren in Japan gezogene Sorte wurde auch westlichen Gärtnern zugänglich, nachdem das National Arboretum der USA 1976 von Masato Yokoi, einem japanischen Spezialisten für buntlaubige Pflanzen, Exemplare erhalten hatte. Den Namen 'Morning Light' prägte Kurt Bluemel. Neigt – anders als 'Gracillimus' – nicht zum Auseinanderfallen und bleibt selbst in lichtem Schatten standfest. WHZ 5.

'Nippon'. Gedrungen und schmal aufrecht im Wuchs, bis 150 cm hoch; blüht im Hochsommer. Bisweilen mit orangeroter Herbstfärbung. Eine Auslese von Ernst Pagels. WHZ 5.

'November Sunset'. Schmales Laub, späte Blüte, bis 240 cm hoch; rötlich im Erblühen. Eine Auslese von Kurt Bluemel. WHZ 5.

'Positano'. Fein texturiert, schmal und elegant; im Herbst häufig deutlich orange-rot gefärbt. Steht zur Blütezeit im Spätsommer bis 180 cm hoch. Eine Auslese von Ernst Pagels. WHZ 5.

'Pünktchen'. Aufrecht, mit auffällig igelartigem Habitus. Quer gestreiftes Laub, jedoch weniger auffällig als 'Gold Bar' und andere. Eine Auslese von Ernst Pagels.

'Rigoletto'. Ähnlich 'Variegatus', mit weiß längsgestreiftem Laub, jedoch bei meist unter 150 cm Höhe wesentlich kompakter. Eine Auslese von Kurt Bluemel. WHZ 5.

GANZ OBEN *Miscanthus sinensis* 'Kaskade' Ende August im Garten Wisley der Royal Horticultural Society in Surrey (England).

OBEN *Miscanthus sinensis* 'Kleine Fontäne' Ende August in einer von Hans Simon in Marktheidenfeld gestalteten Anlage.

RECHTE SEITE, OBEN LINKS *Miscanthus sinensis* 'Little Kitten' mit rotlaubiger Rosmarinweide *Itea virginica* 'Henry's Garnet' Mitte Oktober in Nord-Delaware.

RECHTE SEITE, OBEN RECHTS *Miscanthus sinensis* 'Little Zebra' Ende Oktober in der Gärtnerei Hoffman in Rougemont (North Carolina).

UNTEN LINKS Rot blühender *Miscanthus sinensis* 'Malepartus' in Knoll Gardens bei Wimborne (England).
UNTEN MITTE Hoch überragt *Miscanthus sinensis* 'Malepartus' Anfang Oktober einen Teppich aus Rauer Goldrute *Solidago rugosa* 'Fireworks' im Chicago Botanic Garden in Illinois.
UNTEN RECHTS *Miscanthus sinensis* 'Morning Light' zeichnet sich durch schmales, weiß gesäumtes Laub aus.

OBEN LINKS *Miscanthus sinensis* 'Morning Light' zeigt sich Ende Juli deutlich heller als die anderen Pflanzen; zum *Penstemon* 'Dazzler' setzt es einen schönen Kontrast (Colchester, England).

OBEN RECHTS Die charakteristische Form und der elegante Habitus von *Miscanthus sinensis* 'Morning Light' kommen hier hervorragend zur Geltung (Wave Hill, New York, Mitte September).

UNTEN LINKS Bellevue Botanic Garden (Washington State): Zart reflektiert *Miscanthus sinensis* 'Morning Light' die Augustsonne.

'Roland'. Derb, mit relativ breiter Belaubung. Steht zur Blütezeit im Hochsommer bis 240 cm hoch. Eine Auslese von Ernst Pagels.

'Roter Pfeil'. Die Blüten öffnen sich mit roten Akzenten. Nimmt im Herbst oft ein schönes Rot an. Eine Auslese von Ernst Pagels.

'Sarabande'. Ähnlich 'Gracillimus'. Die Blüten öffnen sich im Spätsommer mit goldenem Schimmer. Sehr frostverträglich. WHZ 4.

'Seahorses'. Eine ungewöhnliche Auslese der niederländischen Gärtnerei Mesker mit kräftig rosaroten, oben eingerollten Blüten, die einem Seepferdchen sehr ähnlich sehen. WHZ 5.

'Silberfeder'. Die ungewöhnlich hoch über dem Laub getragenen Blüten öffnen sich mit minimal rötlicher Färbung; sie werden rasch silbrig und fedrig. Kann 210 cm Höhe erreichen; Halme eher weich. Hans Simon las diese Sorte Anfang der 1950er-Jahre in Deutschland aus. Reichblütig und sehr kälteverträglich. WHZ 4.

'Silberpfeil'. Nahezu unmöglich von 'Variegatus' zu unterscheiden und im Handel häufig damit verwechselt.

'Silberspinne'. Fein texturiert und aufrecht. Die Blüten öffnen sich im Hochsommer silbern mit rosarotem Schimmer; Blütenhalme bis 180 cm hoch. Eine elegante Sorte von Ernst Pagels.

LINKE SEITE, UNTEN RECHTS *Miscanthus sinensis* 'Pünktchen' und *Verbena bonariensis* Ende Juli in einem abgeschlossenen Gartenraum der Merriments Gardens in East Sussex (England); den Boden deckt eine Mulchschicht aus Kies und blauem Glas.

OBEN *Miscanthus sinensis* 'Rigoletto' Ende August in England.

RECHTS OBEN *Miscanthus sinensis* 'Roland' (hinten) und *M. oligostachyus* (vorn) könnten in Textur und Größe kaum gegensätzlicher sein – hier Ende August im Garten Wisley der Royal Horticultural Society (Surrey, England).

RECHTS *Miscanthus sinensis* 'Silberfeder' im schrägen Licht der Septembersonne im Garten Wave Hill (New York).

'Silberturm'. Hoch im Wuchs, bis 270 cm; die Blütenstände überragen das Laub um etliches. Eine Auslese von Ernst Pagels.

'Strictus' ('Zebrinus Strictus'). Stachelschweingras. Ähnlich 'Zebrinus', aber verlässlich aufrecht. Auch das Laub strebt stärker in die Höhe, was das Gras recht stachelig wirken lässt und die Querstreifen hervorhebt. WHZ 5.

'Undine'. Ähnlich 'Graziella', jedoch etwas höher. Eine Auslese von Ernst Pagels. WHZ 5.

'Variegatus'. Blatt mit weißen Längsstreifen. Eine sehr alte Sorte und in der Gesamtwirkung noch heute die hellste. Blüht im Spätsommer auf bis 210 cm hohen Halmen; Blüte kräftig rot getönt. WHZ 5.

'Wetterfahne'. Die relativ kurzen, breiten, nahezu waagerecht abstehenden Blätter trugen dieser Sorte den Namen ein. Blüht im Hochsommer auf bis 240 cm hohen Halmen; Blüten anfangs rosarot getönt. Eine Auslese von Ernst Pagels.

'Yaku Jima'. Dieser Name bezeichnet keine vegetativ vermehrte Sorte, sondern versammelt zahlreiche niedrig bleibende schmallaubige Pflanzen, die wie kleinformatige 'Gracillimus' wirken. Solche Formen sind auf der japanischen Insel Yaku (jp. *Yaku jima*) häufig. Saat von dieser Insel wurde erstmals durch das U.S. National Arboretum in die USA eingeführt.

'Zebrinus'. Zebragras. Das Laub weist unregelmäßige gelbe Querstreifen („Zebrastreifen") auf. Diese sehr alte Sorte tendiert zu überhängendem, auseinanderfallendem Wuchs; die Streifen

LINKS *Miscanthus sinensis* 'Silberspinne' beginnt in den Royal Botanic Gardens von Kew (England) Ende August zu blühen.

GANZ OBEN Die Blütenhalme von *Miscanthus sinensis* 'Silberturm' stehen in den Kurt Bluemel Nurseries in Maryland Mitte Oktober 270 cm hoch.

OBEN Mitte Oktober trocknen die Blüten von *Miscanthus sinensis* 'Undine' in der Gärtnerei Kurt Bluemel in Maryland zu leuchtendem Silber.

LINKS OBEN Ein ausgewachsenes Exemplar von *Miscanthus sinensis* 'Variegatus' Ende Juli in Beth Chattos Garten in Colchester (England).
LINKS UNTEN *Miscanthus sinensis* 'Strictus' in Süddeutschland im schräg einfallenden Licht der späten Augustsonne.

RECHTS OBEN Ein junger *Miscanthus sinensis* 'Variegatus' Mitte Juli im Garten von Great Dixter (Northiam, England).
RECHTS UNTEN *Miscanthus sinensis* 'Wetterfahne' Ende August in Ernst Pagels' Gärtnerei in Norddeutschland.

LINKS Herrliche ausgewachsene Exemplare von *Miscanthus sinensis* 'Yaku Jima' Mitte Oktober in der Gärtnerei Kurt Bluemel (Maryland).

OBEN Das Laub von *Miscanthus sinensis* 'Zebrinus' fällt weicher als das von 'Strictus'.

sind weniger dicht und auffällig als bei manchen neueren Auslesen, beispielsweise 'Gold Bar'. Bis 240 cm hoch; kupferrote Blüte im Spätsommer. WHZ 5.

'Zwergelefant'. Gedrungen im Wuchs; Laub relativ breit, Gesamteindruck recht derb. Steht zur Blütezeit in der zweiten Sommerhälfte bis 180 cm hoch. Eine Auslese von Ernst Pagels.

Miscanthus sinensis var. *condensatus* (Hack.) Makino

[*Miscanthus condensatus* Hack.]

Hachijo-Stielblütengras, Hachijoschilf, „Hachijo susuki"

Diese botanische Varietät ist höher und robuster und trägt breiteres Laub als das typische Silber-Chinaschilf *Miscanthus sinensis*; sie ist am häufigsten in Küstenregionen Japans anzutreffen, unter anderem auf der Honshu vorgelagerten Insel Hachijo, findet sich in Japan jedoch auch in größeren Höhenlagen und ebenso in Korea, China, Indochina und auf den Pazifikinseln. Manche Taxonomen erkennen sie als eigene Spezies an. Pflanzen dieser botanischen Varietät werden manchmal als 'Condensatus' angeboten, was einen Sortenstatus unterstellt, der nicht gegeben ist. Die Blüten öffnen sich im Spätsommer mit rotkupfrigem Schimmer. Treibt häufig im Spätherbst noch einmal neues Laub und bleibt im Winter länger grün als die Typusvarietät *M. sinensis* var. *sinensis*. WHZ 5.

'Cabaret'. Diese Sorte ist wohl das auffälligste bunte Chinaschilf; das gut 30 mm breite Blatt schmückt ein rahmweißer Mittelstreifen bei gleichmäßig dunkelgrünem Blattrand. Benötigt zum Blühen einen langen, heißen Sommer, lohnt jedoch allein schon des Laubes wegen. Die Blüten öffnen sich sehr spät im Sommer oder im Frühherbst kupfrig-rosa. Bis 270 cm hoch. An kühlen Spätsommer- und Herbsttagen sind die Blütenhalme typisch tiefrosa überlaufen. Kokin Watanabe aus Japan entdeckte die Sorte; sie kam 1976 über Masato Yokoi und das U.S. National Arboretum in die Vereinigten Staaten. Den Namen 'Cabaret' prägte Kurt Bluemel. Bringt selten bis nie keimfähige Saat hervor. Toleriert lichten Schatten.

'Cosmo Revert'. Bei 'Cosmopolitan' entstehen durch Merkmalsumkehr nicht selten vollständig grüne Exemplare, die dann häufig mit diesem Namen bezeichnet werden.

'Cosmopolitan'. 'Cabaret' sehr ähnlich, jedoch mit umgekehrter Farbverteilung: Die Blattmitte ist vorwiegend grün, der Blattrand rahmweiß; häufig treten Nebenstreifen auf. Blüht reicher und etwas früher als 'Cabaret'; erblüht im Spätsommer kupferrot bei einer Höhe von bis zu 300 cm. Toyoichi Aoki aus Tokyo entdeckte die Sorte in den 1940er-Jahren in Japan. Das U.S. National Arboretum führte 1976 Pflanzenmaterial von Masato Yokoi in die

OBEN LINKS *Miscanthus sinensis* var. *condensatus* Ende August am Naturstandort im Küstenbereich von Honshu (Japan).
UNTEN LINKS Ein junger *Miscanthus sinensis* var. *condensatus* 'Cabaret' Anfang September im Delaware Center for Horticulture (Wilmington); daneben als architektonischer Blickfang ein Bruchstück der Balustrade einer historischen Brücke von Wilmington.

OBEN RECHTS *Miscanthus sinensis* var. *condensatus* 'Cabaret' Ende Juni in den Seaside Gardens in Carpinteria (Kalifornien).
MITTE Weiße Mitte und grüner Rand kennzeichnen das Laub von *Miscanthus sinensis* var. *condensatus* 'Cabaret'.
UNTEN RECHTS Das Laub von *Miscanthus sinensis* var. *condensatus* 'Cosmopolitan' hat eine überwiegend grüne Mitte; die Ränder sind weiß.

OBEN LINKS *Miscanthus sinensis* var. *condensatus* 'Cosmopolitan' steht Mitte September in Maryland über 240 cm hoch.

OBEN RECHTS Ende August in Deutschland: Dunkles Buchenlaub im Hintergrund setzt einen jungen *Miscanthus sinensis* var. *condensatus* 'Condensatus' in Szene.

UNTEN LINKS Diese Halme von *Miscanthus tinctorius* wurden geerntet, um daraus Naturfarbe zu gewinnen. Die Saat, aus der die Pflanzen gezogen wurden, stammt aus den Bergen von Miyama (Japan).

UNTEN RECHTS *Miscanthus transmorrisonensis* Mitte Oktober in der Gärtnerei Kurt Bluemel (Maryland).

Vereinigten Staaten ein. Den Namen 'Cosmopolitan' prägte Kurt Bluemel.

Miscanthus tinctorius (Steud.) Hack.

Färber-Chinaschilf, „Kari yasu"

Diese außerhalb Japans selten kultivierte Spezies ist in den Bergen auf Japans Hauptinsel Honshu heimisch, wo sie als Lieferant traditioneller Dacheindeckung hoch geschätzt war. Das Art-Epitheton „tinctorius" bedeutet „zum Färben" – aus diesem Gras lässt sich chromgelbe Pflanzenfarbe gewinnen. Die Spezies ist *Miscanthus oligostachyus* sehr ähnlich, ist jedoch schmaler und aufrechter im Habitus. Sie wird 120 cm hoch. Die schlanken Blütenstände sind weniger verzweigt und längst nicht so stark fedrig wie jene von *M. sinensis*. Die typische Blattfarbe ist ein gleichmäßiges Grün; das Blatt wird bis 13 mm breit. 'Nanus Variegatus' bezeichnet verschiedene kompakte japanische Auslesen mit längsgestreiftem Blatt. Bei manchen als *M. tinctorius* im Handel geführten Pflanzen könnte es sich um *M. oligostachyus* handeln. WHZ 6.

Miscanthus transmorrisonensis Hayata

Mount-Morrison-Chinaschilf, Immergrünes Chinaschilf, Taiwan-Chinaschilf

Paul Meyer vom Morris Arboretum und C. Ferris Miller vom Chollipo Arboretum machten diese Spezies 1979 dem westlichen Gartenbau zugänglich, nachdem sie auf Taiwan in 2.900 Metern Höhe am Daxue Saat gesammelt hatten. Die Spezies ist auf ganz Taiwan an exponierten Berghängen mittlerer bis oberer Höhenlagen häufig. Sie ist eng mit *Miscanthus sinensis* verwandt, unterscheidet sich von diesem in gärtnerischer Hinsicht jedoch stark: Das schmale grüne Laub wird selten höher als 90 cm, und bereits Ende Juli/Anfang August stehen elegante Blütenhalme hoch über dem Laub. Das Laub bleibt häufig sogar in WHZ 6 bis weit in den Dezember grün; in England, Nordeuropa und Südkalifornien ist es bei ausreichend Feuchtigkeit vollständig immergrün. Vermehrung durch Aussaat oder Teilung. WHZ 6.

Molinia Schrank

Poaceae – Süßgräser

Pfeifengras, Besenried

Der Gattungsname erinnert an Juan Ignacio Molina (1740–1829), der Chile naturkundlich erforschte. Umfasst zwei bis fünf Spezies, die in gemäßigten Regionen Europas an nassen, offenen Standorten, meist Heide- und Moorflächen, heimisch sind. Sämtliche Spezies sind mehrjährig und frühgrünend und bilden Horste ohne Ausläufer.

Die einzige allgemein in Gärten gezogene Art *Molinia caerulea* wird üblicherweise in zwei Unterarten aufgeteilt, deren augenfälligster Unterschied die Größe ist. Die Typus-Unterart *M. caerulea* subsp. *caerulea*, im Volksmund Benthalm oder Blaues Pfeifengras, steht in Blüte 60–120 cm hoch. Das Rohr-Pfeifengras *M. caerulea* subsp. *arundinacea* dagegen wird bis zu 240 cm hoch. In der Vergangenheit klassifizierten etliche Taxonomen die höherwüchsigen Pflanzen als separate Spezies *M. arundinacea*, *M. litoralis* und *M. altissima*. Diese Namen gelten inzwischen sämtlich als Synonyme von *M. caerulea* subsp. *arundinacea*, obgleich man in Büchern und im Handel noch immer auf sie trifft.

Es gibt ein buntlaubiges Pfeifengras, das aufgrund seiner Färbung hoch geschätzt wird. Die übrigen sind grünlaubig, bestechen jedoch durch ihre prägnante architektonische Form und die zarten Blüten. Europas Gärtner wissen schon lange die Linealität, den Habitus und die Lichtreflexe dieser Gräser zu schätzen; in Nordamerika werden sie – abgesehen von der buntlaubigen Sorte – noch viel zu wenig beachtet. Je intensiver Privatgärtner und Gartenprofis ihren Blick für die skulpturale Schönheit grüner Gräser schulen, desto stärker werden unweigerlich auch die Arten und Sorten von *Molinia* Fuß fassen.

Die sehr kälteverträglichen Gräser gedeihen am besten in kühlgemäßigtem Klima bei gleichmäßig feuchten Bedingungen und kühlen Sommernächten; die insgesamt sehr anpassungsfähige Gattung erweist sich aber auch unter ganz anderen Bedingungen als leistungsstark und langlebig. Von beiden Subspecies existieren Kultursorten, die vor allem nach ihrem unterschiedlichen Blühverhalten ausgelesen wurden. Bei manchen stehen die Blütenhalme fast kerzengerade, bei anderen neigen sich die äußeren Halme nahezu waagerecht über. Im Herbst nehmen all diese im Sommer grünen Gräser leuchtende Bernstein- und Goldtöne an, um schließlich in Winterruhe zu verfallen.

Molinia caerulea (L.) Moench

Blaues Pfeifengras, Binsenhalm, Benthalm

Heimisch an feuchten, sonnigen, offenen Standorten, unter anderem in Mooren, Sümpfen, Fenns, auf Bergwiesen und an Seeufern des gemäßigten Eurasien. Horstbildend; treibt aus dem Scheitel einen niedrigen Schopf 9 mm breiter Blätter. Das Laub und die Blütenhalme sind während der Wachstumsphase grün; im Herbst färben sie sich leuchtend goldgelb. Die Blüte erfolgt meist im Hochsommer, was für ein frühgrünendes Gras relativ spät ist; die schmalen Rispen stehen auf schlanken, aufrechten bis überhängenden Halmen deutlich oberhalb des Laubes. Die Gesamthöhe der Sorten, ja sogar der Sämlinge einer einzigen Pflanze variiert von 60–120 cm. In Regionen mit kühleren Sommernächten fällt die Blüte am üppigsten aus. Die typisch grün-violette Erscheinung der Blütenährchen wird vor allem durch die Farbe der sichtbaren Staubbeutel bedingt; manche Pflanzen allerdings blühen bernsteingold. Gedeiht am besten bei gleichmäßiger Feuchte in voller Sonne, wächst aber auch gut in lichtem Schatten, besonders in sonnigeren Regionen. Toleriert unterschiedlich sauren bis basischen Boden. Vermehrung durch Aussaat, alternativ durch Teilung im Frühjahr. WHZ 4.

'Dauerstrahl'. Grünlaubig; aufrecht-auseinanderstrebend; zur Blüte 75–120 cm hoch.

'Edith Dudszus'. Grünlaubig; aufrecht-auseinanderstrebend; zur Blüte 75–120 cm hoch.

'Heidebraut'. Grünlaubig; schmal aufrecht-auseinanderstrebend; zur Blüte 75–120 cm hoch.

'Moorflamme'. Grünlaubig; aufrecht-auseinanderstrebend; 75–105 cm hoch.

'Moorhexe'. Grünlaubig; schmal-aufrecht; zur Blüte 75–120 cm hoch.

'Rotschopf'. Aufrecht-auseinanderstrebend; zur Blüte 75–120 cm hoch; grünes Laub, das mit fortschreitender Saison zunehmend dunkelrot überlaufen ist.

'Strahlenquelle'. Grünlaubig; weit bogig überhängend; zur Blüte 60–90 cm hoch.

'Variegata'. Bogig überhängend mit rundlicher Silhouette; Laub lebhaft gelb und rahmweiß gestreift; zur Blüte 60–75 cm hoch. WHZ 5.

LINKE SEITE, OBEN *Molinia caerulea* 'Dauerstrahl' Ende August im Berggarten Hannover.
LINKE SEITE, UNTEN LINKS *Molinia caerulea* 'Edith Dudszus' Ende August im Garten Wisley der Royal Horticultural Society in Surrey (England).
UNTEN MITTE *Molinia caerulea* 'Heidebraut' Ende August im Garten Wisley der Royal Horticultural Society (Surrey, England).
LINKE SEITE, UNTEN RECHTS *Molinia caerulea* 'Moorhexe' Ende August in Norddeutschland.

OBEN LINKS *Molinia caerulea* 'Strahlenquelle' Ende August im Sichtungsgarten Weihenstephan.
OBEN RECHTS *Molinia caerulea* 'Variegata' Ende Juli im Garten Wisley der Royal Horticultural Society (Surrey, England).

LINKS *Molinia caerulea* 'Variegata' Ende August in Norddeutschland.

Molinia caerulea* subsp. *arundinacea (Schrank) H. K. G. Paul
[*Molinia arundinacea* Schrank, *M. litoralis* Host, *M. altissima* Link]
Rohr-Pfeifengras, Rohrartiges Pfeifengras

Heimisch an feuchten, sonnigen, offenen Standorten im gemäßigten Eurasien, unter anderem in Mooren, Sümpfen, Fenns, auf Bergwiesen und an Flussufern. Unterscheidet sich von der Typus-Unterart vor allem durch seine Größe; meist treibt dieses Gras einen bogig überhängenden, 60–90 cm hohen grundständigen Blattschopf, über dem auf bis 210 cm hohen Halmen die Blüten stehen. Das bis 12 mm breite Laub ist während der Wachstumsphase grün bis leicht graugrün; im Herbst färbt sich die gesamte Pflanze intensiv goldgelb.

Nur wenige Gräser können mit der Dramatik des Rohr-Pfeifengrases mithalten; hier verbinden sich architektonische Prägnanz und elegant wogender Habitus. Viele der benannten Sorten ähneln sich, doch vergleicht man die Extreme, fallen deutliche Unterschiede auf. Die Sorten variieren in der Haltung der Blütenhalme, die bei den einen kerzengerade stehen, bei anderen weit übergebogen sind. Manche blühen überreich auf dicht stehenden Halmen; andere erscheinen mit eher wenigen Halmen geradezu durchsichtig. Die schönste Wirkung entfalten sie grundsätzlich im Seiten- oder Gegenlicht, besonders vor einem kontrastierenden Hintergrund. Dieses großformatige Gras benötigt zwei bis drei Jahre, um seine endgültige Größe zu erreichen. Das Warten lohnt sich, denn sämtliche Pfeifengräser sind langlebig und höchst ausdauernd.

Bevorzugt Sonne und gleichmäßige Feuchte, kommt jedoch mit unterschiedlichsten Bodenarten zurecht. Gedeiht am besten in Regionen mit relativ kühlen Nächten. Übermäßig feuchtheiße Sommer begünstigen verunstaltenden Blattrost. Die Blütenhalme bleiben meist den ganzen Herbst über aufrecht und attraktiv; wenn sie zu zerfasern beginnen, kann man bei Bedarf die ganze Pflanze zurückschneiden. Sämtliche Sorten sind grünlaubig. WHZ 4.

'Bergfreund'. Aufrecht bis bogig überhängend und eher locker im Wuchs; zur Blüte bis 150 cm hoch. Eine Auslese von Karl Partsch.

'Karl Foerster'. Möglicherweise die älteste noch erhältliche Sorte und noch immer eine der besten; benannt nach dem deutschen Pflanzenzüchter und Gräserpionier Karl Foerster. Überwiegend aufrecht, leicht bogig überhängend; zur Blüte bis 210 cm hoch.

'Skyracer'. Eine auffällige Auslese von Kurt Bluemel; schmal aufrecht und bis 210 cm hoch.

'Stäfa'. Überwiegend aufrecht, fein texturiert, zur Blüte bis 150 cm hoch. Nach dem gleichnamigen Ort in der Schweiz benannt.

'Transparent'. Bogig überhängend und fein texturiert. Die Transparenz resultiert aus den hoch über dem Laub auf unverzweigten Halmen getragenen schlanken Blütenständen. Zur Blüte bis 180 cm hoch. Eine Auslese von Karl Partsch.

'Windspiel'. Überwiegend aufrecht, zur Blüte bis 210 cm hoch, mit biegsamen Blütenhalmen, die sich besonders willig im Wind neigen.

'Zuneigung'. Weit überhängend, zur Blüte bis 180 cm hoch und ebenso breit. Eine außergewöhnliche Auslese von Karl Partsch, deren Samenstände sich unter dem Gewicht der reifenden Saat stark beugen.

Links *Molinia caerulea* subsp. *arundinacea* 'Bergfreund' Ende August in einer öffentlichen Anlage (Hans Simon, Marktheidenfeld).

Rechte Seite, links oben Wie ziseliert steht *Molinia caerulea* subsp. *arundinacea* 'Karl Foerster' im schrägen Licht der Septembersonne (U.S. National Arboretum in Washington, D.C.).
Links unten *Molinia caerulea* subsp. *arundinacea* 'Transparent' Mitte August (Hans Simon).

Rechte Seite, rechts oben Herbstgoldene *M. caerulea* subsp. *arundinacea* 'Skyracer' (Anfang November, Südost-Pennsylvania).
Rechts unten Chanticleer Garden (Wayne, Pennsylvania): Auch Mitte November beeindruckt *M. c.* subsp. *arundinacea* 'Skyracer' noch mit ihrer Form.

Ganz oben *Molinia caerulea* subsp. *arundinacea* 'Windspiel' Ende August im Sichtungsgarten Weihenstephan.

Oben *Molinia caerulea* subsp. *arundinacea* 'Zuneigung' Ende August im Garten Wisley der Royal Horticultural Society in Surrey (England).

Muhlenbergia Schreb.

Poaceae – Süßgräser

Tropfensame

Diese nach dem Botaniker und Gräserspezialisten G. H. E. Muhlenberg (1753–1815) benannte Gattung umfasst etwa 155 überwiegend ausdauernde Spezies, die an offenen, häufig ariden oder semiariden Standorten der westlichen Hemisphäre anzutreffen sind. Die meisten sind im Süden der USA und Mexiko heimisch, wo sie oft wichtige Weidegräser darstellen.

Muhlenbergia war bis vor gar nicht langer Zeit in den Gärten kaum vertreten, gewinnt jetzt jedoch aufgrund ihrer Schönheit und ihrer Vorzüge rasch an Beliebtheit. Viele Arten haben attraktives, fein texturiertes grundständiges Laub, das in der Farbe von grün bis blau bereift reicht und von durchsichtigen Blütenständen überragt wird, die bisweilen intensiv rosa, bläulich-rot oder grauviolett gefärbt sind. Die meisten sind extrem trockenheitsverträglich und die ideale Wahl für heiße Trockenregionen, wo sich wassersparende Gestaltung empfiehlt. Die Auswahl und die Verfügbarkeit im Handel sind heute bereits wesentlich besser als noch vor zehn Jahren, doch der Artenreichtum von *Muhlenbergia* verspricht noch viel Gutes für die Zukunft. Das Verbreitungsgebiet mancher Arten ist so riesig, dass für die gärtnerische Auslese von Sorten mit größerer Kälteverträglichkeit die Frage der Provenienz noch große Bedeutung erlangen dürfte.

Alle Arten sind spätgrünend; die meisten wachsen praktisch horstartig. In voller Sonne auf unterschiedlichen Böden leicht zu ziehen. In kühleren Regionen ist durchlässiger Boden unerlässlich für die Gesundheit und Frosthärte der Pflanzen.

Muhlenbergia capillaris (Lam.) Trin.

[*Muhlenbergia capillaris* var. *filipes* (M. A. Curtis) Chapm. ex Beal, *M. filipes* M. A. Curtis]

Haarfeiner Tropfensame, Rosa Haargras

Diese spektakuläre rosa blühende Spezies ist in Westindien, dem Osten Mexikos und weiten Teilen des amerikanischen Südostens – von Texas bis Florida, nach Norden bis Kansas, Indiana und Massachusetts – beheimatet, wird allerdings in den nördlichen Regionen seines Verbreitungsgebietes immer seltener. Das Gras gedeiht an unterschiedlichen Standorten und auf verschiedenen Bodentypen, von Stein- und Tonböden bis hin zu sandigen Böden, von lichtem Wald und Savanne bis hin zu nassen, sandigen Kiefernwäldern und Sümpfen in Küstenstrichen. Die Pflanzen der südöstlichen Küstenregionen wurden früher gesondert als botanische Varietät *Muhlenbergia capillaris* var. *filipes* oder sogar als Spezies *M. filipes* geführt; eine klare Abgrenzung ist jedoch unmöglich, und heute ist man sich einig, dass es sich hierbei um Formen einer einzigen weit verbreiteten, recht variablen Spezies *M. capillaris* handelt.

Dies ist die dekorativste *Muhlenbergia*-Spezies; sie treibt einen gleichmäßigen Schopf glänzendgrüner grundständiger Blätter, über dem im Spätsommer oder Frühherbst rosa Wolken aus unzähligen fein verzweigten Blütenrispen stehen. Horstbildend; in Blüte bis

90 cm hoch. Am schönsten in voller Sonne; toleriert in heißeren Regionen auch sehr lichten Schatten. Äußerst trockenheitsverträglich. Vermehrung durch Aussaat, alternativ durch Teilung im Frühjahr. Die Winterhärte variiert je nach Provenienz der Pflanze; die kälteverträglichsten Varianten sind bis WHZ 6 verlässlich winterhart.

'Lenca'. Tiefrosa Blüte. Eine Auslese der Mountain States Nursery in Arizona, die unter dem Namen Regal Mist™ im Handel ist.

'White Cloud'. Eine bemerkenswert attraktive weiße Form dieses Grases von Superior Trees in Florida.

Muhlenbergia dubia E. Fourn. ex Hemsl.

Kiefern-Tropfensame

Heimisch an steilen Hängen, in Canyons und auf Felshügeln in Höhenlagen bis 2.100 Meter in West-Texas, New Mexico und Nord-Mexiko. Wächst als dichter, horstartiger Schopf. Laub hellgrün und fein texturiert. Blüht von August bis November mit 60–

Ganz oben Eine besonders schöne Form von *Muhlenbergia capillaris* Mitte Oktober in der Gärtnerei Hoffman in Rougemont (North Carolina).
Oben *Muhlenbergia capillaris* 'White Cloud' Mitte Oktober in der Gärtnerei Hoffman in North Carolina.

Rechts oben Rosa blühende *Muhlenbergia capillaris* und weiß blühende *M. capillaris* 'White Cloud' Mitte Oktober in der Gärtnerei Hoffman in North Carolina.
Rechts *Muhlenbergia dubia* Mitte November im Ladybird Johnson Wildflower Center in Austin (Texas).

90 cm hohem relativ schlankem Blütenstand, der violett-grau erblüht und rasch zu hellbeige verblasst. Trockenheitsverträglich. Bevorzugt volle Sonne. Vermehrung durch Aussaat, alternativ durch Teilung im Frühjahr. WHZ 7.

Muhlenbergia dubioides C. O. Goodd.

Südwestlicher Tropfensame, Trauer-Tropfensame

Heimisch in Canyons und an felsigen Hängen Süd-Arizonas. Horstartiger Wuchs, mit aus dem Scheitel entspringendem, weich drapiertem Laub. Blütenstand schlank, violett-grau, aufrecht, bis 90 cm hoch. Trockenheitsverträglich. Bevorzugt volle Sonne. WHZ 7.

Muhlenbergia dumosa Scribn. ex Vasey

Bambus-Tropfensame

Heimisch an felsigen Canyon-Hängen und in Tälern unterer und mittlerer Höhenlagen von Arizona bis Süd-Mexiko. Im Gegensatz zu den meisten anderen *Muhlenbergia*-Spezies treibt diese Art aufrechte bis bogig überhängende, bis 120 cm hohe Halme, die sich fein verzweigen und teils mit schmalen kurzen, teils mit stark reduzierten Blättern besetzt sind. Der Gesamteindruck ist äußerst zart und erinnert sehr an Bambus, vor allem an manche *Chusquea*-Spezies. Die biegsamen Halme wiegen sich elegant im leichtesten Wind. Nimmt langsam über kriechende Rhizome im Umfang zu. Die Blütenrispen sind groß an der Zahl, jedoch sehr kurz und unauffällig.

Trockenheitsverträglich, jedoch nicht so sehr wie die richtigen Wüstenarten. Gedeiht am schönsten, wenn es gelegentlich Wasser zur Verfügung hat. Mit seiner Textur ist dieses Gras eine ideale Ergänzung zu Kakteen und formprägnanten Sukkulenten. Das frostempfindliche Gras lässt sich im Sommer als Containerpflanze im Freien halten und im Frühbeet oder Gewächshaus überwintern. Bevorzugt volle Sonne, toleriert jedoch auch Halbschatten. Vermehrung durch Aussaat oder Teilung. WHZ 8.

Links Sommerfrische: Ausladende *Muhlenbergia dumosa* in großen Kübeln belebt Mitte September einen Gartenhof im Chanticleer Garden (Wayne, Pennsylvania).

Ganz oben *M. dumosa* Mitte Dezember im Botanischen Garten der UoC in Berkeley.

Oben Mitte November: Zartgliedrige strukturierte *M. dumosa* als faszinierender Hintergrund für eine Agave (Peckerwood Gardens, Texas).

Muhlenbergia emersleyi Vasey

Texas-Tropfensame, „Bullengras“

Heimisch an felsigen Hängen, in Wäldern, Canyons und Schluchten in Arizona, New Mexico und Texas. Horstbildend, mit einem dichten Schopf aus mittelfeinem graugrünem grundständigem Laub. Blüht im Spätsommer oder zeitigen Herbst an überwiegend aufrechten, bis 90 cm hohen Blütenhalmen. Die Blütenstände sind rot-violett oder grau-violett und dicht, nicht durchsichtig wie diejenigen von *Muhlenbergia capillaris*. Sehr trockenheitsverträglich. Am besten in voller Sonne bis sehr lichtem Schatten. Vermehrung durch Aussaat oder Teilung. WHZ 7.

'Lenem'. Rot-violette Blüten. Eine Auslese der Mountain States Nursery in Arizona, die unter dem Namen El Toro™ im Handel ist.

Muhlenbergia involuta Swallen

Edwards-Plateau-Tropfensame

Beschränkt auf das Edwards Plateau in Texas; dort an felsigen Präriestandorten und im Hochland, meist in der Nähe kleinerer Wasserläufe. Horstbildend, mit grünem, aus dem Scheitel entspringendem Laub. Blüht im Spätsommer oder Frühherbst. Die bis 120 cm hoch stehenden lockeren Blütenstände erinnern stark an *Muhlenbergia capillaris*. Vermehrung durch Aussaat oder Teilung. WHZ 7.

Muhlenbergia lindheimeri Hitchc.

Lindheimers Tropfensame

Jacob Ferdinand Lindheimer (1801–1879) widmete sich viele Jahre dem Studium der texanischen Flora. Die Spezies ist in Mexiko und Texas auf sandigen bis felsigen, häufig kalkreichen Böden an offenen Standorten anzutreffen. Ein ausgesprochen dekoratives Horstgras mit zartem, wintergrünem blaugrauem grundständigem Laub und aufrechten, bis 150 cm hohen Blütenhalmen. Laub wie auch Blüte erinnern im Habitus an *Calamagrostis* × *acutiflora*. Toleriert Trockenheit und Sommerhitze. Blüht im Spätsommer oder zeitigen Herbst; die hell violettgrauen Blütenstände verbleichen zu beige und bleiben oft den ganzen Winter stehen. Bevorzugt volle Sonne; toleriert in wärmeren Regionen auch sehr lichten Schatten. Vermehrung durch Aussaat oder Teilung. Auf durchlässigem, auch im Winter nicht staunassen Boden winterhart bis WHZ 6.

'Lenli'. Diese Auslese der Mountain States Nursery in Arizona ist unter dem Namen Autumn Glow™ im Handel.

Oben *Muhlenbergia involuta* Mitte November im Ladybird Johnson Wildflower Center in Austin (Texas).

Rechts oben Das grundständige Laub von *Muhlenbergia lindheimeri* Mitte Juli im Garten des Autors in Pennsylvania.

Rechts Blühende *Muhlenbergia lindheimeri* (Oktober, Pennsylvania.

Muhlenbergia pubescens (Humb., Bonpl. et Kunth) Hitchc.

Behaarter Tropfensame

Heimisch an offenen ariden Standorten der Sonora-Wüste (Mexiko). Das weiche, blaugraue bis graugrüne Laub dieser auffälligen Spezies bildet einen 30–45 cm hohen polsterförmigen Horst, über dem im Spätsommer bis 120 cm hohe blassviolette Blütenhalme stehen. Die Pflanze ist überwiegend immergrün und bleibt auch ohne jährlichen Rückschnitt attraktiv. Bevorzugt volle Sonne und durchlässigen Boden. Sehr trockenheitsverträglich. Empfindlich bei übermäßiger Feuchte. Eine selten kultivierte Spezies, die für wassersparende Gestaltungsansätze in warmen Regionen unbedingt mehr Beachtung verdient. WHZ 8.

Muhlenbergia racemosa (Michx.) Britton, Sterns et Poggenb.

Traubiger Tropfensame, Sumpfwiesen-Tropfensame

Heimisch auf feuchten Prärien, periodisch nassen Wiesen, an Bach- und Flussufern und auf anderen feuchten, sonnigen, offenen Standorten in Kanada von Manitoba bis Alberta, in den USA von Michigan und Indiana bis zum Staat Washington, nach Süden bis Oklahoma und Arizona. Diese *Muhlenbergia*-Spezies bevorzugt Feuchtigkeit und lässt sich gut auf einer Feuchtwiese ansiedeln. Grünlaubig. Blüht zum Sommeranfang auf 90–120 cm hohen Halmen. Vermehrung durch Aussaat, alternativ durch Teilung im Frühjahr. WHZ 4.

Muhlenbergia reverchonii Vasey et Scribn.

Reverchons Tropfensame, Quellsumpf-Tropfensame

Heimisch auf Kalkböden und Quellfluren in Texas und Oklahoma. Horstbildend, mit dichtem grünem, aus dem Scheitel entspringendem Laub. Treibt im Spätsommer oder Frühherbst bis 75 cm hohe lockere, durchsichtige Blütenstände, die in ihrer Form und Textur an *Muhlenbergia capillaris* erinnern. Vermehrung durch Aussaat oder Teilung. WHZ 6.

Muhlenbergia rigens (Benth.) Hitchc.

Starrer Tropfensame, Steifer Tropfensame

Heimisch auf unterschiedlichsten Standorten wie kiesigen bis sandigen Erosionsrinnen, feuchten Sandhängen und offenen Wäldern in unteren bis mittleren Höhenlagen von Arizona, New Mexico, Nevada, Texas und Kalifornien, nach Süden bis nach Mexiko hinein. Wächst als großer wintergrüner halbkugelförmiger Horst aus graugrünem grundständigem Laub. Treibt im Spätsommer bis 150 cm hohe, peitschenförmige Blütenstände, die schon bald hell strohfarben verbleichen, jedoch bis weit in den Winter hinein aufrecht und attraktiv bleiben. Dieses zähe, langlebige und leicht zu ziehende Gras ist ein richtiges Allround-Talent für die Gestaltung von Trockengärten und die Landschaftspflege. Es ist so groß, dass es sich als raumdefinierendes Element nutzen lässt, und als Solitär wie als kleine Gruppe von dramatischer Vertikalität, ganz beson-

ders bei Sonnenschein. Sehr trockenheitsverträglich. Bevorzugt volle Sonne. Vermehrung durch Aussaat. Eingewachsene Pflanzen lassen sich nur schwer teilen. WHZ 7.

Muhlenbergia rigida (Kunth) Trin.

Purpurner Tropfensame, Hochland-Tropfensame
Heimisch an sonnigen, steinigen Hängen in Texas, Arizona und Nord-Mexiko sowie in Südamerika. Horstbildend; über dem grünen grundständigen Laub stehen im Spätsommer oder Frühherbst bis 90 cm hohe, bogig-aufrechte fedrige Blütenstände, die bräunlich-violett bis dunkelviolett erblühen und zu beige verblassen. Anpassungsfähig und auf unterschiedlichsten Böden leicht zu ziehen. Trockenheitsverträglich. Hält Winterruhe. Eine niedrigere Alternative zu *Muhlenbergia rigens*. WHZ 7.

'Lenri'. Diese kräftig violett blühende Auslese der Mountain States Nursery in Arizona ist als Nashville™ im Handel.

Linke Seite, links oben *Muhlenbergia pubescens* Anfang Dezember in den Quail Botanical Gardens in Encinitas (Kalifornien). Links unten Auf einer Prärie in Minnesota beginnt Mitte Juni die Blüte von *Muhlenbergia racemosa*.

Linke Seite, rechts *Muhlenbergia rigens* Anfang April im Garten Valentine in Santa Barbara (Kalifornien) – eine Gestaltung von Isabelle Greene.

Unten *Muhlenbergia rigens* Anfang Juli am Naturstandort in einer sandigen Erosionsrinne außerhalb von Ojai (Kalifornien).

Oben Mitte Februar: *Muhlenbergia rigida* ist auch in der Ruhephase noch attraktiv (High Country Gardens in Santa Fe, New Mexico).

Nassella E. Dessv.

Poaceae – Süßgräser

Fiedergras

Umfasst etwa 80 Spezies offener, sonniger Standorte Nord- und vor allem Südamerikas; überwiegend sind sie in Argentinien, Bolivien und Chile anzutreffen. Viele der Arten wurden früher zur Gattung *Stipa* gerechnet. Sämtliche Spezies sind zarte, elegante Pflanzen mit oftmals langen, auffälligen Grannen. Viele versamen sich reichlich und können sich auch außerhalb ihres natürlichen Verbreitungsgebietes ansiedeln; jegliche Einführung südamerikanischer Spezies in andere warme, aride Regionen sollte mit entsprechender Vorsicht erfolgen. Alle sind frühgrünend; die meisten treiben im Frühjahr nach Winterregen Blüten und verfallen im Sommer ganz oder teilweise in Ruhe. Drei der schönsten sind die kalifornischen Spezies *Nassella cernua*, *N. lepida* und *N. pulchra*; jede einzelne davon ist eine hervorragende Wahl für den wassersparenden Garten.

Nassella cernua (Stebbins et A. Löve) Barkworth

[*Stipa cernua* Stebbins et A. Löve]

Nickendes Fiedergras

Heimisch in Kalifornien an sandigen Trockenhängen in offenem Grasland, in Küstengesträuch, Chaparral und Wacholder-Wäldern. Bildet schopfartige Horste. Ein echter Frühgrüner, der im Sommer in Ruhe verfällt. Im Spätwinter bis zeitigen Frühjahr erscheinen die bis 90 cm hohen Blütenhalme mit meist nickenden zarten, lockeren Infloreszenzen, die sich durch bis 11 cm lange, zunächst violett schimmernde, nach dem Trocknen silbrige Grannen auszeichnen. Bevorzugt volle Sonne; gedeiht am besten auf durchlässigem Boden, toleriert jedoch unterschiedlichste Bedingungen. Ideal zum Auswildern auf Wiesen und im Wiesengarten; die Saat fasst allerdings nur auf offenem Boden Fuß. Versamt sich. Vermehrung durch Aussaat oder Teilung. WHZ 8.

Nassella lepida (Hitchc.) Barkworth

[*Stipa lepida* Hitchc.]

Zierliches Fiedergras

Heimisch an Trockenhängen in Eichensavannen, Chaparral und Küstengesträuch Kaliforniens. Wächst als schopfartiger Horst. Ähnelt *Nassella cernua*, ist jedoch insgesamt zarter mit weniger stark nickender Blüte. Ein echter Frühgrüner. Verfällt im Sommer in Ruhe. Blüht im Spätwinter oder zeitigen Frühjahr. Blütenstände zart und locker mit bis 5 cm langen Grannen. Bevorzugt volle Sonne. Am besten auf durchlässigem Boden, toleriert jedoch unterschiedlichste Bedingungen. Ideal zum Auswildern in der Wiesenlandschaft und im Wiesengarten; die Saat benötigt allerdings offenen Boden, um Fuß zu fassen. Versamt sich, ohne invasiv zu sein. Vermehrung durch Aussaat. WHZ 8.

Nassella neesiana (Trin. et Rupr.) Barkworth

[*Stipa neesiana* Trin. et Rupr.]

Chilenisches Fiedergras

Heimisch an trockenen sonnigen Standorten in Argentinien, Bolivien, Brasilien, Chile, Ecuador und Uruguay. Horstbildend, aufrecht, zur Blüte 60–90 cm hoch. Die biegsamen Halme wiegen sich im leichtesten Luftzug. Ein elegantes Gras südamerikanischer Landschaften und Gärten; in Südaustralien hingegen ein sehr störendes Unkraut. Versamt sich überreich. Vermehrung durch Aussaat oder Teilung. WHZ 8.

LINKE SEITE *Nassella cernua* Mitte Juni im Santa Barbara Botanic Garden in Kalifornien.

OBEN Dezember (Frühsommer): *Nassella neesiana* schwankt in Ximena Nazals Garten in Panquehue (Chile) im Wind; daneben blühen *Crocosmia*, *Kniphofia*, *Tulbaghia* und verschiedene Schafgarben *Achillea*. Foto © Jaime Peñaloza.

LINKS *Nassella neesiana* Mitte Juli in den Royal Botanic Gardens von Kew (England).

Nassella pulchra (HITCHC.) BARKWORTH
[*Stipa pulchra* Hitchc.]
Purpur-Fiedergras, Kalifornisches Fiedergras

Diese zarte, schöne Spezies wurde 2004 zum offiziellen Gras des Staates Kalifornien ernannt. Die allenthalben anzutreffende Art war einst charakteristisch für Kaliforniens Grasland, bis dort exotische Gräser *en masse* eingeführt sowie große Teile des ursprünglichen Habitats zerstört wurden. Heimisch auf trockenem Grasland, in Chaparral und Küstengesträuch einzig in Kalifornien. Blüht im Spätwinter oder zeitigen Frühjahr an bis 90 cm hohen aufrechten Halmen. Die Blütenährchen tragen grazile, bis 10 cm lange Grannen, zunächst violett getönt, kurze Zeit später jedoch bereits durchsichtig silbrig. Im Seiten- oder Gegenlicht außerordentlich

LINKS OBEN Im Santa Barbara Botanic Garden (Kalifornien) beginnen *Nassella pulchra* und Kalifornischer Goldmohn Ende Februar zu blühen.

LINKS UNTEN Anfang April ist *Nassella pulchra* voll erblüht und reagiert auf jede noch so leichte Brise (Santa Barbara Botanic Garden).

OBEN In der Nahansicht erklärt sich der Trivialname von *Nassella pulchra*: Purpur-Fiedergras.

beeindruckend. Dieser ausgesprochene Frühgrüner verfällt im Sommer in Ruhe, um im Herbst und Winter neu auszutreiben. In voller Sonne leicht zu ziehen. Bevorzugt durchlässigen Boden, ist jedoch anpassungsfähig. Ideal zum Auswildern in der Wiesenlandschaft und im Wiesengarten; die Saat benötigt allerdings offenen Boden, um Fuß zu fassen. Vermehrung durch Aussaat oder Teilung. Versamt sich. WHZ 8.

Nassella tenuissima (TRIN.) BARKWORTH
[*Stipa tenuissima* Trin.]
Mexikanisches Fiedergras, Mexikanisches Federgras
Heimisch auf trockenen offenen Böden, in lichtem Wald und an steinigen Hängen in Texas, New Mexico, Mexiko und Argentinien. Kaum ein anderes Gras weist eine derart feine Textur auf; diese Art wächst als dichte Fontäne aus haarfeinem grünem Laub und fadendünnen Halmen, die in silbrige Blütenstände mit bis 8 cm langen Grannen münden. Blüht in warmen Regionen im Frühjahr, in kühlgemäßigtem Klima im Frühsommer. Die bis 60 cm hoch stehenden Blütenstände verbleichen hell strohfarben und bleiben bis in den Winter hinein attraktiv. Das frühgrünende

Gras bleibt in wintermildem Klima den Winter über grün, verfällt dafür in sommerlicher Hitze in Ruhe. Das zarte Gras spricht auf den leisesten Windhauch an. Bevorzugt volle Sonne, wächst aber auch in sehr lichtem Schatten. Sehr trockenheitsverträglich. Toleriert keinen staunassen Boden. In kühlgemäßigten Breiten überlebt dieses Gras den Winter nur auf durchlässigem Boden. Wo die Spezies nicht winterhart ist, eignet sie sich gut als Containerpflanze, die nur den wärmeren Teil des Jahres im Freien verbringt. Versamt sich willig und normalerweise ohne lästig zu werden. WHZ 7.

Nassella trichotoma (Nees) Hack. ex Arechav.
[*Stipa trichotoma* Nees]
Dreiteiliges Fiedergras

Diese südamerikanische Spezies ähnelt mit ihrem niedrigen Schopf aus grundständigem Laub *Nassella tenuissima*. In Großbritannien, wo sie sich zurückhaltend verhält, gewinnt sie als Ziergras immer mehr Anhänger; in Teilen der USA und Australiens dagegen steht sie auf der Liste gefährlicher Unkräuter. Versamt sich willig. Vermehrung durch Aussaat oder Teilung. WHZ 8.

Oben links Das überwinterte Laub von *Nassella tenuissima* steht in apartem Kontrast zu *Narcissus* 'Hawera' (Mitte April, Pennsylvania).

Oben rechts *Nassella tenuissima* mit *Achillea* 'Anthea' und dem schwertförmigen Laub von *Gladiolus* (Ende Juni, Pennsylvania).

Unten *Nassella tenuissima* mit *Eryngium* 'Silver Ghost' Ende Juli in Beth Chattos ungewässertem Kiesgarten in Colchester (England).

Nassella trichotoma fühlt sich Mitte Juli im Garten Wisley der Royal Horticultural Society (Surrey, England) auf Kiesmulch besonders wohl.

Nassella viridula (Trin.) Barkworth

[*Stipa viridula* Trin.]

Grünes Fiedergras

Heimisch auf Ebenen und an Trockenhängen Nordamerikas, von Alberta und Saskatchewan in Kanada bis Wisconsin und Illinois im Mittleren Westen der USA, nach Westen bis Montana und Arizona. Außerhalb seines natürlichen Verbreitungsgebietes ist dieses Gras bisweilen an Bahnschienen und auf anderen Ruderalflächen anzutreffen. Aufrecht, horstartig wachsend, frühgrünend; zur Blüte im Frühsommer bis gut 100 cm hoch. Die leicht fedrigen endständigen Blütenstände öffnen sich grün und trocknen rasch zu silberbeige. Relativ kurze, dafür aber zahlreiche das Licht reflektierende Grannen. Diese Spezies der Great Plains sollte in der Gartengestaltung und Landschaftspflege mehr Beachtung finden. Auf sonnigem, durchschnittlich frischem bis trockenem Boden leicht zu ziehen. Vermehrung durch Aussaat, alternativ durch Teilung im Frühjahr oder Herbst. WHZ 3.

Panicum L.

Poaceae – Süßgräser

Hirse, Rispenhirse, Rutenhirse

Die Gattung umfasst etwa 400 ein- und mehrjährige Spezies, die überwiegend in den Tropen, zum Teil auch bis in gemäßigte Regionen einschließlich Nordamerikas an unterschiedlichsten Standorten – von Wüsten und Savannen bis hin zu Sümpfen, Mooren und lichten Wäldern – beheimatet sind. Der Blütenstand ist rispenförmig, typischerweise endständig und häufig fein verzweigt. In Kontinentaleuropa und ganz besonders in Deutschland erfreut sich die nordamerikanische Rutenhirse *Panicum virgatum* schon lange großer Beliebtheit; nun wird sie auch in ihrer Heimat als gestalterische Alternative zu *Miscanthus* populär, die zudem mit ausgezeichneten neuen Kulturformen aufwartet. Andere mehrjährige nordamerikanische Spezies sollten ebenfalls mehr Beachtung finden. Alle Arten sind Spätgrüner und treiben im Frühjahr nur zögerlich aus; sie sind jedoch sehr hitzetolerant, blühen spät im Jahr und bleiben durchweg auch den Winter hindurch attraktiv.

Panicum amarum Elliott

Bittere Rutenhirse, Küsten-Rutenhirse

Im Gegensatz zur Rutenhirse *Panicum virgatum*, die an unterschiedlichsten Standorten anzutreffen ist, findet sich diese Spezies in der Natur nur auf sandigem Boden entlang der nordamerikanischen Küste – von Connecticut hinab nach Florida, nach Westen bis Texas und Nordost-Mexiko. Die Blütenstände sind wesentlich schmaler und dichter als jene von *P. virgatum* und stehen meist fontänenartig nach außen geneigt über dem Laub. Diese Spezies breitet sich auch rascher über Rhizome aus, lässt sich im Garten jedoch problemlos als Horst halten. Blatt meist 12 mm breit, häufig bereift, graugrün bis graublau. Ausgewachsene Exemplare stehen in Blüte je nach Feuchtigkeitsangebot 90–150 cm hoch. Blüht im Hoch- bis Spätsommer. Die Art wird schon lange als stabilisierender Faktor der Dünenökologie geschätzt; sie ist hitze- und trockenheitsverträglich und hat daher für semiaride Regionen großes Potenzial als Ziergras. Sie gedeiht auf unterschiedlichsten Böden, von reinem Sand bis hin zu Ton, und ist relativ salztolerant. Ein Übermaß an Nährstoffen und Feuchtigkeit führt zu verminderter Standfestigkeit. Bevorzugt volle Sonne. Leicht durch Aussaat zu vermehren, alternativ durch Teilung im Frühjahr oder Herbst. WHZ 5.

'Dewey Blue'. Blatt außerordentlich stark bereift, graublau; in Blüte bis 150 cm hoch. Die Sorte geht auf einen Sämling aus Wildsaat zurück, die von der Küste Süd-Delawares unweit der Stadt Dewey stammte; die Auslese traf und benannte der Autor in Zusammenarbeit mit Dale Hendricks von der Gärtnerei North Creek Nurseries. WHZ 5.

OBEN LINKS Im Küstensand von New Jersey gedeiht neben Langlebiger Goldrute *Solidago sempervirens* auch die typisch grünlaubige Form von *Panicum amarum* (Anfang Oktober).

OBEN RECHTS Dicht und üppig zeigt sich *Panicum amarum* 'Dewey Blue' auf nährstoffreichem Lehmboden; die Blüte beginnt im Garten des Autors in Pennsylvania Mitte Juli.

LINKS Süd-Delaware: *Panicum amarum* 'Dewey Blue' (Mitte) steht auf unbewässertem Sandboden straff aufrecht; daneben wachsen *Panicum virgatum* 'Northwind' und *Aster oblongifolius* (vorn). Die Pflanzung ist Teil des Programms „Enhancing Delaware Highways".

Panicum rigidulum Bosc ex Nees

Steife Rutenhirse, Rotköpfige Rutenhirse

Heimisch an unterschiedlichsten nassen bis feuchten Standorten wie Fluss-, Teich- und Seeufern, Marschen, Sümpfen und offenem Nasswald von Maine im Osten bis Michigan im Mittleren Westen, nach Süden bis Florida und Texas. Steht zur Blütezeit im Hochsommer 75–120 cm hoch. Der Blütenstand ist eine endständige Rispe; diese erblüht intensiv rot und verblasst allmählich zu beige. Das tiefgrüne Laub ist in der Textur wie im Gesamteindruck recht derb. Die Spezies ist ein natürlicher Begleiter anderer feuchtigkeitsliebender Arten, darunter Rote Seidenpflanze *Asclepias incarnata*, Knopfbusch *Cephalanthus occidentalis*, Sumpf-Roseneibisch *Hibiscus moscheutos*, Amerikanische Winterbeere *Ilex verticillata*, Kardinals-Lobelie *Lobelia cardinalis* und Lanzen-Verbene *Verbena hastata*; am Naturstandort wird das Gras häufig mit diesen vergesellschaftet angetroffen. Gedeiht auf unterschiedlichsten durchschnittlich frischen bis feuchten Böden. Toleriert vorübergehende Trockenheit, gedeiht jedoch nicht gut auf ständig trockenem Boden. Leicht durch Aussaat zu vermehren, alternativ durch Teilung im Frühjahr oder Herbst. WHZ 4.

Oben links In Queen Anne's County (Maryland) blüht im Juli *Panicum rigidulum* neben Sumpf-Roseneibisch *Hibiscus moscheutos* auf feuchtem sonnigem Boden.

Oben rechts *Panicum rigidulum* Ende Juli auf ungewässertem Lehmboden im Garten des Autors in Pennsylvania.

***Panicum virgatum* L.**

Poaceae – Süßgräser

Rutenhirse

Heimisch auf Prärien und in offenen Lagen, lichtem Wald und Brackmarschen von Nova Scotia und Quebec bis Manitoba und Montana, nach Süden bis Arizona und Mexiko; außerdem auf den Westindischen Inseln. Dieses große attraktive Gras, eine Charakterart der einst gewaltigen amerikanischen Hochgrasprärien, wurde jahrzehntelang in seiner Heimat ignoriert, während europäische Gärtner es bereits hoch zu schätzen wussten. Inzwischen findet es aufgrund seiner Schönheit, Langlebigkeit und Anspruchslosigkeit auch in den Staaten zunehmend Verwendung bei der Gestaltung von Gärten und Regionallandschaften. Eine wachsende Zahl unterschiedlicher Sorten mit guten Garteneigenschaften steht bereits zur Verfügung; da diese variable Spezies jetzt genauer beobachtet wird, werden gewiss weitere folgen.

Zur Blüte 120–240 cm hoch. Das Gras wächst zwar grundsätzlich horstartig, kann sich aber auch über Rhizome verbreiten – mal langsam, mal ein wenig schneller. Der Habitus reicht von schmal-aufrechtem Wuchs bis hin zu überneigend und wogend. Die Laubfarbe während des aktiven Wachstums reicht vom arttypischen Dunkelgrün bis hin zu leuchtendem Hellblau; die Herbstfärbung variiert vom typischen Goldgelb bis zu tief burgunderfarben. Wie viele andere nordamerikanische Präriegräser ist auch die Rutenhirse ein langlebiger Spätgrüner. Der Austrieb beginnt erst spät im Frühjahr; das Gras gedeiht prächtig in der Sommerhitze und blüht im Juli oder August. Die in Unmengen produzierten durchsichtigen Blütenrispen erblühen oft rosa oder rötlich. Die Pflanze bleibt selbst nach dem Trocknen in der Winterruhe in sämtlichen Teilen ziemlich stabil und übersteht den Winter aufrecht, sofern nicht außergewöhnlich heftiger Schneefall einsetzt; nistenden Vögeln bietet sie im Frühjahr guten Schutz.

Rutenhirse bleibt wesentlich länger aufrecht als die Hochgrasarten *Andropogon virginicus* und *Sorghastrum nutans*. Im Garten ist sie vielseitig einsetzbar: als Solitär, in Wogen oder als Blockpflanzung, als Sichtschutz, am Swimmingpool- und Teichrand, als dekorative Containerbepflanzung. In voller Sonne auf beinahe jedem Boden, von Quarzsand bis hin zu nährstoffreichem schwerem Ton, problemlos zu ziehen. Benötigt als einzige Pflegemaßnahme einen jährlichen Rückschnitt im Spätwinter oder Frühjahr. Trockenheitsverträglich, sobald sie Fuß gefasst hat; verträgt dennoch nassen Boden und periodische Überschwemmung. Bis zu einem gewissen Grad salztolerant. Versamt sich normalerweise kaum, auf offenem feuchtem Boden jedoch manchmal reichlich; das kann für das Auswildern willkommen sein, die Pflege von Massenpflanzungen vegetativ vermehrter Sorten jedoch problematisch machen, da sich die Nachkommen oft merklich von den Eltern unterscheiden. Manche Sorten, so etwa 'Heavy Metal', sind bei feuchtheißer Witterung anfällig für Blattrost. Die Trockenheitsverträglichkeit variiert; gewöhnlich ist sie bei Formen mit festerem, bereiftem Laub größer. Vermehrung von Spezies durch Aussaat, alternativ durch Teilung im Frühjahr; Vermehrung von Sorten ausschließlich durch Teilung. WHZ 4.

'Amber Wave'. Dieses Gras ist eine von mehreren ungewöhnlichen Markteinführungen durch Gary und Sandy Trucks von der Gärtnerei Amber Waves Gardens in Michigan. Das blau bereifte Laub färbt sich zum Ende der Vegetationsperiode zunehmend rotviolett. Wächst langsam und ist entsprechend langlebig; bleibt blühend meist unter 120 cm.

'Blue Tower'. Laub blau bereift; in Blüte bis 240 cm hoch. Greg Speichert von Crystal Palace Perennials las die Sorte aus einem Wildbestand in Princeton (Illinois) aus.

'Cheyenne Sky'. Das blaugrüne Laub färbt sich vom Spätsommer bis zum Herbstende intensiv rotviolett. Blütenstand mit kräftigem Violettstich. Eine interessante Auslese von Gary und Sandy Trucks von Amber Waves Gardens in Michigan.

'Cloud Nine'. Bringt eine regelrechte Wolke zartester Blütenstände hervor, die grün erblühen und im Sonnenlicht golden schimmern. In Blüte bis 210 cm hoch. Laub sehr leicht bereift, blaugrün. Die gesamte Pflanze färbt sich im Herbst kräftig goldgelb; sie übersteht den Winter schön aufrecht. In Maßen trockenheitsverträglich. Eine Auslese der Bluemount Nursery in Maryland.

'Dallas Blues'. Eine der besten, herausragendsten Sorten, mit breitem, stahlblauem bis graugrünem Laub und riesigen, violett

UNTEN Vorjährige Halme von *Panicum virgatum* bieten Vögeln Schutz und kontrastieren in Farbe und Textur mit der Goldkeule *Orontium aquaticum* (Mitte Mai, New Jersey, Pine Barrens).

UNTEN RECHTS *Panicum virgatum* 'Cloud Nine' Mitte September im Versuchsgarten der North Creek Nurseries in Landenberg (Pennsylvania).

LINKS OBEN Fein strukturiertes *Panicum virgatum* 'Cloud Nine' zieht im Garten Barton in Landenberg (Pennsylvania) eine attraktive Trennlinie zwischen Garten und Parkplatz.
LINKS UNTEN *Panicum virgatum* 'Dallas Blues' lenkt bereits lange vor der Blüte alle Blicke auf sich – hier im Juni im Garten des Autors in Pennsylvania.

RECHTS OBEN Die Blüte von *Panicum virgatum* 'Dallas Blues' schimmert Ende August lavendelfarben; charakteristisch sind bei dieser Sorte die überhängenden Blütenhalme (Pennsylvania, Garten des Autors).
RECHTS MITTE UND UNTEN Die Blütenfarbe von *Panicum virgatum* 'Dallas Blues' verschiebt sich zum Ende des Sommers allmählich von lavendelfarben zu purpurrot.
MITTE *Panicum virgatum* 'Dallas Blues' Mitte September.
UNTEN *Panicum virgatum* 'Dallas Blues' Mitte Oktober.

schimmernden Blütenrispen. Ausgelesen und patentiert von Ken und Linda Smith von der Gärtnerei Change of Scenery in Ohio; der Sämling stammte aus einem Garten in Dallas (Texas). Großwüchsig und von auffälliger Textur; 180 cm hoch und mindestens ebenso breit werdend. Laub bereift, 20–40 mm breit. Die Blüten öffnen sich im Hochsommer in unterschiedlichen Malventönen, um sich dann dunkel rotviolett zu färben und schließlich hell bernsteinfarben zu trocknen. Die kräftigen Halme und Blütenstände bleiben bis weit in den Winter stehen. Bevorzugt volle Sonne. Sehr trockenheitsverträglich. WHZ 4.

'Hänse Herms'. Das im Sommer grüne Laub zeigt sich im Spätsommer und Herbst zunehmend rot überlaufen. Relativ niedrig bleibend, blühend meist 120 cm hoch. Aufrecht im Habitus, mit schlanken Halmen, die sich bei Regen elegant überneigen und nach dem Trocknen meist wieder aufrichten. Schwerer Schnee drückt diese Sorte schnell nieder. Durchschnittlich trockenheitsverträglich. Den Sorten 'Rehbraun' und 'Rotstrahlbusch' sehr ähnlich; im Handel werden diese drei bisweilen verwechselt. Keine dieser drei Sorten ist jedoch so intensiv rot gefärbt wie die neuere 'Shenandoah'.

'Heavy Metal'. Diese Auslese von Kurt Bluemel ist noch immer eine der standfestesten blauen Sorten – weder fällt sie auseinander, noch lagert sie. Die meist unter 150 cm bleibenden Blütenstände öffnen sich im August mit unübersehbarem Rosaschimmer über intensiv bereiftem graublauem Laub. In feuchtheißem Klima anfällig für Blattrost. Trockenheitsverträglicher als der Durchschnitt.

'Heiliger Hain'. Laub blau bereift und besonders zum Ende der Vegetationsperiode dunkel weinrot überlaufen. Aufrecht, in Blüte bis 120 cm hoch; die Blüten öffnen sich rosa-beige.

'Northwind'. Dieses absolut unverwüstliche Gras bleibt bei jeder Witterung und durch alle Jahreszeiten hindurch aufrecht wie

OBEN LINKS Schnee füllt Ende Januar die Infloreszenzen von *Panicum virgatum* 'Dallas Blues' im Garten des Autors (Pennsylvania). Dieses Schauspiel wiederholt sich alljährlich, wenn der Schnee nass und schwer fällt.

OBEN RECHTS *Panicum virgatum* 'Hänse Herms' Ende November zusammen mit Amerikanischer Rosmarinweide *Itea virginica* 'Henry's Garnet' (Wilmington, Delaware).
UNTEN *Panicum virgatum* 'Hänse Herms' füllt in den Longwood Gardens Mitte Oktober einen großen Behälter; rechts daneben *Amsonia hubrichtii*.

kaum ein anderes. Relativ breites, blaugrünes Laub mit besonders wachsiger Cuticula, was zu der überragenden Trockenheitsverträglichkeit der Sorte beiträgt. Schmal aufrecht; zur Blüte im August bis 180 cm hoch. Die Infloreszenzen sind weitaus schmaler und weniger duftig als jene von 'Cloud Nine'. Entstand Anfang der 1980er-Jahre als Sämling in der Gärtnerei Northwind Perennial Farm in Wisconsin; eine Auslese von Roy Diblik. Gegen Blattrost praktisch immun. Nimmt im Herbst satte Goldtöne an.

'Prairie Fire'. Das zunächst grüne Laub färbt sich vom Spätsommer an bis zum Herbstende dunkel rotviolett. Eine außergewöhnliche Auslese von Gary und Sandy Trucks von Amber Waves Gardens in Michigan.

'Prairie Sky'. Roger Gettig aus Wisconsin entdeckte diese außerordentlich blau bereifte Sorte an einer Bahnböschung. Sie ist wesentlich heller und von einem intensiveren Blau als 'Heavy Metal', wächst jedoch nicht ganz so straff aufrecht. Schön standfest in eher trockenem kühlem Klima; auf nährstoffreichem Boden in warmem Klima tendiert das Gras zu weichem, auseinanderfallendem Wuchs. Relativ rostresistent. Steht zur Blüte im August maximal 150 cm hoch.

'Prairie Wind'. Eine ganz besondere neue Auslese mit riesigen fein verzweigten, kaskadenartig überhängenden Blütenständen, die spektakulär das Licht der Sonne einfangen. Laub grün und glänzend, vollkommen unbereift. Höhe 180–240 cm. Eine Auslese der Bluebird Nursery in Clarkson (Nebraska).

'Red Cloud'. Über dem grünen Laub stehen die kräftig rot getönten Blütenstände bis 150 cm hoch.

'Rehbraun'. Laub im Sommer grün, zum Herbst hin zunehmend dunkelrot überlaufen. Aufrecht, bis 120 cm hoch.

'Rotstrahlbusch'. Karl Foerster führte diese alte Sorte bereits vor fünfzig Jahren in seinem Katalog. Sie wächst aufrecht mit grünem Laub, das sich zum Ende der Vegetationsperiode hin und in den Herbst hinein zunehmend rot färbt. Die Farbe wird jedoch nie so intensiv wie bei der neueren Sorte 'Shenandoah'.

'Shenandoah'. Von allen gut erhältlichen Rutenhirsen hat diese Sorte derzeit das intensivste und verlässlichste rote Herbstlaub. Der deutsche Pflanzenzüchter Hans Simon testete über 500 Sämlinge von 'Hänse Herms', bevor er die Mutterpflanze auswählte. Das im Frühsommer grüne Laub färbt sich bis Juli dunkelrot und ist im September schließlich gänzlich weinrot. Wächst langsamer als der Durchschnitt; steht zur Blüte bis 120 cm hoch. Die aufrechte Haltung bleibt meist den Winter über erhalten.

'Squaw'. Eine grünlaubige Auslese von Kurt Bluemel mit kräftig rosa überhauchten Blüten. Blüht 150 cm hoch.

'Strictum'. Dieser älteren leicht bereiften Auslese werden inzwischen oft neuere, blauere Sorten vorgezogen, doch wo eine überwiegend aufrechte graugrüne Rutenhirse von 150–180 cm Höhe gewünscht ist, ist sie noch immer eine gute Wahl.

'Warrior'. Eine grünlaubige Auslese von Kurt Bluemel mit kräftig rosaroten Blütenständen im Spätsommer und Frühherbst. Mit 180 cm zur Blüte höher als 'Squaw'.

LINKE SEITE, OBEN LINKS *Panicum virgatum* 'Heavy Metal' Mitte Juli in Newark (Delaware). OBEN MITTE *Panicum virgatum* 'Northwind' Anfang August im Garten des Autors (Pennsylvania). OBEN RECHTS Dasselbe *Panicum virgatum* 'Northwind' Anfang November.

LINKE SEITE, UNTEN LINKS Großflächig blüht *Panicum virgatum* 'Northwind' Anfang Oktober am Ufer des Chicago Botanic Garden in Illinois. UNTEN RECHTS Fontänengleich hängen die Blüten von *Panicum virgatum* 'Prairie Wind' über und glitzern im schrägen Licht der Septembersonne (Pennsylvania, Garten des Autors).

OBEN *Panicum virgatum* 'Shenandoah' glüht Mitte Oktober im Gegenlicht des Spätnachmittags (Pennsylvania, Garten des Autors).

Pennisetum Rich. ex Pers.

Poaceae – Süßgräser

Lampenputzergras, Federborstengras

Der von den lateinischen Wörtern *penna* (Feder) und *seta* (Borste) hergeleitete Gattungsname beschreibt die flaschenbürstenartigen Infloreszenzen dieser Gräser. Die über 80 vorwiegend ausdauernden Arten der Gattung sind weltweit in tropischen und warmgemäßigten Zonen an offenen bis bewaldeten Standorten heimisch. Die meisten Federborstengräser treiben aus einem adretten Horst überhängender grundständiger Blätter Blütenhalme mit endständigen, weich übergeneigen Blütenständen. Alle Arten sind spätgrünend; an feuchtheiße Sommer sind sie gut angepasst. Die meisten blühen vom Hochsommer bis in den Herbst hinein; die Blütenstände bleiben in kühlgemäßigten Breiten bis weit in den Winter hinein unversehrt und attraktiv. Die Mehrzahl wächst horstartig; manche Arten allerdings verbreiten sich rasch über Rhizome. In der Höhe variieren sie von unter 30 cm bis über 150 cm. Die Mehrzahl bevorzugt volle Sonne, doch viele gedeihen auch im Halbschatten recht ansprechend. Manche Arten, besonders das winterharte *Pennisetum alopecuroides*, sind so ausdauernd, dass man sie langfristig als Bodendecker einsetzen kann.

Neben den winterharten ausdauernden Spezies enthält die Gattung auch Arten aus tropischen und subtropischen Regionen; diese werden in kühlgemäßigten Gärten oft als Sommerflor gezogen und stellen darüber hinaus eine dekorative Containerbepflanzung dar.

Viele Arten versamen sich willig; einige wenige gelten in manchen Regionen als gefährliches Unkraut. Neuere Untersuchungen haben ergeben, dass es sich bei einem Teil der roten Formen, die bisher unter *Pennisetum setaceum* eingeordnet waren, tatsächlich um Hybriden zwischen dieser Spezies und *P. macrostachyum* handelt; sie werden nun korrekt mit dem neu veröffentlichten Namen *P. × advena* bezeichnet.

Pennisetum × advena Wipff et Veldkamp

[*Pennisetum setaceum* var. *rubrum* hort., *P. cupreum* Hitchc. ex L. H. Bailey]

Purpur-Lampenputzergras

Diese neu veröffentlichte Spezies umfasst die rotvioletten Lampenputzergräser, die lange Zeit unter *Pennisetum setaceum* eingeordnet wurden. Der Gräsertaxonom und Pflanzenzüchter J. K. Wipff stellte fest, dass es sich bei diesen beliebten Zierpflanzen tatsächlich um Hybriden zwischen *P. macrostachyum* und *P. setaceum* handelt, was sich durch kontrollierte Kreuzungen der beiden Spezies bestätigen ließ. Der Ursprung eines Großteils des kultivierten Materials ist unbekannt. In der allgemeinen Erscheinung und mit ihrem meist unter 20 mm breiten Laub ähneln die Hybriden *P. setaceum*; gleichzeitig weisen Halm, Blatt und Blüte die rotviolette Farbe von *P. macrostachyum* auf. Aufrecht und horstartig wachsend; blüht in gemäßigtem Klima meist vom Hochsommer bis in den Herbst. Die frostempfindlichen Pflanzen benötigen eine Mindesttemperatur von 4 °C. Nur sehr selten bringen sie keimfähige Saat hervor; die Vermehrung erfolgt durch Teilung oder bewurzelte Stecklinge. Am besten in voller Sonne bei ausreichend Feuchtigkeit; wenn das Gras Fuß gefasst hat, ist es jedoch recht trockenheitsverträglich. Wird im Gewächshaus überwintert oder alljährlich als Sommerflor neu gekauft. WHZ 9.

'Eaton Canyon' ('Cupreum Compactum', 'Rubrum Dwarf'). Eine sehr kompakte Sorte, die zur Blüte selten über 75 cm hoch steht. Ähnelt Formen, die als 'Rubrum' gehandelt werden, ist jedoch in allen Teilen kleiner. Die Sorte geht auf einen Sämling aus der Gärtnerei Magic Growers am Eaton Canyon Drive in Pasadena (Kalifornien) zurück.

'Rubrum' ('Cupreum', 'Atropurpureum', 'Purpureum'). Sämtliche Teile dieser Pflanze leuchten satt rot-burgunderfarben. Aufrecht wachsend, bis 150 cm hoch; der Blütenstand kann über 30 cm Länge erreichen. Der Name 'Rubrum' sollte jenem Pflanzenmaterial vorbehalten bleiben, das schon lange überwiegend vegetativ vermehrt wird. Klonsorten aus neuen zufälligen oder gezielt gezüchteten Hybriden sollten dagegen eigene Sortennamen erhalten.

Pennisetum alopecuroides (L.) Spreng.

[*Pennisetum japonicum* Trin.]

Japanisches Federborstengras, Lampenputzergras, Pinselborstengras, „Chikara shiba"

Diese in sonnigen, offenen Tieflagen und auf Wiesen in Japan und weiten Teilen Südostasiens heimische, extrem variable Spezies ist das am häufigsten gezogene winterharte Federborstengras. In Blüte steht die Art 60–90 cm hoch; Gartensorten variieren von weniger als 30 cm bis über 150 cm Höhe. Das Laub ist im Sommer normalerweise grün und färbt sich im Herbst goldgelb.

LINKS OBEN *Pennisetum × advena* 'Eaton Canyon' Mitte August in den Longwood Gardens in Pennsylvania.

LINKS *Pennisetum × advena* 'Rubrum' Ende Juni (Seaside Gardens, Carpinteria, Kalifornien).

OBEN *Pennisetum × advena* 'Rubrum' als Containerbepflanzung Ende August im Garten Wisley der Royal Horticultural Society (Surrey, England).

Das Blatt ist mit maximal 12 mm Breite recht schmal. Der Blütenstand ist meist eine dichte, walzenförmige, an einen Fuchsschwanz erinnernde Ährenrispe; die Blütenhalme eignen sich hervorragend als Beiwerk für frische Blumensträuße. Die Blütenfarbe reicht von dunkelpurpurn bis hin zu rahmweiß, der Blühbeginn liegt zwischen Juni und September. Je nach Sorte bleibt der Blütenstand bis in den Spätherbst oder zeitigen Winter attraktiv, um dann allmählich zu zerfallen. Das Laub bleibt oft den ganzen Winter hindurch ansehnlich. In voller Sonne oder lichtem Schatten auf den meisten Böden leicht zu ziehen. Am besten an gleichmäßig feuchtem Standort; nach dem Etablieren trockenheitsverträglich. Vermehrung der Spezies durch Aussaat, alternativ durch Teilung im Frühjahr; Vermehrung von Sorten ausschließlich durch Teilung. Versamt sich normalerweise in Maßen; manche der Herbstblüher allerdings, beispielsweise 'Moudry' und 'National Arboretum', sind ausgesprochen fruchtbar und können sich an entsprechend feuchtem Standort unkrautartig vermehren. Die Gräser nisten sich gern in gewässerten Rasenflächen ein. WHZ 6, manchmal auch kälter.

'Cassian'. Anfang August öffnen sich bis 90 cm hoch stehende elfenbeinfarbene Blütenstände an weit übergeneigten Halmen; verlässlich goldene Herbstfärbung mit intensiv roten Akzenten. Kurt Bluemel benannte seine Auslese nach dem deutschen Pflanzenexperten Cassian Schmidt.

'Caudatum' (*Pennisetum caudatum* hort.). Die Blüte beginnt im August nahezu weiß; Höhe zur Blütezeit 90–120 cm.

'Hameln'. Kleinformatig, in Blüte nur 60–90 cm hoch; erfreut sich als Bodendecker wohlverdienter Beliebtheit. Blüte hellgrün bis weiß. Herbstlaub verlässlich kräftig bernsteinfarben.

'Little Bunny'. Diese echte Miniatur bleibt selbst in Blüte unter 45 cm. Jack Weiskott von der Gärtnerei Ornamental Plantings auf Long Island (New York) fand sie als Sämling von 'Hameln'.

LINKS OBEN Diese Beetgestaltung mit *Pennisetum alopecuroides* in den Longwood Gardens existiert bereits seit zwanzig Jahren – ein Beweis für die ausdauernde Schönheit des schlichten Federborstengrases (Ende September).

LINKS Die Blüten sind an diesem düsteren, nebligen Februartag längst dahin, doch noch immer stellt *Pennisetum alopecuroides* in den Longwood Gardens einen attraktiven Wegbegleiter dar.

OBEN Südost-Pennsylvania: Raureif überzieht Ende Oktober diese klassische Kombination von *Pennisetum alopecuroides* (Mitte) mit *Sedum* 'Autumn Joy' (vorn) und *Rudbeckia* 'Goldsturm' (hinten).

LINKS OBEN Zwar befindet sich das *Pennisetum alopecuroides* Mitte November in Winterruhe, doch im rechten Licht entfalten die trockenen Halme auch jetzt noch schöne Wirkung (Bard College, Annandale-on-Hudson, New York).
LINKS UNTEN *Pennisetum alopecuroides* 'Cassian' verwischt Ende September die harten Kanten des Pools im Garten Bluemel (Fallston, Maryland).

RECHTS OBEN *Pennisetum alopecuroides* 'Hameln' Anfang August in den Longwood Gardens in Pennsylvania.
RECHTS MITTE *Pennisetum alopecuroides* 'Little Bunny' Ende August in den Longwood Gardens in Pennsylvania.
RECHTS UNTEN *Pennisetum alopecuroides* 'Moudry' Anfang Oktober im früheren Garten des Autors in Delaware.

'Little Honey'. Ein Sport von 'Little Bunny' und mit dieser Sorte nahezu identisch, jedoch mit weiß längsgestreiftem Laub. Zur Blüte meist 30–45 cm hoch. Cliff Russell von der Gärtnerei Russell in Pennsylvania fand und benannte das Gras.

'Moudry'. Das dunkelgrün glänzende, mit 11 mm relativ breite grundständige Laub dieser ganz außergewöhnlichen Sorte bildet einen adretten, bis 60 cm hohen polsterförmigen Horst. Auf relativ steifen, nur leicht nachgebenden Halmen stehen dunkelviolette Blüten über dem Laub. Blüht wesentlich später als die Art; voll erblüht ist die Sorte meist erst Ende September. Sie stammt aus Saat, die das U.S. National Arboretum aus Japan einführte, wo Bestände breitblättriger, spät blühender Pflanzen mit dunkelvioletten Blüten in der Natur nicht selten sind. Die Sorte ist nach G. Moudry benannt, dem Vorreiter der Gräserverwendung in der Stadt Baltimore. Diese und weitere ähnliche Formen versamen sich überaus eifrig, besonders auf feuchtem Boden; in der Rabatte und auf angrenzenden Rasenflächen können sie zum Unkraut werden.

'National Arboretum'. Im Grunde 'Moudry' sehr ähnlich, doch die Blütenhalme recken sich weiter aus dem Blattschopf nach außen.

'Paul's Giant'. Ungewöhnlich groß und doch ausschließlich horstbildend; steht zur Blüte im August bis 150 cm hoch. Blüht rahmweiß bis beige. Das Laub färbt sich im Herbst verlässlich gelborange. Paul Skibinski aus Delaware entdeckte die Sorte als Sämling.

'Weserbergland'. Ähnlich 'Hameln', jedoch mit 90 cm Höhe zur Blütezeit etwas größer.

'Woodside'. Mervyn Feesey aus Barnstaple (England) selektierte diesen Sämling in seinem Garten Woodside; die Sorte zeichnet sich durch zeitige, verlässliche Blüte aus. Mit 60–90 cm Höhe relativ kompakt; blüht rahmweiß.

Pennisetum 'Fairy Tails'

Ursprünglich ein Sämling in der Gärtnerei Greenlee in Pomona (Kalifornien); möglicherweise eine Hybride von *Pennisetum incomptum*. Die Saat scheint nicht fertil zu sein, doch die Sorte sollte weiterhin beobachtet werden. Laub vor allem in milden Regionen wintergrün; Laubfarbe blaugrün bis graugrün. Überwiegend horstbildend; in Blüte 120–150 cm hoch. Blütenhalme aufrecht; erblüht hellrosa, um schließlich zu beige zu verblassen. Frosthärte unbekannt; WHZ 7 ist wahrscheinlich das Minimum.

OBEN Nochmals *Pennisetum alopecuroides* 'Moudry': Dasselbe Exemplar zwei Wochen später (Ende Oktober) im Raureif.
MITTE *Pennisetum alopecuroides* 'Paul's Giant' Anfang Oktober in den Longwood Gardens.
UNTEN Dasselbe *Pennisetum alopecuroides* 'Paul's Giant' Ende Oktober.

Pennisetum glaucum (L.) R. Br.

Perlhirse

Diese einjährige asiatische Spezies wird normalerweise als Getreide, Vogelfutter oder Grünfutter angebaut; hier ist sie wegen der folgenden Hybride aufgeführt, die gern zur Auflockerung von Staudenpflanzungen herangezogen wird.

'Purple Majesty'. Diese Pflanze von ganz außergewöhnlichem Violett ging zufällig aus einer ackerbaulichen Versuchspflanzung hervor, die David Andrews und John Rajewski an der University of Nebraska in Lincoln durchführten. Im Frühjahr ausgepflanzte Exemplare erreichen eine Höhe von 120–150 cm und blühen im Sommer. Bevorzugt volle Sonne und durchlässigen Boden.

Pennisetum incomptum Nees ex Steud.

[*Pennisetum flaccidum* Griseb.]

Sibirisches Lampenputzergras, Asiatisches Steppengras

Diese in Nordchina und dem Himalaja heimische Spezies verbreitet sich über Rhizome rasch zu großen Herden; zur Blüte steht sie 120 cm hoch. Laub schmal, grün bis graugrün. Die Blüte beginnt im Frühsommer und hält oft bis zum Ende der Vegetationsperiode an. Die grünlich-weiß erblühenden Infloreszenzen auf nahezu straff aufrechtem Halm trocknen zu hellbeige. Die Blütentrauben sind länger und wesentlich schlanker als jene von *Pennisetum alopecuroides*. Gedeiht am besten in voller Sonne; ist an unterschiedlichste Böden und Bodenfeuchten adaptiert. In einer gemischten Rabatte breitet sich diese Art zu aggressiv aus; aufgrund ihrer relativ frühzeitigen Blüte und der guten Herbst- und Winterwirkung kann sie jedoch für ringsum abgeschlossene Problemstandorte wie etwa Verkehrsinseln eine gute Wahl darstellen. Haben die extrem langlebigen Rhizome erst einmal Fuß gefasst, lassen sie sich oft nur schwer vollständig entfernen. WHZ 4.

Pennisetum macrostachyum (Brongn.) Trin.

Großähriges Lampenputzergras, Kikuyu-Gras

Dieses im Südpazifik und hier vor allem in Neuguinea, auf Borneo und den benachbarten Inseln heimische Federborstengras hat von allen Spezies der Gattung die auffälligste Textur; seine burgunderroten Halme sind mit bis zu 40 mm breitem Laub besetzt. Aufrecht, horstbildend, bis 180 cm hoch. Im Sommer öffnen sich Blüten in der Farbe des Laubes. Mehrjährig, jedoch sehr frostempfindlich; benötigt eine Mindesttemperatur von 4 °C. In kühleren Regionen ein überragender Sommerflor, ob im Beet ausgepflanzt oder als Containerschmuck. Bevorzugt volle Sonne und regelmäßige Was-

Oben *Pennisetum glaucum* 'Purple Majesty' Ende Juli in den Rutgers Gardens von New Brunswick (New Jersey).

Unten Denver Botanic Gardens (Colorado): Eine betonierte Einfassung ist ideal für das stark ausläufertreibende *Pennisetum incomptum*. Die Aufnahme stammt von Ende August.

sergaben. In gemäßigten Regionen versamt sich diese Spezies nicht; Halmstecklinge lassen sich jedoch in einer Sprühnebelanlage problemlos in Sand bewurzeln. WHZ 10.

'Burgundy Giant'. Diese dunkelburgunderrote stecklingsvermehrte Sorte aus einem unbekannten Privatgarten fand sich in den Marie Selby Botanical Gardens in Florida; der Autor benannte sie gemeinsam mit Selby, als er noch für Longwood Gardens tätig war.

Pennisetum macrourum Trin.

Afrikanisches Lampenputzergras, Afrikanisches Steppengras

Die in Afrika an feuchten, sonnigen Standorten heimische Spezies erinnert mit ihren langen, relativ dünnen walzenförmigen Blütentrauben und der Verbreitung über Rhizome an *Pennisetum incomptum*, ist jedoch wesentlich weniger kälteverträglich und wuchert längst nicht so aggressiv. WHZ 7.

Pennisetum massaicum Stapf

Massai-Lampenputzergras, Rotknopf-Lampenputzergras

Eine mehrjährige, in offenen Savannen Afrikas heimische Art. Horstbildend, zur Blüte 60–90 cm hoch. Im Vergleich zu den meisten anderen Lampenputzergräsern treibt diese Art recht kurze Blütenstände; diese erblühen mit einem kräftigen Rotstich. WHZ 8, eventuell auch kühler.

'Red Buttons'. Diese Sorte ist ein recht typischer Vertreter der Spezies. Im Handel wird sie oft unter ihrem Volksnamen „Red bunny tails" angeboten.

Links oben *Pennisetum macrourum* Ende August in den Royal Botanic Gardens von Kew.
Mitte *Pennisetum macrostachyum* 'Burgundy Giant' Ende August mit *Verbena bonariensis* im Botanischen Garten von Denver (Colorado).

Links unten *Pennisetum massaicum* 'Red Buttons' Anfang Juli in den Quail Botanical Gardens in Encinitas (Kalifornien).

Unten *Pennisetum massaicum* 'Red Buttons' Ende August im Garten Wisley der Royal Horticultural Society (Surrey, England).

Pennisetum 'Oceanside'

Welcher Spezies diese Sorte angehört, die in einer einzigen Saison über 270 cm Höhe erreicht, ist unbekannt. Richard Neufeld entdeckte sie in der Nähe von Oceanside (Kalifornien); den Sortennamen prägte John Greenlee. Laub grün und derb. Im Spätsommer oder Frühherbst treibt das Gras große endständige Blüten. WHZ 8. Ergebnisse zur endgültigen Winterhärte stehen noch aus.

Pennisetum orientale Rich.

Feines Lampenputzergras, Orientalisches Lampenputzergras Heimisch von Zentral- und Südwestasien bis Nordwest-Indien. Niedriger, kompakter und weniger winterhart als *Pennisetum alopecuroides*; flauschige, nahezu weiße Blütenstände mit ausgeprägtem rosigem Perlmuttschimmer. Blüht außerordentlich lange, vom Frühsommer bis zum Herbstfrost. Horstbildend ohne Ausläufer, mit grauem bis graugrünem, fein texturiertem Laub. Benötigt für optimales Gedeihen und Blühen durchlässigen Boden und einen warmen, sonnigen Standort, behauptet sich jedoch auch gut in lichtem Schatten. Diese Art hat in den letzten Jahren durch die Einführung größerer Sorten und unterschiedlicher Blütenfarben deutlich an Beliebtheit gewonnen. Vermehrung der Spezies am einfachsten durch Aussaat; Vermehrung von Sorten ausschließlich durch Teilung. WHZ 6.

'Karley Rose'. Diese patentierte Neuheit der Gärtnerei Sunny Border Nurseries wurde von David Skwiot entdeckt, der sie nach seiner Tochter Karley benannte. Eine ausgezeichnete Sorte mit großen, kräftig rosafarbenen Blütentrauben; mit einer Höhe von 120 cm zur Blütezeit größer als die Art.

'Tall Tails'. Der Name bezieht sich auf die auf hohen Halmen stehenden, an Schwänzchen erinnernden Blütenstände. Eine markante Sorte, die mit nicht selten 180 cm Höhe zur Blütezeit wesentlich größer wird als die Art. Lange elfenbeinweiße, oft weich überhängende Blütenstände. Wüchsig und hitzeverträglich. Versamt sich in Maßen. WHZ 6.

Pennisetum setaceum (Forssk.) Chiov.

[*Pennisetum ruppelii* Steud., *P. ruppelianum* Hochst., *P. macrostachyum* Fresenius, non (Brongn.) Trin.]

Afrikanisches Lampenputzergras, Einjähriges Lampenputzergras Dieser alte Gartenklassiker aus den afrikanischen Tropen, Südwestasien und Arabien ist eigentlich eine ausdauernde Pflanze, wird jedoch aufgrund mangelnder Frosthärte meist einjährig aus Samen gezogen. Grünlaubig; horstartiger Wuchs. Wächst aufrecht bis bogig überhängend bis 150 cm hoch; treibt vom Hochsommer bis zum Frühherbst gut 35 cm lange violett-rosa Blütentrauben.

Oben *Pennisetum orientale* Ende Juni in den Seaside Gardens (Carpinteria, Kalifornien).
Mitte *Pennisetum orientale* 'Karley Rose' Ende August im Garten Wisley der Royal Horticultural Society (Surrey, England).
Unten *Pennisetum orientale* 'Tall Tails' Ende August im Garten Wisley.

Eine ausgezeichnete Schnittblume. Diese Spezies wächst höher und schlanker als *Pennisetum alopecuroides*; auf feuchtem, nährstoffreichem Boden kann im Spätsommer eine Stütze nötig werden. Benötigt einen vollsonnigen Standort. In ausreichend warmem Klima versamt sich die Art; in etlichen Regionen ist sie aus den Gärten verwildert. In kalten Regionen Vermehrung im Spätwinter durch Aussaat im Haus. Jungpflanzen erst nach dem Ende jeglicher Frostgefahr aussetzen. Bei den frostempfindlichen rotvioletten Lampenputzergräsern, die früher dieser Spezies zugeordnet waren, handelt es sich um Hybriden, die heute als *P. × advena* geführt werden. WHZ 9.

Pennisetum villosum R. Br. ex Fresenius

Wolliges Lampenputzergras, Weißes Lampenputzergras
Heimisch im Bergland im Nordosten der afrikanischen Tropen. Der Blütenstand ist weich, flauschig und elfenbeinfarben bis nahezu reinweiß. Die Blütentrauben sind kürzer, dichter und rundlicher als bei den meisten anderen Lampenputzergräsern. Floristen schätzen die Halme sehr als Beiwerk für Sträuße. In kühlgemäßigten Regionen wird die frostempfindliche mehrjährige Art oft einjährig gezogen. Sie ist kälteverträglicher als das Afrikanische Lampenputzergras *Pennisetum setaceum* und kann gelegentlich in WHZ 7 den Winter überstehen. Die zarten Halme neigen sich charakteristisch unter der Last der Blüten; die gesamte Pflanze zeichnet sich durch attraktiv überhängenden Wuchs aus. Höhe 60–75 cm. Am besten in voller Sonne auf gleichmäßig feuchtem Boden. Eine hervorragende Containerpflanze. Vermehrung durch Aussaat. WHZ 8.

Oben links 'Karley Rose' (vorn) und 'Tall Tails' (hinten), zwei Sorten von *Pennisetum orientale*, Ende August im Garten Wisley.
Oben rechts *Pennisetum setaceum* Ende August in den Longwood Gardens.

Unten *Pennisetum setaceum* beim Rudolph Schindler House in Los Angeles (Kalifornien).

OBEN *Pennisetum villosum* Ende Juni in den Seaside Gardens (Carpinteria, Kalifornien).

UNTEN *Pennisetum villosum* legt sich über einen Plattenweg in Sissinghurst (England, Mitte August).

Phalaris L.

Poaceae – Süßgräser

Glanzgras

Die etwa 20 ein- und mehrjährigen Spezies dieser Gattung sind in kühlgemäßigten Breiten einschließlich Nordamerikas und Eurasiens beheimatet, darüber hinaus in mediterranen Klimazonen und Südamerika. Das Kanariengras *Phalaris canariensis* L., eine auf den Kanarischen Inseln sowie in Südeuropa heimische einjährige Art, wird vielerorts als Vogelfutter angebaut und ist in etlichen Regionen verwildert. Die kurzen, breiten Blütenrispen unterscheiden dieses Gras deutlich von dem mehrjährigen Rohr-Glanzgras *P. arundinacea* mit seinen langen schlanken Rispen. Diese beiden Spezies hybridisieren nachgewiesenermaßen, wobei sich manche der Kreuzungen durch ihren aggressiven Ausbreitungsdrang auszeichnen. Lediglich die buntblättrigen Formen von *P. arundinacea* werden allgemein im Garten gezogen.

Phalaris arundinacea L.

Rohr-Glanzgras

Diese frühgrünende ausdauernde Spezies ist an feuchten, sonnigen Standorten Nordamerikas und Eurasiens heimisch; sie illustriert ausgezeichnet, wie unterschiedlich sich Pflanzen unterschiedlicher Provenienz verhalten können, obgleich sie ein und derselben Spezies angehören. Pflanzen europäischen Ursprungs (die Bezeichnung „europäische Genotypen“ ist hier zulässig) wurden in Nordamerika vielerorts als Grünfutter und zur Erosionskontrolle herangezogen, wobei sie sich als weitaus wüchsiger erwiesen als der amerikanische Genotypus. Inzwischen haben sich die europäischen Pflanzen im nördlichen Nordamerika in Marschen und anderen Feuchtbiotopen ausgebreitet; dabei haben sie heimische Arten der Feuchtgebiete und Nassprärien vollkommen verdrängt. Sie bilden riesige Monokulturen, die sich über Samen und kräftige Rhizome ausbreiten. Europäische Typen lassen sich bei der Feldbestimmung nur schwer von nordamerikanischen unterscheiden, da beide äußerlich nahezu identisch sind.

Häufiges Abbrennen ist eine Möglichkeit, *Phalaris arundinacea* unter Kontrolle zu halten. Ideale Wachstumsbedingungen findet das Rohr-Glanzgras unter anderem in solchen Feuchtgebieten vor, deren Wasserspiegel durch Dränieren künstlich gesenkt wurde. Von diesen feuchten Böden profitiert die Spezies; ständige Nässe hingegen kommt ihr überhaupt nicht entgegen. Somit stellt ein Wiederanheben des Wasserstands eine weitere mögliche Bekämpfungsmethode dar.

Das in der Art grüne Rohr-Glanzgras wächst aufrecht bis 150 cm hoch und blüht im Frühsommer. Die gestreiften Sorten stammen sämtlich von europäischen Genotypen ab. Sie sind weniger blühfreudig und wüchsig als der Arttypus; diese Gartenschönheiten sind leicht unter Kontrolle zu halten. Als ausgeprägte Frühgrüner fallen sie in heißen Regionen im Hochsommer ganz oder teilweise in Ruhe. Werden sie bei dieser Gelegenheit zurückgeschnitten, treiben sie kräftig neu aus; das junge Laub bleibt bis in den zeiti-

gen Winter adrett und attraktiv. Auf unterschiedlichsten Böden leicht zu ziehen. Am besten an sonnigem bis halbschattigem Standort mit gleichmäßig feuchtem Boden. Versamt sich im Garten kaum; alle Formen breiten sich jedoch aggressiv über Rhizome aus und müssen regelmäßig in ihre Schranken verwiesen werden. Manchmal verbräunen die Blätter aufgrund einer Infektion mit *Stagonospora foliicola*; dieser Pilz spricht jedoch auf Fungizide an. Vermehrung sämtlicher Sorten ausschließlich durch Teilung im Frühjahr oder Herbst. WHZ 4.

'Feesey' ('Strawberries and Cream'). Buntes Bandgras. Die Sorte mit dem größten Weißanteil im Laub; das Laub ist überwiegend weiß mit grünen Streifen. Dabei wirkt das Weiß dieser Sorte kühler als der gebrochene Farbton der alten Standardform 'Picta'; an kühlen Tagen im zeitigen Frühjahr und zu Herbstbeginn ist es oft rosa überlaufen. Nach dem britischen Gartenbauexperten und Gräserspezialisten Mervyn Feesey benannt.

'Luteopicta' ('Aureovariegata'). Gelbes Bandgras. Blatt vor allem im Frühjahr rahmweiß bis vanillegelb gestreift. Die Streifen verblassen in der Sommerhitze, besonders in voller Sonne, zu stumpfem Grün.

'Picta' ('Elegantissima', var. *picta*, fo. *picta*, var. *variegata*). Gewöhnliches Bandgras. Laub kräftig rahmweiß gestreift. Eine seit

LINKS OBEN *Phalaris arundinacea* hat sich auf Auenboden angesiedelt (Südost-Pennsylvania, Mitte Juli).

LINKS MITTE In Holger Winengas Gärtnerei Garden Treasures Nursery (Long Island, New York) bringt *Phalaris arundinacea* 'Feesey' Licht in einen düsteren Regentag.

UNTEN LINKS Bei kühlen Temperaturen zeigt sich *Phalaris arundinacea* 'Feesey' rosa überlaufen (Pennsylvania, Anfang Mai).

UNTEN MITTE Die Zeichnung von *Phalaris arundinacea* 'Luteopicta' ist in Pennsylvania Mitte April besonders stark ausgeprägt.

UNTEN RECHTS *Phalaris arundinacea* 'Picta' mit leuchtend roter Kapuzinerkresse Ende Juli in den Merriments Gardens in East Sussex (England).

dem 19. Jahrhundert beliebte Zierpflanze, die im Garten schon einmal mehrere Besitzerwechsel überdauern kann.

'Tricolor'. Farbiges Bandgras. Eine alte Sammelbezeichnung für weiß gestreifte Formen, die bei kühlerem Wetter bisweilen rosa überlaufen sind. Manche ähneln 'Feesey' oder sind sogar gar nicht davon zu unterscheiden.

'Woods Dwarf'. Ähnlich 'Picta', jedoch gedrungener.

Phragmites Adans.

Poaceae – Süßgräser

Rohr, Schilf, Schilfrohr

Heute hat sich unter Taxonomen die Auffassung von *Phragmites* als einer monotypischen Gattung mit einer einzigen, weltweit verbreiteten Spezies *P. australis* durchgesetzt. Dieses hochvariable ausdauernde spätgrünende Gras ist an nassen bis feuchten Standorten auf sämtlichen Kontinenten mit Ausnahme der Antarktis anzutreffen. Der vom griechischen *phragma* (Scheidewand, Zaun) abgeleitete Gattungsname verweist auf den äußeren Eindruck dieses undurchdringlichen hohen Grases. Früher ordnete man die Pflanzen der nördlichen Hemisphäre einer Spezies *P. communis* zu, jene der südlichen *P. australis*; heute gilt für sämtliche Bestände der Name *P. communis*, der als erster publiziert wurde. Das Art-Epitheton *communis* bezieht sich auf die häufigen großflächigen Vorkommen der stark ausläufertreibenden Spezies. Die umfassende Neudefinition der Gattung erkennt auch *P. karka* nicht mehr als eigenständige Art an, sondern schließt auch diese in *P. australis* ein.

Phragmites australis (Cav.) Trin. ex Steud.

[*Phragmites communis* Trin., *P. karka* (Retz.) Trin. ex Steud.]

Gewöhnliches Schilf, Schilfrohr

Weltweit in Feuchtbiotopen des Süß- und Brackwasserbereichs heimisch; in den gemäßigten Zonen besonders häufig. Kräftig, aufrecht, meist 3 bis 4 m hoch, mit graugrünem, bis 50 mm breitem Laub. Die großen endständigen Blütenstände zeigen sich im Spätsommer; sie erblühen gold- bis bronzefarben und trocknen rasch zu durchsichtig silbern. Das Rohr (die Halme) wird seit alters her als Dacheindeckung verwendet (Reetdach).

Wie im ersten Kapitel dieses Buches bereits angesprochen, bietet diese hochvariable Spezies vor allem in Nordamerika häufig Diskussionsstoff, da seine exotischen Genotypen Feuchtbiotope hochgradig stören können. Herbarien vom Beginn des 20. Jahrhunderts belegen das Vorkommen nordamerikanischer Genotypen in vielen Regionen, etwa in den Hackensack Meadowlands im Norden New Jerseys; heute jedoch sind diese Flächen überwiegend oder sogar ausschließlich von europäischen Genotypen besiedelt, die dermaßen gut an die nordamerikanischen Verhältnisse angepasst sind, dass sie ausgedehnte Monokulturen bilden.

Die Ausrottung gestaltet sich problematisch. Schnitt sowie Mahd mit dem Kreiselmäher regen das Schilf eher dazu an, sich verstärkt aus dem Wurzelstock zu erneuern. Durch wiederholtes Abbrennen oder Mähen lässt sich ein Bestand deutlich verringern, doch dies ist oft nicht durchführbar. Am effektivsten sind chemische Herbizide, mit denen sich Phragmites auf kleineren Flächen oft vollständig ausrotten lässt. In einem großen, dynamischen System hingegen sind chemische Mittel von begrenzter Wirkung und müssten regelmäßig alle zwei bis fünf Jahre angewendet werden; die Langzeitwirkung einer derartigen wiederholten Ausbringung von Giften ist unbekannt.

Phragmites ist wesentlich weniger salztolerant als die nordamerikanischen Schlickgräser der Gattung *Spartina* (*S. pectinata* ausgenommen); die Wiederherstellung der brackigen Bedingungen in den vom Menschen modifizierten Küsten-Feuchtbiotopen scheint eine vielversprechende Möglichkeit zur langfristigen großräumigen Eindämmung des Schilfrohrs. Doch *Phragmites* hat auch positive Seiten – im östlichen Nordamerika dient es über 70 Vogelarten als Brutstätte und vielen davon zudem als Deckung. Häufig leistet es wertvolle Dienste in der Bodenstabilisierung und Erosionskontrolle, und im Stoffkreislauf kommt ihm eine wichtige Rolle als wasserreinigende Kraft zu. Ein Großteil der Lebensräume, die *Phragmites* heute dominiert, ist hochverschmutzt; das Schilf stellt eine der wenigen Spezies dar, die unter solchen Bedingungen wirklich gut gedeihen. Der Arttypus wird selten im Garten gezogen; zwei buntblättrige Auslesen jedoch sind beliebte Zierpflanzen.

'Candy Stripe'. Blatt weiß gestreift. Die Pflanze ist in allen Teilen kleiner als die Art; sie wurde früher zu *Phragmites karka* gerechnet.

'Variegatus'. Blatt leuchtend gelb gestreift. Pflanze weniger wüchsig als die grüne Art; dennoch recht stark ausläufertreibend. Diese beliebten Teichgartenpflanzen kann man bequem an der Ausbreitung hindern, indem man ihren Wurzelraum auf einen stabilen, ins Wasser gesenkten Behälter beschränkt.

Phragmites australis subsp. *altissimus* (Benth.) Clayton

Riesen-Schilfrohr, Riesen-Schilf

Unterscheidet sich von der Typus-Unterart vor allem durch seine Höhe, die 550 cm erreichen kann. Derart großwüchsige Formen werden im Handel häufig fälschlicherweise als 'Pseudodonax' geführt.

Rechte Seite, links oben Ende Oktober versinkt die Sonne an der Küste Marylands über einer fast reinen Monokultur aus *Phragmites australis*; verantwortlich ist ein versehentlich angesiedelter europäischer Genotypus.

Links unten Februar in New Jersey: Von den Hackensack Meadowlands schaut man bis hinüber zum Empire State Building (links im Bild). „Der Kitt, der North Jersey zusammenhält" – so wird *Phragmites australis* mitunter bezeichnet; wer jemals auf dem Weg nach New York City von der New Jersey Turnpike oder vom Zug aus den Blick über die Hackensack Meadowlands schweifen ließ, weiß, wie allgegenwärtig diese

Grasspezies dort ist. Untersuchungen an der Cornell University haben bestätigt, dass das *Phragmites* der Meadowlands praktisch zu hundert Prozent dem europäischen Genotypus angehört.

GANZ OBEN *Phragmites australis* 'Variegatus' Ende August im Garten Wisley der Royal Horticultural Society in Surrey (England).

OBEN Blattdetail von *Phragmites australis* 'Variegatus' Ende August.

OBEN Vor den dunklen Felsen im Hintergrund leuchtet *Pleuraphis jamesii* in der Junisonne besonders hell (Santa Barbara Botanic Garden, Kalifornien).

OBEN RECHTS Blühende *Pleuraphis jamesii* Ende Juni im Santa Barbara Botanic Garden.

Pleuraphis TORR.

Poaceae – Süßgräser

Galletagras

Die drei ausdauernden spätgrünenden Spezies dieser Gattung sind an Trockenstandorten der westlichen USA und Nord-Mexikos heimisch. Manche Botaniker rechnen sie der Gattung *Hilaria* zu. Die bisher selten in Gärten anzutreffenden attraktiven, trockenheitsverträglichen Gräser sollten bei der wassersparenden Garten- und Landschaftsgestaltung stärker berücksichtigt werden.

Pleuraphis jamesii TORR.

[*Hilaria jamesii* (Torr.) Benth.]

Wüsten-Galletagras

Heimisch in Wüsten, Canyons und Steppen von Kalifornien bis Texas und Wyoming. Das fein texturierte Gras verbreitet sich über Rhizome zu dichten Herden; die 30–60 cm hohen aufrechten Halme tragen graugrüne Blätter, über denen im Frühsommer schlanke, elfenbeinfarbene Blütenstände stehen. Das langlebige, extrem trockenheitsverträgliche Gras lässt sich an sonnigem bis lichtschattigem Standort auf verschiedenen Bodentypen leicht ziehen. Ein spätgrünendes Gras, das im Winter vollständig einzieht. Vermehrung durch Aussaat oder Teilung. WHZ 8.

Pleuraphis rigida THURB.

[*Hilaria rigida* (Thurb.) Scribn.]

Steifes Galletagras, Großes Galletagras

Pleuraphis jamesii sehr ähnlich, mit 90 cm Höhe jedoch größer und in der Textur derber; gleichzeitig weniger aufrecht im Habitus. Dieses Gras treibt wesentlich zurückhaltender Rhizome, ist jedoch aufgrund seines weniger adretten Gesamteindrucks eher für die weitläufige naturnahe Gestaltung geeignet. Bevorzugt volle Sonne. Sehr trockenheitsverträglich. Vermehrung durch Aussaat oder Teilung. WHZ 8.

Poa L.

Poaceae – Süßgräser

Rispengras, Rispe

Die Gattung *Poa* umfasst rund 500 weltweit verbreitete ein- und mehrjährige Gräser vor allem der kühlgemäßigten Breiten. Die bekannteste Spezies ist wohl das aus Eurasien und Afrika stammende, allgemein als Rasengras verwendete Wiesen-Rispengras *Poa pratensis*. Neben den rasenbildenden Arten umfasst die Gattung eine ganze Reihe attraktiver, fein texturierter Bültengräser, die äußerlich ihren nahen Verwandten aus der Gattung *Festuca* ähneln und sich häufig durch schöne Blüten oder auffällig blau bereiftes Laub auszeichnen. Die meisten Spezies sind ausgesprochene

Frühgrüner, tolerieren aber dennoch zum guten Teil mehr Trockenheit als das Wiesen-Rispengras.

Poa arachnifera Torr.

Texas-Rispengras

Heimisch in Texas, Kansas und Oklahoma. Dieses ausläufertreibende Gras stellt eine wassersparende Rasenalternative zum Wiesen-Rispengras dar; mit seinem attraktiven blaugrünen Laub und den fedrigen Blütenständen lohnt es jedoch auch als horstartig gezogenes Ziergras. Im Frühjahr zur Blütezeit meist 30–45 cm hoch. Vermehrung durch Aussaat oder Teilung. WHZ 6.

Poa chaixii Vill.

Wald-Rispengras, Berg-Rispengras

Vor allem in Bergregionen Mittel- und Südeuropas heimisch; im Norden der Britischen Inseln in den Wäldern verwildert. Leuchtendgrünes Laub, bis 9 mm breit. Steht zur Blütezeit im Frühjahr bis Frühsommer 90 cm hoch. WHZ 5.

Poa cita Edgar

[*Poa caespitosa* Spreng.]

Silber-Rispengras, Silber-Tussockgras

Poa ist in Neuseeland mit den meisten Arten vertreten und am weitesten verbreitet; ein höchst eleganter Vertreter der Gattung mit bültenartigem Wuchs ist die silbrig schimmernde *P. cita*. Auf der Nord- und Südinsel und den Stewart-Inseln ist dieses Rispengras auf offenen Plätzen vom Küstentiefland bis hin zu subalpinem Grasland häufig anzutreffen. Es wächst als dichtes, fein texturiertes, 60–90 cm hohes Büschel aus glänzendem, hellbraunem bis hellgrünem Laub. Die schlanken Blütenstände stehen auf aufrecht-überhängenden Halmen über dem Laub. Von dem auf den ersten Blick ähnlich erscheinenden Rotgefleckten Schneegras *Chionochloa rubra* unterscheidet sich diese Art deutlich in der Laubfarbe; dies

Links *Poa arachnifera* blüht Anfang April im Ladybird Johnson Wildflower Center in Austin (Texas).

Unten links Ende August (Winter): *Poa cita* gedeiht prächtig auf Kalkstein und Schieferton – hier auf dem Campus des Instituts für Landschaftspflege Manaaki Whenua in Lincoln bei Christchurch (Südinsel Neuseeland).

Unten Ende August (Winter): *Poa cita* im Botanischen Garten von Auckland (Neuseeland).

und die geringere Größe machen *P. cita* für den Garten- und Landschaftsgestalter zu einer attraktiven Ergänzung oder Alternative zu dem Schneegras. In voller Sonne auf unterschiedlichsten Böden leicht zu ziehen. Sehr trockenheitsverträglich. Gedeiht gut auf Schieferbruch und Kalkstein. Vermehrung durch Aussaat oder Teilung. WHZ 8, eventuell auch kühler.

Poa colensoi Hook. f.

Neuseeland-Rispengras, Blaues Tussockgras

Diese auf Neuseeland endemische Art ist im Tiefland und in alpinen Lebensräumen der Nord- und Südinsel anzutreffen und auf Tussock-Grasland weit verbreitet. Das Laub ist häufig recht stark bereift und graublau bis blaugrün; solche Formen werden im Garten am häufigsten gezogen. Horstbildend; über dem adretten, bis 25 cm hohen feingliedrigen Blattschopf stehen im zeitigen Frühjahr aufrechte Blüten. Vermehrung durch Aussaat oder Teilung. WHZ 7.

Poa labillardieri Steud.

Australisches Rispengras

Heimisch in feuchten Flussniederungen und auf größeren Waldlichtungen Australiens; in Neuseeland stellenweise verwildert. Dichter, schopfartiger Horst aus fein texturiertem, blau bereiftem Laub. Die Blüte beginnt im späten Frühjahr und hält bei ausreichend Feuchtigkeit bis in den Sommer an. Zur Blüte 90–120 cm hoch. WHZ 8, eventuell auch kühler.

UNTEN LINKS *Poa labillardieri* Mitte Juli in Beth Chattos Garten in Colchester (England).

UNTEN RECHTS *Poa labillardieri* Mitte September (zeitiges Frühjahr) in den Royal Botanic Gardens von Melbourne (Australien).

RECHTS OBEN *Poa colensoi* Ende Juli im Royal Botanic Garden von Edinburgh (Schottland).

Restio L.

Restionaceae – Restiogewächse

Restio

Die Gattung umfasst mindestens 90 überwiegend zweihäusige, binsenartige Spezies, die in Südafrika, Australien und Madagaskar beheimatet sind. Sämtliche Arten sind Frühgrüner und daher im Frühjahr und Herbst am aktivsten; alle sind immergrün oder wintergrün. Am Naturstandort treiben sie nach dem Winterregen frisch aus. *Restio* ist mit *Elegia* und *Rhodocoma* verwandt; diesen ähneln manche Arten sehr, die sich durch feine grüne Verzweigungen an den Knoten vor allem des Neuaustriebs auszeichnen. Ältere Halme sind oft unverzweigt. *Restio*-Arten sind in der Sonne auf durchlässigem Boden recht problemlos zu ziehen, sofern gute Luftzirkulation garantiert ist. In Südengland haben sich manche als winterhart erwiesen.

Restio festucaeformis Mast.

Schwingel-Restio, Schwingelartiges Restio

Heimisch in der südafrikanischen Kapregion zwischen Bredasdorp und Somerset West auf Hügeln und im niedrigen Bergland, manchmal auch an Bachufern oder großflächig auf Marschland. Die meisten *Restio*-Arten stammen aus Südafrika und sind vor allem in der südwestlichen Kapregion beheimatet. Sie sind Teil der Feuerökologie der Fynbosvegetation und durchweg auf durchlässigen, nährstoffarmen Böden anzutreffen. Schopfartig, horstbildend, bis 45 cm hoch. Die immergrünen, kaum verzweigten Halme stehen attraktiv übergeneigt. Rauchbehandelte Saat keimt willig; die raschwüchsigen Jungpflanzen blühen innerhalb von zwei Jahren. Die Blütenstände sind mit ausgesprochen dekorativen, langlebigen goldbraunen Tragblättern assoziiert. Teilen ist nicht einfach, da das Wurzelwerk auf Störung empfindlich reagiert. Zu empfehlen ist die Frühjahrs- oder Herbstpflanzung in mediterranem Klima. In Regionen außerhalb ihres Winterhärtebereichs eine ausgezeichnete Containerpflanze. WHZ 8.

Restio tetraphyllus Labill.

Vierblatt-Restio, Vierblättriges Restio

Diese australische Spezies hat sich in Haltung und Vermehrung als eine der unkomplizierteren Arten erwiesen, weshalb sie auch im Handel besser erhältlich ist. Aufrecht, mit 90–120 cm hohen grünen Halmen. Verbreitet sich über Rhizome zu ausgedehnten Herden, lässt sich bei Bedarf jedoch problemlos horstartig ziehen. Der Neuaustrieb zeigt sich dicht verzweigt; ältere Halme sind im oberen Bereich normalerweise unverzweigt. In voller Sonne bis lichtem Schatten leicht zu ziehen. Bevorzugt durchschnittlich frischen bis feuchten Boden; gedeiht gut am Wasserrand. Benötigt einen luftigen Standort. Vermehrung durch Aussaat oder Teilung. In Regionen außerhalb ihres Winterhärtebereichs eine ausgezeichnete Containerpflanze. WHZ 8.

Ganz oben *Restio tetraphyllus* Anfang April in der Berkeley Horticultural Nursery (Berkeley, Kalifornien).

Oben *Restio tetraphyllus* Anfang September (Frühjahr) im Cranbourne Botanic Garden in Victoria (Australien).

Rhodocoma Nees

Restionaceae – Restiogewächse

Rhodocoma, Rosenhaarbinse

Die bis zu sechs horstbildenden Arten dieser Gattung sind in Südafrika in der Ostkap-Region heimisch. Alle wurden früher zu *Restio* gerechnet; bei flüchtiger Betrachtung sind sie mit ihren an den Knoten oft wirtelig verzweigten Halmen vielen *Restio*-Arten nicht unähnlich (sog. quirlständiger Wuchs). Vermehrung aus rauchbehandelter Saat. Teilung ist möglich, doch etablierte *Rhodocoma* reagieren negativ auf eine Störung der Wurzeln. Sämtliche Arten stellen interessante Containerpflanzen dar. Manche Spezies sind in den wärmeren Regionen Englands einschließlich Cornwalls winterhart; ebenso in Kalifornien bis hinauf zur San Francisco Bay.

Rhodocoma arida H. P. Linder et Vlok

Wüsten-Rhodocoma, Wüsten-Rosenhaarbinse

Heimisch in offenen Trockenlagen in Südafrikas Kapregion. Die graugrünen Halme sind von unten her unverzweigt und münden in auffällige Blütenstände; blühend bis 120 cm hoch. Sehr trockenheitsverträglich. WHZ 8.

Rhodocoma capensis Steud.

Kap-Rhodocoma, Kap-Rosenhaarbinse

In Südafrika in der östlichen Kapregion heimisch, wo es in Flusssohlen oft große Kolonien bildet. Die an den Knoten fein wirtelig verzweigten aufrechten Halme erreichen 150 cm Höhe. WHZ 8.

Rhodocoma foliosa (*N*. E. Br.) H. P. Linder

[*Restio foliosus* N. E. Br.]

Blattreiche Rhodocoma, Blattreiche Rosenhaarbinse

Diese Spezies wird häufig mit *Rhodocoma gigantea* verwechselt; sie bleibt jedoch mit 150–210 cm niedriger, und ihre Halme sind auf ganzer Länge fein verzweigt. Einzigartige, häufig fontänenartig übergeneigte Spezies. Blüht im Frühjahr oder Frühsommer.

Rhodocoma gigantea (Kunth) H. P. Linder

Riesen-Rhodocoma, Riesen-Rosenhaarbinse

Diese auffällige, beeindruckende Spezies erreicht 210–240 cm Höhe. Die im unteren Bereich fein wirtelig verzweigten Halme münden in beeindruckende rotbraune Blütenstände. Bevorzugt volle Sonne und relativ trockenen Boden. WHZ 8.

Links *Rhodocoma arida* Anfang April im botanischen Garten der University of California in Berkeley.

Rechts *Rhodocoma arida* Anfang April im Leaning Pine Arboretum von San Luis Obispo (Kalifornien).

Rhynchospora **V**AHL

Cyperaceae Riedgrasgewächse

Schnabelried, Sternsegge

Der vom griechischen *rhynchos* (Schnabel) und *sporos* (Keim) hergeleitete Name verweist auf die länglichen, schnabelförmigen Samen dieser großen Gattung. Sie umfasst über 200 vorwiegend mehrjährige Arten, die an nassen bis feuchten Standorten in den warmen Regionen beider Hemisphären heimisch sind. Vor wenigen Jahren wurde sie erweitert und umfasst nun auch Arten, die bisher zu *Dichromena* gerechnet wurden. Die Schnabelriede, wie sie im Volksmund heißen, zeichnen sich durch auffällig lange, sternförmig angeordnete Tragblätter direkt unter dem Blütenstand aus. Bis auf die langgezogenen grünen Spitzen sind diese Tragblätter weiß. Der vom griechischen *dis-* (zwei-) und *chroma* (Farbe) hergeleitete Gattungsname *Dichromena* verwies auf eben diese grün-weißen Tragblätter. Diese auffälligen Riedgräser breiten sich gesittet über Rhizome aus; wo sie sich in der Natur ausbreiten, sind sie unübersehbar; auch für den Teichgarten stellen sie eine attraktive Ergänzung dar. Auch in Kübeln und Töpfen sind sie leicht zu ziehen. Am besten in voller Sonne auf ständig feuchtem Boden. Fällt das Substrat trocken, verbrennen die Tragblätter und werden braun. Sämtliche Spezies lassen sich durch Aussaat oder Teilung vermehren.

Rhynchospora colorata (L.) H. PFEIFF.

[*Dichromena colorata* (L.) Hitchc.]

Farbiges Schnabelried, Farbige Sternsegge

Heimisch auf feuchtem Sand, in Sümpfen und am Teichrand, vor allem in Küstenbereichen von Virginia bis Florida hinunter, nach Westen bis Texas und bis nach Mexiko hinein. Höhe 50 cm; die Blüte beginnt im Sommer und hält in wärmeren Regionen bis in den Winter an. Blütenstand mit drei bis sieben ungleich langen Tragblättern mit weißem Blattgrund. In voller Sonne bis lichtem Schatten auf feuchtem Grund oder im bis 5 cm tiefen Wasser leicht zu ziehen. Toleriert brackige Bedingungen. Breitet sich über Rhizome zu dichten Gruppen aus, lässt sich jedoch problemlos im Zaum halten. WHZ 8.

Rhynchospora latifolia (BALDWIN EX ELLIOTT) W. W. THOMAS

[*Dichromena latifolia* Baldwin ex Elliott]

Breitblättriges Schnabelried, Breitblättrige Sternsegge

Naturstandorte sind feuchter Sand, Savannen, Kiefernwälder, Sümpfe und Teichränder im Südosten der Vereinigten Staaten, von South Carolina über Florida bis Texas. Mit bis zu 80 cm Höhe etwas größer und dekorativer als *Rhynchospora colorata*. Blüht im Sommer, in wärmeren Regionen auch bis in den Winter hinein;

OBEN *Rhodocoma foliosa* Ende Juni in Blüte in den Seaside Gardens in Carpinteria (Kalifornien).

UNTEN *Rhodocoma arida* steht Anfang April im botanischen Garten in Berkeley 240 cm hoch.

GANZ OBEN Anfang Mai beginnt in Alabama die Blüte von *Rhynchospora latifolia.*

OBEN In den Seaside Gardens von Carpinteria (Kalifornien) teilt sich *Rhynchospora latifolia* ein Gefäß mit rotlaubigem Breitwegerich *Plantago major.*

6 bis 10 unterschiedlich lange Tragblätter mit weißem Grund. In voller Sonne bis lichtem Schatten auf feuchtem Grund oder bei maximal 5 cm Wassertiefe leicht zu ziehen. Breitet sich über Rhizome zu dichten Gruppen aus, lässt sich jedoch problemlos im Zaum halten. WHZ 8.

Rhynchospora nervosa (Vahl) Boeckeler
[*Dichromena nervosa* Vahl]
Nerviges Schnabelried, Nervige Sternsegge
Diese in Mittel- und Südamerika und der Karibik beheimatete Spezies ist *Rhynchospora colorata* und *R. latifolia* ähnlich, jedoch insgesamt großformatiger. Sie wird bis 150 cm hoch und ist frostempfindlicher. WHZ 10.

Saccharum L.

Poaceae – Süßgräser
Ravennagras, Seidengras, Zuckerrohr
Der Gattungsname leitet sich vom griechischen Wort *sakchar* (Zucker) ab. Die Gattung umfasst etwa 40 mehrjährige Arten, die in den gesamten Tropen und Subtropen und in Teilen der gemäßigten Breiten heimisch sind. Die bekannteste Spezies ist das Zuckerrohr *Saccharum officinarum*, mit dem in warmen Regionen großflächig Zuckeranbau betrieben wird; bisweilen wird es auch als Zierpflanze gezogen. Die meisten Arten bevorzugen Feuchtlagen einschließlich Flussufer und Auenböden; nur manche finden sich in eher trockenen offenen Hanglagen.

Die heute breit gefasste Gattung *Saccharum* umfasst sämtliche einst zu *Erianthus* gezählten Spezies, die ursprünglich aufgrund ihrer begrannten Deckspelzen von *Saccharum* abgeteilt worden waren. Zu diesen begrannten Arten zählt das Ravennagras, heute *S. ravennae*, das in den gemäßigten Breiten gern als Gartenstaude gezogen wird, und mehrere nordamerikanische Spezies regionaler Verbreitung, die in der Garten- und Landschaftsgestaltung zunehmend beliebter werden. Die nordamerikanischen Arten ähneln sich in ihrem schmal-aufrechten Wuchs und beeindrucken selbst auf eher beengtem Raum durch ihre Vertikalität.

Sämtliche *Saccharum*-Spezies sind spätgrünend und zeichnen sich durch große, endständige, fedrige bis federbuschartige Blütenstände aus, die den ganzen Winter lang durchsichtig und attraktiv bleiben. Viele nehmen eine schöne Herbstfärbung an. Die meisten wachsen horstartig; manche verbreiten sich über Rhizome. Durchweg bevorzugen sie volle Sonne, doch einige sind an lichten Schatten angepasst. Alle Arten sind leicht durch Aussaat zu vermehren, alternativ durch Teilung im Frühjahr.

Saccharum alopecuroides (L.) Nutt.
[*Erianthus alopecuroides* (L.) Elliott]
Fuchsschwanz-Seidengras
Heimisch in feuchten lichten Wäldern und an Waldrändern von New Jersey im Osten bis Süd-Indiana im Mittleren Westen, nach Süden bis Florida und Texas. Unterscheidet sich von vielen ande-

OBEN Garten des Autors, Pennsylvania: Der Blütenstand von *Saccharum alopecuroides* (rechts) präsentiert sich im Oktober deutlich heller und silbriger als jener von *S. contortum* (links).
RECHTS *S. arundinaceum* steht zur Blüte Anfang Oktober über vier Meter hoch (Gärtnerei Hoffman, Rougemont, North Carolina).

ren nordamerikanischen Arten dadurch, dass es schattigere Situationen bevorzugt und sich über Rhizome verbreitet; außerdem sind die Blütenstände mit ungewöhnlich silbrigen Härchen besetzt. Die nordamerikanischen Arten zeichnen sich vor allem durch ihre Grannen aus; diejenigen von *Saccharum alopecuroides* sind abgeflacht und am Grund gezwirbelt. Aufrechter Wuchs; variiert zur Blütezeit im Spätsommer von 120–240 cm Höhe. Laub grün, im Herbst goldgelb. Bevorzugt lichten Schatten, doch auf gleichmäßig feuchtem Boden gedeiht es auch in voller Sonne. Toleriert sehr nassen bis staunassen Boden; für den Teichrand geeignet. Bleibt den Winter hindurch aufrecht. Versamt sich. Vermehrung durch Aussaat, alternativ durch Teilung im Frühjahr. WHZ 6.

Saccharum arundinaceum Retz.

Rohr-Seidengras, Riesen-Seidengras

Diese ostasiatische Art wird in westlichen Gärten noch nicht sehr lange kultiviert. Ähnelt äußerlich *Saccharum ravennae*, ist jedoch dichter belaubt und wirkt fülliger. Die extrem wüchsige Art wird gut 350–450 cm hoch. Blüht im Spätsommer oder Frühherbst. Die riesigen endständigen Blütenstände öffnen sich mit deutlichem Rosastich, um dann zu durchsichtig silbern zu verbleichen. Das Laub ist graugrün. Bevorzugt volle Sonne und passt sich unterschiedlichsten Böden und Feuchtegraden an. Sehr trockenheitsverträglich. Vermehrung durch Aussaat oder Teilung. Nachgewiesen winterhart bis WHZ 7; für kältere Regionen stehen noch Tests aus. Wahrscheinlich winterhart bis WHZ 6.

Saccharum baldwinii Spreng.

[*Erianthus strictus* Elliott]

Baldwins Seidengras, Schlankes Seidengras

Eine der kleineren, weniger verbreiteten nordamerikanischen Spezies; heimisch an feuchten, oftmals sandigen und bisweilen schattigen Standorten der Küstenebene von Virginia bis Florida im Süden, nach Westen bis Missouri, Tennessee und Texas. Horstbildend; straff aufrecht im Wuchs. Steht zur Blüte im Spätsommer bis 210 cm hoch; die schlanken Blütenstände sind mit geraden Grannen besetzt. Bevorzugt Sonne bis lichten Schatten und durchschnittlich frischen bis feuchten Boden. Das im Sommer grüne

Laub färbt sich im Herbst oft kräftig dunkelorange oder violett-rot. Vermehrung durch Aussaat, alternativ durch Teilung im Frühjahr. Versamt sich. WHZ 7.

Saccharum brevibarbe (MICHX.) PERS.
[*Erianthus brevibarbis* Michx.]
Kurzgranniges Seidengras, Braunes Seidengras
Heimisch auf frischen, oftmals sandigen offenen Plätzen der Küstenebene von Delaware und Maryland bis Louisiana, weiter nördlich auch in Arkansas und Süd-Illinois. Steht zur Blütezeit im Spätsommer oder zeitigen Herbst 180–240 cm hoch. Die Blütenstände öffnen sich bronze-bernsteinfarben bis kupfrig-gold, um später silbrig-zimtfarben zu trocknen; sie bleiben den ganzen Winter hindurch attraktiv durchscheinend. Gerade bis leicht gewellte Grannen. Das Laub ist im Sommer grün; im Herbst nimmt es unterschiedliche Violett-, Bronze- und Orangerottöne an. Häufig bleibt den Winter hindurch eine deutlich rote Pigmentierung erhalten, die besonders bei feuchter Witterung auffällt. In voller Sonne bis sehr lichtem Schatten auf unterschiedlichsten Böden problemlos zu ziehen. Trockenheitsverträglich. Versamt sich. Vermehrung durch Aussaat, alternativ durch Teilung im Frühjahr. WHZ 6.

Saccharum contortum (ELLIOTT) NUTT.
[*Erianthus contortus* Elliott, *Saccharum brevibarbe* var. *contortum* (Elliott) R. D. Webster]
Krummgranniges Seidengras
In Größe und Erscheinungsbild nahezu identisch mit *Saccharum brevibarbe*, jedoch mit charakteristisch gezwirbelten Grannen. Von Delaware und Maryland bis Louisiana, weiter nördlich in Süd-Arkansas und Illinois auf feuchtem, sandigem bis tonigem Boden anzutreffen. Versamt sich. Vermehrung durch Aussaat, alternativ durch Teilung im Frühjahr. WHZ 6.

Saccharum giganteum (WALTER) PERS.
[*Erianthus giganteus* (Walter) F. T. Hubb., non Muhl.]
Riesen-Seidengras, Zuckerrohr-Seidengras
Heimisch an nassen oder ständig feuchten, sonnigen bis lichtschattigen Standorten von New Jersey bis Kentucky und Arkansas, nach Süden bis Florida und Texas und bis nach Mittelamerika hinab. Dies ist mit 300 cm Höhe die größte nordamerikanische Spezies und zugleich diejenige mit den größten Blütenwedeln; dennoch ist sie wesentlich schlanker und bleibt sowohl in ihrer Statur als auch

LINKS Gut zwei Meter hoch steht *Saccharum brevibarbe* Anfang Oktober an einem feuchten Gehölzrand in North Carolina.

UNTEN Drei Ansichten von *Saccharum contortum* aus dem Garten des Autors in Pennsylvania:
LINKS Zur Blüte Ende August steht das Gras mehr als zwei Meter hoch vor goldgelbem Schlitzblättrigem Sonnenhut *Rudbeckia laciniata*; zu seinen Füßen *Amsonia hubrichtii*.
MITTE Die späte Oktobersonne macht die durchscheinenden gezwirbelten Grannen in den Ähren sichtbar.
RECHTS Auch Mitte Februar steht *Saccharum contortum* noch fest und aufrecht; selbst wiederholter Schneefall kann dem Gras nichts anhaben.

im Blütenstand kleiner als das asiatische *Saccharum arundinaceum* und das mediterrane *S. ravennae*. Blüht im Spätsommer oder zeitigen Herbst; die zunächst kräftig rosa überlaufenen Blütenstände trocknen hellbeige und bleiben bis weit in den Winter durchscheinend und attraktiv. Die Grannen sind gerade. Das im Sommer grüne Laub färbt sich im Herbst gelb, rot oder bronze-violett. Gedeiht am besten in Sonne oder lichtem Schatten auf durchschnittlich frischem bis feuchtem Boden. Versamt sich. Vermehrung durch Aussaat, alternativ durch Teilung im Frühjahr. WHZ 6.

Saccharum officinarum L.

Zuckerrohr

Dieses großformatige Gras wird seit Jahrhunderten zur Zuckergewinnung angebaut; durch den Menschen erfuhr es weite Verbreitung in den warmen Regionen dieser Welt. Sein Ursprung bleibt unsicher; wahrscheinlich stammt es aus dem tropischen Asien und von den Inseln des Südpazifiks. Auslesen mit farbigen Blättern und Halmen erfreuen sich als frostempfindlicher einjähriger Gartenschmuck zunehmender Beliebtheit. Kann in tropischem Klima nahezu 6 m hoch werden; als Sommerpflanzung in kühlerem Klima erreicht es meist 180–240 cm Höhe. An sonnigem bis lichtschattigem Standort auf unterschiedlichen Böden problemlos zu ziehen. Bevorzugt feuchten Boden, ist jedoch relativ trockenheitsverträglich, sobald es Fuß gefasst hat. Vermehrung durch Teilung oder durch Bewurzelung von Halmabschnitten. WHZ 10.

'Pele's Smoke'. Rauchig-violettes Laub; auffällige hellbeige Streifen kennzeichnen die Knoten der glänzend mahagoniroten Halme. In kühleren Regionen bleiben die Halme im Winter noch lange, nachdem das Laub erfroren ist, attraktiv. Die unter diesem neueren Namen gehandelten Pflanzen sind häufig von der folgenden Sorte nicht zu unterscheiden.

'Violaceum'. Unter diesem Sortennamen werden bereits seit sehr langer Zeit Formen mit rotviolettem Laub und Rohr angeboten.

Saccharum ravennae (L.) L.

[*Erianthus ravennae* (L.) P. Beauv.]

Ravennagras, Ravenna-Seidengras, Italienisches Zuckerrohr

Heimisch in Südeuropa und dem Mittelmeerraum, außerdem in Nordafrika und Westasien. Diese große, reichblütige Spezies wird mitunter als „winterhartes Pampasgras" angeboten, anstelle dessen es in kälteren Regionen früher gern gezogen wurde.

Dies ist eines der größten und dramatischsten winterharten Gräser; dank seines aufrechten Wuchses erreicht es zur Blüte mehr als 4 m Höhe. Frei von Ausläufern; bringt einen gewaltigen aus dem

UNTEN LINKS *Saccharum giganteum* Mitte September im Norfolk Botanical Garden von Virginia.
UNTEN MITTE Südkalifornien: Das Burgunderrot der Halme von *Saccharum officinarum* 'Pele's Smoke' ist auch Anfang Februar noch nicht verblasst.
UNTEN RECHTS Ende Oktober verkörpert *Saccharum ravennae* im Gegenlicht das ganze Drama von Linie, Form und Licht, das die Gräser so einzigartig macht (Longwood Gardens).

RECHTS *S. officinarum* 'Pele's Smoke' Ende Oktober (Gärtnerei Hoffman, Rougemont, North Carolina).

Scheitel entspringenden, knapp 120 cm hohen graugrünen Blatthorst hervor. Produziert im Spätsommer oder zeitigen Herbst große Blütenwedel auf kräftigen, aufrechten bis leicht auseinanderstrebenden Halmen. Der zunächst rosige Farbton der Blüten verwandelt sich rasch in glänzendes Silber; die Wedel bleiben bis weit in den Winter hinein reizvoll durchscheinend. Hervorragender Vasenschmuck – schneiden Sie dazu die Blüten kurz vor dem Erblühen. Im Spätsommer sind die Blütenhalme oft auffällig rot überlaufen; das Laub färbt sich im Herbst ansprechend orange.

Benötigt volle Sonne und eine relativ lange Vegetationsperiode, um zur Blüte zu gelangen. Bezüglich der Bodenart nicht wählerisch; gedeiht an nassen Standorten ebenso wie an trockenen. Ein Übermaß an Feuchtigkeit und Nährstoffen hat weichen, auseinanderfallenden Wuchs zur Folge. Versamt sich; ist in verschiedenen warmgemäßigten Regionen auf Ruderalflächen verwildert. Vermehrung durch Aussaat oder Teilung. WHZ 6.

Schizachyrium Nees

Poaceae – Süßgräser

Präriegras, Bartgras, Blauhalm

Diese Gattung umfasst etwa 60 einjährige und spätgrünende mehrjährige Spezies der tropischen, subtropischen und gemäßigten Breiten weltweit. Die einzige häufig kultivierte Art ist *Schizachyrium scoparium*, eine der neun nordamerikanischen Spezies, die früher der nah verwandten Gattung *Andropogon* zugerechnet wurde. Anders jedoch als bei Andropogon, bei dem sich jeder Blütenstandstiel in zahlreiche Trauben verzweigt, mündet bei *Schizachyrium* jeder Blütenstandstiel in eine einzige Traube (genau genommen besteht die Blüte aus einer unverzweigten Rhachis mit paarig angeordneten gestielten und sitzenden Ährchen). Dieser Unterschied ist mit bloßem Auge erkennbar. Bei *Schizachyrium* steht die Traube am Ende eines schlanken Blütenstandstiels, der deutlich erkennbar einem Halmknoten entspringt (siehe Zeichnung Seite 45). Bei *Andropogon* dagegen stehen an jedem Blütenstandstiel zwei bis vier Trauben; die Blütenstandstiele sind kurz und größtenteils von der Blattscheide umschlossen.

Schizachyrium littorale (Nash) E. P. Bicknell

Küsten-Bartgras, Dünen-Bartgras

Diese nordamerikanische Spezies ist *Schizachyrium scoparium* sehr ähnlich; ihr Lebensraum ist jedoch auf Wanderdünen und Flugsandbereiche der Atlantikküste von Massachusetts nach Süden, der Uferregionen der Großen Seen sowie der Golfküste beschränkt. Das

OBEN LINKS Die ausgewachsenen Exemplare von *Saccharum ravennae* in den Longwood Gardens stehen Ende Oktober fast vier Meter hoch.

UNTEN, LINKS AUSSEN Ende Oktober haben die hohen Sumpfzypressen *Taxodium distychum* im Hintergrund ihr Herbstkleid angelegt; noch immer zeigt sich das leuchtende *Saccharum ravennae* als unübersehbare Größe (Longwood Gardens).

LINKS Spät im Oktober sind die Blütenhalme von *Saccharum ravennae* kräftig rot überlaufen.

meist stark bereifte Laub wirkt graublau. Zwar verbreitet sich dieses Gras nicht über Rhizome, doch von Sand bedeckte Halmknoten können bewurzeln, weshalb die Spezies für die Dünenbefestigung von Bedeutung ist. Das eher selten kultivierte Gras sollte bei der Garten- und Landschaftsgestaltung in Küstennähe mehr Berücksichtigung finden. Vermehrung durch Aussaat oder Teilung. WHZ 5.

Schizachyrium scoparium (Michx.) Nash

[*Andropogon scoparius* Mich.]

Kleiner Blauhalm, Kleines Präriegras, Prärie-Bartgras

Heimisch auf Prärien und in lichtem Wald, häufig auch auf Sukzessionsflächen von New Brunswick und Quebec bis Alberta, nach Süden bis Florida und Mexiko. Das Kleine Präriegras war eine der Charakterarten der nordamerikanischen Hochgrasprärie, worauf auch einer der Trivialnamen verweist. Die hochvariable Spezies toleriert unterschiedliche Bodenfeuchten, von durchschnittlich frisch bis nahezu arid, und gedeiht auf sauren wie auf basischen Böden. Anders als das nah verwandte *Andropogon virginicus* ist das Kleine Präriegras ein wertvolles Weidegras; vielerorts wird es zu diesem Zweck angesät, seit die Prärien zerstört sind.

Überwiegend aufrecht, horstbildend; fein texturiert, aber bei einer Höhe von 60–120 cm gar nicht so „klein“, wie der Name vermuten ließe. Das Laub variiert in der Farbe von leuchtendgrün bis graublau bereift. Bereifte Formen weisen häufig rotviolette Einsprengsel auf, besonders am Halm. Die Herbstfärbung reicht von kupferorange bis hin zu dunklem Rotviolett; im Winter kann die Farbe von strohgelb bis intensiv orangerot reichen. Die dunkleren Rot- und Violetttöne sind am ehesten bei Pflanzen mit bereiftem Sommerlaub anzutreffen. Als echter Spätgrüner blüht dieses Gras im Spätsommer. Die zarten Blütenstände sind zunächst eher unauffällig, bis sie trocknen und durchsichtig silbrig leuchten. Trotz seiner schlanken Halme übersteht das Kleine Präriegras den Winter meist aufrecht, selbst nach wiederholtem Schneefall. Nur an mehr oder weniger vollsonnigem Standort wächst es aufrecht. Schatten, übermäßiges Nährstoffangebot und übermäßige Feuchte fördern weichen, auseinanderfallenden Wuchs.

LINKS *Schizachyrium littorale* an der Küste von Massachusetts in voller Sonne auf lockerem Sand (Ende August).

UNTEN LINKS Der Halm von *Schizachyrium scoparium* (rechts im Bild) geht in schlanke Blütenstandstiele über, die jeweils in eine einzelne Blütentraube münden. *Andropogon virginicus* (links) dagegen mündet in mehrere dicht gedrängte Blütentrauben, die großenteils von Blattscheiden umschlossen sind.

UNTEN Ende Dezember im Wellfleet Bay Wildlife Sanctuary (Massachusetts): Rechts und links eines Pfades steht auf trockenem Sand *Schizachyrium scoparium* neben Immergrüner Bärentraube *Arctostaphylos uva-ursi*.

OBEN *Schizachyrium scoparium* 'The Blues' Ende Juli im Adkins Arboretum von Ridgely (Maryland); dahinter Schlitzblättriger Sonnenhut *Rudbeckia laciniata* 'Herbstsonne'.

RECHTS *Schizachyrium scoparium* 'The Blues' leuchtet Ende Oktober orangerot (Adkins Arboretum, Ridgely, Maryland).

Normaler Gartenboden ist oft zu nährstoffreich für dieses Gras; auf trockenen, armen Böden gedeiht es dagegen hervorragend. Vermehrung durch Aussaat im Frühjahr, alternativ durch Teilung im Nachwinter oder Frühjahr. Vegetativ vermehrte Sorten erfreuen sich wachsender Beliebtheit und sind immer besser erhältlich; dennoch sollten sich noch reichlich weitere Auslesen treffen lassen. WHZ 3.

'Aldous'. Eine ursprünglich als Grünfutter entwickelte Samensorte, die großenteils hochwüchsige blaulaubige Exemplare hervorbringt.

'Blaze'. Eine ursprünglich als Grünfutter entwickelte samenvermehrte Sorte, die durchweg Pflanzen mit intensiv roter Herbst- und Wintertönung hervorbringt.

'Cimarron'. Diese ursprünglich als Grünfutter entwickelte samenvermehrte Sorte bringt einen hohen Anteil blaulaubiger Pflanzen hervor.

'Stars & Stripes'. Eine vegetativ vermehrte Sorte mit rahmgelb gestreiftem grünem Laub.

'The Blues'. Eine vegetativ vermehrte Auslese mit stark bereiftem hellblauem Halm aus 'Aldous'-Sämlingen von Richard Lighty; benannt durch Kurt Bluemel Nurseries und North Creek Nurseries. Vermehrung ausschließlich durch Teilung.

Schoenoplectus (Rchb.) Palla

Cyperaceae – Riedgrasgewächse

Teichsimse, Seebinse

Die Gattung umfasst etwa 80 ein- und mehrjährige Spezies aquatischer und semiaquatischer Lebensräume weltweit. Viele Arten wurden früher zur eng verwandten Gattung *Scirpus* gerechnet, so etwa die Salz-Teichsimse *Schoenoplectus tabernaemontani*, die früher zur Dacheindeckung geerntet wurde und schon lange als Teichpflanze beliebt ist. Die Arten der Gattung *Schoenoplectus* sind wichtig für die Gewässergesundheit; in vielen Feuchtbiotopen spielen sie eine Rolle im Nährstoffkreislauf und bieten der Tierwelt Schutz und Nahrung. Botanisch zählt die Gattung zu den Riedgräsern; durch die fehlende Belaubung, die grünen, oft drehrunden Halme und die Blüten, die gedrängt an der Halmspitze oder direkt darunter stehen, wirken die meisten Arten jedoch wie Binsengewächse. Manche stark ausläufertreibende Spezies bilden ausgedehnte Bestände in aquatischen Biotopen.

Schoenoplectus californicus (C. A. Mey.) Soják

[*Scirpus californicus* (C. A. Mey.) Steud.]

Kalifornische Teichsimse, Riesen-Teichsimse

Heimisch in Süßwassermarschen im gesamten Süden der USA, nach Süden bis Chile und Argentinien. Stark ausläufertreibend, mit drehrunden grünen oder graugrünen Halmen; bis 270 cm

hoch. Die Blütenstände sind endständige, offen verzweigte Rispen. Im kalifornischen Inland bedeckte diese Simse einst große Seenflächen; indigene Völker nutzten sie traditionell zur Dacheindeckung und fertigten daraus Matten, Körbe und Kleidung. Für den normalen Wohngarten ist diese Pflanze zu groß; für geeignete Nassbiotope stellt sie eine schützenswerte, beeindruckende Spezies dar, die Wasservögeln und anderen Tieren dieses Lebensraums Schutz und Nahrung bietet. WHZ 7.

Schoenoplectus subterminalis (Torr.) Soják

[*Scirpus subterminalis* Torr.]

Schwankende Teichsimse

Heimisch an anmoorigen Ufern, in Teichen, Morasten und langsam fließenden Gewässern mit oftmals niedrigem pH-Wert des nördlichen Nordamerika. Diese sehr aparte Pflanze wächst zum größten Teil untergetaucht in bis zu 150 cm tiefem Wasser. Die fadendünnen, an der Wasseroberfläche treibenden mandelgrünen Halme lassen selbst die sanfteste Strömung sichtbar werden. Das Art-Epitheton *subterminalis* bezieht sich auf die winzigen, direkt unter der Halmspitze stehenden Blütenstände; diese recken sich zur Blütezeit im Hochsommer wenige Zoll über die Wasseroberfläche. Die Rhizome bilden oft ausgedehnte Herden. Für den kleineren Teichgarten ungeeignet, für weitläufigere Landschaften sehr empfehlenswert. Vermehrung durch Aussaat oder Teilung. WHZ 4.

Oben links *Schoenoplectus californicus* Ende Juni im San Luis Obispo Botanical Garden in Kalifornien.

Oben rechts Mitte September in den New Jersey Pine Barrens: Die Halme von *Schoenoplectus subterminalis* zeichnen die sanfte Strömung des Wading River nach.

Unten Die Enden seiner Blütenhalme reckt *Schoenoplectus subterminalis* über die Wasseroberfläche.

Schoenoplectus tabernaemontani (C. C. GMEL.) PALLA
[*Scirpus tabernaemontani* C. C. Gmel., *S. validus* Vahl, *S. lacustris* L., *Schoenoplectus lacustris* subsp. *tabernaemontani* (C. C. Gmel.) A. et D. Löve]
Salz-Teichsimse, Steinsimse

Weltweit verbreitet in Süß- und Brackwasserbiotopen, unter anderem in Marschen, Seen, Teichen und am Flussrand. Verbreitet sich über Rhizome zu oftmals großen Kolonien. Die Fotosynthese findet in den dunkelgrünen, binsenähnlichen Halmen statt; knapp unterhalb der Halmspitze stehen rötlichbraune Blüten in offenen Rispen. Diese hochvariable Spezies steht im Mittelpunkt eines großen Komplexes ähnlicher Pflanzen, die willig hybridisieren, was in der Taxonomie zu erheblicher Verwirrung geführt hat und eine häufig widersprüchliche Klassifizierung und Benennung zur Folge hatte. Die zähen Pflanzen erweisen sich als hervorragend an heutige Umweltbedingungen angepasst; häufig wachsen sie außerhalb ihres ursprünglichen Verbreitungsgebietes und etablieren sich in stark gestörten oder modifizierten Umgebungen, wo sie nachweislich zur ökologischen Gesundheit und Biodiversität beitragen. Obgleich sich die Salz-Teichsimse stark über Rhizome verbreitet kann, lässt sie sich im Teichgarten problemlos als Horst oder kleiner Fleck halten; mit ihrer beeindruckend linealischen Gestalt liefert sie einen perfekten dunkelgrünen Kontrast zu Seerosen und anderen breitblättrigen Pflanzen. Steht zur Blütezeit im Sommer 90–210 cm hoch. Die im Handel verbreiteten mehrfarbigen Formen sind ebenso pflegeleicht wie die Art. Bevorzugt volle Sonne und nassen oder ständig feuchten Boden. Am besten an neutralen bis sauren Standorten. Vermehrung durch Teilung im Frühjahr. WHZ 4.

'Albescens' ('Variegatus'). Halme derart stark rahmweiß bis hellstgrün panaschiert, dass die gesamte Pflanze nahezu weiß erscheint. WHZ 5.

'Golden Spears'. Treibt im Frühjahr gelbe Halme, die im Laufe des Sommers vergrünen. WHZ 5.

'Zebrinus'. Zebrasimse. Halme dunkelgrün mit unübersehbaren hellgelben Ringeln. Weniger wüchsig als die Art; meist unter 120 cm hoch.

Scirpus L.

Cyperaceae – Riedgrasgewächse

Simse

Umfasst etwa 35 Spezies, die weltweit an feuchten Standorten überwiegend im Süßwasserbereich, bisweilen auch unter leicht brackigen Bedingungen anzutreffen sind. Alle sind mehrjährige Spätgrüner und blühen in der zweiten Sommerhälfte. Viele ehemals zu *Scirpus* gezählte Arten werden inzwischen als *Schoenoplectus* geführt. Die in *Scirpus* verbliebenen Spezies zeichnen sich durch normal entwickelte Blätter mit flachen Spreiten aus, wodurch sie den Binsen weniger ähneln als die *Schoenoplectus* zugerechneten Arten. Die an der Halmspitze oder knapp darunter sitzenden Infloreszenzen sind stark verzweigt und münden in Gruppen rotbrauner Blüten. Die meisten Arten wachsen horstartig; einige verbreiten sich über Rhizome langsam zu ausgedehnten Herden.

Scirpus atrovirens Willd.

Schwarzgrüne Simse

Heimisch auf Feuchtwiesen, in Sümpfen und niedrigen Gebüschen in nahezu der gesamten Osthälfte Nordamerikas, von Neufundland bis Quebec, nach Süden bis Georgia und Texas; außerdem in Arizona sowie den nördlichen Bundesstaaten der USA bis hin zum Staat Washington. Relativ zierlich; aus dem grundständigen, dunkel blaugrünen Laub streben wenige, bis 120 cm hohe Halme empor. Blüht im Frühsommer. Die Blütenbüschel dieser auffälligen Spezies nehmen rasch ein derart dunkles Braun an, dass sie bereits aus kurzer Entfernung nahezu schwarz erscheinen. Bevorzugt volle Sonne und feuchten Boden. Vermehrung durch Aussaat oder Teilung. WHZ 3.

Linke Seite, oben links *Schoenoplectus tabernaemontani* (vorn) Mitte Juni in einem formalen Wasserbecken in Battery Park City (New York).

Linke Seite, oben rechts *Schoenoplectus tabernaemontani* Ende August vor einem abwechslungsreich gestalteten Teichufer im Berggarten Hannover. Rechts im Mittelgrund steht Breitblättriger Rohrkolben *Typha latifolia*.

Linke Seite, unten links Blütenrispe von *Schoenoplectus tabernaemontani* Ende Juni in Nord-Delaware.

Unten Mitte *Schoenoplectus tabernaemontani* 'Albescens' Ende August im Botanischen Garten von Denver (Colorado).

Unten rechts *Schoenoplectus tabernaemontani* 'Zebrinus' Anfang Juni in den Longwood Gardens (Pennsylvania).

Oben links *Schoenoplectus tabernaemontani* 'Albescens' Ende August in Hermann Müssels Garten in Heigenhausen. Im Hintergrund ein Gartenhäuschen.

Oben rechts Die Samenstände von *Scirpus atrovirens* präsentieren sich Ende Juli dunkelbraun; hier am Rand einer Feuchtwiese im östlichen Pennsylvania.

Scirpus cyperinus (L.) Kunth
[*Scirpus rubricosus* (L.) Kunth]
Zypergras-Simse, Wollige Simse

Heimisch auf Nasswiesen, in Marschen und Sümpfen von Neufundland bis British Columbia, nach Süden bis Florida und Texas; häufig auch in Entwässerungs- und Abzugsgräben und in anderen durch menschliche Aktivität entstandenen Feuchtbiotopen verwildert. Eine ausgesprochen ungewöhnliche Pflanze mit wattebauschartigen Samenständen. Über dem leuchtend grünen grundständigen Laub stehen im Hochsommer aufrechte, 120–180 cm hohe Blütenhalme. Die Blüten öffnen sich hellgrün und reifen zu flauschigen, kräftig lachsfarbenen Samenständen. Diese bleiben meist sogar in kalten Regionen den ganzen Winter über attraktiv und aufrecht. Bevorzugt volle Sonne und feuchten bis nassen Boden; die sehr anpassungsfähige Pflanze gedeiht jedoch auch in durchschnittlich frischem Boden und toleriert sogar zeitweise Trockenheit. Gut an Teichrandsituationen und staunassen Boden angepasst. Versamt sich in Maßen; lässt sich leicht auf Feuchtwiesen im Garten ansiedeln. Bis zu einem gewissen Grad salztolerant. Vermehrung durch Aussaat, alternativ durch Teilung im Frühjahr oder Herbst. WHZ 3.

Scirpus robustus Pursh
[*Schoenoplectus robustus* (Pursh) M. T. Strong, *Bolboschoenus robustus* (Pursh) Soják]
Salzmarsch-Simse

Heimisch in Brack- und Salzmarschen des Küstenbereichs von Nova Scotia bis Texas, in Kalifornien sowie in Mexiko und Südamerika. Die Pflanze erinnert an eine Binse, hat jedoch normale Blätter mit flachen Spreiten. Derzeit wächst der Konsens, dass diese Spezies in die abgetrennte Gattung *Bolboschoenus* einzuordnen sei. Halme und Laub überwiegend aufrecht, 60–150 cm hoch. Blüht im Hochsommer; der endständige Blütenstand wird von einem blattartigen Tragblatt weit überragt. Eine häufig angetroffene und dennoch auffällige Spezies der Küstenmarschen. Von den Samen ernähren sich Enten, Gänse und andere Wasservögel. Vermehrung durch Aussaat, alternativ durch Teilung im Frühjahr oder Herbst. WHZ 3.

Sesleria Scop.

Poaceae – Süßgräser

Blaugras, Kopfgras

Der Name der Gattung erinnert an einen venezianischen Arzt und Botaniker des 18. Jahrhunderts, Leonardo Sesler, der die europäische Flora erforschte. Die rund 25 Arten sind überwiegend an felsigen Gebirgsstandorten Europas, Nordafrikas und Westasiens heimisch. Die europäischen Arten konzentrieren sich auf den Balkan und die Karpaten, wo sie häufig auf Kalkböden stehen. Bei allen handelt es sich um dicht schopfartig wachsende ausdauernde Gräser mit immergrünem oder wintergrünem Laub. Obgleich sie zu den Frühgrünern zählen, kommen sie aufgrund ihrer Anpassung an die oft felsigen, zu Dürre neigenden basischen Naturstandorte ungewöhnlich gut mit warmen, trockenen Bedingungen zurecht. Die ganze Gattung wird aufgrund ihrer relativ unauffälligen Blüten nur zu häufig übersehen; es handelt sich jedoch um eine ausdauernde, langlebige und pflegeleichte Gruppe von Gräsern, die für kleinere wie auch größere Anlagen in voller Sonne bis Halbschatten vorzüglich als Bodendecker geeignet sind. Die Spezies variieren in der Größe und der Laubfarbe, die von nahezu chartreuse bis zu hellem Graublau reicht. Die meisten Arten sind recht kälteverträglich und kalktolerant, was sie zu guten Kandidaten für Dachbegrünungen und für Standorte im städtischen Raum macht, deren pH-Wert durch Mörtel und andere Baumaterialien erhöht ist. Vermehrung sämtlicher Arten durch Aussaat, alternativ durch Teilung im Frühjahr oder Herbst.

Sesleria argentea (Savi) Savi

Silber-Blaugras

Heimisch auf sonnigem Grasland und in lichten Wäldern Südwest-Europas und Nordafrikas. Der häufiger im Garten gezogenen *Sesle-*

Linke Seite, oben links Anfang August beginnt am sonnigen Rand eines Feuchtwaldes in Delaware die Blüte von *Scirpus cyperinus*; im Hintergrund weiß blühende Erlenblättrige Zimterle *Clethra alnifolia*, Tupelobaum *Nyssa sylvatica* (hinten rechts) und Rot-Ahorn *Acer rubrum* (hinten links).
Oben rechts Wie ein farbiger Pinselstrich liegt Anfang September ein Band aus *S. cyperinus* auf einer sonnigen Feuchtwiese in Delaware; vorn Goldrute *Solidago canadensis* und Kreuzstrauch *Baccharis halimifolia*, hinten ein Amberbaum *Liquidambar styraciflua*.
Linke Seite, unten links Senkrecht streben in einem Abzugsgraben an einer Landstraße in Delaware die Blütenhalme von *Scirpus cyperinus* aus dem hellgrünen grundständigen Laub – ein schöner Kontrast zum Oktoberlaub des Amberbaums *Liquidambar styraciflua*.
Mitte und rechts Kaum länger als zwei Monate dauert es, dann haben sich die hellgrünen Infloreszenzen von *Scirpus cyperinus* in flauschige lachsrosa Samenstände verwandelt. Mitte: Anfang August. Rechts: Mitte Oktober.

Diese Seite, oben *S. robustus* Ende August am Rand einer Salzmarsch an der Küste von Massachusetts; gegenüber *Spartina alterniflora*.
Unten Ende August steht *Sesleria argentea* an vollsonnigem Standort im Berggarten Hannover in Blüte.

ria autumnalis sehr ähnlich; das Laub ist an lichtschattigem oder feuchtem Standort mittelgrün, an sonnigem oder trockenerem Standort nahezu chartreuse. Bildet einen niedrigen, bis 30 cm hohen Blatthorst, über dem im Hochsommer auf schlanken, 45 cm hohen Halmen schmale rahmweiße Blütenstände stehen. In voller Sonne bis Halbschatten problemlos zu ziehen. Trockenheitsverträglich. WHZ 4.

Sesleria autumnalis (Scop.) F. W. Schultz
Herbst-Blaugras, Herbst-Kopfgras
Heimisch in Südeuropa und im Kaukasus auf Grasland und in lichtem Wald, häufig in kalkreichen Berglagen. Schopfartig, mit grünen bis gelbgrünen, bis 30 cm langen Blättern. Schlanke, rahmweiße Blütenstände stehen im Hochsommer bis 45 cm hoch. In voller Sonne bis Halbschatten problemlos zu ziehen. Trockenheitsverträglich. WHZ 4.

***Sesleria caerulea* (L.) Ard.**

[*Sesleria albicans* Kit. ex Schult.]

Kalk-Blaugras

Heimisch in Europa einschließlich der Britischen Inseln auf Kalkwiesen, in Kalksteinritzen und auf Schutthalden. Bei maximal 20 cm Höhe eines der niedrigsten und kompaktesten Blaugräser mit polsterförmigen Horsten aus kräftig blaugrünem Laub. Blatt bis 4 mm breit und oberseits kräftig blau bereift, unterseits dunkelgrün. Das Laub steht häufig aufrecht, sodass beide Farben gleichzeitig sichtbar sind. Im April/Mai erblühen über dem Laub kleine Ährenrispen auf schlanken Halmen. Die Blüten zeigen sich zunächst schwärzlich mit hellgelben Staubbeuteln; später färben sie sich mehr oder weniger grün, wodurch sie rasch unauffällig werden. In voller Sonne bis lichtem Schatten leicht zu ziehen. Trockenheitsverträglich. WHZ 4.

***Sesleria heufleriana* Schur**

Grünes Kopfgras

Diese ebenfalls in Europa beheimatete Spezies ähnelt *Sesleria caerulea* sehr, fällt jedoch in Blatt und Blüte breiter und höher aus. Wächst als adretter, gut 35 cm hoher polsterförmiger Horst. Im zeitigen Frühjahr stehen über dem Laub schwarze Blüten mit rahmgelben Staubbeuteln auf schlanken Halmen, die während des Ausreifens der Saat ständig weiterwachsen, um sich schließlich niederliegend dem Blick zu entziehen. In voller Sonne bis lichtem Schatten leicht zu ziehen. Trockenheitsverträglich. WHZ 4.

Linke Seite, aussen *Sesleria autumnalis* unterstützt mit zarten Akzenten ein mandelgrünes Farbthema im Garten Ashland Hollow in Delaware (Mitte August).

Linke Seite, rechts oben *Sesleria autumnalis* Ende Juni in voller Sonne in den Seaside Gardens von Carpinteria (Kalifornien).
Mitte Zweifarbig präsentiert sich *Sesleria caerulea* mit hell graublau gefärbter Blattoberseite und dunklerer, blaugrüner Unterseite.
Unten *Sesleria caerulea* blüht in Pennsylvania Anfang Mai. Die Blüten fallen schon bald nicht mehr auf; ein Rückschnitt ist für einen adretten Eindruck grundsätzlich nicht nötig.

Diese Seite, links Eine Gestaltung mit *Sesleria caerulea* unter einem Zimtahorn *Acer griseum* in den Longwood Gardens verdeutlicht, wie attraktiv dieses Gras als Bodendecker zu unterschiedlichen Jahreszeiten ist. Hinter dem Baum wächst eine Woge von Rasenschmiele *Deschampsia cespitosa* mit zwischengepflanzten Narzissen. Während die *Deschampsia* vom Frühjahr zum Winter einen dramatischen Wandel durchmacht, zeigt sich die *Sesleria* als konstanter blaugrüner Faktor.
Links oben *Sesleria caerulea* Anfang Mai.
Links unten *Sesleria caerulea* Mitte Dezember.

Oben *Sesleria heufleriana* mit rosa blühendem Seifenkraut *Saponaria × lempergii* Ende August in Süddeutschland.

Sesleria nitida Ten.

Glänzendes Kopfgras, Nest-Kopfgras

Heimisch in Mittel- und Süditalien. Relativ hoch, mit bis zu 50 cm hohem, graugrün bis graublau bereiftem Laub. Blüht im Frühjahr; der recht unauffällige Blütenstand ist nahezu schwarz mit leuchtend gelben Staubbeuteln. Gedeiht am besten in voller Sonne. Sehr trockenheitsverträglich. WHZ 4.

Sesleria rigida Heuff. ex Rchb.

Starres Kopfgras, Karpaten-Kopfgras

Diese in Eurasien heimische Spezies ist auf offenen Kalkböden der Karpaten und des Balkans anzutreffen. Mit ihrem graugrün bis graublau bereiften, bis 30 cm hohen Laub und dem eher steifen Habitus ähnelt sie *Sesleria nitida*. Ihre Blütenhalme sind wesentlich stabiler und stehen bis 60 cm hoch, wobei die endständigen Blütenbüschel noch lange nach der Blüte im Frühjahr kräftig gefärbt und attraktiv sind. Gedeiht am besten in voller Sonne. Sehr trockenheits- und basentolerant. WHZ 5, eventuell auch kälter.

Links oben *Sesleria nitida* Ende Juli in voller Sonne (England).
Links unten *S. nitida* Ende Juni in voller Sonne in den Seaside Gardens von Carpinteria (Kalifornien).

Oben *Sesleria rigida* Ende August auf dem Dach des ehemaligen Regenwaldhauses in den Herrenhäuser Gärten (Hannover).

Setaria Palib.

Poaceae – Süßgräser

Borstenhirse, Kolbenhirse

Der vom lateinischen *seta* (Borste) hergeleitete Gattungsname verweist auf die borstigen Blütenstände. Die über 100 ein- und mehrjährigen Spezies sind auf offenem Grasland und in lichtem Wald der tropischen, subtropischen und gemäßigten Breiten weit verbreitet. Die einjährigen Spezies kennt man überwiegend als weltweit verbreitete Wildgräser, die bisweilen attraktiv sind, jedoch selten gezielt gezogen werden. Die folgende frostempfindliche mehrjährige Art aus den Tropen wird im Garten vor allem aufgrund ihrer an Palmwedel erinnernden auffälligen Belaubung gezogen.

Setaria palmifolia (J. König) Stapf

Palmblättrige Borstenhirse

Diese im tropischen Asien beheimatete, grob texturierte mehrjährige Art kann in tropischem Klima zur Blüte 300 cm Höhe erreichen. Die bei der Art grünen Blätter sind 8–13 cm breit und auffällig gerieft. Eine lange warme Vegetationsperiode ist Voraussetzung, damit sie ihre großen fuchsschwanzartigen Blütenstände hervorbringen kann, die auf eher schlanken Halmen über dem Laub stehen. In kühleren Breiten wird sie im Wintergarten oder im Kübel gezogen, um während der wärmeren Jahreszeit einen interessanten tropischen Akzent im Garten zu setzen. Ebenso kann man sie zum Sommer auspflanzen und vor dem Winter wieder hereinholen. Längere Perioden unter 4 °C toleriert sie nicht. Gedeiht auf feuchtem Boden in voller Sonne, jedoch auch an recht stark beschattetem Standort. Ziemlich trockenheitsverträglich. Vermehrung durch Teilung. Dieses Gras ist in kühleren Regionen, wo es nicht zur Blüte gelangt, aus Umweltsicht unbedenklich; in tropischen Regionen dagegen verbreitet es sich hemmungslos und erweist sich als Bio-Invasor, weshalb es in warmem Klima nur mit großer Vorsicht gezogen werden sollte. WHZ 9.

'Rubra' ('Rubra Aurea'). Halme tiefviolett, Laub mandelgrün.

'Rubra Variegata'. Halme tiefviolett, Laub mandelgrün mit rahmweißen Streifen auf der Blattspreite und am Rand der Blattscheide.

Links aussen *Setaria palmifolia* Mitte Juni in Sydney Baumgartners Garten in Santa Barbara (Kalifornien).

Oben *Setaria palmifolia* 'Rubra' in einem Sommerarrangement tropischer Pflanzen im Scott Arboretum des Swarthmore College (Pennsylvania).

Links Das Laub von *Setaria palmifolia* ist auffällig gerieft.

Sorghastrum Nash

Poaceae – Süßgräser

Indianergras, Waldgras

Der mit dem lateinischen Suffix *-astrum* versehene, vom Artnamen *Sorghum* abgeleitete Name verweist auf die Ähnlichkeit mt *Sorghum*. Die Gattung umfasst etwa 18 ein- und mehrjährige, vorwiegend im tropischen, subtropischen und gemäßigten Amerika beheimatete Spezies sowie zwei afrikanische Arten. Am bekanntesten ist das Gelbe Indianergras *Sorghastrum nutans*, eine wichtige Charakterart der ursprünglichen nordamerikanischen Hochgrasprärien. Die nordamerikanischen *Sorghastrum*-Spezies sind mehrjährige Spätgrüner mit auffällig kupferfarbener Blüte im Spätsommer oder Frühherbst. Zwar wird im Garten am häufigsten das Gelbe Indianergras gezogen, doch die beiden anderen im Folgenden vorgestellten Arten sollte man nicht aus dem Auge verlieren.

Sorghastrum elliottii (C. Mohr) Nash

Schlankes Waldgras, Elliotts Waldgras

Heimisch in trockenem, oft sandigem lichtem Wald, überwiegend in der Küstenebene von Maryland bis Florida und Texas, des Weiteren im Inland bis auf die Höhe von Arkansas und Tennessee. Ähnlich *Sorghastrum nutans*, jedoch ausschließlich horstbildend, ohne jede Tendenz zur Ausläuferbildung. Das überwiegend grüne Laub ist schmaler, die Blüten sind offener und weniger intensiv kupfergold gefärbt. Blüht zum Hochsommer mit 90–150 cm hohen Blütenständen. An sonnigem bis halbschattigem Standort auf unterschiedlichen Böden problemlos zu ziehen. Trockenheitsverträglich. Vermehrung durch Aussaat, alternativ durch Teilung im Frühjahr. WHZ 6.

Sorghastrum nutans (L.) Nash

[*Sorghastrum avenaceum* (Michx.) Nash, *Chrysopogon nutans* Benth.]

Gelbes Indianergras, Goldbartgras, Nickender Goldbart

Eines der schönsten Gräser der einst gewaltigen nordamerikanischen Hochgrasprärie ist das Gelbe Indianergras, das diese maßgeblich prägte; gemeinsam mit der Rutenhirse *Panicum virgatum*, dem Kleinen Präriegras *Schizachyrium scoparium* sowie dem Großen Blauhalm *Andropogon gerardii* repräsentierte es die Hauptgruppe der großwüchsigen spätgrünenden Gräser, wobei allein der Blauhalm häufiger anzutreffen war. *Sorghastrum nutans* ist an ganz unterschiedlichen Standorten anzutreffen, von Prärien und Savannen über Trockenhänge bis hin zu lichtem Wald; sein Verbreitungsgebiet reicht von Quebec und Maine bis Manitoba und North Dakota, nach Süden bis Florida, Arizona und Mexiko.

Überwiegend horstbildend; kann sich jedoch mäßig über Rhizome ausbreiten. Aufrechter Wuchs; Höhe zur Blüte in der zweiten Sommerhälfte 150–240 cm. Die Blüten öffnen sich kräftig kupferfarben mit auffälligen, leuchtend gelben Staubbeuteln. Die zunächst lockeren, offenen Rispen werden beim Trocknen schmaler, hell kastanienrot und durchsichtig schimmernd; sie bleiben den ganzen Winter hindurch attraktiv. Pflanzen, deren Herkunft in den Prärien in der Mitte des Kontinents liegt, werden meist höher und haben bis 12 mm breites, häufig bereiftes Laub. Pflanzen aus dem Osten des Verbreitungsgebiets bleiben niedriger, dabei kräftig und aufrecht; ihr durchweg grünes Laub färbt sich im Herbst oft satt orangerot.

Das sehr anpassungsfähige Gelbe Indianergras lässt sich bei unterschiedlichsten Bodenfaktoren und Feuchtegraden leicht ziehen.

LINKE SEITE Blühendes *Sorghastrum nutans* zieht Anfang September kupfergoldene Bänder über eine angesäte Wiese im Außenbereich der Longwood Gardens (Pennsylvania).

DIESE SEITE, LINKS Die Infloreszenzen von *Sorghastrum nutans* durchlaufen vom Aufblühen bis zur Samenreife drastische Farb- und Formveränderungen.
OBEN Beim ersten Erblühen Ende August zeigen sich die Blüten von *Sorghastrum nutans* kupferfarben mit zitronengelben Staubbeuteln.
MITTE Anfang September sind die Blüten bereits schmaler geworden und zu rosigem Violett gedunkelt. Zu diesem Zeitpunkt sind die Blütenhalme eher weich und überhängend, wie auf dieser an einem taufeuchten Morgen entstandenen Aufnahme zu sehen.
UNTEN Anfang November beginnen sich die reifen Samen des *Sorghastrum nutans* zu lösen. Die getrockneten Blütenhalme sind nun steif und nahezu senkrecht aufgerichtet; so werden sie den Winter über stehen bleiben. Die Samenstände sind inzwischen von eher neutraler Farbe, fallen jedoch mit ihren in der Wintersonne leuchtenden durchsichtigen Grannen und winzigen Haaren noch immer ins Auge.

GANZ OBEN Anfang September versetzt die Sonne *Sorghastrum nutans* in Flammen (Garten des Autors, Pennsylvania).
OBEN Von einem Sitzplatz fällt der Blick auf die faszinierend leuchtenden spätoktoberlichen Samenstände von *Sorghastrum nutans* auf einer kleinen Wiese im Garten des Autors (Pennsylvania).

In voller Sonne steht es am aufrechtesten. Versamt sich willig; dies ist eine der Hochgras-Arten, die sich am einfachsten im Prärie- oder Wiesengarten ansiedeln lassen. Dieses Gras wird häufig zur Bodenstabilisierung und als Futtergras angesät; zu diesen Zwecken wurden verschiedene Samensorten entwickelt. Vermehrung durch Aussaat im Spätwinter oder zeitigen Frühjahr, alternativ durch Teilung im Frühjahr oder Herbst. WHZ 3.

'Bluebird'. Laub bereift; zur Blüte 90–150 cm hoch. Eine Auslese der Bluebird Nursery in Clarkson (Nebraska).

'Cheyenne'. Diese Samensorte mit Provenienz Oklahoma wurde vor allem als Futter- und Weidegras entwickelt.

'Holt'. Eine Samensorte mit Provenienz Nebraska, die vor allem als Futter- und Weidegras entwickelt wurde.

'Müllerslust'. Eine aus Deutschland stammende, vegetativ vermehrte Auslese mit bereiftem Laub und aufrechtem Habitus.

'Osage'. Diese Samensorte mit Herkunft Kansas und Oklahoma wird hauptsächlich als Futter- und Weidegras verwendet. Ein großer Teil der Sämlinge zeichnet sich durch bereiftes Laub aus.

UNTEN LINKS Noch Mitte April steht im Garten des Autors vorjähriges *Sorghastrum nutans*; früh brütende Vögel finden hier Deckung, und mit seinen aufrechten Halmen bereitet das Gras ein interessantes, farblich kontrastierendes Linienspiel vor dem blühenden Kanadischen Judasbaum *Cercis canadensis*.

UNTEN RECHTS Das hell bereifte Laub von *Sorghastrum nutans* 'Müllerslust' (vorn) zeigt sich Ende August in Hans Simons Gestaltung für den Berggarten Hannover deutlich blauer als das von *Panicum virgatum* 'Cloud Nine' (zu beiden Seiten hinten).

GANZ UNTEN LINKS Longwood Gardens (Pennsylvania): Blühendes *Sorghastrum nutans* 'Sioux Blue' präsentiert sich am letzten Augusttag straff aufrecht.

MITTE In den Versuchsbeeten der Bluebird Nursery in Clarkson (Nebraska) fand sich diese spektakuläre silberblaue Form von *Sorghastrum nutans*; zum Zeitpunkt der Drucklegung war die Bewertung noch nicht abgeschlossen. Solche Pflanzen zeigen die Schönheit und den Abwechslungsreichtum der nordamerikanischen Gräser auf, die noch lange nicht ausgeschöpft sind. Foto © Bluebird Nursery.

GANZ UNTEN RECHTS Blühendes *Sorghastrum secundum* in lichtem Wald. Foto von Ted Bodner, © Southern Weed Science Society.

'Sioux Blue'. Blatt graublau bereift. Aufrechter als die meisten Prärie-Typen. Die vom Autor aus einer Versuchspflanzung in Longwood Gardens selektierte und benannte vegetativ vermehrte Sorte geht auf einen Sämling von 'Osage' zurück.

Sorghastrum secundum (Elliott) Nash

Einseitswendiges Indianergras, Hängendes Waldgras

Heimisch in sandigem, lichtem Wald und an Waldrändern von South Carolina bis Florida und Texas. Horstbildend ohne Ausläufer. Laub grün; steht zur Blütezeit im Hochsommer 90–150 cm hoch. An den relativ schlanken Blütenständen fällt auf, dass die Blüten überwiegend auf einer Seite der Spindel stehen. Gedeiht in Sonne oder Schatten. Trockenheitsverträglich. Vermehrung durch Aussaat, alternativ durch Teilung im Frühjahr. WHZ 7, eventuell auch kälter.

Spartina Schreb.

Poaceae – Süßgräser

Schlickgras, Seilgras

Die Gattung umfasst 15 bis 17 mehrjährige spätgrünende Spezies überwiegend nasser bis feuchter Standorte, die an beiden Küsten Nord- und Südamerikas sowie an der europäischen und der afrikanischen Atlantikküste vor allem in gemäßigten und subtropischen Breiten anzutreffen sind. Die meisten Schlickgräser breiten sich über Rhizome zu großen Kolonien aus; in den Marschen der Küsten- und Inlandsbereiche tragen sie erheblich zur Bodenbildung und -befestigung bei, und viele bieten heimischer Fauna Nahrung und Schutz. Natürliche Hybriden werden durch ihre Wüchsigkeit in Küstenbiotopen mitunter zum Problem für die standortheimischen Spezies. Die Mehrzahl der *Spartina*-Arten ist in Salz- oder Brackwasserbiotopen anzutreffen; zu der Schönheit und Artenvielfalt dieser Landschaften leisten sie einen wesentlichen Beitrag. *Spartina pectinata* und *S. bakeri* sind zwei Spezies des Süßwasserbereichs und eignen sich für die Kultivierung auf trockenem Land.

Spartina alterniflora Loisel.

Glattes Schlickgras

Diese stark ausläufertreibende Spezies ist an der nordamerikanischen Ostküste in den Salzmarschen von Quebec und Neufundland bis Florida und Texas anzutreffen, ebenso an den Atlantikküsten Südamerikas und Nordeuropas. Sie besiedelt vor allem die Gezeitenzone; in Wassernähe wächst sie am höchsten, am oberen Gezeitensaum bleibt sie wesentlich niedriger. Das Laub variiert in der Höhe von 90–150 cm. Blüht im Hoch- bis Spätsommer mit schmalen, einseitswendigen Blütenständen, die auf schlanken aufrechten Halmen hoch über dem Laub stehen.

Die Spezies spielt eine wichtige Rolle in der Stabilisierung der Küstenböden und in der natürlichen Verlandung der See durch Vorverlagerung der Marsch. In manchen Küstenregionen wurde das Gras früher angepflanzt, um neues Acker- und Weideland zu gewinnen. Die bewusste Ansiedlung außerhalb des natürlichen Verbreitungsraums ließ natürliche Hybriden entstehen, von denen

Ganz oben Am Ufer von Robert's Cove auf Cape Cod (Massachusetts) zieht sich ein Streifen Glattes Schlickgras *Spartina alterniflora* hinter einer Woge aus Meerlavendel *Limonium nashii* entlang; Ende August blüht das Gras an aufrechten Halmen.

Oben Dieselbe Kolonie von *Spartina alterniflora* am Wassersaum Ende Dezember; im Vordergrund, näher an der Flutlinie, lagert Salzwiesen-Schlickgras.

OBEN LINKS *Spartina alterniflora* ist ein integraler Bestandteil des Lebensraums Salzmarsch an der Küste von Massachusetts (hier Ende Juli). UNTEN An der Küste von Massachusetts blüht *Spartina alterniflora* Anfang September.

OBEN RECHTS Anfang Februar in Lake Wales (Florida): *Spartina bakeri* säumt den Weg zum Eingang des Historic Bok Sanctuary.

sich manche, darunter Kreuzungen mit dem europäischen Niederen Schlickgras *Spartina maritima*, als ökologischer Störfaktor erwiesen haben. Innerhalb ihres natürlichen Verbreitungsgebietes wird *S. alternifolia* inzwischen immer häufiger angepflanzt, um die Gesundheit und Stabilität der Küstenmarschen wiederherzustellen. Vermehrung durch Aussaat oder Teilung. WHZ 3.

Spartina bakeri MERR.

Sand-Seilgras

Anders als viele andere Schlickgräser besiedelt diese Spezies kein Marschland, sondern sandige Meeresstrände und die Ufer von Süßwasserseen und anderer Gewässer in South Carolina, Georgia und Florida. Das fein texturierte, lediglich 6 mm breite mittelgrüne Laub wächst als 90–180 cm hoher, halbkugelförmiger dichter Horst. Der Blütenstand, eine schmale Rispe mit Verzweigungen, steht auf seinem Halm über dem Laub. Trockenheitsverträglich und in Sonne bis Halbschatten problemlos zu ziehen. Robust und langlebig; in der Gartengestaltung gut geeignet für Massenpflanzungen und zur Raumgliederung. Vermehrung am besten durch Aussaat. Teilung möglich, bei größeren, eingewachsenen Exemplaren jedoch nicht einfach. WHZ 8.

Spartina cynosuroides (*L.*) ROTH

Großes Schlickgras

Heimisch in Salz- und Brackmarschen der nordamerikanischen Atlantik- und Golfküste, von Massachusetts über Florida bis Texas. Dies ist das größte der nordamerikanischen Schlickgräser; zur Blüte im Hochsommer kann es eine Höhe von 400 cm erreichen. Das stark ausläufertreibende Gras bildet mitunter ausgedehnte Kolonien. Gänse und Bisamratten fressen die Rhizome, und von den Samen ernähren sich zahlreiche Vogelarten. Vermehrung durch Aussaat oder Teilung. WHZ 5.

Spartina patens (AITON) MUHL.
Salzwiesen-Schlickgras, Salzwiesen-Seilgras
Heimisch auf Salzwiesen, in Marschen und Brackwasserwatt und auf niedrigen, nur periodisch überspülten Dünen entlang der nordamerikanischen Atlantik- und Golfküste, von Quebec über Florida bis Texas, nach Süden bis zur Nordküste Südamerikas. An der amerikanischen Ostküste wurden einst gewaltige Mengen geerntet;

UNTEN *Spartina cynosuroides* steht an der Küste von Massachusetts Mitte August drei Meter hoch.
GANZ UNTEN Neben der Anfang August an der Küste von Massachusetts blühenden *Spartina cynosuroides* wirkt der Breitblättrige Rohrkolben *Typha latifolia* geradezu winzig.

RECHTS Drei Aufnahmen verdeutlichen die jahreszeitlichen Veränderungen des Salzwiesen-Schlickgrases *Spartina patens* in der Salzmarsch von Robert's Cove am Cape Cod (Massachusetts).
OBEN Im August blüht *Spartina patens*.
MITTE Im Dezember legt sich das inzwischen zimtfarbene Schlickgras zu charakteristischen Wirbeln nieder.
UNTEN *Spartina patens* im Dezemberschnee.

diese fanden als Heu oder Einstreu sowie als Polstermaterial im Versand Verwendung. Heute wird das Gras als Mulch verwendet, allerdings in geringerem Ausmaß. Die schmalblättrige, fein texturierte und relativ niedrig bleibende Spezies steht in Blüte selten über 90 cm hoch und lässt sich leicht von den anderen Schlickgräsern ihres Verbreitungsgebietes unterscheiden. Das zu Beginn der Saison normalerweise blaugrüne Laub verblasst zum Sommerende zu gelbgrün und färbt sich im Winter schließlich zimtfarben. Stark ausläufertreibend; breitet sich zu ausgedehnten Herden aus. Blüht vom Frühsommer bis zum zeitigen Herbst mit schlanken, einseitswendigen Blütenständen, die sich auf schlanken Halmen über das Laub erheben. Die feingliedrigen Blätter und die Blütenhalme werden meist von Wind und Flut niedergedrückt; vom Hochsommer an bilden sie einen dichten flachen Teppich mit charakteristischen Wirbeln. Vermehrung durch Aussaat oder Teilung. WHZ 3.

Spartina pectinata Link

Kamm-Schlickgras, Bandgras, Süßwasser-Seilgras, Prärie-Seilgras

Lebensraum dieser nordamerikanischen Spezies sind Süßwassermarschen und Nassprärien von Neufundland und Quebec bis Alberta und bis zum Staat Washington im Westen, nach Süden bis North Carolina und Texas. Stark ausläufertreibend; verbreitet sich mitunter zu ausgedehnten Herden. Das bei der Art dunkelgrüne, glänzende Blatt wird bis 15 mm breit. Die überwiegend aufrechten Blütenhalme stehen im Hochsommer bis 210 cm hoch; oft neigen sie sich unter dem Gewicht der reifenden Saat weit über. Gedeiht am besten in voller Sonne. Toleriert staunassen Boden; eine gute Wasserrandpflanze für den Teichgarten, die jedoch auch auf durchschnittlich frischem Boden gut wächst. Trockenheitsverträglich, nachdem es Fuß gefasst hat. Vermehrung durch Aussaat oder Teilung. WHZ 3.

'Aureomarginata' ('Variegata'). Goldleistengras. Mit leuchtend gelbem Blattsaum. Vermehrung durch Teilung.

LINKS OBEN Das ausläufertreibende Goldleistengras *Spartina pectinata* 'Aureomarginata' hat sich in den Merriments Gardens in East Sussex (England) zu einem dichten Bestand ausgebreitet (Ende Juli).
LINKS UNTEN Der Blattrand von *Spartina pectinata* 'Aureomarginata' ist gleichmäßig goldgelb gesäumt.

RECHTS UNTEN In einer Teichanlage der Longwood Gardens überragen die Blüten von *Spartina pectinata* 'Aureomarginata' Ende September verschiedene Wasserrandgewächse.

Spodiopogon R. Br.

Poaceae – Süßgräser

Raubart

Der vom griechischen *spodios* (aschfahl, grau) und *pogon* (Bart) hergeleitete Gattungsname bezieht sich auf die grauen Härchen der Ährchen, die den Blütenständen einen gräulichen Schimmer verleihen. Umfasst 10 überwiegend mehrjährige Spezies, die vor allem im gemäßigten und subtropischen Asien auf offenem Grasland heimisch sind. Einzig die im Folgenden beschriebene Spezies wird allgemein in Gärten gezogen.

Spodiopogon sibiricus Trin.

Grau-Raubart, Graubartgras, Zotten-Raugras, „O-abura-suzuki"

Heimisch in offenen, grasbewachsenen Gebirgslagen Japans, Koreas, der Mandschurei, Chinas sowie in Sibirien, wo es häufig

Links oben Anfang Oktober in Pennsylvania: *Spodiopogon sibiricus* färbt sich in voller Sonne kräftig burgunderrot.

Links In den Blüten von *S. sibiricus* 'West Lake' finden die Farben von Wasserdost *Eupatorium fistulosum* (Mitte rechts) und Rotem Scheinsonnenhut *Echinacea purpurea* Widerhall (Sichtungsgarten Weihenstephan, Ende August).

Rechts, ganz oben Das Graubartgras *Spodiopogon sibiricus* wächst von Natur aus schön rundlich; hier blüht es Ende August auf der Potsdamer Freundschaftsinsel.

Rechts oben *Spodiopogon sibiricus* 'West Lake' Ende August im Erfurter Egapark.

auf Waldlichtungen und zwischen Strauchwerk steht. Horstbildend, aufrecht, mit adrett gerundeter Form. Steht zur Blütezeit im Früh- bis Hochsommer 120–150 cm hoch. Die typische Farbe der aufrechten endständigen Rispen ist hellbraun; dabei fangen unzählige feine Härchen jeden Sonnenstrahl ein. Aus China stammendes Material, das vor nicht langer Zeit in die USA eingeführt wurde, brachte Pflanzen mit deutlich rot pigmentierten Blüten hervor. Mit ihren leuchtend grünen, relativ breiten (bis 15 mm) und nahezu horizontal abgespreizten Blättern erinnert die Pflanze an Bambus. Die Herbstfärbung ist oft nichtssagend; an sonnigem Standort nimmt das Gras jedoch in manchen Jahren intensive Rot- und Burgundertöne an. Gedeiht in kühlerem Klima, etwa in Nordeuropa, gut in voller Sonne. In wärmeren Regionen sollte es in lichtem Schatten stehen, sofern es nicht regelmäßig mit Wasser versorgt wird. Toleriert relativ starken Schatten unter Laubbäumen, wo es jedoch lockerer wächst. Auf unterschiedlichsten Böden problemlos zu ziehen. Zäh und langlebig. Wirkt als Solitär ebenso wie in großen Gruppen. Vermehrung durch Aussaat oder Teilung. WHZ 4.

'West Lake'. Blütenstände intensiv rosig-rot gefärbt. Stammt von Material ab, das Roy Lancaster in China sammelte; die Markteinführung erfolgte in Zusammenarbeit mit Hans Simon.

Sporobolus R. Br.

Poaceae – Süßgräser

Fallsamengras, Fallsame

Diese Gattung umfasst über 160 ein- und mehrjährige Spezies tropischer, subtropischer und gemäßigter Breiten weltweit, die in unterschiedlichen Lebensräumen, am häufigsten jedoch auf der offenen Savanne anzutreffen sind. Die ausdauernden Arten sind spätgrünend und wachsen überwiegend horstartig.

Sporobolus airoides (Torr.) Torr.

Alkali-Fallsamengras, Alkali-Fallsame

Heimisch auf offenen Grasflächen, besonders auf alkalischen Böden, von South Dakota und Missouri nach Westen bis zum Ostteil des Staates Washington, nach Süden bis Kalifornien, Texas und Mexico. Die bis 6 mm breiten graugrünen Blätter wachsen als locker auseinanderfallender, bis 30 cm hoher gerundeter Blatthorst. Blüht meist vom Früh- bis Hochsommer mit locker verzweigten Blütenrispen auf bis 120 cm hohen, fast kerzengerade über dem Laub stehenden Halmen. Die Blüten öffnen sich kräftig rosarot getönt und trocknen zu hellbeige. Tiefwurzelnd, langlebig und trockenheitsverträglich. Auf unterschiedlichsten Böden, von Sand bis Ton, leicht zu ziehen. Gedeiht gut bei alkalischen Bodenverhältnissen. Vermehrung am besten durch Aussaat. WHZ 4.

Oben *Sporobolus airoides* Ende Juni im Santa Barbara Botanic Garden in Kalifornien.

Unten *Sporobolus heterolepis* am sonnigen Gehölzrand vor *Rhus typhina* 'Laciniata' Ende Mai im Delaware Center for Horticulture.

Sporobolus heterolepis (A. Gray) A. Gray
Prärie-Fallsamengras, Prärie-Fallsame

Auf den nordamerikanischen Prärien beheimatet; von Quebec bis Saskatchewan, nach Süden bis Connecticut, Ost-Texas und Colorado anzutreffen. Mit seinem fadendünnen, weniger als 2 mm breiten Laub und dem horstartigen Wuchs ist dies das eleganteste, edelste Präriegras. Eine dichte, fein texturierte, weiche Blattfontäne von gut 35 cm Höhe. Das glänzende, im Sommer mittelgrüne Laub färbt sich im Herbst verlässlich tieforange, um im Winter hellkupfern zu verblassen. Im August oder September stehen über dem Horst auf sehr schlanken, bis 75 cm hohen Halmen fragile durchsichtige Blütenrispen, die im Sonnenlicht unübersehbar leuchten. Am außergewöhnlichsten ist der starke Blütenduft, der unterschiedlich beschrieben wird – als zart, süß oder durchdringend, als Duft wie zerriebenes Korianderlaub oder auch wie leicht angebranntes Butterpopcorn. Als größere Gruppe macht sich diese Grasart über viele Meter hinweg durch ihren Blütenduft bemerkbar.

Die relativ langsam wachsenden Pflanzen erreichen ihre endgültige Größe erst nach mehreren Jahren, doch das Warten lohnt. Dieses vollkommen pflegeleichte Gras kann jahrzehntelang am selben Platz stehen, ohne dass seine Mitte verkahlt oder eine Verjüngung nötig wäre.

In voller Sonne oder lichtem Schatten auf unterschiedlichsten Böden problemlos zu ziehen. Das Gras wächst auf feuchtem, nährstoffreichem Boden am dichtesten, ist als vollständig etablierte Pflanze jedoch aufgrund der tiefreichenden Wurzeln extrem trockenheitsverträglich. Dank seiner Langlebigkeit als großflächiger Bodendecker geeignet. Passt mit seinem eleganten Habitus in den formalen Garten, bietet sich jedoch ebenso für den Prärie- oder Wiesengarten an. Vermehrung am besten durch Aussaat, da ein ausgewachsener Horst sehr hart und schwer teilbar ist. WHZ 3.

'Tara'. Gedrungener Wuchs, zur Blüte Mitte August unter 60 cm. Laub steifer und aufrechter als bei der Art, die Blütenhalme ebenfalls. Schöne orangerote Herbstfärbung. Eine Auslese von Roy Diblik und Northwind Perennial Farm in Wisconsin.

'Wisconsin'. Der deutsche Pflanzenspezialist Hans Simon traf diese in Europa verlässlich blühende Auslese aus Pflanzenmaterial mit Provenienz Wisconsin, das er von der Pflanzenzucht Prairie Nursery in Westfield (Wisconsin) erhielt.

Sporobolus wrightii Munro ex Scribn.
Riesen-Fallsamengras, Riesen-Fallsame

Heimisch von Südost-Arizona nach Osten bis West-Texas und Oklahoma, nach Süden bis Nordmexiko; überwiegend in semiaridem Habitat anzutreffen, jedoch auch auf feuchterem Grund auf Auenböden und in der Umgebung von Wüstenseen und Marschen. Ist mit einer Höhe von 150–240 cm zur Blüte im Früh- bis Hochsommer von unübersehbarer Dramatik und wesentlich skulpturaler als *Sporobolus heterolepis*. Das Laub ist hell graugrün, die Blätter sind bis 9 mm breit. Der Blütenstand besticht nicht durch Farbigkeit,

Oben Anfang September blüht *Sporobolus heterolepis* im Garten des Autors in Pennsylvania.

Unten Anfang Oktober färbt sich *Sporobolus heterolepis* im Chicago Botanic Garden (Illinois) kräftig orange. Foto © C. Colston Burrell.

sondern durch seine interessante Struktur; er bleibt meist bis weit in den Winter hinein unversehrt. Bevorzugt volle Sonne und durchlässigen Boden. Sehr trockenheitsverträglich und recht salztolerant. Vermehrung durch Aussaat oder Teilung. WHZ 5.

Stenotaphrum Trin.

Poaceae – Süßgräser

Hohlspelze

Umfasst sieben ein- und mehrjährige, sich überwiegend über Stolonen verbreitende Spezies offener, sonniger, meist küstennaher Lagen der Tropen der Alten und Neuen Welt. Einzig die im Folgenden beschriebene Spezies wird häufig kultiviert.

Stenotaphrum secundatum (Walter) Kuntze

Augustin-Gras

Diese aus den Tropen stammende und in warmen Regionen gern als Rasengras verwendete ausläufertreibende Spezies ist in weiten Teilen der Erde verwildert. Im Südosten der USA wurde sie bereits vor dem Jahr 1800 dokumentiert, doch auch jene Pflanzen waren möglicherweise durch den Menschen dort hingebracht worden. Das Gras bewurzelt leicht aus Halmschnittlingen. WHZ 9.

'Variegatum'. Laub rahmweiß längsgestreift. Diese buntblättrige Sorte wird gern im Hängekorb oder Gefäß gehalten und in kalten Regionen als Einjährige gezogen. Der brasilianische Landschaftsarchitekt Roberto Burle Marx erzielte mit *Stenotaphrum* eine besondere Wirkung, indem er abwechselnd die buntblättrige und die grüne Form in riesigen gewellten Streifen anpflanzte.

Stipa L.

Poaceae – Süßgräser

Federgras, Pfriemengras, Büschelhaargras

Die einst sehr weit gefasste Gattung *Stipa* umfasste früher viele verschiedenartige Gräser. Neuere taxonomische Untersuchungsmethoden ergaben inzwischen eine engere Definition; zahlreiche Spezies wurden anderen Gattungen wie *Achnatherum*, *Anemanthele*, *Austrostipa*, *Hesperostipa*, *Jarava* und *Nassella* zugeordnet. In *Stipa* verbleiben bis zu 50 horstbildende, frühgrünende ausdauernde Arten, die an offenen, sonnigen, meist trockenen Standorten gemäßigter und subtropischer Regionen Eurasiens und Afrikas heimisch sind. Bei den meisten bildet grundständiges Laub einen niedrigen rundlichen Horst, aus dem im Früh- bis Hochsommer die Blütenhalme aufstreben. Charakteristisch für diese Gräser sind vor allem ihre langen Grannen, die über 30 cm Länge erreichen können. Diese sind gerade, gezwirbelt oder gelockt und bisweilen mit winzigen Härchen gesäumt. Sie spielen wunderbar im Wind und im Sonnenlicht und schmücken den Garten den ganzen Sommer hindurch bis in den Herbst auf einzigartige Weise. Generell bevorzugen die Arten dieser Gattung volle Sonne, durchlässigen Boden und niedrige Luftfeuchtigkeit. Vermehrung am besten durch Aussaat.

Oben Mitte Juli steht *Sporobolus wrightii* in der Gärtnerei Plant Delights in Raleigh (North Carolina) in Blüte.

Unten rechts Noch Ende Februar zeigt sich *S. wrightii* in Abiquiu (New Mexico) überwiegend intakt. Unten links Blütendetail von *S. wrightii*.

Stipa barbata Desf.
Spanisches Reiher-Federgras
Heimisch in Südeuropa und Nordafrika. Grundständiges, unter 25 cm bleibendes Laub; darüber im Hochsommer schlanke, bis 75 cm hohe aufrecht-überhängende Blütenhalme. Die bis 20 cm langen Grannen sind in nahezu ganzer Länge mit feinen Härchen gesäumt, die im Sonnenlicht unvergleichlich leuchten. Das Wogen der weichen Grannen im Sommerwind lässt an eine Unterwasserwelt denken. Benötigt volle Sonne, einen trockenen Standort und durchlässigen Boden. WHZ 7.

Stipa capillata L.
Haar-Federgras, Haar-Pfriemengras, Büschelhaargras
Heimisch in Mittel- und Südeuropa, Indien und Ostasien. Grundständiges, unter 35 cm bleibendes Laub; darüber in der ersten Sommerhälfte schlanke, bis knapp 90 cm hohe aufrecht-auseinanderstrebende Blütenhalme. Die relativ feinen, nadelartigen Grannen sind 10–15 cm lang und unbehaart; nahe dem Grund sind sie spiralförmig gezwirbelt, und gegen Ende der Wachstumsperiode locken sich bisweilen die Spitzen. WHZ 7.

Stipa gigantea Link
[*Macrochloa arenaria* (Brot.) Kunth]
Pyrenäen-Pfriemengras, Riesen-Federgras
Diese in Südwesteuropa und Nordafrika heimische Art ist die größte, spektakulärste Spezies der Gattung und zugleich eines der elegantesten, beeindruckendsten Gräser überhaupt. Das fein texturierte grundständige Laub wächst als relativ dichter, bis 60 cm hoher gerundeter Horst; die Blätter sind graugrün und 3 mm breit. In mildem Klima ist das Gras immergrün. Blüht von Früh- bis Hochsommer mit lockeren, luftigen Rispen, die auf bis zu 240 cm langen kräftigen Halmen hoch über dem Laub stehen. Die Ährchen leuchten golden, mit geraden, bis 13 cm langen Grannen. Selbst nachdem die langbegrannte Saat verstreut ist, strahlen die Blütenstände noch intensiv im Licht der Sommersonne. Vorzüglich für frische Sträuße und Gestecke. Wie zahlreiche andere Feder- und Silberährengräser der Alten Welt zeigt sich auch diese Spezies in England, Nordeuropa und dem Pazifischen Nordwesten der USA in Bestform; sie lässt sich jedoch auch in Regionen mit feuchtheißen Sommern zufriedenstellend ziehen, sofern sie sonnig und auf äußerst durchlässigem Boden steht. Staunässe, vor allem im Winter, übersteht sie nicht. WHZ 5.

'Goldfontäne'. Eine vegetativ zu vermehrende Auslese von Ernst Pagels mit verlässlich großen, goldfarbenen Blütenständen. Vermehrung durch Teilung.

Oben Die langen gefiederten Grannen von *Stipa barbata* in Beth Chattos ungewässertem Kiesgarten reagieren auf jede Sommerbrise; davor blüht Kugel-Lauch *Allium sphaerocephalon* (Colchester, England, Ende Juli).
Unten Im Westpark München glitzert *Stipa capillata* Ende August im Nachmittagslicht.

***Stipa grandis* P. A. Smirn.**

Sibirisches Pfriemengras, Großes Pfriemengras

Heimisch in Sibirien, China und der Mongolei. Straff aufrecht; steht zur Blütezeit im Früh- bis Hochsommer 60–105 cm hoch. Die 13–25 cm langen Grannen sind am Grund spiralig gezwirbelt, zu den Enden hin meist gelockt. WHZ 5.

***Stipa lessingiana* Trin. et Rupr.**

Lessings Federgras

Diese aufrecht wachsende eurasische Spezies steht zur Blütezeit im Hochsommer 60–120 cm hoch. Das grüne Laub ist nahezu ebenso lang wie die Blütenhalme. Die Grannen sind recht kurz (weniger als 25 mm lang) und am Grund häufig derart gezwirbelt, dass sie nahezu rechtwinklig aus dem schmalen Blütenstand hervorstehen. WHZ 6.

***Stipa pennata* L.**

Echtes Federgras, Grauscheidiges Federgras, Mädchenhaargras

Heimisch in Europa, Nordafrika und den gemäßigten Regionen Asiens. Das grüne oder graugrüne Laub wächst als grundständiger, bis 30 cm hoher Horst. Blüht im Hochsommer auf maximal 60 cm

LINKE SEITE, OBEN LINKS Die aufrechten Blütenhalme von *Stipa gigantea* stehen Ende August hoch über dem grundständigen Laub (Garten Wisley der Royal Horticultural Society, Surrey, England).

LINKE SEITE, OBEN RECHTS Blütendetail von *Stipa gigantea* Ende August, nachdem die Samen ausgefallen sind.

LINKE SEITE, UNTEN LINKS Ende Juli in Beth Chattos Kiesgarten in Colchester (England): Bei dieser Komposition wird die imposant überhängende Statur von *Stipa gigantea* besonders deutlich.

LINKE SEITE, UNTEN RECHTS Ende Juli in den Royal Botanic Gardens von Kew (England): Die Blüte von *Stipa gigantea* im Seitenlicht vor schwarzgrünem Hintergrund.

DIESE SEITE, OBEN Ende Juli: Als goldene Wolke steht *Stipa gigantea* im Nachmittagslicht über dem Garten von Gravetye Manor (West Sussex, England) und lockt den Besucher den Weg entlang.

UNTEN LINKS Vor dem Herrenhaus von Great Dixter zeichnen sich die Gestalt und Textur von *Stipa gigantea* und gelb blühenden *Verbascum*-Hybriden wunderbar ab (Northiam, England, Ende Juli).

MITTE *Stipa grandis* Ende Juli in Beth Chattos Garten in Colchester (England).

RECHTS *Stipa lessingiana* Mitte Juli im Garten Wisley der Royal Horticultural Society (Surrey, England).

hohen aufrechten Halmen. Trägt bis zu 25 cm lange, mit feinen Härchen gesäumte Grannen. WHZ 6.

Stipa pulcherrima K. Koch

Gelbscheidiges Federgras, Pracht-Federgras, Großes Federgras

Heimisch in Europa, Nordafrika und den gemäßigten Regionen Asiens. Diese Spezies ähnelt *Stipa barbata*, mit der sie mitunter im Handel verwechselt wird, besonders ihre Form *S. pulcherrima* fo. *nudicostata* Martinovsky. Diese hat ganz außergewöhnliche, mit feinen Härchen gesäumte Grannen mit einer Länge von teils über 30 cm. WHZ 7.

Stipa tenacissima L.

Espartogras

Diese derbe, im westlichen Mittelmeerraum heimische Spezies wird seit alters her als Rohstofflieferant für Naturfasern oder Papier gezogen; gelegentlich sieht man sie auch als Zierpflanze. Sie steht zur Blütezeit im Sommer 120–180 cm hoch. Die schmalen Blütenstände stehen auf schlanken, nahezu blattlosen Halmen hoch über dem grünen grundständigen Laub. Die Grannen sind etwa 8 cm lang und unbehaart. Der Name führt bisweilen zu Verwechslungen mit *Stipa tenuissima*, der vielerorts gezogenen, fein texturierten Spezies, die inzwischen in *Nassella tenuissima* umbenannt ist.

Thamnochortus P. J. Bergius

Restionaceae – Restiogewächse

Strauchbinse, „Thatching Reed"

Umfasst etwa 31 zweihäusige immergrüne südafrikanische Spezies, die in der küstennahen Kapregion und in Namaqualand heimisch sind. Sie sind Bestandteil der Feuerökologie der Fynbosvegetation und auf relativ nährstoffarmem durchlässigem Boden anzutreffen. Alle Arten sind frühgrünend; ihr Hauptwachstum erfolgt im Frühjahr und Herbst. Auf winterlichen Regenfall folgt der Neuaustrieb. Manche Arten haben einfache, unverzweigte Halme; bei anderen gruppieren sich an den Knoten sterile Verästelungen. Es gibt darunter sehr attraktive Arten, die zunehmend im Handel erhältlich sind, seit eine Rauchbehandlung zur Erhöhung der Keimrate entwickelt wurde. Eine Teilung der Pflanzen ist nicht einfach, da das Wurzelwerk auf Störung empfindlich reagiert. Auf hohen Nährstoffgehalt reagiert *Thamnochortus* negativ. Pflanzung am besten bei feuchtem Boden im Nachwinter oder zeitigen Frühjahr; in mediterranem Klima alternativ im Herbst. Ausgepflanzt gedeihen die Spezies dieser Gattung am besten an luftigem Standort. In Regionen außerhalb ihres Winterhärtebereichs sind sie attraktive Containerpflanzen.

Thamnochortus cinereus H. P. Linder

[*Thamnochortus argenteus* Pillans]

Silberne Strauchbinse

Heimisch in Südafrika in der südlichen Kapregion, von Malmesbury bis Willowmore und Humansdorp. Aufrecht, horstbildend, über 150 cm hoch, mit fadendünnen sterilen Verästelungen, die sich um die Knoten gruppieren, und großen, endständigen, samtig behaarten Blütenständen auf übergebogenen Halmen. Eine außerordentlich schöne Spezies, die mehr Beachtung verdient. WHZ 8.

Thamnochortus insignis Mast.

Strohdachried, „Thatching Reed"

Heimisch entlang der südafrikanischen Küste zwischen Cape Agulhas und Albertinia, überwiegend auf sandigen Kalkverwitterungsböden. Horstbildend, bis 180 cm hoch, Halme unverzweigt, mit relativ unauffälligen, an den Halmenden zusammengedrängten

Unten links *Stipa pulcherrima* Ende August, nachdem die lang begrannte Saat verflogen ist (Botanischer Garten Hof).

Unten rechts Jeder Samen von *Stipa pulcherrima* trägt eine mit feinen Härchen gefiederte Granne – dies ist die Ernte aus dem Botanischen Garten Hof (Ende August).

Blütenständen. Diese beeindruckende aufrechte Spezies war die Hauptquelle für *dekriet* (afr., nl. Dachreet), die klassische Dacheindeckung der südafrikanischen Kap-Architektur. Das neue Interesse an traditionellen Bauweisen ließ diesen Handwerkszweig erneut aufblühen, weshalb heute wieder *dekriet*-Flächen erschlossen und bewirtschaftet werden. *Thamnochortus insignis* ist im Handel besser erhältlich als die meisten anderen Restiogewächse; in voller Sonne auf durchlässigem Boden ist die Art relativ unkompliziert. WHZ 8.

Thamnochortus lucens Poir.
[*Thamnochortus dichotomus* Pillans]
Leuchtende Strauchbinse
Heimisch in der südafrikanischen Kapregion von Malmesbury und Ceres bis Riversdale. Mit durchweg unter 90 cm Höhe eine der kleineren Spezies; die unverzweigten Halme stehen aufrecht bis bogig überhängend. WHZ 8.

Oben links Eineinhalb Meter hoch steht *Thamnochortus cinereus* zum Frühjahrsbeginn in der südafrikanischen Kapregion (Mitte September).
Links *Thamnochortus insignis* Anfang April im Leaning Pine Arboretum von San Luis Obispo (Kalifornien).

Oben *Thamnochortus insignis* Mitte August (Spätwinter) im Kirstenbosch National Botanical Garden in Kapstadt (Südafrika).

OBEN *Thamnochortus lucens* Anfang April im botanischen Garten der University of California in Berkeley.

UNTEN In großen Pflanzblöcken steht *Themeda australis* in den Royal Botanic Gardens von Melbourne (Australien), hier im Spätwinter (Anfang September).

Themeda Forssk.

Poaceae – Süßgräser

Rotschopfgras, Themeda

Eine Gattung ein- und mehrjähriger Spezies der offenen Savannen Afrikas, Ostasiens und Australiens. Die Klassifizierung der am häufigsten kultivierten Spezies befindet sich im Umbruch; es wächst der Konsens, *Themeda triandra* breiter zu fassen, sodass sie die heutigen *T. australis* und *T. japonica* mit umfasst. Ob nun eine Spezies oder drei, diese horstbildenden spätgrünenden ausdauernden Pflanzen zeigen sich recht variabel in ihrer Größe, Laubfärbung und Frostverträglichkeit. Zwar sind die Blüten eher unauffällig, doch angesichts ihrer Trockenheitsverträglichkeit, Zähigkeit und architektonischen Form verdienen diese Gräser in der Gartengestaltung und regionalen Landschaftspflege größere Aufmerksamkeit.

Themeda australis (R. Br.) Stapf

Kängurugras, Australische Themeda

Heimisch in fast ganz Australien und sowie auf Neuguinea. Dieses Gras dominierte einst die westlichen Basaltebenen des Bundesstaates Victoria; bei Australiens Gartenbesitzern erfreuen sich vor allem die sehr häufigen blauen Wildformen großer Beliebtheit. Bildet dichte, 90–150 cm hohe Bülten mit aufrecht-übergebogenen Halmen. Das Laub färbt sich im Herbst meist goldbronzefarben. Bringt nur wenig keimfähige Saat hervor, lässt sich jedoch leicht durch Teilung vermehren. WHZ 6, eventuell auch kälter.

'Mingo'. Laub stark graublau bereift.

Themeda japonica (Willd.) Tanaka

[*Themeda triandra* var. *japonica* (Willd.) Makino]

Herbst-Themeda, Herbst Rotschopfgras, Japanisches Rotschopfgras

Heimisch im Tiefland und im niedrigen Bergland Japans, von Honshu nach Süden bis Kyushu, darüber hinaus in Korea, der Äußeren Mandschurei, China und Indien. Dieses aufgrund seiner unauffälligen Blüte häufig übersehene Gras ist von einzigartig skulpturalem Habitus, was es zu einer spannenden Ergänzung für die Garten- und Landschaftsgestaltung macht. Horstbildend ohne Ausläufer; die aus dem Scheitel entspringenden, weit gefächerten beblätterten Halme bilden eine ausladende, 150 cm hohe Laubfontäne. Das 6 mm breite, im Sommer leuchtendgrüne Laub färbt sich Anfang November kräftig goldorange. Den Winter über bleiben die Blätter hell kupfrigbraun, die Halme selbst goldgelb. Im Spätsommer öffnen sich relativ unauffällige, an den Halmenden in Gruppen stehende Blüten. Das aktive Wachstum beginnt bei diesem spätgrünenden Gras spät im Frühjahr; auch in feuchtheißen Sommern wächst es kräftig weiter. Auf unterschiedlichsten Böden leicht zu ziehen; nach dem Einwachsen extrem trockenheitsverträglich. Dieses sowohl einzeln als auch in Massenpflanzungen wirkungsvolle, verlässlich langlebige Gras ist ungewöhnlich attraktiv und verdient bessere Beachtung. Vermehrung durch Aussaat, alternativ durch Teilung im Frühjahr. WHZ 4.

Themeda triandra Forssk.

Südafrikanische Themeda, Südafrikanisches Rotschopfgras

Heimisch auf Savannen und offenem, sonnigem Grasland in Südafrika, wo es ein wichtiges Weidegras darstellt und als Zierpflanze zunehmend beliebter wird. Das normalerweise grüne bis blaugrün bereifte Laub färbt sich im Herbst orangerot. Manche aus größeren Höhenlagen stammende Exemplare zeichnen sich durch kräftig violett überlaufenes Laub aus; diese Färbung wird im Herbst noch ausgeprägter. WHZ 9, eventuell auch kälter.

Thysanolaena Nees

Poaceae – Süßgräser

Tigergras

Diese Gattung enthält nur eine einzige Spezies; diese wurde von *Thysanolaena maxima* in *T. latifolia* umbenannt.

Thysanolaena latifolia (Roxb. ex Hornem.) Honda

[*Thysanolaena maxima* (Roxb.) Kuntze]

Breitblättriges Tigergras

Heimisch in China, Japan, Taiwan, Indien, Nepal, Sri Lanka, Thailand und Malaysia; meist in offenen Lagen, häufig im Bergland. Das gewaltige horstbildende Gras erreicht mit seinen kräftigen, aufrecht-überhängenden Halmen mit großen endständigen Blütenrispen eine Höhe von 300–370 cm. Die glänzenden immergrünen Blätter sind dunkelgrün, nahezu 80 mm breit und laufen zur Spitze hin schmal zu. Der brasilianische Landschaftsarchitekt Roberto Burle Marx schätzte ihre ausdrucksvolle Textur und die eleganten Blütenwedel sehr und verwendete daher dieses in seinem Land nicht heimische, auffällige tropische Gras häufig in seinen Gestaltungen. Als echtes Tropengewächs ist es nur in warmen Regionen winterhart; es ist jedoch eine schöne Gewächshaus- oder Wintergartenpflanze. Wird es im Kübel gezogen, kann man damit auch in

LINKS Im Herbst wechselt im Garten Bluemel in Fallston (Maryland) das Laub von *Themeda japonica* von leuchtend Grün nach Goldorange. Oben: *Themeda japonica* Mitte August; unten: *Themeda japonica* Anfang November.

OBEN *Thysanolaena latifolia* Ende Februar (Spätsommer) in Brasilien.

kälteren Gegenden im Sommer den Garten schmücken. Bevorzugt lichten Schatten, bei gleichmäßig feuchtem Substrat auch Sonne. Vermehrung durch Aussaat oder Teilung. WHZ 9.

Tridens Roem. et Schult.
Poaceae – Süßgräser
Umfasst 14 spätgrünende ausdauernde Spezies, die im gesamten Osten und Süden der USA bis hin nach Mexiko auf Wiesen und Ebenen, in lichtem Wald und am Waldrand anzutreffen sind.

Tridens flavus (L.) Hitchc.
[*Triodia flava* (L.) Smyth]
Purpurschopfgras, „Purpletop“
Diese weit verbreitete Spezies überzieht im Spätsommer Wiesen und Sukzessionsflächen im gesamten Osten Nordamerikas mit einem rotvioletten Schimmer; sie ist auf Wiesen und Feldern, am Waldsaum und auf Lichtungen von New Hampshire im Osten bis Minnesota und Nebraska in der Landesmitte, nach Süden bis Florida und Texas heimisch. Aufrecht, horstbildend; zur Blüte von August bis September bis 120 cm hoch. Das Laub ist relativ derb, das Blatt mittelgrün und bis 15 mm breit; die locker verzweigten Blütenrispen jedoch wirken zart und elegant. Die Blüten öffnen sich hoch über dem Laub metallisch rot-violett und trocknen zu silbrig-beige; die Halme überstehen Schneefall aufrecht und bleiben meist bis in den folgenden Frühling hinein stehen. Das Gras

Links Weich überhängendes Tigergras *Thysanolaena latifolia* ist ein perfekter Begleiter für diesen Kaskadenbrunnen – ein Entwurf von Roberto Burle Marx für das Anwesen Clemente Gomes in Fazenda Vargem Grande bei Areias (Brasilien). Im Brunnenbecken wächst Zwerg-Papyrus *Cyperus prolifer* (vorn links).

Unten links Pennsylvania: Ende August glänzt die elegante Blüte von *Tridens flavus* metallisch rotviolett.

Mitte Selbst nach dem Winter steht der Blütenhalm von *Tridens flavus* noch aufrecht im Raureifgewand (Pennsylvania, Ende März).

Unten rechts Leicht zu erkennen sind die gefiederten, kräftig rosafarbenen Stigmata der weiblichen Ährchen im unteren Teil des Blütenstandes von *Tripsacum dactyloides* (Delaware, Anfang Juli).

liefert attraktives Beiwerk für Blumensträuße. Das Laub färbt sich im Herbst bronze-violett, um danach vollständig einzuziehen. Versamt sich willig; auf einem Wiesenacker oder Rasen, der mehrere Jahre ungemäht bleibt, fällt dieses Gras häufig als eine der ersten Wildarten auf. Ideal zum Auswildern in voller Sonne oder lichtem Schatten. Bevorzugt frischen bis feuchten Boden. Vermehrung durch Aussaat oder Teilung. WHZ 4.

***Tripsacum* L.**

Poaceae – Süßgräser

Gamagras, Guatemalagras

Die Gattung umfasst 12 ausdauernde Spezies, die in lichtem Wald und an sonnigen, feuchten Waldrändern von Nordamerika bis nach Südamerika hinunter anzutreffen sind. Sämtliche Arten sind horstbildende Spätgrüner. Die Blütenstände sind endständig, bisweilen auch achselständig; bei allen stehen die männlichen Ährchen im oberen Teil und die weiblichen im unteren.

***Tripsacum dactyloides* (L.) L.**

Östliches Gamagras, Sesamgras

Heimisch in nassen Abzugsgräben, an Bachufern und anderen feuchten Standorten von Massachusetts nach Westen bis Michigan, Iowa und Nebraska, nach Süden bis Florida und Texas. Ein großformatiges, grob strukturiertes, überwiegend horstbildendes Gras, das zur Blüte im Hoch- bis Spätsommer 240 cm Höhe erreichen kann. Das aus dem Scheitel entspringende Laub wird 90–120 cm hoch. Das graugrüne, bis 30 mm breite Blatt zeichnet sich durch eine deutliche Mittelrippe aus. Der endständige Blütenstand ist dünn walzenförmig. Aus den im unteren Teil stehenden weiblichen Ährchen ragen auffällige, fiedrige rosarote Stigmata; die Staubbeutel der männlichen Blüten sind manchmal ebenfalls tiefrot. In voller Sonne oder lichtem Schatten auf den meisten Böden leicht zu ziehen. Toleriert staunassen Boden, ist aber auch recht trockenheitsverträglich. Vermehrung durch Aussaat oder Teilung. Beim Umgang mit der Pflanze ist Vorsicht geboten, da die Blattränder ausgesprochen scharf sind und unangenehme Verletzungen verursachen können. WHZ 5.

***Tripsacum floridanum* Porter ex Vasey**

Florida-Gamagras

Diese auf den Kiefern-Felswald Süd-Floridas beschränkte geschützte Art ähnelt dem Östlichen Gamagras *Tripsacum dactyloides*, ist jedoch in allen Teilen kleiner. Sie ist wesentlich zarter texturiert; ihre graugrünen Blätter sind etwa 3 mm breit. Das Gras wächst horstartig als rundlicher, 30–45 cm hoher Schopf, über dem auf schlanken,

Oben Im Berggarten Hannover blüht *Tripsacum dactyloides* Ende August.

Unten Im McKee Botanical Garden in Vero Beach (Florida) gedeiht *Tripsacum floridanum* sogar in nahezu reinem Sand (Mitte Februar).

aufrechten Halmen schmale Blütenstände stehen. Bevorzugt volle Sonne. Sehr trockenheitsverträglich. WHZ 8, eventuell auch kühler.

Typha L.

Typhaceae - Rohrkolbengewächse

Rohrkolben

Typha ist die einzige Gattung in der Familie der Rohrkolbengewächse; sie umfasst bis zu 15 spätgrünende Spezies, die weltweit in Marschen und anderen Nassbiotopen der gemäßigten und tropischen Regionen heimisch sind. Rohrkolben haben sich als gut an die heutigen Umweltverhältnisse angepasst erwiesen; sie können an nahezu jedem feuchten sonnigen Standort gedeihen, einschließlich Wasserabzugsgräben und anderen Niederungen in der Stadt und am Stadtrand. Sie tolerieren Salzeintrag ebenso wie relativ stark verschmutztes Wasser und verbreiten sich über ihre Rhizome zu ausgedehnten Kolonien, die in Nassbiotopen eine wichtige Rolle bei der Wasserreinigung und im Nährstoffkreislauf spielen. Darüber hinaus bieten sie der Tierwelt Deckung. Das fleischige, flache, im Sommer grüne bis graugrüne Laub strebt senkrecht aus dem Rhizom in die Höhe; im Herbst färbt es sich oft golden. Die unverkennbaren Blütenähren sind im unteren Bereich mit winzigen weiblichen Blüten besetzt, im oberen mit männlichen; bei manchen Arten befindet sich dazwischen ein kahles Halmstück. Der weibliche Abschnitt ist zunächst grün, um sich später braun zu färben; dabei fällt der Farbton je nach Spezies unterschiedlich aus. Die Größe der Rohrkolben-Arten variiert beträchtlich; die größeren sind für eine kleinere Landschaft viel zu wüchsig. Ohne entsprechende Gegenmaßnahmen überlaufen sie einen kleinen Teich im Nu. Die kleineren Arten lassen sich problemlos im Zaum halten; sämtliche Spezies können in Kübeln oder anderen Behältern gezogen werden, wodurch ihrem Ausbreitungsdrang Grenzen gesetzt sind. Die Vermehrung der Rohrkolben erfolgt am besten durch Teilung, doch man kann sie auch aus Samen ziehen.

LINKS Beim Schmalblättrigen Rohrkolben *Typha angustifolia* steht zwischen dem männlichen und dem weiblichen Blütenabschnitt ein steriler, kahler Stängelteil, wie auf dieser am Naturstandort in Delaware Mitte Juni entstandenen Aufnahme zu erkennen ist.

RECHTS Selbst nach einem Schneesturm Ende März steht *Typha angustifolia* noch aufrecht (Bloomfield Hills, Michigan).

Typha angustifolia L.

Schmalblättriger Rohrkolben

Diese nahezu weltweit verbreitete Art ist in weiten Teilen Nord- und Südamerikas sowie in Eurasien anzutreffen. Die Blütenhalme stehen bis 180 cm hoch. Den männlichen Abschnitt des Blütenstandes trennt ein steriles nacktes Halmstück vom weiblichen. Die reifen weiblichen Ähren sind rotbraun bis dunkelbraun und haben einen Durchmesser von bis zu 15 mm. Die Pflanze wirkt insgesamt schlanker und graziler als der Breitblättrige Rohrkolben *Typha latifolia*. Relativ häufig kommt es zu interspezifischen Hybriden; diese werden als *T.* × *glauca* Godron bezeichnet. Sie bringen meist keine keimfähige Saat hervor, können sich jedoch über Ausläufer zu großen Kolonien verbreiten. WHZ 3.

Typha domingensis (Pers.) Steud.

Südlicher Rohrkolben

Das Verbreitungsgebiet dieser pantropischen (in den Tropen der Alten wie der Neuen Welt vorkommenden) Spezies liegt etwas weiter südlich als das von Typha *angustifolia* und *T. latifolia*; in Nordamerika bilden Delaware am Atlantik und Nebraska im Inland die nördliche Verbreitungsgrenze. Ähnlich *T. angustifolia*, jedoch höher und mit festerem, dichterem Laub; kann 370 cm Höhe erreichen. Den männlichen weiblichen Abschnitt des Blütenstandes trennt ein steriles nacktes Halmstück vom weiblichen. WHZ 5.

***Typha latifolia* L.**

Breitblättriger Rohrkolben

Die größten Vorkommen dieser wahrhaft weltweit verbreiteten Spezies befinden sich in der Nördlichen Hemisphäre, doch sie ist auch in Afrika und Südamerika anzutreffen. Die Blütenhalme stehen bis 300 cm hoch. Der männliche Abschnitt des Blütenstandes geht direkt – ohne trennendes steriles Halmstück – in den weiblichen über. Die reifen weiblichen Ähren sind braun bis schwarzbraun und haben einen Durchmesser von bis zu 35 mm. WHZ 3.

Oben Das Laub von *Typha latifolia* ist bläulich bereift; darüber stehen Ende August im Berggarten Hannover die dunkelbraunen Samenkolben.

Rechts oben Elegant spiegelt sich *Typha latifolia* Ende August in einer Teichanlage im Berggarten Hannover.

Unten Goldgelb leuchtet *Typha latifolia* im späten Oktoberlicht in Pennsylvania.

'Variegata'. Laub rahmweiß längsgestreift. Wesentlich weniger wüchsig und weniger winterhart als die Spezies. Die Laubfärbung ist in lichtem Schatten am schönsten ausgeprägt. Hervorragend für die Kübelhaltung. WHZ 5.

Typha laxmannii Lepech.

Laxmanns Rohrkolben

Diese in Europa und Ostasien heimische Art trägt schmales Laub wie *Typha angustifolia*, ist jedoch in sämtlichen Teilen kleiner und weniger wüchsig. Typische Wuchshöhe ist 120–150 cm. Den männlichen Abschnitt des Blütenstandes trennt ein steriles nacktes Halmstück vom weiblichen. Lässt sich wesentlich einfacher in Schach halten als die größeren Arten und ist daher sehr beliebt für kleine Zier- und Gartenteiche und andere Wassergärten. WHZ 4.

Typha minima Funck ex Hoppe

Zwerg-Rohrkolben

Diese zur Blüte lediglich 60–75 cm hohe eurasische Spezies ist eine wahrhaftige Miniatur. Der reife weibliche Fruchtstand ist braun oder rotbraun und sehr kurz walzenförmig bis nahezu kugelförmig, bis 50 mm lang und gut 30 mm stark. Den männlichen Abschnitt des Blütenstandes trennt ein steriles nacktes Halmstück vom weiblichen. Ideal für kleine Teiche, Zierteiche und Kübel. WHZ 5.

Links *Typha latifolia* 'Variegata' Mitte August in Barry Yingers Garten in Pennsylvania.

Unten links *Typha laxmannii* setzt in einem kleinen Teichgarten in Suhl einen vertikalen Akzent (Ende August).

Unten rechts Blütendetail von *Typha laxmannii* Ende August in Deutschland.

Uncinia Pers.

Cyperaceae – Riedgrasgewächse

Hakensegge, Uncinia

Der vom lateinischen *uncinatus* (hakenförmig) hergeleitete Gattungsname bezieht sich auf einen winzigen hakenförmigen Appendix an jedem Samen, der der Verbreitung dient. Die Gattung umfasst 40 bis 50 schopfartig wachsende oder ausläufertreibende ausdauernde Arten, die überwiegend in der südlichen Hemisphäre vorkommen. Ihr Verbreitungsgebiet konzentriert sich vor allem auf Australasien, reicht jedoch bis Neuguinea und Süd- und Mittelamerika. In Afrika tritt die Gattung nicht auf. Nahezu alle in Kultur befindlichen Spezies sind in Neuseeland endemisch. Eng verwandt mit *Carex* und dieser bei oberflächlicher Betrachtung oft ähnlich. Die niedrigen Pflanzen werden aufgrund ihrer feinen, immergrünen Belaubung sehr geschätzt. Die Laubfarbe reicht von Mittelgrün über Bronze und Orange bis hin zu Dunkelrot; da sie bei Sämlingen ein und derselben Art extrem variieren kann, lassen sich Pflanzen allein anhand ihrer Färbung nur schwer identifizieren. In den Wintermonaten ist die spezifische Färbung typischerweise am stärksten ausgeprägt. So kann sich eine im Sommer orangerote Pflanze mit dem Einsetzen niedrigerer Temperaturen tief burgunderrot färben. Die schmalen, unauffälligen Blütenstände von *Uncinia* stehen auf schlanken Halmen weit über dem Laub. Arten, die sich in Neuseelands kühlem Klima unter durchweg feuchten Standortbedingungen entwickelten, gedeihen im Pazifischen Nordwesten der USA und in England vorzüglich. Man kann sie auch in Regionen mit feuchtwarmem Sommer und eisigem Winter ziehen, sofern für durchlässigen Boden und etwas Schutz vor Hitze und hoher Luftfeuchtigkeit gesorgt wird. Hervorragend als Containerbepflanzung. Leicht durch Aussaat oder Teilung zu vermehren.

Oben links *Typha minima* Mitte Mai in Dale Hendricks' Garten in Pennsylvania.
Oben rechts Nahansicht von *Typha minima* Mitte Mai.

Unten *Uncinia egmontiana* Anfang April in voller Sonne in der Berkeley Horticultural Nursery (Berkeley, Kalifornien).

Ganz oben Ein junges Exemplar von *Uncinia uncinata*, in Cole Burrells Garten in Virginia als Topfpflanze gezogen (Mitte Oktober).

Oben Getopfte *Uncinia rubra* Mitte März in einem der Gewächshäuser der Longwood Gardens.

Uncinia egmontiana Hamlin

Mount Egmont-Hakensegge

Heimisch auf Tussock-Grasland, in Gebüschen und Morasten auf Neuseelands Nord- und Südinsel in Höhenlagen bis 1200 m. Der Beschreibung der Spezies liegt ein Holotypus aus der Nähe des Vulkans Taranaki, auch Mount Egmont genannt, auf der Nordinsel zugrunde. Höhe 25–40 cm; Laub schmal, meist orange oder mattrot, gelegentlich auch bronze-grün. Aufgrund der oftmals intensiv orangeroten Winterfärbung werden die Pflanzen im Handel häufig fälschlicherweise als *Uncinia rubra* geführt. WHZ 8.

Uncinia rubra Boott

Rote Hakensegge

Heimisch auf Tussock-Grasland, in lichtem Gebüsch und Morasten auf Neuseelands Nord- und Südinsel von knapp über Meereshöhe bis 1400 Meter. Mit einer typischen Wuchshöhe von 15–30 cm kleiner als *Uncinia egmontiana*; Laub fast immer sehr schmal, rot oder bronzerot. Die Rotfärbung ist in sonniger Lage und den Winter über am stärksten ausgeprägt. Im Schatten gezogene Pflanzen können grünlich sein. WHZ 8.

Uncinia uncinata (L. f.) Kük.

Hakensegge

Heimisch vor allem in Wald und Gebüsch, gelegentlich auch in Morast von Meereshöhe bis 900 Meter auf Neuseelands Nord- und Südinsel sowie den Stewart-, Chatham- und Auckland-Inseln. Größer und robuster als *Uncinia rubra*; kann über 60 cm hoch werden. Die Laubfarbe reicht von sattgrün im Schatten bis tiefrot an sonnigem Standort. Junge rotlaubige Pflanzen werden manchmal fälschlicherweise für *U. rubra* gehalten; die Blätter von *U. uncinata* sind jedoch normalerweise wesentlich breiter. WHZ 8.

Uniola L.

Poaceae – Süßgräser

Plattährengras

Die beiden mehrjährigen Arten dieser Gattung sind auf Sanddünen und Sandwatt an der nordamerikanischen Atlantik- und Golfküste, auf den Bahamas und auf Kuba heimisch und von Mexiko bis Ecuador an der Pazifikküste anzutreffen. Die Blütenährchen erinnern stark an Hafer. Die Gattung war einst weiter gefasst und enthielt auch die Gräser, die heute als *Chasmanthium* neu klassifiziert sind. Beide Arten sind spätgrünend; sie spielen eine wichtige Rolle in der Dünenbefestigung.

Uniola paniculata L.

Rispen-Plattährengras, Küsten-Plattährengras, „Sea Oats"

Dieses Gras besiedelt mit seinen Rhizomen vorwiegend Sanddünen und Sandwatt entlang der nordamerikanischen Atlantik- und Golfküste und auf den vorgelagerten Inseln, ist jedoch auch auf Kuba und den Bahamas sowie in Mexiko anzutreffen. Es ist ein wichtiger Stabilisator der Dünenlandschaft und bietet mit seinen Samen zahlreichen Vogelarten Nahrung. Die Art wächst als lockerer Horst aus graugrünem grundständigem Laub, aus dem im Sommer aufrechte, bis 150 cm hohe Blütenhalme aufstreben. Die an Hafer erinnernden Ährchen verbleiben oft bis weit in den Winter an der Pflanze. Die einst verbreitete Art gilt heute infolge von Habitatzerstörung und störender menschlicher Aktivität – darunter das Befahren der Dünen mit Offroadfahrzeugen – über weite Strecken der Atlantikküste als gefährdet bis bedroht. Sie wird häufig gezielt zur Dünenbefestigung angepflanzt und ist eine schöne Pflanze für den Küstengarten. Die Vermehrung erfolgt trotz niedriger Keimrate meist durch Aussaat. Aufgrund der Einstufung als bedrohte Pflanze kann Saatgut schwer erhältlich sein. Sehr salztolerant. WHZ 7.

Vetiveria Bory

Poaceae – Süßgräser

Vetivergras

Die Gattung umfasst 10 mehrjährige spätgrünende Spezies, die auf Auenböden und an Flussufern in den Tropen der Alten Welt beheimatet sind. Aus der im Folgenden beschriebenen Spezies werden seit prähistorischer Zeit Medizin und Duftöle gewonnen; gelegentlich wird sie auch als Zierpflanze verwendet.

Vetiveria zizanioides (L.) Nash

Vetivergras, „Khus khus“

Diese in Ostindien heimische Art wird seit Jahrhunderten wegen der ätherischen Öle kultiviert, die in ihren kräftigen Rhizomen enthalten sind; inzwischen hat sie sich in weiten Teilen des tropischen Amerika angesiedelt. Aufrecht, zur Blüte im Spätsommer bis 240 cm hoch; die schmalen Blütenrispen bilden sich jedoch nur in warmem Klima. Die leuchtend grünen Blätter stehen nahezu senkrecht mit charakteristisch umgeknickter Spitze. Allein schon die architektonische Belaubung macht dieses Gras interessant. Vetivergras wird nicht nur zur Herstellung von Medizin und Parfüm verwendet, sondern auch als Naturfaser zur Herstellung von Körben und Sichtschutzmatten; diese duften, wenn man sie befeuchtet. In tropischen Regionen wird das Gras zur Erosionskontrolle und als Sichtschutzpflanzung eingesetzt. In gemäßigten Regionen ist es nicht winterhart, lohnt jedoch als unübersehbare Containerpflanze, die die wärmere Jahreszeit im Freien verbringt, um unter Glas überwintert zu werden. Auf diese Weise gehaltene Pflanzen werden nie blühen, überzeugen jedoch durch ihre attraktive bronze-violette Herbstfärbung. Vermehrung durch Teilung. WHZ 9.

OBEN LINKS *Uniola paniculata* wiegt sich Ende Februar an der Küste von Florida in der Meeresbrise.

OBEN RECHTS Die zu hellem Beige getrockneten, an Hafer erinnernden Ährchen von *Uniola paniculata* setzen sich deutlich gegen das Graugrün und Olivgrün des Küstengesträuchs an der Küste von Florida ab.

RECHTS *Vetiveria zizanioides* Mitte August in den Longwood Gardens in Pennsylvania.

GANZ OBEN Vom südlichen Abschnitt der New Jersey Turnpike schweift der Blick Ende Juli über riesige Flächen blühender *Zizania aquatica*.

OBEN Zur Blüte Anfang August steht *Zizania aquatica* an einem Wasserlauf in Delaware 270 cm hoch.

RECHTS Leuchtend gelbe Staubbeutel kennzeichnen Ende Juli die männlichen Ährchen im unteren Abschnitt des Blütenstands von *Zizania aquatica*. In den wenigen langbegrannten weiblichen Ährchen darüber werden die Reiskörner heranreifen.

Zizania L.

Poaceae – Süßgräser

Wasserreis, Wildreis

Die vier ein- und mehrjährigen Arten dieser Gattung sind in Marschen und Flachwasserzonen Nordamerikas und Ostasiens beheimatet. Sie alle blühen im Sommer mit locker verzweigten, endständigen Rispen, wobei die männlichen Blüten im unteren, die weiblichen im oberen Teil des Blütenstands angeordnet sind. Zwar ist *Zizania* nur entfernt mit dem Kultur-Reis *Oryza sativa* verwandt, doch auch ihre Arten bringen essbare Samenkörner hervor.

Zizania aquatica L.

Kanadischer Wildreis, Indianerreis, Einjähriger Wildreis

Heimisch in Süßwassermarschen, leicht brackigen Marschen sowie an Fluss- und Teichrändern vom südlichen Quebec und Maine bis Illinois im Westen, weiter südlich vor allem in den Küstenstaaten bis Florida und Louisiana. Diese einjährige Spezies ist die Hauptquelle von Wildreis, der aufgrund der aufwendigeren Ernte teurer ist als weißer Reis. Die indigenen Völker Nordamerikas ernteten den Wildreis, indem sie die hohen Stängel umbogen und die Körner in ihre Kanus schüttelten. Die heutige kommerzielle Produktion wendet meist ähnliche Methoden an; es gibt allerdings auch Wildreisanbau auf Reisfeldern. Verschiedene Wasservögel fressen die Saat, weshalb dieses Gras manchmal in Schutzgebieten angepflanzt wird. Der Kanadische Wildreis blüht vom Hochsommer bis in den Herbst hinein mit eleganten, durchsichtigen Rispen auf bis 270 cm hohen Halmen. Die unteren, männlichen Ährchen fallen durch ihre gelben Staubbeutel auf. Die Samenkörner reifen in den oberen, weiblichen Ährchen. Die zum Verwildern in Nassbiotopen geeignete einjährige Pflanze ist ein imposanter Schmuck für den Teichgarten. Im Haus vorgezogene Pflanzen können im Frühjahr ausgesetzt werden. WHZ 3.

Zizania latifolia (Griseb.) Turcz. ex Stapf
Gewöhnlicher Wildreis, Wasserbambus, Wasserreis
Das asiatische Gegenstück zur nordamerikanischen *Zizania aquatica* wächst vollkommen ausdauernd, bleibt jedoch niedriger. Der Gewöhnliche Wildreis ist an Teichen und Flussufern von Japan über die Ryukyu-Inseln bis hin nach Taiwan, Indochina, China, Korea und Ostsibirien beheimatet; zur Blüte im Sommer erreicht die Pflanze 240 cm Höhe. Das bis gut 30 mm breite, aufrechte Laub ist im Sommer grün und färbt sich im Herbst gelb. Vermehrung durch Aussaat, alternativ durch Teilung im Frühjahr. Eine schöne Pflanze für flache Teiche, Zierbrunnen und große Kübel. WHZ 7.

***Zizania palustris* L.**
[*Zizania aquatica* var. *angustifolia* Hitchc.]
Schmalblättriger Wildreis, Nördlicher Wildreis
Diese einjährige nordamerikanische Spezies ist *Zizania aquatica* sehr ähnlich und wurde von manchen Taxonomen dieser hinzugerechnet. Ihr Verbreitungsgebiet liegt weiter nördlich; sie ist von Quebec und New Brunswick bis Pennsylvania, nach Westen bis Iowa und Minnesota anzutreffen, wächst jedoch vor allem im Bereich der Großen Seen. WHZ 3.

Zizania texana Hitchc.
Texanischer Wildreis
Diese seltene, bedrohte Spezies ist einzig in Texas beheimatet und steht hier lediglich am quellgespeisten Oberlauf des San Marcos. Sie bleibt wesentlich niedriger als *Zizania aquatica*; ihre im Spätsommer hervorgebrachten Blütenhalme stehen normalerweise nicht einmal 60 cm über der Wasseroberfläche. WHZ 7.

Unten *Zizania latifolia* Ende September im Wasserbassin der Longwood Gardens in Pennsylvania.

Glossar

Ährchen. Beim Gras eine oder mehrere Blütchen, die zusammen mit den Hüllspelzen an einer kurzen Achse sitzen. Die Infloreszenz des Grases setzt sich aus einer Vielzahl von Ährchen zusammen

Ähre. Blütenstand mit einer unverzweigten Hauptachse (Rhachis) und direkt daran sitzenden ungestielten Ährchen.

Annuelle. Einjährige Pflanze – der gesamte Zyklus (von der Samenkeimung bis zur Samenreife) ist in einem Jahr abgeschlossen.

Anthere. Staubbeutel – der Teil des Staubblattes, der am Ende des dünnen Staubfadens (des Filaments) steht und den Blütenstaub freigibt.

Apomixis, apomiktisch. Samenproduktion ohne vorangegangene Befruchtung.

Bereift. Mit einer dünnen wachsartigen Schicht überzogen. Bereifte Pflanzen erscheinen häufig blaugrau, blaugrün oder graugrün.

Bienne. Zweijährige Pflanze – der gesamte Zyklus (von der Samenkeimung bis zur Samenreife) ist in zwei Jahren abgeschlossen. Die meisten zweijährigen (biennen) Spezies bilden im ersten Jahr nur Laub aus. Im zweiten Jahr gelangen sie zur Blüte und setzen Saat an.

Biom. Die Gesamtheit der Pflanzen und Tiere eines Ökosystems.

Blattscheide. Unterer Teil des Grasblattes; entspringt an einem Knoten und umschließt den Halm. Bei den meisten Süßgräsern (Poaceae) liegen die Ränder der Blattscheide lose übereinander. Bei den meisten Riedgräsern (Cyperaceae) ist die Scheide um den Halm verwachsen.

Blattspreite. Der flach verbreiterte Teil des Grasblattes oberhalb der Blattscheide. Die Blattspreite ist manchmal auf die eine oder andere Weise reduziert oder modifiziert; sie kann auch vollkommen fehlen.

Blütchen. Beim Gras die Bezeichnung für eine einzelne Blüte mit ihren Vor- und Deckspelzen.

Bültengras. Gras mit dicht gedrängt und hoch stehenden Halmen, die oft stammartig anmuten.

Dolde. Infloreszenz, bei der sämtliche in Blüten endenden Verzweigungen aus einer einzigen Stelle entspringen.

Einziehend. Viele Gräser stellen als Reaktion auf Winterkälte oder sommerliche Trockenheit das Wachstum ein und ziehen sich in den Boden zurück.

Endemisch. Auf ein bestimmtes (kleineres) Gebiet beschränkt.

Endosperm. Stärkereiches Nährgewebe im Samenkorn der Süßgräser und vieler anderer Pflanzen.

Endständig. Am Ende der Hauptachse stehend.

Filament. Staubfaden – der Teil des Staubblattes (des Stamen), der den Staubbeutel (die Anthere) trägt. Meist fadenförmig, seltener blattartig abgeflacht.

Genotypus. Die Gesamtheit der Erbanlagen einer Pflanze; steht im Gegensatz zu dem durch die Gene und die Umwelt bedingten Phänotypus.

Seit Jahrzehnten ist dieses Pfahlrohr *Arundo donax* in Christopher Lloyds Garten Great Dixter in Northiam (England) ein beständiger, dramatischer Blickfang; nur hin und wieder muss die Bepflanzung des alten Brunnens durch Teilung erneuert werden.

Granne. Die dünne borstige oder nadelförmige Verlängerung der Deckspelze (Lemma). Manche Grannen sind kurz und kaum sichtbar, andere sind etliche Zentimeter lang und tragen in großem Maße zu der Schönheit und der Lichtwirkung der Grasblüte bei.

Honigtau. Zuckerhaltige Ausscheidung der Woll- und Blattläuse.

Hüllspelze. Trockenhäutiges Blättchen an der Basis des Ährchens bei den Poaceae; meist zwei pro Ährchen.

Immergrün. Ganzjährig belaubt; ohne Ruhephase.

Infloreszenz. Der Blütenstand einer Pflanze, bestehend aus Blüten und zugehörigen Blattformen.

Internodium. Der Halmabschnitt zwischen zwei Knoten (Nodien).

Kalkstandort. Standort mit stark erhöhtem Kalkgehalt. Oft zeichnen sich solche Standorte durch sichtbares Kalkgestein aus; der Boden ist typischerweise alkalisch (basenreich).

Karyopse. Einsamige Frucht der Süßgräser (Poaceae). Die Karyopse – das „Korn" – bleibt bei der Samenreife geschlossen und ist typischerweise hart und trocken.

Keim. Pflanzenembryo.

Klonsorte. Sorte, deren besondere Eigenschaften nur bei vegetativer Vermehrung weitergegeben werden.

Korn. Die einsamige Frucht der Süßgräser (Poaceae); s. *Karyopse*.

Kraut. Nicht verholzende Blütenpflanze, die nicht zu den Süß- oder Sauergräsern oder Binsen zählt.

Kraut. Pflanze ohne nennenswerte Verholzung und ohne sekundäres Dickenwachstum.

Kuticula. (lat. cuticula = Häutchen), Kutinhäutchen, verläuft als äußerste Membran über die Außenwände der Epidermiszellen, ist häufig etwas gefältelt. Die Kuticula schützt vor schädlichen Wasserverlusten des Gewebekörpers und erhöht zugleich die mechanische Festigkeit der Oberhautzellen. Der Kutikula ist häufig noch Wachs aufgelagert.

Lemma. Deckspelze – die Spelze der Grasblüte, in deren Achsel die Blüte sitzt.

Ligula. Besatz aus kurzen Borsten oder Häutchen am Übergang von Blattscheide zu Blattspreite auf der dem Halm zugewandten Seite. Die Funktion der Ligula ist noch unklar; möglicherweise verhindert sie das Eindringen von Regenwasser in die Blattscheide. Die morphologischen Unterschiede verschiedener Ligulae ermöglichen häufig erst die eindeutige Identifizierung einer Grasspezies. Für die Unterscheidung zwischen Kultursorten sind sie weniger hilfreich.

Lodicula, Pl. Lodiculae. Schwellkörper – kleines schuppenartiges Gebilde in der Blüte der Süßgräser (Poaceae), meist zu zweit an der Basis des Fruchtknotens. Die anschwellenden Lodiculae spreizen die Spelzen auseinander und machen so die Blüte dem Blütenstaub zugänglich. Möglicherweise handelt es sich bei diesen Schwellkörpern um umgebildete Sepalen oder Petalen.

Monokultur. Natürliche Kolonie oder auch Anpflanzung, die aus einer einzigen Pflanzenart besteht.

Neophyt. (griech. néos = neu; phytón = Pflanze), „Neubürger" oder Einwanderer, die an natürlichen Standorten inmitten der einheimischen Pflanzenwelt sich anzusiedeln und einzubürgern vermögen; können die einheimische Pflanzenwelt auch verdrängen.

Nodus. Knoten – oftmals verdickter Abschnitt der Sprossachse, an dem ein oder mehrere Blätter oder Verzweigungen ansetzen.

Ökotypus. Pflanzenpopulation, die an ganz bestimmte Standortbedingungen angepasst ist.

Ovar. Fruchtknoten – der meist verdickte untere Teil des weiblichen Blütenorgans, der die Samenanlagen enthält.

Ovulum. Samenanlage – Organ im Fruchtknoten, aus dem sich nach der Befruchtung der Samen entwickelt.

Palea. Bei den Poaceae die Vorspelze – adaxial sitzende, oft zweikielige Spelze der Grasblüte.

Pantropisch. In den Tropen der Alten wie der Neuen Welt vorkommend.

Perenne. Ausdauernde Pflanze – lebt länger als zwei Jahre.

Phänotypus. Erscheinungsbild, also Summe aller sichtbaren Merkmale einer Pflanze.

Provenienz. Bezeichnet in der Ökologie die Herkunft einzelner Pflanzen oder Pflanzengruppen. Nicht deckungsgleich mit dem natürlichen Verbreitungsgebiet einer Spezies.

Rhachis. Hauptachse, Spindel der Infloreszenz.

Rhizom. Unterirdisch waagerecht treibender Spross.

Rispe. Blütenstand, bei dem die Ährchen an den Enden von Verästelungen sitzen, die von der Hauptachse (Rhachis) abzweigen.

Scheitel. Aus dem Scheitel der Graspflanze entspringen ihre Blätter und/oder Halme.

Sport. Pflanze oder Trieb, die/der in der Erscheinung deutlich vom Üblichen abweicht.

Spross. Sprossachse oder deren Verzweigung – Stängel, Ast, Stamm, Halm, Rhizom, Stolon.

Stamen. Staubblatt – das Pollen erzeugende Organ der Blüte einer Samenpflanze, bestehend aus dem Staubfaden und dem Staubbeutel, der den Pollen produziert.

Stigma. Narbe – der empfängnisfähige Teil des Pistills. Die Narbe sitzt entweder direkt auf dem Ovar oder aber am Ende des Griffels (Stylus).

Stolo (Pl. Stolonen). Oberirdisch waagerecht treibender Spross.

Stylus. Kurzer Griffel, der oben aus dem Ovar herausragt und am Ende eine Narbe (Stigma) trägt, die den Pollen aufnimmt.

Tepalum. Teil der Blüte, bei dem sich nicht unterscheiden lässt, ob es sich um Kelchblatt (Sepalum) oder Kronblatt (Petalum) handelt.

Traube. Blütenstand mit einer unverzweigten Hauptachse (Rhachis) und direkt daran sitzenden kurz gestielten Ährchen.

Trittfest. Unempfindlich gegenüber dem Auftreten von Großtieren und dem Menschen.

Utriculus. Fruchtschlauch – schlauchartige, oft auch erweiterte Hülle, die bei manchen Riedgräsern (Cyperaceae) die weibliche Blüte bzw. die Frucht schützt.

Verholzend. Mit ausgeprägtem Sekundärwachstum, zu beobachten etwa bei den Gehölzen.

Zirkumboreal. In den kaltgemäßigten Breiten der gesamten Nordhalbkugel verbreitet.

Zweihäusig. Getrenntgeschlechtliche Spezies – weibliche und männliche Blüten stehen auf verschiedenen Pflanzen.

Bibliografie

Abrams, L. 1955. *Illustrated Flora of the Pacific States: Washington, Oregon, and California*. Volume 1, *Ophioglossaceae to Aristolochiaceae, Ferns to Birthworts*. Stanford, California: Stanford University Press.

Adamson, R. S. 1938. *The Vegetation of South Africa*. London: British Empire Vegetation Committee.

Aiken, S. G., M. J. Dallwitz, C. L. McJannet, and L. L. Consaul. 1996– . *Festuca* of North America descriptions, illustrations, identification, and information retrieval. Version: 19 October 2005. http://delta-intkey.com.

Aiken, S. G., M. J. Dallwitz, C. L. McJannet, and L. L. Consaul. 1997. Biodiversity among *Festuca* (*Poaceae*) in North America: diagnostic evidence from DELTA and clustering programs, and an INTKEY package for interactive, illustrated identification and information retrieval. *Canadian Journal of Botany* 75: 1527–1555.

Aiken, S. G., and S. J. Darbyshire. 1990. Fescue grasses of Canada. Publication 1844/E, Biosystematics Research Centre, Research Branch, Agriculture Canada, Ottawa, Canada.

Anderson, S. 1956. An introduction to some ornamental grasses, rushes, and sedges for the rock garden. *Bulletin of the American Rock Garden Society* 44: 157–173.

Arber, A. 1934. *The Gramineae: A Study of Cereal, Bamboo, and Grass*. Cambridge: Cambridge University Press.

Auckland Regional Botanic Gardens. 1991. New Zealand grasses and sedges for Auckland gardens. Regional Parks Department Auckland Regional Council Advisory Leaflet No. 29.

Bailey, L. H. 1933. *The Standard Cyclopedia of Horticulture*. Volume 3. London: Macmillan Press.

Bailey, L. H., and E. Z. Bailey. 1976. *Hortus Third: A Concise Dictionary of Plants Cultivated in the United States and Canada*. Rev. and exp. by staff of Liberty Hyde Bailey Hortorium. New York: Macmillan Publishing.

Barkworth, M. E., ed. n.d. *Manual of Grasses for North America*. Utah State University. http://www.herbarium.usu.edu/grassmanual/.

Barkworth, M. E., and J. Everett. 1986. Evolution in the *Stipeae*: identification and relationships of its monophyletic taxa. In *Proceedings, An International Symposium on Grass Systematics and Evolution*. Washington, D.C.: Smithsonian Institution Press. 251–264.

Bews, J. W. 1929. *The World's Grasses: Their Differentiation, Distribution, Economics, and Ecology*. London: Longmans, Green.

Bisset, P. 1907. *The Book of Water Gardening*. New York: A. T. de la Mare Printing and Publishing Company.

Bitner, R. L. 1997. Hot pruning: burning of ornamental grasses. *The Green Scene* (March): 27.

Blomquist, H. L. 1948. *The Grasses of North Carolina*. Durham, North Carolina: Duke University Press.

Bond, P., and P. Goldblatt. 1984. Plants of the Cape Flora: a descriptive catalogue. *Journal of South African Botany* 13 (September).

Borstein, C., D. Fross, and B. O'Brien. 2005. *California Native Plants for the Garden*. Los Olivos, California: Cachuma Press.

Boyd, H. P. 1991. *A Field Guide to the Pine Barrens of New Jersey: Its Flora, Fauna, Ecology, and Historic Sites*. Medford, New Jersey: Plexus Publishing.

Brown, L. 1979. *Grasses: An Identification Guide*. Boston, Massachusetts: Houghton Mifflin.

Brown, M. L., and R. G. Brown. 1984. *Herbaceous Plants of Maryland*. Baltimore, Maryland: Port City Press.

Brown, N. 1995. Where there's smoke. *The Garden* 120 (7): 402–405.

Burman, L., and A. Bean. 1985. *Hottentots Holland to Hermanus*. South African Wild Flower Guide 5. Cape Town, South Africa: Botanical Society of South Africa.

Carver, N. F. 1984. *Japanese Folkhouses*. Kalamazoo, Michigan: Documan Press.

Chapman, G. P. 1996. *The Biology of Grasses*. Wallingford, Oxon, United Kingdom: CAB International.

Chapman, G. P., and W. E. Peat. 1992. *An Introduction to the Grasses: Including Bamboos and Cereals*. Wallingford, Oxon, United Kingdom: CAB International.

Chatto, B. 1976. Grasses and grasslike plants. *The Garden* 101 (September): 448–453.

Cheeseman, T. F. 1925. *Manual of the New Zealand Flora*. Wellington, New Zealand: n.p.

Christiansen, M. S. 1979. *Grasses, Sedges, and Rushes in Colour*. Dorset, Great Britain: Blandford Press.

Clapham, A. R., T. G. Tutin, and E. F. Warburg. 1952. *Flora of the British Isles, Illustrations*. Cambridge: Cambridge University Press.

Clapham, A. R., T. G. Tutin, and E. F. Warburg. 1965. *Flora of the British Isles, Illustrations*, part 4, monocotyledones. Cambridge: Cambridge University Press.

Clark, L. G., and R. W. Pohl. 1996. *Agnes Chase's First Book of Grasses: The Structure of Grasses Explained for Beginners*. 4th ed. Washington, D.C.: Smithsonian Institution Press.

Clayton, W. D., K. T. Harman, and H. Williamson. 2002– . World grass species: descriptions, identification, and information retrieval. http://www.kew.org/data/grasses-db.html.

Clayton, W. D., and S. A. Renvoize. 1986. *Genera Graminum: Grasses of the World*. London: Her Majesty's Stationery Office.

Collier, G. 1993. *Gordon Collier's Titoki Point*. Auckland, New Zealand: Moa Beckett Publishers.

Cooper, R. C., and R. C. Cambie. 1991. *New Zealand's Economic Native Plants*. Auckland, New Zealand: Oxford University Press.

Correll, D. S., and M. C. Johnston. 1970. *Manual of the Vascular Plants of Texas*. Renner, Texas: Texas Research Foundation.

Cowling, R., ed. 1992. *The Ecology of Fynbos: Nutrients, Fire, and Diversity*. Cape Town, South Africa: Oxford University Press.

Cowling, R., and D. Richardson. 1995. *Fynbos: South Africa's Unique Floral Kingdom*. Vlaeberg, South Africa: Fernwood Press.

Crampton, B. 1974. *Grasses in California*. Berkeley: University of California Press.

Dallwitz, M. J. 1980. A general system for coding taxonomic descriptions. *Taxon* 29: 41–46.

Dallwitz, M. J., T. A. Paine, and E. J. Zurcher. 1993– . User's guide to the DELTA system: a general system for processing taxonomic descriptions. 4th edition. http://delta-intkey.com/.

Dallwitz, M. J., T. A. Paine, and E. J. Zurcher. 1995-- . User's guide to INTKEY: a program for interactive identification and information retrieval. 1st edition. http://delta-intkey.com/.

Dallwitz, M. J., T. A. Paine, and E. J. Zurcher. 1999– . User's guide to the DELTA editor http://delta-intkey.com/.

Dallwitz, M. J., T. A. Paine, and E. J. Zurcher. 2000– . Principles of interactive keys. http://delta-intkey.com/.

Darke, R. 1987. *Miscanthus sinensis* 'Morning Light'. *The Public Garden* 2 (1): 17.

Darke, R. 1988. *Pennisetum* 'Burgundy Giant'. *The Public Garden* 3 (2): 37.

Darke, R. 1993. *Ornamental Grasses at Longwood Gardens*. Kennett Square, Pennsylvania: Longwood Gardens.

Darke, R. 1994. A century of grasses. *Arnoldia* 54: 2–11.

Darke, R. 1996. *Ornamental Grasses*. Manual from class taught at Longwood Gardens, Kennett Square, Pennsylvania.

Darke, R., and M. Griffiths, eds. 1994. *Manual of Grasses*. London: MacMillan Press.

Deam, C. C. 1940. *Flora of Indiana*. Indianapolis, Indiana: Department of Conservation, Division of Forestry.

DeWolf Jr., G. P., rev. and ed. 1987. *Taylor's Guide to Ground Covers, Vines, and Grasses*. Boston: Houghton Mifflin.

Dore, W. G., and J. McNeill. 1980. *Grasses of Ontario*. Quebec: Agriculture Canada.

Duncan, W. H., and M. B. Duncan. 1987. *Seaside Plants of the Gulf and Atlantic Coasts*. Washington, D.C.: Smithsonian Institution Press.

Eastman, J. 1995. *The Book of Swamp and Bog: Trees, Shrubs, and Wildflowers of Eastern Freshwater Wetlands*. Mechanicsburg: Stackpole Press.

Edgar, E., and H. E. Connor. 2000. *Flora of New Zealand*. Volume V, *Grasses*. Lincoln, New Zealand: Manaaki Whenua Press.

Emerson, R. W. 1876. *Nature Addresses and Lecture*. Cambridge, Massachusetts: Riverside Press.

Feesey, M. T. 1972. Perennial ornamental grasses. In *Extracts from the Proceedings of The Royal Horticultural Society and Wisley Trial Reports*, 1971 and 1972, 97: 119–122.

Feesey, M. T. 1973. Ornamental grasses. In *Extracts from the Proceedings of The Royal Horticultural Society and Wisley Trial Reports*, 1972, 98: 24-25.

Feesey, M. T. 1983. *Ornamental Grasses and Bamboos*. London: Royal Horticultural Society.

Fernald, M. L. 1970. *Gray's Manual of Botany*. 8th ed. New York: D. Van Nostrand.

Fitter, R., and A. Fitter. 1987. *Collins Guide to the Grasses, Sedges, Rushes, and Ferns of Britain and Northern Europe*. London: Williams Collins Sons.

Flora of North America Editorial Committee, eds. 1993– . *Flora of North America, North of Mexico*. Volume 25: *Poaceae* (part 2). New York and Oxford: Oxford University Press.

Flora of North America Editorial Committee, eds. 2002. *Flora of North America, North of Mexico*. Volume 23: *Magnoliophyta: Commelinidae (in part): Cyperaceae*. New York and Oxford: Oxford University Press.

Foerster, K. 1961. *Einzug der Gräer und Farne in die Gärten*. 2nd ed. Melsungen: Verlag J. Neumann-Neudamm.

Foerster, K. 1978. *Einzug der Gräer und Farne in die Gärten*. 3rd ed. Melsungen: Verlag J. Neumann-Neudamm.

Foerster, K. 1988. *Einzug der Gräer und Farne in die Gärten*. 4th ed. Stuttgart: Verlag Eugen Ulmer & Company.

Foxx, T. S., and D. Hoard. 1995. *Flowering Plants of the Southwestern Woodlands*. Los Alamos, New Mexico: Otowi Crossing Press.

Galvin, J. 1992. *The Meadow*. New York: Henry Holt and Company

Gardner, C. A. 1952. *Flora of Western Australia*. Volume 1, part 1, *Gramineae*. Perth, Australia: n.p.

Gibson, D. J., and I. Taylor. 2005. *Festuca longifolia* Thuill. (*F. glauca* auct. non Vill., *F. glauca* var. *caesia* (Sm.) Howarth, *F. caesia* Sm.). *Journal of Ecology* 93: 214–216. British Ecological Society.

Gillespie, A. Kress, and M. A. Rockland. 1989. *Looking for America on the New Jersey Turnpike*. New Brunswick, New Jersey: Rutgers University Press.

Gleason, H. A. 1952. *The New Britton and Brown Illustrated Flora of the Northeastern United States and Adjacent Canada*. Volume 1, *Pteridophyta, Gymnospermae, and Monocotyledoneae*. Lancaster, Pennsylvania: Lancaster Press.

Gould, F. W. 1967. The grass genus *Andropogon* in the United States. *Brittonia* 19 (January–March): 70–76.

Gould, F. W. 1973. *The Illustrated Flora of Illinois Grasses: Panicum to Danthonia*. Carbondale and Edwardsville: Southern University Press.

Great Plains Flora Association. 1986. *Flora of the Great Plains*. Lawrence: University Press of Kansas.

Greenlee, J. 1992. *The Encyclopedia of Ornamental Grasses*. Emmaus, Pennsylvania: Rodale Press.

Gress, E. M. 1924. The grasses of Pennsylvania. Bureau of Plant Industry, Harrisburg, Pennsylvania, General Bulletin 384.

Greuter, W., ed. 1987. *International Code of Nomenclature Adopted by the Fourteenth International Botanical Congress, Berlin, July–August 1987*. Königstein, Germany: Koeltz Scientific Books.

Griffiths, D. A. 1983. *Grasses and Sedges of Hong Kong*. Hong Kong: Urban Council.

Grounds, R. 1989. *Ornamental Grasses*. Bromley, Kent, England: Christopher Helm.

Hansen, R., and F. Stahl. 1993. *Perennials and Their Garden Habitats*. Trans. Richard Ward. 4th ed. Portland, Oregon: Timber Press.

Harden, G. J. 1993. *Flora of New South Wales*, volume 4. Kensington: New South Wales University Press.

Hatch, S. L., and J. Pluhar. 1993. *Texas Range Plants*. College Station: Texas A&M University Press.

Hawlow, N., and K. Jakob, eds. 2003. *Wild Lilies, Irises, and Grasses: Gardening with California Monocots*. Berkeley, Los Angeles, London: University of California Press.

Hayashi, Y., ed. 1983. *Wild Flowers of Japan*. Tokyo: Yama-Kei Publishers.

Heywood, V. H., ed. 1985. *Flowering Plants of the World*. Englewood Cliffs, New Jersey: Prentice Hall.

Hickman, J. C., ed. 1993. *The Jepson Manual: Higher Plants of California*. Berkeley: University of California Press.

Hiss, T. 1990. *The Experience of Place: A Completely New Way of Looking At and Dealing With Our Radically Changing Cities and Countryside*. New York: Alfred A. Knopf.

Hitchcock, A. S. 1950. Manual of the Grasses of the United States. Miscellaneous Publication No. 200, United States Department of Agriculture. 2nd ed. Rev. by Agnes Chase.

Hodgkiss, I. J. 1978. *Hong Kong Freshwater Plants*. Hong Kong: Urban Council.

Holmes, R., ed. 1997. *Taylor's Guide to Ornamental Grasses*. Boston: Houghton Mifflin.

Hopkins, W. G. 1995. *Introduction to Plant Physiology*. New York: John Wiley and Sons.

Hotchkiss, N. 1970. *Common Marsh, Underwater and Floating-leaved Plants of the United States and Canada*. New York: Dover Publications.

Hutchinson, J. 1973. *The Families of Flowering Plants*. 3rd ed. Oxford: Clarendon Press.

Hutchison, M. 1992. Vegetation management guideline: reed canary grass (*Phalaris arundinacea* L.). *Natural Areas Journal* 12 (3): 159.

Ibrahim, K. M., and C. H. S. Kabuye. 1988. *An Illustrated Manual of Kenya Grasses*. Rome: Food and Agriculture Organization of the United Nations.

Jackson, J. B. 1984. *Discovering the Vernacular Landscape*. New Haven and London: Yale University Press.

Jackson, K. T. 1985. *Crabtree Frontier: The Suburbanization of the United States*. New York: Oxford University Press.

Jamieson, H., A. Hitchcock, and N. Brown. 1995. Growing restios. *Veld and Flora* 81 (December): 129–130.

Jelitto, L., and W. Schacht. 1990. *Hardy Herbaceous Perennials*. 2 vols. Portland, Oregon: Timber Press.

Jelitto, L., W. Schacht, and H. Simon. 2002. *Die Freiland-Schmuckstauden*. 2 vols. Stuttgart, Germany: Verlag Eugen Ulmer and Company.

Jensen, J. 1939. *Siftings*. Reprint. Baltimore: The John Hopkins University Press, 1990.

Johnson, P. N. 1984. *The Homet Area: A Natural History Guide*. New Zealand: Fiordland National Park.

Jones Jr., S. B., and L. E. Foote. 1990. *Gardening with Native Wild Flowers*. Portland, Oregon: Timber Press.

Kitamura, S., G. Murata, and T. Koyama. 1964. *Coloured Illustrations of Herbaceous Plants of Japan*. Volume 3, *Monocotyledoneae*. Osaka, Japan: Hoijusha Publishing.

Knobel, E. 1977. *Field Guide to the Grasses, Sedges, and Rushes of the United States*. New York: Dover Publications.

Köhlein, F., and P. Menzel. 1994. *Color Encyclopedia of Garden Plants and Habitats*. Trans. M. E. Epp. Portland, Oregon: Timber Press.

Komarov, V. L., ed. 1963. *Flora of the U.S.S.R.*, Volume 2. Trans. N. Landau. Jerusalem: S. Monson.

Ladd, D. 1995. *Tallgrass Prairie Wildflowers: A Falcon Field Guide*. Helena, Montana: Falcon Press Publishing.

Lawrence, G. H. M. 1951. *Taxonomy of Vascular Plants*. New York: Macmillan Publishing.

Lawson, A. H. 1968. *Bamboos: A Gardener's Guide to Their Cultivation in Temperate Climates*. New York: Taplinger Publishing.

Lazarides, M. 1970. *The Grasses of Central Australia*. Canberra: Australian National University Press.

Lee, Yong No. 1966. *Manual of the Korean Grasses*. Seoul, Korea: Ewha Womans University Press.

Li, H.-L., T.-s. T.-c. Huang, T. Koyama, and C. E. DeVol, eds. 1978. *Flora of Taiwan*, volume 5. Taipei, Taiwan: Epoch Publishing.

Loewer, H. Peter. 1977. *Growing and Decorating with Grasses*. New York: Walker and Company.

Loewer, H. Peter. 1995. *Step-by-Step Successful Gardening: Ornamental Grasses*. Des Moines, Iowa: Meredith Books.

Madison, J. 1992. Pampas grasses: One a weed and one a garden queen. *Pacific Horticulture* 53 (1): 48–53.

Makino, T. 1954. *The Illustrated Flora of Japan, with the Cultivated and Naturalized Plants*. Tokyo: Hokuryukan Company.

Mallett, K. 2005. *Flora of Australia*. Volume 44B, *Poaceae* 3. Australian Biological Resources Study, Canberra: CSIRO Publishing.

Mark, A. F., and N. M. Adams. 1973. *New Zealand Alpine Plants*. Wellington, New Zealand: A. H. & A. W. Reed.

Marks, M., B. Lapin, and J. Randall. 1994. *Phragmites australis* (*P. communis*): threats, management, and monitoring. *Natural Areas Journal* 14 (4): 285–292.

Mattern, A., and M. Moskowitz. 1994. Staudengärden echt: The life and work of Ernst Pagels. *The Hardy Plant* 16 (1): 11–18.

McVaugh, R. 1983. *Flora Novo-Galiciana: A Descriptive Account of the Vascular Flora of Western Mexico*. Ann Arbor, Michigan: University of Michigan Press.

Meyer, M. H. 1975. *Ornamental Grasses*. New York: Charles Scribner's Sons.

Meyer, M. H., D. B. White, and H. Pellett. n.d. Ornamental grasses for cold climates. North Central Regional Extension Publication 573, Minnesota Extension Service, Department of Horticultural Science, University of Minnesota.

Metcalf, L. 1998. *The Cultivation of New Zealand Native Grasses*. Auckland, New Zealand: Random House New Zealand.

Miller, J. H., and K. V. Miller. 1999. *Forest Plants of the Southeast and Their Wildlife Uses*. Rev. ed. Athens, Georgia: University of Georgia Press.

Mohlenbrock, R. H. 1972. *The Illustrated Flora of Illinois Grasses: Bromus to Paspalum*. Carbondale and Edwardsville: Southern University Press.

Mohlenbrock, R. H. 1973. *The Illustrated Flora of Illinois Grasses: Panicum to Danthonia*. Carbondale and Edwardsville: Southern University Press.

Moore, L. B., and E. Edgar. 1976. *Flora of New Zealand*. Volume II, *Indigenous Tracheophyta*. Wellington, New Zealand.

Moriarty, A. 1982. *Outeniqua Tsitsikamma and Eastern Little Karoo: South African Wild Flower Guide 2*. Kirstenbosch, Claremont: Botanical Society of South Africa.

Munz, P. A. 1974. *A Flora of Southern California*. Berkeley: University of California Press.

Niering, W. 1991. *Wetlands of North America*. Charlottesville, Virginia: Thomasson-Grant.

Niering, W. A., and R. S. Warren. 1980. Salt marsh plants of Connecticut. *The Connecticut College Arboretum Bulletin* No. 25.

Oakes, A. J. 1990. *Ornamental Grasses and Grasslike Plants*. New York: Van Nostrand Reinhold.

Ohwi, J. 1984. *Flora of Japan*. Reprint. Washington, D.C.: Smithsonian Institution.

O'Neill, N., and D. F. Farr. 1996. Miscanthus blight, a new foliar disease of ornamental grasses and sugarcane incited by *Leptosphaeria* sp. and its anamorphic state *Stagonospora* sp. *Plant Disease* 80 (9) (September): 980–983.

Ottesen, C. 1989. *Ornamental Grasses: The Amber Wave*. New York: McGraw-Hill Publishing.

Phillips, E. Percy. 1951. The genera of South African flowering plants. Botanical Survey Memoir No. 25, Department of Agriculture, Division of Botany and Plant Pathology, Pretoria, South Africa.

Phillips, R. 1994. *Grasses, Ferns, Mosses, and Lichens of Great Britain and Ireland*. London: MacMillan Reference.

Plants and Gardens, Brooklyn Botanic Garden Record. 1993. *The Natural Lawn and Alternatives* 49 (3). Brooklyn, New York: Brooklyn Botanic Garden.

Plues, M. 1867. *British Grasses: An Introduction to the Study of the Gramineae*. London: Reeve and Company.

Pohl, R. W. 1968. *How to Know the Grasses*. Dubuque, Iowa: William C. Brown.

Pohl, R. W. 1986. Man and the grasses: a history. *Proceedings, An International Symposium on Grass Systematics and Evolution*. Washington, D.C.: Smithsonian Institution Press. 355–358.

Quinn, J. R. 1997. *Fields of Sun and Grass: An Artist's Journal of the New Jersey Meadowlands*. New Brunswick, New Jersey, and London: Rutgers University Press.

Radford, A. E., H. E. Ahles, and C. R. Bell. 1968. *Manual of the Vascular Flora of the Carolinas*. Chapel Hill: University of North Carolina Press.

Reinhardt, T. A., M. Reinhardt, and M. Moskowitz. 1989. *Ornamental Grass Gardening: Design Ideas, Functions and Effects*. New York: Michael Friedman Publishing Group.

Roe, R. G., N. H. Agnew, L. Naeve, and N. E. Christians. 1996. Ornamental grasses for the Midwest. North Central Regional Extension Publication 461, Iowa State University.

Salisbury, F. B., and C. W. Ross. 1992. *Plant Physiology*. 4th ed. Belmont, California: Wadsworth Publishing.

Salmon, J. T. 1963. *New Zealand Flowers and Plants in Colour*. Reprint. Wellington, New Zealand: A. H. & A. W. Reed.

Samson, F. B., and F. L. Knopf, eds. 1996. *Prairie Conservation: Preserving North America's Most Endangered Ecosystem*. Washington D.C.: Island Press.

Sell, P., and G. Murrell. 1996. *Flora of Great Britain and Ireland*. Volume 5, *Butomaceae-Orchidaceae*. Cambridge: Cambridge University Press.

Schenk, G. 1989. New Zealand's changeful carexes. *Pacific Horticulture* 50 (1): 48–54.

Scott, T. 1996. Art nouveau—fresh ideas for grass. *The Garden* 121 (May): 250–253.

Šikula, J. 1979. *A Concise Guide in Colour: Grasses*. Trans. O. Kuthanová. London: Hamlyn Publishing.

Silberhorn, G. M. 1982. *Common Plants of the Mid-Atlantic Coast: A Field Guide*. Baltimore, Maryland: The Johns Hopkins University Press.

Simpson, D. 1994. *Cyperus prolifer*. *Kew Magazine* 2: 6–8.

Smith, C. F. 1976. *A Flora of the Santa Barbara Region, California*. Santa Barbara, California: Santa Barbara Museum of Natural History.

Smith Jr., J. P. 1977. *Vascular Plant Families*. Eureka, California: Mad River Press.

Smith Jr., J. P. 1981. *A Key to the Genera of Grasses of the Conterminous United States*. 6th ed. Eureka, California: Mad River Press.

Stace, Clive. 1991. *New Flora of the British Isles*. Cambridge: Cambridge University Press.

Stalter, R. 2004. The flora on the High Line, New York City, New York. *Journal of the Torrey Botanical Society* 131 (4): 387–393.

Steward, V. B., J. Stimmel, and R. Darke. 1995. Understanding the miscanthus mealybug. *American Nurseryman* 182(1): 34–40.

Steyermark, J. A. 1963. *Flora of Missouri*. Ames: The Iowa State University Press.

Stilgoe, J. R. 1988. *Borderland: Origins of the American Suburb, 1920–1939*. New Haven and London: Yale University Press.
Stilgoe, J. R. 1998. *Outside Lies Magic: Regaining History and Awareness in Everyday Places*. New York: Walker Publishing Company.
Stimmel, J. F. 1997. Miscanthus mealybug. *Perennial Plants* (Spring): 37–38.
Stone, H. E. 1945. *A Flora of Chester County Pennsylvania*, volume 1. Philadelphia, Pennsylvania: The Academy of Natural Sciences.
Strausbaugh, P. D., and E. L. Core. n.d. *Flora of West Virginia*. 2nd ed. Grantsville, West Virginia: Seneca Books.
Stuckey, I. H., and L. L. Gould. 2000. *Coastal Plants from Cape Cod to Cape Canaveral*. Chapel Hill and London: University of North Carolina Press.
Sullivan, R. 1998. *The Meadowlands*. New York: Scribner.
Swink, F., and G. Wilhelm. 1994. *Plants of the Chicago Region*. 4th ed. Indianapolis: Indiana Academy of Science.
Tatnall, R. R. 1946. *Flora of Delaware and the Eastern Shore*. n.p: The Society of Natural History of Delaware.
Taylor, N. J. 1992. *Ornamental Grasses, Bamboos, Rushes, and Sedges*. London: Ward Lock Limited.
Teal, J., and M. Teal. 1969. *Life and Death of the Salt Marsh*. New York: Ballantine Books.
Thiselton-Dyer, W. T., ed. 1897–1900. *Flora Capensis*. Volume 7, *Pontederiaceae to Gramineae*. Kent, United Kingdom: L. Reeve.
Thomas, G. S. 1990. *Perennial Garden Plants or the Modern Florilegium*. 3rd ed. Portland, Oregon: Sagapress.
Trehane, P. 1989. *Index Hortensis*. Volume 1, *Perennials*. Wimborne, Great Britain: Quarterjack Publishing, distributed by Timber Press, Portland, Oregon.
Trehane, P., ed. 1995. *International Code of Nomenclature for Cultivated Plants, 1995*. Wimborne, United Kingdom: Quarterjack Publishing.
Tricker, W. 1897. *The Water Garden*. New York: A. T. de la Mare Printing and Publishing Company.
Tsvelev, N. N. 1983. *Grasses of the Soviet Union*, 2 parts. Trans. B. R. Sharma. New Delhi, India: Amerind Publishing.
Tucker, G. C. 1987. The genera of *Cyperaceae* in the southeastern United States. *Journal of the Arnold Arboretum* 68 (October): 425–437.
USDA, NRCS 1997. The PLANTS database. National Plant Data Center, Baton Rouge, Louisiana. http://plants.usda.gov.
Vanderpoel, E. N. 1903. *Color Problems: A Practical Manual for the Lay Student of Color*. New York: Longmans, Green, and Company.
Vasey, G. 1890. Grasses of the Southwest. Bulletin No. 12, United States Department of Agriculture, Division of Botany, Washington.
Vasey, G. 1892. Grasses of the Pacific slope, including Alaska and the adjacent islands. Bulletin No. 13, United States Department of Agriculture, Division of Botany, Washington.
Waller, S. S., and J. K. Lewis. 1979. Occurrence of C_3 and C_4 photosynthetic pathways in North American grasses. *Journal of Range Management* 32 (1): 12–27.
Walter, K. S., D. F. Chamberlain, M. F. Gardner, R. J. D. McBeath, H. J. Noltie, and P. Thomas, eds. 1995. *Catalogue of Plants Growing at the Royal Botanic Garden, Edinburgh*. Oxford, United Kingdom: Royal Botanic Garden Edinburgh.
Wasowski, S., and A. Wasowski. 1994. *Gardening with Native Plants of the South*. Dallas, Texas: Taylor Publishing.
Watson, L., and M. J. Dallwitz. 1992– . The grass genera of the world: Descriptions, illustrations, identification, and information retrieval; including synonyms, morphology, anatomy, physiology, photochemistry, cytology, classification, pathogens, world and local distribution, and references. Version: 28 November 2005. http://delta-intkey.com/grass/www/index.htm.
Williams, R. 1980. Ideas of nature. In *Problems in Materialism and Culture: Selected Essays*. London: Verso.
Wipff, J. K., and J. F. Veldkamp. 1999. *Pennisetum advena* sp. nov. (*Poaceae*: Paniceae): A common ornamental grass throughout the southern United States. *SIDA* 18 (4): 1031–1036.
Woods, C. 1992. *Encyclopedia of Perennials: A Gardeners Guide*. New York: Facts on File.
Yarlett, L. L. 1996. *Common Grasses of Florida and the Southeast*. Springhill, Florida: Florida Native Plant Society.

Bezugsquellen für Pflanzen und Samen

Die nachfolgenden Adressen sind nach Postleitzahlen sortiert.

Lux Staudenkulturen
Gärtnerweg 39
01796 Pirna OT Graupa
www.luxstauden.de

Gärtnerei Felgenträger
Teslastr. 10
04349 Leipzig
www.felgentraeger.com

Foerster-Stauden GmbH
Am Raubfang 6
14469 Potsdam-Bornim
www.foerster-stauden.de

Staudenkulturen Mühring
Hauptstr. 167
26810 Westoverledingen

Jelitto Staudensamen GmbH
Postfach 1264
29685 Schwarmstedt
www.jelitto.com
Umfangreiches Samensortiment von Ziergräsern. Auch noch weitgehend unbekannte Arten und Neueinführungen werden angeboten.

Staudenkulturen Stade
Beckenstrang 24
46325 Borken-Marbeck
www.stauden-stade.de

grasland
Im Rosengarten 19
51381 Leverkusen
www.gras-land.de

Ziergräser Hensen
Degerstraße 19
52441 Linnich-Boslar
www.ziergraeser-hensen.de

Müller & Pfützner GmbH
Westerbachstraße 247
65936 Frankfurt am Main (Sossenheim)
www.gartencenter-frankfurt.de

Staudengärtnerei Kirschenlohr
Im Lammsbauch 29
67346 Speyer
www.stauden-kirschenlohr.de

Baumschule Huben
Schriesheimer Fußweg 7
68526 Ladenburg
www.huben.de

Ewald Hügin
Zähringerstr. 281
79108 Freiburg
www.gaertnerei-huegin.schlepprock.de
Sehr aktuelles Gräsersortiment mit vielen Neueinführungen. Reiches Spektrum einjähriger und nicht winterharter Arten, die im Buch genannt sind.

Staudengärtnerei Gaissmayer
Jungviehweide 3
89257 Illertissen
www.gaissmayer.de

Sortiments- und Versuchsgärtnerei Simon
Staudenweg 2
97828 Marktheidenfeld
www.gaertnerei-simon.de

BELGIEN
Vaste-plantenkwekerij Jan Spruyt
Mostenveld 30
9255 Buggenhout
www.perennials.be

NIEDERLANDE
De Hessenhof
Hessenweg 41
6718 TC EDE
www.hessenhof.nl

Anja und Piet Oudolf
Broekstraat 17
6999 DE Hummelo
www.oudolf.com

ÖSTERREICH
Sarastro-Stauden
Ort 131
4974 Ort/Innkreis
www.sarastro-stauden.com

Stauden Feldweber
Ort 139
4974 Ort/Innkreis
www.feldweber.com

SCHWEIZ
Hospenthal-Kägi
Landstrasse 37
5417 Untersiggenthal
www.hospenthal-kaegi.ch

Frikarti Stauden AG
Oberzelg 4
8627 Grüningen
www.frikarti.ch

Register der Pflanzennamen

Fett gedruckte Seitenzahlen verweisen auf Haupteinträge. Kursiv gedruckte Seitenzahlen verweisen auf Abbildungen.

Winterhärtezonen für Nordamerika

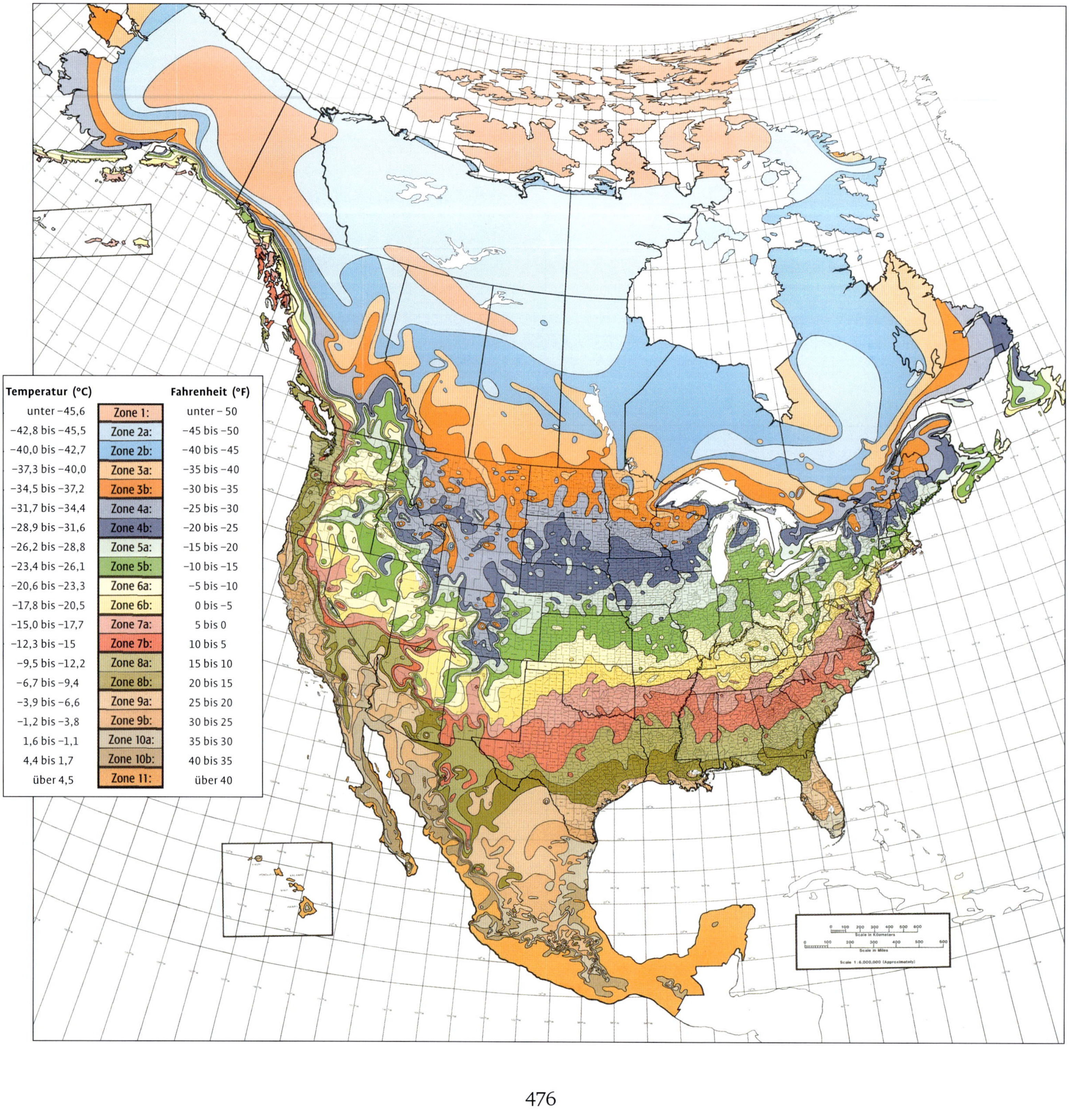

Winterhärtezonen für Europa

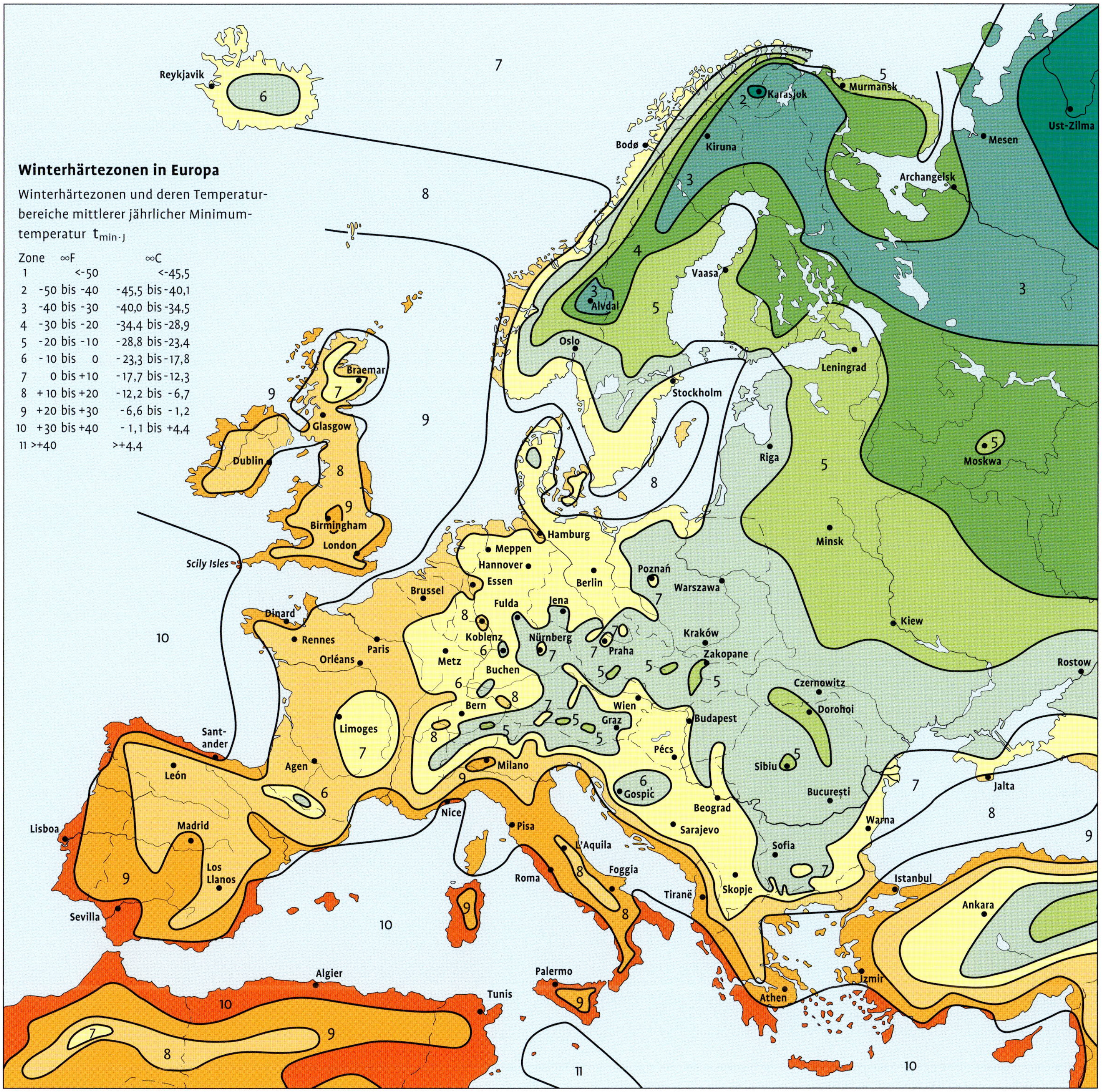